U0197625

"船舶与海洋结构物先进设计方法"丛书编委会

船舶与海洋结构物先进设计方法

船舶与海洋平台专业设计软件开发

Software Development of Ship and Platform Design

于雁云　林　焰　著

科学出版社

北 京

内 容 简 介

本书主要研究船舶与海洋平台设计软件的开发原理、算法与开发技术。全书共 10 章:第 1 章为绪论;第 2 章介绍船体型线与船体曲面设计软件开发技术;第 3 章介绍基于三维切片模型的船舶静水力特性计算方法;第 4 章介绍船舶装载稳性与总纵弯曲强度校核软件开发技术;第 5 章介绍船舶与海洋平台有限元分析软件开发技术;第 6 章论述基于参数化技术的船体结构有限元软件开发技术;第 7 章论述海洋平台总体设计软件开发技术;第 8 章论述船舶浮态与船体变形耦合分析及其软件开发技术;第 9 章论述船舶与海洋平台结构优化设计方法与软件开发技术;第 10 章为总结与展望。

本书可作为高等院校船舶与海洋工程领域相关专业本科生、研究生的教学用书,也可作为相关领域科研人员的参考用书。

图书在版编目(CIP)数据

船舶与海洋平台专业设计软件开发=Software Development of Ship and Platform Design/于雁云,林焰著. —北京:科学出版社,2016
 (船舶与海洋结构物先进设计方法)
 ISBN 978-7-03-049768-0

Ⅰ.①船… Ⅱ.①于…②林… Ⅲ.①海上平台-设计软件-软件开发 Ⅳ.①TE951-39

中国版本图书馆 CIP 数据核字(2016)第 209962 号

责任编辑:裴 育 陈 婕 / 责任校对:郭瑞芝
责任印制:吴兆东 / 封面设计:陈 敬

科 学 出 版 社 出版
北京东黄城根北街 16 号
邮政编码:100717
http://www.sciencep.com
北京九州迅驰传媒文化有限公司 印刷
科学出版社发行 各地新华书店经销
*
2016 年 9 月第 一 版 开本:720×1000 B5
2022 年 4 月第二次印刷 印张:25 1/2
字数:514 000
定价:180.00 元
(如有印装质量问题,我社负责调换)

"船舶与海洋结构物先进设计方法"丛书序

　　船舶与海洋结构物设计是船舶与海洋工程领域的重要组成部分,包括设计理论、原理、方法和技术应用等研究范畴。其设计过程是从概念方案到基本设计和详细设计;设计本质是在规范约束条件下最大限度地满足功能性要求的优化设计;设计是后续产品制造和运营管理的基础,其目标是船舶与海洋结构物的智能设计。"船舶与海洋结构物先进设计方法"丛书面向智能船舶及绿色环保海上装备开发的先进设计技术,从数字化全生命周期设计模型技术、参数化闭环设计优化技术、异构平台虚拟现实技术、信息集成网络协同设计技术、多学科交叉融合智能优化技术等方面,展示了智能船舶的设计方法和设计关键技术。

　　(1)船舶设计及设计共性基础技术研究。针对超大型船舶、极地航行船舶、液化气与化学品船舶、高性能船舶、特种工程船和渔业船舶等进行总体设计和设计技术开发,对其中的主要尺度与总体布置优化、船体型线优化、结构形式及结构件体系优化、性能优化等关键技术进行开发研究;针对国际新规范、新规则和新标准,对主流船型进行优化和换代开发,进行船舶设计新理念及先进设计技术研究、船舶安全性及风险设计技术研究、船舶防污染技术研究、舰船隐身技术研究等;提出面向市场、顺应发展趋势的绿色节能减排新船型,达到安全、经济、适用和环保要求,形成具有自主特色的船型研发能力和技术储备。

　　(2)海洋结构物设计及设计关键技术研究。开展海洋工程装备基础设计技术研究,建立支撑海洋结构物开发的基础性设计技术平台,开展深水工程装备关键设计技术研究;针对浮式油气生产和储运平台、新型多功能海洋自升式平台、巨型导管架平台、深水半潜式平台和张力腿平台进行技术设计研究;重点研究桩腿、桩靴和固桩区承载能力,悬臂梁结构和极限荷载能力,拖航、系泊和动力定位,主体布置优化等关键设计技术。

　　(3)数字化设计方法研究与软件系统开发。研究数字化设计方法理论体系,开发具有自主知识产权的船舶与海洋工程设计软件系统,以及实现虚拟现实的智能化船舶与海洋工程专业设计软件;进行造船主流软件的接口和二次开发,以及船舶与海洋工程设计流程管理软件系统的开发;与CCS和航运公司共同进行船舶系统安全评估、管理软件和船舶技术支持系统的开发;与国际专业软件开发公司共同进行船舶与海洋工程专业设计软件的关键开发技术研究。

　　(4)船舶及海洋工程系统分析与海上安全作业智能系统研制。开展船舶运输系统分析,确定船队规划和经济适用船型;开展海洋工程系统论证和分析,确定海洋工程各子系统的组成体系和结构框架;进行大型海洋工程产品模块提升、滑移、滚装及运输系统的安全性分析和计算;进行水面和水下特殊海洋工程装备及组合体的可行性分析和技术设计研究;以安全、经济、环保为目标,进行船舶及海洋工程系统风险分析与决策规划研究;在特种海上安全作业产品配套方面进行研究和开发,研制安全作业的智能软硬件系统;开展机舱自动化系统、装卸自动化系统关键技术和 LNG 运输及加注船舶的 C 型货舱系统国产化研究。

　　本丛书体系完整、结构清晰、理论深入、技术规范、方法实用、案例翔实,融系统性、理论性、创造性和指导性于一体。相信本丛书必将为船舶与海洋结构物设计领域的工作者提供非常好的参考和指导,也为船舶与海洋结构物的制造和运营管理提供技术基础,对推动船舶与海洋工程领域相关工作的开展也将起到积极的促进作用。

　　衷心地感谢丛书作者们的倾心奉献,感谢所有关心本丛书并为之出版尽力的专家们,感谢科学出版社及有关学术机构的大力支持和资助,感谢广大读者对丛书的厚爱!

大连理工大学

2016 年 8 月

前　言

　　船舶、海洋平台等浮式海洋结构物是人类探索和利用海洋资源的必要装备,担负着海上运输、海洋资源勘探与开发等重要任务,对推动社会经济发展、保护海洋生态环境、维护国家海洋权益等具有重要意义。人类设计与建造浮式结构物可以追溯到新石器时代。早在 5000~9000 年前,人类制造的独木舟即为浮式结构物的最初形式。早期的浮式结构物功能相对简单,主要凭借经验完成设计与建造。18 世纪中期,法国的天文学家布盖尔(Bouguer)和俄国彼得堡科学院院士欧拉(Euler)提出了船舶的浮性理论,创立了船舶原理科学。19 世纪初,英国物理学家托马斯·杨(Thomas Young)提出了船舶总强度准则,之后,基于科学计算的船舶设计体系逐渐发展起来,结束了数千年的纯经验设计模式。科学设计理论体系的建立,推动船舶与海洋平台向大型化、多样化方向迅速发展。

　　随着人类赋予船舶与海洋平台的使命越来越复杂,以及对海洋工程安全性和海洋环境保护的要求逐年提高,船舶与海洋平台设计所涉及的内容越来越广泛,设计工作越来越复杂。为完成复杂的设计任务,客观上要求有专业的高效设计工具。20 世纪 40 年代第一台电子计算机诞生之后,计算机技术被迅速应用至船舶设计与制造领域。早在 50 年代初,美国就出现了船舶静水力计算程序。60 年代初期,计算机辅助设计(CAD)技术诞生,并逐步应用于船舶与海洋平台设计。70 年代之后,出现了大量船舶专业 CAD 软件系统,计算机辅助绘图、专业软件计算逐渐取代了画板和计算尺等计算工具,改变了传统的设计模式,使设计效率与设计质量有了质的飞跃。此外,70 年代之后,计算机硬件技术的飞速发展使得有限元、边界元等数值计算方法在工程中广泛应用成为可能,随后出现了大量计算机辅助工程(CAE)软件,并广泛用于船舶与海洋平台设计中,解决了浮体的运动响应与载荷计算、结构力学响应分析等设计问题。CAE 软件的普及应用对优化船舶与海洋平台的性能、提高结构安全性起到关键性作用。

　　本书系统阐述曲面造型、实体造型、参数化造型等 CAD 技术,以及各种优化设计方法在船舶与海洋平台设计中的应用,探讨船舶与海洋平台 CAD/CAE 一体化实现途径与关键算法,研究运用新理念、新方法与新技术开发专业设计软件,以提高船舶与海洋平台的设计效率与设计质量。

　　本人自 2003 年开始从事船舶与海洋平台专业设计软件理论与算法研究工作,相关研究成果已在国内外期刊中发表多篇学术论文,并先后负责开发船体型线设计软件、船体曲面设计软件、参数化船体结构有限元分析软件、自升式钻井平台参数化设计软件、船舶建造精度分析软件等多套实用专业软件系统，所开发的软件已在船级社、船厂、船公司以及高校中推广应用。上述软件的开发经验是完成本书的实践基础，书中阐述的设计方法、核心算法与关键技术均经过软件验证，通过大量工程实践证明了其正确性与实用性。对于型线设计、静水力计算、装载稳性计算、空间杆梁结构有限元分析及结构尺寸优化方法等内容，附录中给出程序设计实例，供读者参考。

本书由本人执笔，林焰主审，其出版得到国家自然科学基金项目(5140090324)、辽宁省教育厅科学技术研究项目(L2013037)、工信部高技术船舶科研项目(财政部[2014]498)、大连市科技计划项目优秀青年科技人才基金(2013J21DW013)资助。

在本书的出版过程中，得到纪卓尚教授、陈明副教授的悉心指导，同时得到大连理工大学船舶工程学院多位教师的热心帮助；林焰教授与本人的多位已毕业或在读研究生在相关的软件测试中做了大量工作，并给出建设性建议，在此一并致以深切的谢意。

同时，感谢我的妻子、父母和岳父岳母对我工作的理解与支持，有了他们的鼓励我才能顺利完成本书的创作。

限于本人的学识水平，书中不妥之处在所难免，恳请广大读者批评指正。

于雁云

2016 年 2 月

目　　录

第1章 绪 论

1.1 船舶与海洋平台设计问题概述

1.1.1 设计任务的复杂性

船舶与海洋平台是作业于海上的大型浮式海洋结构物,担负着海洋资源勘探、海上运输、海上施工、海上潜水作业、生活服务、海上抢险救助及海洋调查等重要任务。对于这类海洋结构物,产品的性能取决于设计与建造两个环节,其中设计环节尤为关键。船舶与海洋平台的设计是一项复杂的系统工程,为保证产品的正常营运与作业,设计中需要充分考虑其功能性、安全性、经济性、节能减排、绿色环保、舒适性及人性化等多方面要求。

第一,为保证运输、作业等需要,船舶与海洋平台的设计方案必须满足其功能性要求,如船舶要有足够的载重量、航速和续航力,海洋平台要具有足够的可变载荷能力、作业水深、舱容和甲板面积等。功能性要求是设计的出发点,船舶与海洋平台的基本形式与主要尺度均首先要考虑其功能性要求。

第二,船舶与海洋平台的航行与作业环境条件通常非常恶劣。为保证船体、设备及工作人员的生命安全,船舶与海洋平台必须具有足够的安全性,包括结构强度、完整稳性、抗沉性等,同时总体布置应满足防火、消防与逃生等各类要求。各国船级社规范、海事局、国际海事组织(International Maritime Organization,IMO)等制定详细的规范、公约或者规则对各类船舶与海洋平台的安全性提出明确要求,如结构统一规范(Common Structural Rules,CSR)[1,2]、IMO 的《国际完整稳性规则》[3]、国际海上人命安全公约(International Convention for Safety of Life At Sea,SOLAS)[4]、我国的《国内航行海船法定检验技术规则》[5]等。船舶与海洋平台的设计方案需要满足上述规范、公约或者规则的相关要求。

第三,作为一类典型的工业产品,船舶与海洋平台应满足经济性要求,设计中应充分论证产品的经济性,使产品达到一定的投资收益率,通常要求在营运后若干年内收回建造成本。对于非营运船舶,如军舰、执法船及科考船等,所创造的经济价值难以衡量,但仍然需要保证投入与产品性能的比值在合理范围内。

第四,随着气候变暖,地球资源逐年耗竭,环境污染等全球性问题的日益严峻,以低能耗、低排放、低污染为基础的低碳经济逐渐成为全球经济发展的主要模式。

节能与环保是以后工业产品设计发展的一个主要方向。船舶与海洋平台的建造、营运均需要消耗大量的能源,因此其节能与环保对于低碳经济尤为重要。2011 年 IMO 海上环境保护委员会第 62 次会议通过了《防止船舶污染国际公约》有关减少温室气体排放的强制措施,将船舶能效规则正式纳入附则 VI 修正案,使得针对新造船或重大改建船舶的能效设计指数(EEDI)成为强制性要求,并于 2013 年 1 月 1 日正式生效[6]。对于国际航行运输船舶,满足 EEDI 要求是允许进入国际航线的前提,设计中必须采取有效的手段以降低运输船舶的 EEDI 指数。

第五,作为海洋环境的重要污染源之一,船舶与海洋平台的设计必须满足保护海洋环境的要求。例如,各类船舶应保证当船舶的舱室破损后,燃油与货物泄露对海洋环境的污染在可控范围内。船舶与海洋平台应设置各类污水、生活垃圾处理系统,避免各类排放污染海洋环境。《国际防止船舶造成污染公约》(International Convention for the Prevention of Pollution From Ships,MARPOL)[7]在控制船舶与海洋平台对海洋环境的污染方面有明确的规定。此外,船舶的压载水是影响海洋生态环境的重要因素,IMO 在 2004 年通过了《国际船舶压载水和沉积物控制和管理公约》(International Convention for the Control and Management of Ships Ballast Water and Sediments)[8],旨在通过船舶压载水和沉积物的控制和管理来防止、减少并最终消除有害水生物和病原体的转移对环境、人体健康、财产和资源引起的风险。缔约国船舶设计应满足上述公约中对防止海洋环境污染相关的适用性规定。

第六,由于船舶与海洋平台需要长期独立营运于海上,因此需要提供必要的生活设施,相关设计应满足舒适性与人性化的要求,满足船员长期生活的需要。对于客运船,通常对舒适性与人性化有更高的要求。

此外,船舶与海洋平台的设计方案应满足船厂的建造条件、停靠码头、通行航道等限制条件,同时需要满足造型美观等主观性要求。

1.1.2　螺旋上升式设计过程

船舶与海洋平台设计中的上述各项指标,单独满足一项均不困难,但是各指标中存在大量矛盾,提高一项指标可能造成其他一项或者多项指标的下降,甚至不满足设计基本要求。所以,船舶与海洋平台的设计需要从系统工程角度考虑,权衡设计中的各项矛盾,最终得到满足所有要求的一个满意解。

为平衡船舶与海洋平台设计的各项矛盾,Evans 于 1959 年提出一种称为设计螺旋(design spiral)的设计模式[9],如图 1.1 所示。在设计螺旋中,设计过程被看成是一个循环迭代、螺旋式上升的过程,通过逐步近似的方法解决各项设计任务之间的矛盾,设计过程是一个不断地平衡矛盾的过程。整个设计工作经过数轮循环完成,在每一轮循环中校核各项设计任务对应的性能指标是否满足设计要求,如果不满足或者对其有影响的前置任务发生变化,则需要修改相关的设计方案,然后按照设计螺旋的方向执行下一个任务。当所有的设计要求均得以满足时,设计结束。1972 年 Snaith 和 Parker[10] 给出了基于设计螺旋的一个典型的常规船舶计算机辅助设计实例,于是这种设计模型被广泛应用,并且产生了不同的变化发展。1972 年 Buxton 为设计螺旋加入了经济学因素[11]。1981 年 Andrews 把时间的概念引入这个设计思想,从而把设计螺旋变成一个三维模型[12]。目前,设计螺旋仍然是船舶与海洋平台设计的主要模式。

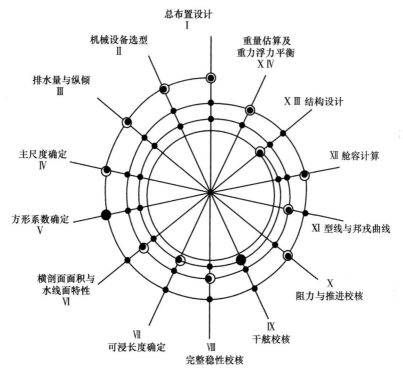

图 1.1　Evans 提出的船舶设计螺旋模型

1.1.3　设计任务的高度重复性

　　船舶与海洋平台的设计是一项存在高度重复性的工作,其重复性体现在设计任务内部、螺旋上升式设计过程,以及不同设计任务之间三个层次。

　　第一,在一个具体设计的内部,由于船体结构中存在大量相似但不相同的组成部分,与其相关的性能计算、绘图、安全性分析等任务中存在大量的重复工作。例如,在船体型线设计中,由水线图插值得到横剖线图时,每条横剖线均需要通过对一组曲线插值得到型值点,再由型值点构造横剖线。不同位置横剖线之间的差异仅在于纵向(船长方向)插值位置不同,不同的插值位置得到不同的型值点数和型值,而所有横剖线的建立算法和操作完全一致。基于型线图计算静水力曲线、稳性插值曲线及进水角曲线时,需要对每条横剖线或者水线插值、积分求面积、静矩或者惯性矩,相关的曲线计算任务均是简单的重复。船体结构中存在大量相似的结构,如相似位置的横框架结构形式、构件尺寸基本相同,但是因为船体型线或者倾斜的内壳板等纵向结构在不同横剖面位置的差异,引起横框架的几何轮廓略有差异。这些差异性导致在不采用专业化软件的设计过程中,通常需要针对每个剖面单独建模。在船舶与海洋平台的详细设计与生产设计领域,类似的重复性工作更为普遍。

第二,如前所述,目前在船舶与海洋平台设计中仍采取设计螺旋的模式平衡设计中的矛盾,得到最终的设计方案。在螺旋上升的设计过程中,每一次循环中均比上一次更具体,但是由于基本参数可能发生变化,需要根据新的参数重复上一次循环中大量的绘图、计算与仿真等设计工作。例如,在海洋平台设计初期,需要依据甲板面积、可变载荷能力、结构强度、舱室布置、浮态与稳性等各项要求确定平台的主尺度、几何外形与舱壁位置等主要参数。参数的变化对上述各项设计指标均可能造成影响。可能导致一些富余量较小的性能指标变差甚至低于设计要求值,所以设计螺旋中每一次参数的调整,均需要重新校核相关的性能指标,以确保在设计螺旋的每个节点上,对应的设计任务均满足设计要求。所以,在船舶与海洋平台设计螺旋的内部存在大量的重复性工作。

第三,与汽车、飞机等工业产品不同,船舶与海洋平台的设计约束条件更复杂,包括船舶的载重量、吃水、航速、航线、港口、航道、钻井平台的作业水深、可变载荷、环境载荷等,不同的产品通常有不同的约束组合要求,不同的设计约束组合需要采取不同的设计方案,所以船舶与海洋平台的建造难以批量化,同一设计方案通常仅建造数条甚至一条实船,并且即使同一船型,详细设计图纸通常也存在一定的差异性。船舶与海洋平台常规设计方法遵循的原则是在借鉴与继承的基础上创新。在进行新船设计时,设计者通常采用一种行之有效的方法——母型改造法。母型是指与新船在主要设计要求方面相近的实船或已设计好的船舶。将母型船的各项要素按设计船的要求用适当的方法加以改造变换,即可得到新船的相应要素。这种设计模式设计效率较高并且易于保证新船的性能,至今仍在船舶与海洋平台设计中广泛使用。但即使采用母型船改造法,只要设计船与母型船的主要参数有微小差异,设计船的主要设计工作仍然需要重新进行。例如,同样为 5 万吨成品油船,母型船型宽为 32m,设计船型宽为 32.2m,两船的其他主尺度参数与设计要求完全一致。虽然两船主尺度参数中仅型宽相差 0.2m,但是设计船总体设计的绝大部分工作,包括型线、总布置、静水力要素、舱容要素、装载计算、结构设计及结构强度分析等均需要重新进行,新船的设计工作基本上是对母型船设计工作简单的重复。

1.2　研究专业软件开发的必要性

船舶与海洋平台设计中的重复性工作,占用设计者主要的时间与精力,通常设计者在找到一可行解之后即将其作为最终的设计方案,无暇对设计进行优化,更无余力对产品进行设计创新。同时,随着船舶与海洋平台功能性、安全性、节能与环保等各项性能指标要求越来越多且越来越复杂,产品的设计复杂性逐渐升级,客观上要求有高效的设计工具辅助完成设计工作。

1946 年,世界上第一台现代电子计算机"埃尼阿克"(electronic numerical integrator and computer,ENIAC)在美国宾夕法尼亚大学问世,并迅速在国防、生产领域推广应用,船舶专业科研人员开始寻求通过计算机提高船舶设计效率的途径。早在 50 年代初,美国出现了船舶静水力计算的程序。60 年代初期,计算机辅助设计(computer aided design,CAD)技术诞生,并逐步应用于船舶与海洋平台设计中,出现了大量专业设计软件,如芬兰的 NAPA 软件、西班牙的 FORAN 软件、瑞典的 TRIBON 软件等。90 年代,专业软件功能逐渐完善,且随着计算机硬件突飞猛进的发展,设计软件的运行平台也从大型机、小型机发展至微机。计算机软件与硬件条件的成熟为专业软件的普及应用提供了必要条件,船舶与海洋平台设计开始从早期依据曲线板、圆规绘图,采用计算尺计算的设计模式,逐渐过渡到计算机辅助设计时代。发展至今天,船舶与海洋平台的专业软件功能相对完善,总体设计、详细设计与生产设计的主要工作均基于专业软件完成。

然而,虽然当前现有的专业软件已相对成熟,但研究船舶与海洋平台专业软件开发仍然具有重要意义。

1.2.1　发展民族工业的需要

在船舶专业软件开发方面,我国开展研究起步较早。20 世纪 60 年代我国就开始数学放样研究,70 年代开发了船体建造系统和船舶管路程序集成系统等应用软件,80 年代开发了集船舶性能计算、完工计算、辅助绘图等功能为一体的造船 CAD 系统,开展了计算机辅助造船集成系统 CASIS-I 的攻关项目研究。CASIS-I 内容包括船体结构设计与分析、船舶管路、船舶电缆、船舶动力装置设备选型、船舶轴系、船舶机舱布置设计等。1989~1994 年我国进行了计算机辅助造船集成系统二期工程 CASIS-II 研发。CASIS-II 是一个规模大、技术复杂的船、机、电一体化造船 CAD/CAM(computer aided manufacturing,计算机辅助制造)软件系统,主要解决的关键技术为:图形交互处理技术,工程数据库的设计和应用,以及船、机、电信息共享等。CASIS-II 成果在多艘实船设计建造中得到应用。但由于我们的机制、体制和技术平台选型等原因,CASIS-II 成果未能大规模推广应用[13]。

　　自 20 世纪 90 年代开始,国外先进的船舶设计建造集成系统迅速发展成熟,并进入我国市场,如瑞典的 TRIBON、美国的 CADDS 系统等。由于这些软件系统集成度高,功能完善,能够实现船舶 CAD 与 CAM 一体化,可有效提高船舶与海洋平台的设计与建造效率,所以迅速在我国中大型船厂推广应用,并占领了我国市场。此后,我国船舶专业软件开发逐渐走上以引进国外软件为主,消化吸收与自行开发相结合的道路。

　　2010 年,我国造船完工 6560 万载重吨,新接订单 7523 万载重吨,手持订单19590 万载重吨,船舶工业的三大指标分别占世界市场的 43%、54%、41%,均居世界第一,我国成为名副其实的世界第一造船大国。然而,我国虽是第一造船大国,但距离造船强国还有非常大的差距。中国有能力建造各种复杂的船舶与海洋工程装备,但是至今为止,中国建造的大多数高附加值船舶和几乎所有类型的海洋平台,其基本设计和关键技术都来源于国外。我国在高附加值船舶与海洋平台的设计能力方面,与我国第一造船大国的地位明显不符。所以,发展中国的造船工业,一个重要问题就是提高中国的设计能力与创新能力。而实现这一目标,一个重要前提就是要掌握先进的设计方法,并自主开发先进的设计工具,摆脱对国外专业技术与软件系统的依赖。

1.2.2　弥补商业软件的不足

　　当前船舶与海洋平台的设计主要依靠商业设计软件平台完成。商业软件功能强大,但是具体应用中仍然有所欠缺,软件开发是弥补商业软件不足的有效途径。

　　第一,商业软件不能有效解决设计问题多样性的问题。船舶与海洋平台的船型具有多样性,随着人们设计理念与设计方法的进步,以及开发与利用海洋资源新问题的提出,船舶与海洋平台不断有新的船型出现。商业软件通常仅针对于有限数量船型的若干设计问题开发,所有软件均有明确的适用范围。新的船型与新的设计要求如果超出软件的应用范围,则商业软件通常无法直接应用,或者需要经过复杂的操作才能完成设计任务。同时,对于常规船型,工程中经常遇到一些特殊问题,如船舶搁浅以后的安全性评估问题、船舶结构不完整起浮后风浪作用下的结构安全性等,这类特殊问题在商业软件中通常无法解决,需要设计者首先对其机理进行研究并提出计算方法,然后依据算法编制专业软件解决。所以,研究专业软件开发是解决船舶与海洋平台设计问题多样化的客观需求。

　　第二,商业软件通常需要牺牲一定的专业性以取得良好的通用性。例如,当前船舶与海洋平台有限元分析中应用最广泛的是 PATRAN/NASTRAN 与 ANSYS 两个通用有限元软件。这两个有限元软件系统功能强大,适用性强,能够完成绝大多数工程问题的有限元分析任务。但是软件的开发没有考虑或者没有充分考虑船舶与海洋平台有限元分析问题的特点,所以在实际应用中,存在建模烦琐、施加载荷与边界约束复杂、模型修改困难、后处理工作量大等问题,严重制约设计的效率。对于船舶与海洋平台设计软件,同样存在类似的问题。生产设计软件 TRIBON 由瑞典 KCS 公司开发,使用的是欧洲国家的船舶制造标准。由于各国造船技术水平、工艺处理方法、设备条件、施工习惯等方面存在较大差异,TRIBON 在国内各船厂应用时,需要根据各自的实际情况,对其进行定制、修改和补充。对于以上问题,最有效的解决方案是对商业软件进行二次开发,根据设计中的具体问题,增加功能模块或者对商业软件进行定制开发,使商业软件的专业化程度更高,进一步提高设计效率。

第三,由于船舶与海洋平台设计问题的复杂性,截至目前,没有一款软件能够覆盖设计的全过程。现有的主流设计流程中,基于不同的软件平台建立不同的模型完成不同的设计任务。各设计模型之间的数据传递主要通过人工输入,或者是部分通过软件之间的接口导入,部分通过人工输入的方式来完成,如图 1.2 所示。这种多平台的设计方法割裂了各项设计任务之间的联系,将一个系统工程问题拆分为若干个独立任务,由设计者负责维护各任务之间的联系。在这种设计模式下,需要基于不同软件平台和不同数据库进行产品设计,设计中需要多次重复建模,因而造成大量的冗余数据。冗余数据的存在,一方面增加了建模工作量,严重影响设计效率,给设计方案的修改带来很大的困难,同时成倍增加了由于数据不统一而导致的设计错误发生的可能性;另一方面,使得各模型之间计算结果的数据共享困难,往往需要设计者进行大量的交互操作才能完成模型间数据的传递。同时,这种设计模式下的数据流主要是单向的,无法形成设计闭环。例如,型线设计完成之后,在水动力软件中分析水动力性能。如果水动力性能不满足要求,不能直接将型线的修改信息自动返回至型线模型,而需要在型线设计软件平台中修改型线,然后

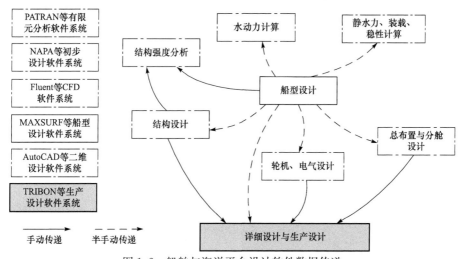

图 1.2 船舶与海洋平台设计软件数据传递

再一次返回水动力分析软件中建模、分析。船舶与海洋平台设计闭环的目标是打通船舶概念设计、初步设计、详细设计和生产设计之间的壁垒,实现各模块之间数据的双向流动,为提高船舶的设计效率、船舶的优化设计、海洋工程新型装备研制、绿色节能新船型的开发等提供强有力的设计工具。为实现设计闭环,一方面需要加强各设计软件平台的功能,另一方面需要开发软件与软件之间完善的接口,而这两方面工作均需要通过专业的软件开发才能完成。

1.2.3　优化设计的客观要求

优化设计是提高船舶与海洋平台作业能力、经济性、安全性、舒适性等性能指标,增强产品在国际市场上的竞争力的重要途径。

船舶与海洋平台优化设计可分为单目标优化和多目标优化。单目标优化以某一项具体性能指标最优为优化目标,如水动力性能优化、分舱布置优化、结构优化、管系优化等。单目标优化中,通常按照设计要求将目标函数之外的关键性能指标设置取值范围,并将其作为约束条件,优化求解中采取相应的策略保证所有约束条件均满足,从而保证最终得到的解为可行解。多目标优化是指优化过程中所考虑的优化目标为多于一个性能指标的优化问题。在一般情况下,多目标优化中优化目标往往是相互冲突的,一些目标的改良可能导致其他目标的恶化,各目标通常不能同时达到各自的最优解。多目标优化中,优化目标之间通常也没有统一的度量标准,而是各自具有不同的量纲和数量级,无法直接进行量的比较。因此通常情况下不存在使所有目标都达到最优的绝对最优解,只能求得满意解集,由决策者最终选定某一个满意可行解作为最后定解。此外,近年来,国内外学者将多学科优化(multidiscipline design optimization,MDO)引入至船舶与海洋平台的优化设计中。多学科优化设计是一种通过充分探索和利用系统中相互作用的协同机制来设计复杂系统工程和子系统的方法论,通过充分利用各学科之间的相互作用所产生的协同效应,获得系统的整体最优解,通过实现并行计算和设计,缩短设计周期,同时采用科学合理的分析模型,提高设计结果的可信度[14]。

船舶与海洋平台优化设计,无论是单目标优化、多目标优化还是多学科优化,均需要以大量计算、分析与模拟仿真为基础。特别是用于指导工程实践的优化方法,优化模型中需要考虑大量设计约束。商业设计软件通常不提供优化设计功能,必须编制专业优化软件,解决方案的设计、方案性能指标的计算以及优化方向的控制等问题,实现船舶与海洋平台的优化设计。

船舶与海洋平台优化设计软件开发有两种模式。一是整个优化过程均通过编程实现的底层开发模型,二是核心计算问题调用商业计算软件完成的二次开发模式。第一种开发模式常用于船舶的总体布置优化设计中,如分舱布置优化设计[15]、管路优化设计[16,17]等,这类优化设计不涉及复杂的计算,所有计算工作均易于编程实现。船舶与海洋平台设计中一些复杂的计算工作,如水动力分析、结构有限元分析等,对这类问题的优化设计,通常采用第二种开发模式完成。例如,进行船体结构优化设计时,可以基于商业有限元软件进行不同方案下的结构力学响应分析[18,19]。水动力优化中,可以借助于计算流体力学软件完成优化过程涉及的船舶水动力性能计算。在这种开发模式下,编程的主要工作是解决方案的生成,控制商业计算软件中的建模与计算,提取商业软件的计算结果,以及根据计算结果通过特定的优化策略确定优化方向等。目前,用于船舶与海洋平台优化设计的专业软件系统较少,多数的优化设计任务均需要开发专业的优化设计软件工具完成。

专业软件开发对于船舶与海洋平台设计非常重要,开发专业的设计工具可有效提高设计的效率,通过优化设计提高设计质量,同时开发专业的软件工具可以解决设计中的各类特殊问题,也是科研人员验证新理论、实现新方法的重要途径。

1.3 CAD技术在船舶与海洋平台设计中的应用

CAD造型技术包括二维线框模型、三维线框模型、三维表面模型、自由实体模型、参数化模型与变量化模型。除变量化模型之外,其余各类模型在船舶与海洋平台设计中均有广泛应用。

1.3.1 二维线框模型

二维线框模型以平面三视图表达几何体,以点、直线段、圆、圆弧及样条曲线等为描述对象,利用几何形体的棱边和顶点来表示产品的几何形状。为表达形体的三维形状,常采用三视图方式描述几何体,如图1.3(a)所示;零件模型采用二维线框模型表达,如图1.3(b)所示。二维线框模型起源于20世纪50年代后期,代表着CAD技术的诞生。二维线框模型实质上是将原来在图纸上的绘图工作在计算机中实现,以画笔、鼠标、键盘等为绘图工具,通过计算机中提供的尺度、约束功能完成图形绘制。二维线框模型在一定范围内取代了图板,具有划时代的意义。

二维线框模型的实现手段较为简单,具有图形显示速度快,容易修改,几何模型和文字说明、标注可以出现在统一视图中,便于排版和打印等优点,所以现在仍有广泛的应用。例如,船舶总体设计中的总布置图、船体型线图、基本结构图等图纸,仍然采用二维线框模型表达。

由于二维线框模型将三维的形体通过二维图表达,导致其存在以下缺点。首先,二维线框模型由于缺少一个方向的坐标,单一视图、双视图通常均不能表达形体的所有几何信息,需要借助于三视图表达几何体。三视图中存在大量的冗余数据,如图1.3(b)中零件左右两侧开孔的直径,在正视图、左视图与侧视图中均有体现。冗余数据的存在,一方面影响设计的效率,使得模型的创建与修改均较困难,另一方面也可能导致在图形的绘制或者修改过程中,因三向数据不统一而产生设计错误,影响设计的准确性与设计的质量。其次,三视图只能表达几何体基本的轮廓形状、外形尺寸等几何信息,不能有效表达几何数据间的拓扑关系,如点属于线、线属于面、面属于体等。所以,二维线框模型更像是一张图纸,而不是一个用于设计的模型。此外,二维线框模型中仅有形体的边与棱等信息,因为缺乏形体的表面信息,所以基于二维线框模型无法实现 CAM 与 CAE。早期二维线框模型的产品设计实质上不能算是计算机辅助设计,而应称为计算机辅助绘图(computer aided drafting)。

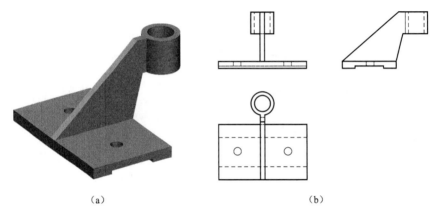

(a)   (b)

图 1.3　简单零件及其二维线框模型表达

1.3.2　三维线框模型

20 世纪 60 年代中后期,出现了采用三维的几何轮廓线描述几何形体的 CAD技术,即三维线框模型。三维线框模型与二维线框模型类似,采用形体的棱边描述几何体,但是三维线框模型中的点有三维坐标,棱边为三维曲线,通过三维点与棱边准确描述形体的空间位置与尺寸。如图 1.3(a)所示零件的三维线框模型表达如图 1.4 所示。三维线框模型可以准确描述几何体的几何尺寸。与二维线框模型相比,三维线框模型的数据量小,表达的几何信息相对更完整,图形更加直观,且避免了冗余数据,模型易于修改,同时将三维线框向 XY、YZ 与 XZ 三个坐标平面投影,可以得到二维线框模型。此外,三维线框模型具有算法简单、易于程序实现及图形显示速度快等优点。对于复杂曲率的三维曲面,如常规运输船舶的船体曲面,设计中通常通过一组由轮廓线和截面线组成的三维曲线定义曲面,曲面的创建与编辑主要针对于三维曲线,所以三维线框模型是船体曲面等复杂曲面设计的基础。此外,船体型线设计可以直接基于三维型线模型完成,三维型线模型也是一种典型的三维线框模型。

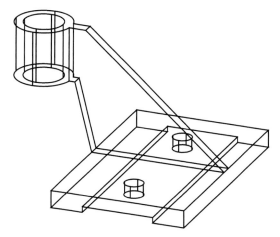

图 1.4　基于三维线框模型表达几何体

　　三维线框模型中仅包含形体的顶点与棱边,没有面和体的概念,因此三维线框模型只能表达形体基本的几何信息。通过变换视角,可以查看三维线框模型的几何外形,但是由于没有面的概念,无法区分形体的可见边与不可见边。三维线框模型存在多义性,同一个图形可以有不同的解释。由于缺乏形体的表面信息,基于三维线框模型的 CAM 与 CAE 同样无法实现。由于没有体的概念,无法通过三维线框模型直接计算形体的体积属性,包括体积、型心位置及惯性矩等。三维线框模型能够生成三视图,但是由于信息量不全,所以无法实现边线的消隐或者生成剖视图。此外,当几何体较复杂时,三维线框模型的修改工作量仍较大,容易出现属于同一平面的边线不共面等设计错误。

1.3.3　三维表面模型

　　三维线框模型可以用于曲面的创建与修改,但是,对于求交、剪切、拼接等问题,三维线框模型难以实现。同时,飞机、汽车等形体对外形的几何形状有较高要求,通常要求曲面满足高阶连续,通过三维线框模型难以满足该要求。20 世纪 70年代初,法国达索(Dassault Systèmes)飞机制造公司成功应用贝塞尔(Bézier)曲面造型技术,开发出以表面模型为特点的自由曲面建模法,推出了三维曲面造型系统CATIA(computer aided three-dimensional interactive application)。表面造型在线框造型的基础上发展起来,用有向棱边围成的部分描述形体表面,用形体表面的集合定义形体。表面模型首次实现以计算机完整描述产品零件的主要信息,带来了第一次 CAD 技术革命。

　　表面模型比线框模型增加了有关面边(环边)信息以及表面特征、棱边的连接方向等内容。表面模型中用于表达形体的面包括平面、直纹面、回转面、柱状面、贝塞尔曲面、孔斯(Coons)曲面、B 样条曲面及非均匀有理 B 样条(non-uniform rational B-splines,NURBS)曲面等。表面模型中通过平面、曲面的消隐算法区分模型中可见部分与不可见部分,实现模型的消隐显示,通过光照模型生成具有明暗色彩图的真实感模型,如图 1.5(a)所示。三维表面模型可以十分直观地显示三维形体,对构造的曲面进行渲染处理,可通过透视、透明度和多重光源等处理手段产生高清晰度、逼真的彩色图像,再根据处理后的图像光亮度分布规律来判断出曲面的光滑度。同时可以对曲面进行高斯曲率分析,显示高斯曲率的彩色光栅图像,进一步分析曲面的连续性与光滑性。三维表面模型通过投影算法,可以得到任意投影方向的二维投影图,并且可以根据消隐关系隐藏不可见边,消除二维模型的多义性,如图 1.5(b)所示。表面模型的提出,极大地提高了工业产品的设计效率,迅速得到广泛应用。

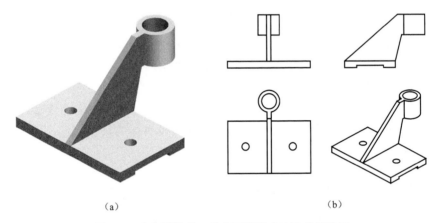

（a）   （b）

图 1.5   几何形体的三维表面模型表达及其消隐图

在船舶与海洋平台设计中,表面模型的应用非常普遍。首先,船体曲面在设计阶段通常基于二维线框或者三维线框模型。但是线框模型信息量较少,难以解决复杂曲面的求交、拼接与剪裁等问题。所以,当前的船舶与海洋平台设计软件中,当型线设计完成之后,通常通过型线构造三维船体曲面,基于曲面完成后续的三维布置、结构设计及管系设计等设计任务。在初步设计与详细设计阶段,船体结构设计中通常将结构构件采用简化的方式表达,即将板采用三维表面模型表达其形状,板的厚度定义为板的属性,同理将型材通过理论线加剖面属性方式定义。这种表达方式可以实现结构的快速建模与快速修改,提高三维图形的显示效率,同时可以降低模型的复杂度与存储量。船体结构有限元分析中,通常采用板梁结构模型,即通过板单元或者壳单元模拟船体结构中的板,通过梁单元或者杆单元模拟结构中的型材。基于三维表面模型表达的船体结构模型,通过网格划分算法,可以直接得到结构有限元模型,从而实现船舶与海洋平台的船体结构 CAD 与 CAE 一体化。

三维表面模型在薄壳自由曲面设计、空间板壳结构前期设计中的应用具有较大的优势。但是,三维表面模型中没有体的概念,如果将其用于表达非薄板壳形体,存在以下缺点:首先,表面模型的信息不全,不能直接用于计算形体的体属性,因为通过若干平面、曲面可以构成一个封闭区域,但是封闭区域只体现在视觉上,模型中面与面之间没有拓扑关系,所以无法直接由表面模型计算形体的体积、体积心和惯性矩等属性;其次,表面模型可以用于建立板壳结构有限元模型,但是由于没有体的概念,无法划分为体网格,在 CAE 领域的应用非常有限;最后,采用表面模型表达形体时,需要单独对形体的每个面进行操作,建模复杂且模型修改困难。

1.3.4 自由实体造型技术

20 世纪 70 年代后期,在表面模型的基础上出现了自由实体造型技术。实体造型给出了表面间的相互关系等拓扑信息,能够完整地描述三维形体。三维实体造型有多种表达方法,如单元分解表示法、构造实体几何法(constructive solid geometry,CSG)、边界表达法(boundary representation,B-Rep),以及 CSG 与 B-Rep 混合表达法等。SDRC 公司于 1979 年发布了世界上第一个基于实体造型技术的大型 CAD/CAE 软件 I-DEAS。美国的 CV 公司在其 CADDS 系统中最先在曲面算法上取得突破,大幅提高计算速度,并将软件的运行平台向小型机转移。实体造型技术的普及应用标志着 CAD 发展史上的第二次技术革命。

B-Rep 是应用最广泛的实体表达法。相比于线框模型与表面模型,B-Rep 实体模型的算法更为复杂。即使商业 CAD 软件,其实体造型内核通常并不自行开发,而是基于其他商业实体造型引擎。著名的实体造型引擎有 ACIS、Parasolid、OpenCasCade 等。ACIS 是美国 Spatial Technology 公司推出的三维几何造型引擎,采用面向对象的数据结构和编程接口,用于开发面向终端用户的三维几何造型系统。CATIA、AutoCAD 等商业软件均以 ACIS 作为几何造型核心。ACIS 是一个边界表示法造型器,ACIS 中的模型由几何体、拓扑几何体和附加属性构成,其中正则的 B-Rep 实体模型的结构如图 1.6 所示。拓扑结构按层次分解成下述对象:体(body)、块(lump)、壳(shell)、面(face)、环(loop)、有向边(coedge)、边(edge)以及顶点(vertex)。几何体包括几何点(point)、几何线(curve)、几何面(surface)和实体(solid),分别与拓扑体中顶点、边、面和体相对应。

布尔运算是三维实体的重要算法,通过布尔运算可以将简单几何体组合为复杂几何体。布尔运算包括布尔加(union)、布尔减(subtract)和干涉(intersect),如图 1.7(a)所示的长方体 R 与圆柱体 C,R 与 C 布尔加、R 与 C 布尔减、R 与 C 干涉的结果分别如图 1.7(b)、(c)和(d)所示。

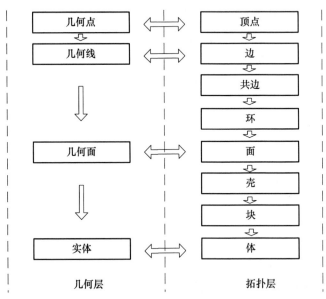

图 1.6　三维实体模型的 B-Rep 表达法数据关系

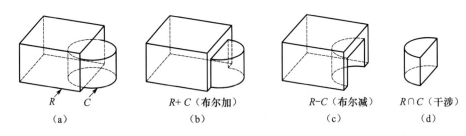

图 1.7　实体的布尔运算

面是体的组成部分,所以实体模型具备表面模型在三维显示中的所有优点,可以通过各种图形显示技术直观地展现真实感形体。此外,由于存在体的概念,所以可以通过任意平面对体进行剖切,得到形体的剖面,用于查看形体的内部结构。实体造型增加了实体存在侧的明确定义,对面的积分可以得到模型的所有体属性,包括体积、体积心、惯性矩及惯性积等。实体模型通过网格划分,可以得到结构有限元模型,用于产品的结构有限元分析。在实体模型上,可以定义模拟加工指令,实现零件的数控加工仿真,然后将加工指令转换成数控机床的控制指令,实现 CAD、CAE 与 CAM 的一体化。对于复杂几何体,建模时通常先将其分解为简单几何体并单独建模,然后由实体的布尔运算将简单几何体组合得到复杂几何体。相比于三维表面模型,实体模型的建模与修改均相对简单。

实体模型在船舶与海洋平台设计中有广泛应用。三维实体模型具有强大的表达能力,能够准确描述各类船舶与海洋平台浮体与舱室的三维模型。基于三维实体模型可以准确计算船体静水力特性、浮态、稳性及舱容要素等总体设计要素。相比于线框模型与表面模型，基于三维实体模型计算船舶的总体设计要素具有建模简单、精度高、算法易于实现等优点。在生产设计领域，实体模型同样应用广泛。通过三维实体模型表达船体结构模型，相比于三维表面模型，能够准确描述结构的局部细节，如板的坡口、型材的端部削斜等，基于三维实体模型可以准确计算结构重量与重量重心位置。通过三维实体模型设计管系与通风系统，相比于二维设计更为直观，通过管系、结构构件的干涉检查，可以迅速找出设计错误，有效提高设计效率与设计质量。

1.3.5　参数化技术

自由实体造型要求建模时产品的尺寸已经确定，建立模型的每一步均基于确定的尺寸，当模型建立完成之后，对模型的修改相对困难。实际上，在开发初期，产品形状和尺寸有一定模糊性，需要随着设计过程的深入，在装配验证、性能分析后才能最终确定产品的精确尺寸。这就希望模型具有良好的可变性，设计初期可以给定一个大致的尺寸，随着设计的深入与问题的细化，通过修改尺寸驱动模型的更新，得到最终的设计产品。在这一思想下，20 世纪 80 年代中期，PTC 公司发展了 Gossard 等的变量几何法思想[20]，推出了一款参数化设计软件 Pro/Engineering，其参数化设计方法的主要特点为基于特征、全尺寸约束、全数据相关、尺寸驱动设计修改。

参数化模型可以看作基于约束的实体模型。参数化模型不仅继承了自由实体模型的所有优点，同时模型具有良好的可修改性，克服了自由实体模型可变性差的缺点。由于模型具备良好的可变性，参数化模型支持自上而下的设计模式，产品的设计由抽象逐渐到具体，由粗略形状到精确尺寸，这一设计模式符合人们正常的设计过程，所以具有更高的设计效率。

工业产品的设计绝大多数属于改进设计，即对现有产品的尺寸做一定修改得到新产品。尺寸驱动设计修改的特点使得参数化模型具有良好的可重用性，如果待设计的新产品有现有产品参数化模型可以参考，则只要对其拓扑做必要的修改甚至不做修改，仅通过修改现有产品参数化模型的参数并更新模型，即可得到新产品，因此参数化模型尤其适用于系列化产品设计。尺度驱动的特点使得参数化模型适用于产品的优化设计。实体模型实现了 CAD、CAE 与 CAM 一体化。对于参数化模型，给定一组参数，由尺度驱动的特点即可得到对应的实体模型，然后可以对其进行 CAE、CAM 分析与仿真，得到相应的性能指标，根据 CAE、CAM 性能指标重新修改参数化模型的参数，实现对产品的优化设计。Pro/Engineering 软件系统推出后由于其先进的理念很快取得成功，其他各 CAD 软件也纷纷效仿，将参数化技术应用于其软件系统中。参数化技术的应用主导了 CAD 发展史上的第三次技术革命。

参数化设计分为狭义上参数化和广义上参数化两种含义。狭义上参数化设计单指基于几何约束求解的参数化设计方法,如 Pro/Engineering 采用的变量几何法(也称为数值法)等。广义上的参数化设计方法泛指可以实现尺度驱动的设计模型。

1.4　广义参数化设计方法概述

船舶与海洋平台设计中所指的参数化设计通常为广义上的参数化设计。根据尺度驱动机制的实现原理不同,广义参数化设计方法可以分为程序参数化设计方法、基于构造历史的参数化设计方法和基于几何约束求解的参数化设计方法三大类。三种参数化设计方法参数化驱动机制有本质的区别,各有优缺点,分别适用于船舶与海洋平台不同的设计问题。

1.4.1　程序参数化设计方法

程序参数化设计方法将模型的定义、表达均集成在程序内部,通过程序实现参数化驱动机制,是最早提出的参数化设计方法[21,22]。程序参数化设计方法中,将需要改变的设计参数作为设计变量并允许人机交互式输入与修改,把几何元素之间的约束关系转化为与设计变量相关的数学表达式,编制成程序代码固化在程序里面。当用户交互改变设计参数时,计算机根据程序设定的约束规则重新计算其他变量值,得到满足输入参数以及所有约束条件的模型,实现设计模型的尺度驱动。对形式固定的模型,几何约束关系通过计算机程序较为容易求解,因而在各种参数化设计方法中,程序参数化是最早广泛应用的一种,并在系列化设计、标准件及常用件的设计中得到广泛的应用。

由于程序参数化模型采用程序语言表示,因此它便于存贮、传输、修改和共享。程序参数化设计方法具有强大而灵活的参数化功能。采用编程方法来建立产品的参数化模型,可以表达参数模型的各种形态,其中参数化变量可以是包含尺寸变量、结构变量、坐标变量或其他与几何模型没有直接关系的变量。通过程序参数化方法建立的参数化模型不仅可用于产品的设计,也可以编程将其用于后续的CAM、CAE 等领域。程序参数化支持整个设计过程的参数化,可以针对产品的设计过程、分析过程建立其参数化模型,进而提供更高级的辅助设计工具。程序参数化设计方法可以求解其他参数化设计方法难以解决的几何约束问题。此外,程序参数化的尺度驱动机制实现与维护更为容易,并可以将几何模型与各领域的专业知识相结合。

程序参数化设计方法对用户编程能力要求较高,人机交互功能差,甚至不需要人机的图形交互。如果要修改模型,只能修改源程序重新编译后运行。此外,程序参数化设计方法缺乏通用性，一个程序只能针对一个类型的模型，如果模型拓扑结构稍有变化，则需要重新编写程序、重新编译运行才能适应新模型的要求，所以程序参数化设计方法的柔性较差，这一问题限制了其应用范围。

1.4.2　基于构造历史的参数化设计方法

基于构造历史的参数化设计方法[23,24]采用一种称为构造历史的机制，通过历程树保存模型的创建过程，并将建模中用到的主要数据提取出来作为参数。当修改设计参数以后，依次重新执行历程树中被修改参数以后的所有建模操作，从而实现整个模型的更新。基于构造历史的参数化设计方法中，约束的求解过程是根据模型的构造过程依次求解，将有向约束简化为简单序列，将几何约束求解问题转化为对单个问题的依次求解，具有较高的求解效率。基于构造历史的参数化设计方法中通常没有复杂的约束，适合于大规模参数化问题的求解，常用于复杂三维实体参数化建模。

基于构造历史的参数化模型中，各图元在历程树中有严格的先后顺序，位于前面的图元不可以引用其后的图元，即不允许出现循环约束。所以要求建模初期对图元的创建过程有合理的规划，否则会导致模型难以修改与扩展。如果删除或者修改历程树中位于前面的几何图元，有可能导致与之相关的后续几何图元失效。基于构造历史的参数化模型求解简单，但存在模型的表达能力和问题的处理范围受限，不支持循环约束与非尺规问题等缺点。

1.4.3　基于几何约束求解的参数化设计方法

基于几何约束求解的参数化设计方法中，将产品的几何形状、功能和特性等属性通过几何图元、约束和参数来表示。在几何模型中加入几何元素之间的约束关系，通过特定的参数化机制维护设定的几何元素之间的约束关系，从而实现整个模型的关联设计。约束是图元需要满足的特定关系，约束分为可变约束和固定约束两大类，将可变约束的数值提取出来作为参数。赋予不同的参数值，通过几何约束求解，得到满足约束要求的几何图元，最终得到对应的设计产品。

与基于构造历史的参数化设计方法相比，基于几何约束求解的参数化设计方法注重的是结果而不是构造过程，几何图元和几何约束在模型构造中没有前后顺序，参数化模型与构造历史无关。如果几何图元和几何约束相同，采用不同的构造过程得到的是完全相同的参数化模型。

基于几何约束求解的参数化设计思想最早是由美国麻省理工学院的博士生Sutherland 于 1962 年在其博士学位论文中提出来的。Sutherland 在他开发的Sketchpad 系统中，首次将几何约束表示为非线性方程，用于确定二维几何形体的位置，辅助建立几何模型。1981 年，Light 等学者进一步发展了 Sutherland 的思想,提出了变量几何法[20],即 Pro/Engineering 所采用的几何约束求解方法。变量几何法中,将几何图元的待定参数作为变量,将几何图元以及图元之间各种几何约束转化为关于几何图元参数的非线性方程。采用牛顿迭代法求解非线性约束方程组,得到一组满足所有给定几何约束的变量。变量几何法实现了模型的尺度驱动,不仅可以用于模型的建立,并且可以通过修改约束的参数实现模型的修改,该方法的提出和完善标志着参数化设计理论的成熟和初步具备实用化条件。除变量几何法之外,几何约束求解方法还包括基于符号的方法[25,26]、基于规则的方法[27,28]和基于图论的方法[29,30]等多种分类。

早期的几何约束求解系统主要应用于二维平面几何问题。20 世纪 80 年代中后期至 90 年代,以 Pro/Engineering 系统为代表的三维 CAD 软件系统中,将基于几何约束求解的参数化设计技术应用于实体造型中,标志着参数化实体造型技术的成熟。三维参数化实体模型的应用中,首先建立基于几何约束求解的二维参数化图形,用于表达几何体主要形状和尺寸特征。二维参数化图形称为草图(sketch)。在草图基础上,通过各种三维特征,如拉伸特征、旋转特征、扫掠特征、倒角特征等建立几何体的三维模型。基于特征的参数化实体模型具有良好的可变性,支持自上而下的设计模式,因而可以显著提高产品的设计效率。

1.5　船舶与海洋平台软件开发概述

1.5.1　船舶与海洋平台 CAD 技术的特点

船舶与海洋平台 CAD 技术有以下三方面特点。

第一,船舶与海洋平台设计与建造的复杂性,导致没有一个软件能够涵盖所有设计内容,所以设计软件种类繁多,不同软件分别针对于不同的设计任务。例如,在总体设计阶段,通常采用 AutoCAD 软件绘图,采用 MAXSURF 等软件设计船体曲面/型线,基于 NAPA 等软件计算总体性能,采用 ANSYS 等有限元软件分析结构力学响应,采用 Fluent 等水动力软件分析水动力性能。生产设计通常基于生产设计软件完成,如 AVEVA Marine(TRIBON)、CADDS-5、FORAN、CATIA、SPD 等。部分软件的功能覆盖面较广,如 AVEVA Marine、FORAN 等生产设计软件具备一定总体设计功能,NAPA 具备一定水动力分析功能等,但是这些功能都是辅助性的,适用范围有限,不能替代相应的专业软件。

第二,船舶与海洋平台几何构造的复杂性导致 CAD 软件中二维线框模型、三维线框模型、表面模型和实体模型并存,借助于不同的 CAD 造型技术解决不同的设计问题。总体设计的工程图绘制通常采用二维线框模型。船体曲面/型线设计,可以采用二维线框模型、三维线框模型和三维曲面模型。在船舶静水力特性、舱容要素等属性计算中,三维实体模型、三维表面模型、三维线框模型和二维线框模型均有应用。在生产设计软件中,主要采用三维实体模型与表面模型建立结构、轮机系统及三维布置模型。从技术的先进性角度,不同的造型技术有显著的差异。但是最先进的 CAD 技术不一定最适用于船舶与海洋平台设计的具体情况。CAD 造型技术的选择对于软件开发至关重要。如果选择恰当,则不仅算法简单、程序稳定性好、通用性强,而且能够取得较高的计算精度和计算效率。船舶与海洋平台专业设计软件开发中需要根据设计问题的具体特点选择最适合的 CAD 造型技术。

第三,船舶与海洋平台不同设计与建造单位的设计习惯、建造条件、采用的标准等可能存在显著差异性。为提高设计效率,需要对 CAD 软件进行定制和二次开发。专业 CAD 软件采用的标准、输入与输出文件的格式、软件的应用习惯等仅支持一种或者有限几种选项。但是专业 CAD 软件通常提供功能较强的二次开发功能,包括基于宏语言的二次开发与专业开发接口。通过对 CAD 软件的二次开发,可使其功能更为专业,使软件的输入与输出符合行业、企业标准,提高软件的利用效率。

1.5.2 船舶与海洋平台设计软件开发模式

软件开发通常可以分为底层开发与二次开发两种模式。底层开发是指通过计算机编程语言,在不基于其他平台软件的前提下实现新的算法、模块,开发完成一款独立的新软件。二次开发是指基于其他平台软件,通过计算机编程语言或者平台软件提供的宏语言,对平台软件进行定制、修改或者功能扩展,实现各种符合特定要求的新功能。对于船舶与海洋平台软件开发问题,底层开发与二次开发两种模式均有应用。

1. 船舶与海洋平台设计软件底层开发

底层开发涉及 CAD 技术的底层算法,对设计者有较高的要求。开发者需要完成用户界面、人机交互、几何运算、数据结构、模型的读取与储存,以及专业功能模块的开发工作,所涉及的开发量较大,而且开发者需要掌握操作系统、计算机图形学、曲线与曲面算法等基础知识。在船舶与海洋平台专业软件开发中,对于二维问题或者三维线框问题,可以采取底层开发模式开发。涉及三维曲面造型问题时,如果仅用到简单曲面,且对曲面的连续性、剪裁与拼接算法没有较高要求,也可以采取底层的开发模式。如果涉及复杂曲面造型问题,或者涉及三维实体造型,则几何造型算法相对复杂,需要开发者有足够的经验,且投入相当规模的人力与物力才能完成底层算法。遇到此类问题时,不建议从事船舶与海洋平台专业设计人员做底层开发。

底层开发的优点是软件独立性好,不依赖于其他平台,使用与安装简单,软件可移植性强,开发者拥有软件的所有知识产权等。底层开发的缺点同样明显,即需要从事烦琐的底层模块开发,软件开发量大,需要编写代码解决各类专业与非专业问题,同时软件的稳定性与效率很大程度上取决于底层模块的开发质量。

图 1.8 为船舶出浅辅助决策系统界面。该软件为一款典型的底层开发专业软件,其功能类似于船舶的配载仪,用于船舶搁浅后安全性评估与脱浅辅助决策,包括搁浅后危险评估、出浅方案制定、出浅过程动态跟踪和出浅后状态预报四大部分。该软件采用 Visual C++ 6.0 开发,涉及用户交互界面开发、基础曲线功能开发、数据结构与文件存储、文档自动化及专业功能模块开发等内容。其中,用户界面开发模块主要解决各类图形显示、手动绘制与修改图形、图形界面的人机交互等。曲线功能模块包括直线、样条曲线、折线与圆弧的几何线的构造、插值、积分等基础算法。数据结构与文件存储包括软件数据结构设计、模型的加载与存储、数据安全性管理等。文档自动化模块用于将分析结论生成 PDF文档。专业功能模块包括船舶的脱浅分析模型定义、静水力特性计算、舱容计算、配载、重量与重量重心统计、重量分布曲线计算、总纵强度计算、依据 IMO 的稳性校核、搁浅后稳性校核、搁浅后船体结构强度校核、各类脱浅辅助方案设计、脱浅过程模拟仿真等。

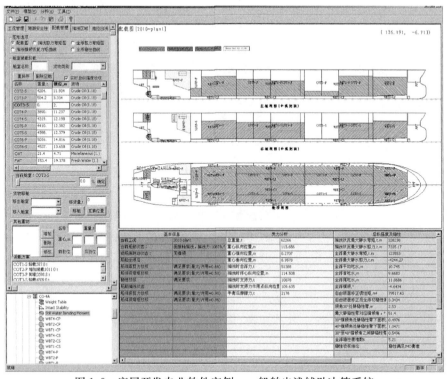

图 1.8　底层开发专业软件实例——船舶出浅辅助决策系统

船舶出浅辅助决策系统的开发中,专业功能模块的开发量与非专业模块的开发量基本相当。

2. 船舶与海洋平台设计软件二次开发

采用二次开发方式开发船舶与海洋平台的专业设计软件时,平台软件是广义的,分两种类型。

第一类是现有的即使不经过开发仍然可以直接使用的通用软件,如 AutoCAD 软件、CATIA 软件等。第一类开发在实际中应用最为广泛,也是最简单的二次开发模式。商业 CAD 软件通常提供至少一个二次开发环境。用户通过二次开发环境,利用商业 CAD 软件提供的应用程序接口(application programming interface,API),调用商业软件提供的功能模块,在商业软件平台上实现相应的功能。以 AutoCAD 软件为例,该软件主要提供 C++与 VBA 两种开发接口。C++接口的程序开发工具为 ObjectARX,提供了以 C++为基础的面向对象的开发环境及应用程序接口,类的层次结构如图 1.9 所示。

ObjectARX 提供的 API 接口,可以访问 AutoCAD 软件几乎所有层次的数据库数据,同时提供用户自定义实体的功能,用户可以根据需要在 AutoCAD 中定制自己的实体类型。基于 ObjectARX 的二次开发中,用户可以通过 API 直接利用 CAD 的图形显示、交互建模和图形数据库管理等功能,通过 API 接口用户可以开发自己的软件界面,调用基础的曲线、曲面、实体造型算法,根据专业软件的需要定义自己的扩展数据或者新的实体类型,实现专业软件的绘图、计算、模拟仿真及优化设计等功能。VBA(visual basic for applications)是 AutoCAD 提供的另外一种开发模式。VBA 是微软公司提供的 Visual Basic 的一种宏语言,是在 Windows 应用程序中执行通用自动化任务的编程语言,最早用来扩展 Microsoft Office 软件功能。现在大多数通用 CAD 软件均支持 VBA 的开发模式。与 ObjectARX 相比,VBA 的优势在于简单易学,应用灵活,能够调用 AutoCAD 软件平台的绝大多数功能,满足一般开发用户的要求。但是 VBA 不能够直接访问 AutoCAD 的图形数据库,所以效率较低。同时,VBA 提供的 API 接口数量远小于 ObjectARX,所以一些专业功能不能实现。此外,VBA 主要适用于规模较小的软件工具开发,对于中大型软件开发问题,采用面向对象的 ObjectARX 开发效率更高。

第二类平台软件并非严格意义上的软件,而是其他开发者或者软件公司提供的一个开发平台,该开发平台提供大量的基础功能模块,如曲线曲面算法、实体造型算法、三维显示算法等,用户通过开发平台提供的接口可以直接访问这些基础功能模块,并在其基础之上实现专业软件的开发工作。例如,ACIS 就是一个典型的开发平台,是采用 C++构造的图形系统开发环境,它包括一系列的 C++函数和类(包括数据成员和方法)。C++没有提供描述几何体的数学基本类,ACIS 提供

图 1.9　AutoCAD ObjectARX 类的层次结构

了一些 C++基类来实现这个功能,并且利用 C++的特性可以对它进行扩充,使得 ACIS 支持任意几何体的定义和构造功能,利用这些功能可以开发面向终端用户的三维造型系统。

　　基于二次开发模式开发船舶与海洋平台专业软件,选择合适的开发平台,则底层的功能模块,包括用户交互,图形二维、三维显示,交互绘图,图形交互修改,基本几何图元,曲线的求交、切割、拼接算法,实体的构造、属性计算与布尔运算算法,模型的保存与加载等,均可以由开发平台提供的 API 接口函数完成。用户的工作主要集中于专业软件功能模块的开发,所以能够有效降低软件开发的工作量。同时,用户程序的质量很大程度上取决于基础功能模块的稳定性与效率。通常情况下,无论是基于商业 CAD 软件还是基于 ACIS 等二次开发平台,其基础功能模块的稳定性与效率均高于用户(专业软件开发单位除外)自己开发的相应功能模块,并且,商业软件平台的功能在不断升级与完善,基于二次开发模式开发完成的用户程序底层算法可随之发展。

对于面向于中小规模使用范围的软件,如果对软件的独立性没有特殊要求,从提高开发效率、降低开发成本、保证程序有良好的通用性、稳定性和鲁棒性角度可优先考虑二次开发模式。

1.5.3 船舶与海洋平台专业软件开发基本要求

开发船舶与海洋平台专业设计软件,应重点关注软件的以下五个方面性能。

(1)算法的可靠性。开发船舶与海洋平台专业设计软件面向于解决工程问题,算法的可靠性、计算结果的准确性应当首先保证。解决同一个问题,可以有不同的算法,每种算法均有其优点与缺点。对于工程应用软件,优先选择的算法未必是其中技术最先进或者精度最高的,从提高软件实用性角度,应当选择稳定性好、计算精度可控的算法,在此前提下,再选择效率与精度相对更高的算法。

(2)代码的可维护性。软件的可维护性主要取决于软件整体架构的合理性。在软件开发之前,应先系统分析软件的基本需求,根据开发问题的具体特点及软件的用户需求选择合适的开发平台及关键技术,从软件系统角度提出合理的程序架构,设计数据结构。各功能模块之间的关系应简单明确,代码编写符合规范。软件开发过程的规范化在开发过程中可能会投入更多的时间,但是可以大大降低软件后期维护的工作量,可有效降低技术支持的花费,同时规范化的代码具有良好的可移植性,功能模块可用于以后开发类似软件。

(3)功能的可扩展性。船舶与海洋平台设计问题具有复杂性,开发专业设计软件初期,主要面向于解决一类具体的问题。在软件使用中,用户会不断提出新的需求,要求软件能够解决新的问题。所以软件架构设计时,应考虑软件功能的可扩展性,保证软件能够在现有的功能模块基本不变的前提下,对现有模块进行扩展,满足新的功能要求。此外,当新技术出现时,软件系统应当能够以较少的代价导入新技术,对现有系统进行功能和性能的扩展。

(4)软件的通用性。软件的通用性在一定程度上决定了软件能够实现的价值。虽然船舶与海洋平台设计的不同问题可以通过开发不同的软件解决,但是这种方法软件开发量大、投入成本高,因而不具备可行性。提高软件通用性是解决设计问题多样性的有效途径。软件的通用性未必与软件的开发代码量成正比,决定软件通用性的首要因素是所采用的关键技术与算法。采用合理的技术与算法,可以以较少的开发量,解决较复杂的问题,同时具有较高的通用性。此外,提高软件的开放性,留有不同层次的输入与输出接口,同样能够显著提高软件的通用性。

(5)软件的专业性与智能性。船舶与海洋平台专业设计软件开发的目标是提高设计效率,解决专业化问题,所以软件应具有一定的专业性与智能性。软件的数据结构定义应合理且符合一般的设计逻辑,避免冗余数据,减轻用户输入工作量,避免因数据不一致产生的错误。数据的输入应符合设计习惯,保证模型具备良好的可修改性,软件输出的图形、表格与文档应符合行业规范。

船舶与海洋平台专业软件开发对开发人员具有较高的要求。软件开发者不仅要有扎实的船舶与海洋工程专业基础,同时需要熟练掌握计算机软件开发语言,对计算机软、硬件知识以及 CAD 造型技术有良好的基础。此外,开发者必须对各种数值方法与优化方法有充分的理解,能够灵活运用各类算法解决设计中所遇到的各种特殊问题。

参 考 文 献

[1] IACS. Common Structural Rules for Bulk Carriers. Beijing:IACS,2006.

[2] IACS. Common Structural Rules for Oil Tankers. Oslu:IACS,2006.

[3] IMO. International Code on Intact Stability (2008 IS CODE). MSC. 267(85). London: IMO,2008.

[4] 国际海事组织. 国际海上人命安全公约(SOLAS). 北京:人民交通出版社,2009.

[5] 中华人民共和国海事局. 船舶与海上设施法定检验技术规则. 北京:人民交通出版社, 2011.

[6] IMO. MEPC. 1/Circ. 681. Interim Guidelines on the Method of Calculation of the Energy Efficiency Design Index for New Ships. London:IMO,2009.

[7] 国际海事组织. 73/78 防污染公约. 北京:人民交通出版社,2009.

[8] IMO. International Convention for the Control and Management of Ships Ballast Water and Sediments. London:IMO,2004.

[9] Evans J H. Basic design concepts. Naval Engineers Journal,1959:671-678.

[10] Snaith G R,Parker M N. Ship design with computer aids. NE Coast Institute of Engineers and Shipbuilders,1972,88(5):151-172.

[11] Buxton I L. Engineering economics applied to ship design. Trans. RINA,1972,114:409-428.

[12] Andrews D J. Creative ship design. Transactions RINA,1981,123:447-471.

[13] 谢子明,薛曾丰. 造船软件国产化. 中国数字化造船论坛论文集,2006:184-190.

[14] 郑玄亮. 博弈分析法在船舶与海洋工程设计中的应用. 大连:大连理工大学博士学位论文,2010.

[15] 姜文英,林焰,陈明,等. 基于粒子群和蚁群算法的船舶机舱规划方法. 上海交通大学学

报,2014,4:502-507.

[16] Jiang W Y, Lin Y, Chen M, et al. A co-evolutionary improved multi-ant colony optimization for ship multiple and branch pipe route design. Ocean Engineering, 2015, 102:63-70.

[17] Jiang W Y, Lin Y, Chen M, et al. An ant colony optimization-genetic algorithm approach for ship pipe route design. International Shipbuilding Progress, 2014, 61(3-4):163-183.

[18] Yu Y Y, Li K, Lin Y, et al. A new mesh transformation method for hull structure shape optimization based on parametric technology. Proceedings of the International Offshore and Polar Engineering Conference, 2015:1245-1252.

[19] Yu Y Y, Lin Y, Ji Z S. A parametric structure optimization method for the jack-up platform. The 31st International Conference on Ocean, Offshore and Arctic Engineering, 2012: 463-468.

[20] Light R, Gossard D. Modification of geometric models through variational geometry. Computer-Aided Design, 1982, 14(4):209-213.

[21] 于雁云, 林焰, 纪卓尚, 等. 基于参数化表达的船舶结构有限元分析方法. 船舶力学, 2008, 12(1):74-79.

[22] 周军龙, 陈立平, 王波兴, 等. 工程参数化设计的整体解决方法探讨. 计算机工程与设计, 1996, 20(3):38-41.

[23] 孟祥旭, 汪嘉业, 刘慎权. 基于有向超图的参数化表示模型及其实现. 计算机学报, 1997, 20(11):982-988.

[24] 马翠霞, 孟祥旭. 参数化设计中的对象约束模型及反向约束的研究. 计算机学报, 2000, 23(9):991-995.

[25] Kondo K. Algebraic method for manipulation of dimensional relationships in geometric models. Computer-Aided Design, 1992, 24(3):141-147.

[26] Gao X S, Chou S C. Solving geometric constraint systems II. A symbolic approach and decision of rc-constructibility. Computer-Aided Design, 1998, 30(2):115-122.

[27] Verroust A, Schonek F, Roller D. Rule-oriented method for parameterized computer-aided design. Computer-Aided Design, 1992, 24(10):531-540.

[28] Lee J Y, Kim K. A 2-D geometric constraint solver using DOF-based graph reduction. Computer-Aided Design, 1998, 30(11):883-896.

[29] Fudos L, Hoffmann C M. A graph-constructive approach to solving systems of geometric constraint. ACM Transactions on Graphics, 1997, 16(2):179-216.

[30] Bouma W, Fudos L, Hoffmann C M, et al. Geometric constraint solver. Computer-Aided Design, 1995, 27(6):487-501.

第2章 船舶型线与曲面设计软件开发

船体曲面(型线)设计是船舶总体设计的基础,曲面质量直接影响到船舶的各项总体性能,曲面设计中需要综合考虑多方面设计因素。第一,船体曲面决定了船舶漂浮于水中时的浮力分布,曲面设计应满足船舶浮性、稳性与总纵强度的基本要求。第二,船舶的水动力性能,包括快速性、适航性与耐波性等,均与曲面密切相关,曲面的设计应满足水动力性能相关要求。第三,船体曲面关系到船舶的总体布置,如船舶螺旋桨、舵、机舱设备、锚泊设备等均对布置空间有相应要求,船体曲面的设计应满足总布置的特殊要求。第四,船体曲面在满足上述要求的前提下应达到足够的光顺性。水线以上曲面的光顺性直接影响到船舶的美观性,水线以下曲面的光顺性对船舶的水动力性能有一定影响。此外,船体建造工艺对曲面的光顺性有一定要求,不光顺的曲面将增加结构建造的难度。

常规运输船舶的船体曲面为复杂的双向曲率曲面,与汽车、飞行器等几何体相比,船体曲面的曲率分布更为复杂,难以通过少数几条特征曲线采用高阶曲面片拼接得到。目前为止,船体曲面设计仍然主要基于型线设计完成。本章首先对样条曲线理论及其在船体型线设计中的应用进行概述;然后介绍船体型线设计软件开发方法,包括二维型线设计软件及三维型线设计软件;最后介绍船体曲面的各类表达方法,并给出两种曲面的创建方法。

2.1 样条曲线理论及其关键算法

在 CAD 技术出现之前,船舶、飞行器和汽车制造领域中,普遍应用样条手工绘制自由曲线。样条为弹性薄木片,通过若干压铁控制样条的形状,调整压铁的位置使样条的形状符合设计要求。物理样条通过压铁所在位置,且在压铁位置处两侧的斜率连续、曲率连续。随着计算机技术的发展,以物理样条为背景的数学样条曲线迅速发展,并在 CAD 软件中普遍应用。

样条曲线在船舶与海洋平台 CAD 中具有极为重要的地位。在二维设计方法中,通常采用样条曲线表达船体型线,借助于样条曲线完成型线的绘制、型线三向光顺、型线插值、型线变换等。型线设计对曲线算法要求较高,包括曲线的求交算法、拼接算法与积分算法等。同时,型线设计要求曲线满足连续性,包括型值点连续、导数连续、曲率连续,三者分别对应为 C_0、C_1 与 C_2 连续。船舶与海洋平台的静水力特性通常通过曲线表达,括静水力曲线、稳性插值曲线、邦戎曲线,以及进水角曲线等。静水力相关曲线的计算中广泛用到各类曲线的算法,包括曲线的插值算法、积分算法等。此外,在船舶与海洋平台的总纵强度计算、完整稳性与破舱稳性计算、螺旋桨设计等设计环节中均需要借助于样条曲线完成。

船舶与海洋平台设计中常用的样条曲线包括插值三次样条曲线、双圆弧样条曲线、Bézier 曲线、B 样条曲线和 NURBS 曲线等。各种样条曲线在船舶与海洋平台设计中均有一定的适用性,其中,NURBS 曲线应用最广泛。

2.1.1 样条曲线理论及其在船舶型线设计中的应用

1. Bézier 曲线

Bézier 曲线最初由 Paul de Casteljau 于 1959 年提出。1962 年法国工程师皮埃尔·贝塞尔(Pierre Bézier)将 Bézier 曲线应用于曲线曲面设计系统 UNISURF[1],主要用于汽车的主体设计。Bézier 采用的 Bernstein 多项式基函数为

$$P(u) = \sum_{i=0}^{n} B_{n,i}(u)V_i, \quad 0 \leqslant u \leqslant 1 \tag{2.1}$$

式中,$V_i(i=0,1,\cdots,n)$ 为特征多边形顶点,n 为曲线次数;$B_{n,i}(u)$ 为 Bernstein 多项式基函数

$$B_{n,i}(u) = \frac{n!}{(n-i)! \cdot i!}(1-u)^{n-i}u^i \tag{2.2}$$

Bézier 曲线不通过给定的顶点(首、尾端点除外),但是曲线形状受顶点控制并逼近顶点,所以 Bézier 曲线是一种逼近样条曲线。Bézier 曲线具有对称性、凸包性和几何不变性等优良特性,是计算机图形学中重要的参数曲线,也是许多重要曲线算法实现的基础。在船舶型线设计中,通常需要曲线满足插值于型值点的要求。所以,在船体型线设计中,通常不能直接利用 Bézier 曲线准确表达型线,Bézier 曲线的直接应用较少。

2. B 样条曲线

B 样条最初由 Schoenberg 于 20 世纪 40 年代首先提出,由 Clark[2]、de Boor[3,4]等学者逐步发展完善,成为当前部分 CAD/CAM 软件的几何造型核心。

B 样条曲线的表达式为

$$P(u) = \sum_{i=0}^{n} B_{i,k}(u)V_i \tag{2.3}$$

式中,$V_i(i=0,1,\cdots,n)$ 为控制顶点,n 为样条曲线的次数;$B_{i,k}(u)$ 为 k 次 B 样条基函数。B 样条基函数通常采用递推公式定义

$$\begin{cases} B_{i,0}(u) = \begin{cases} 1, & u_i \leqslant u \leqslant u_{i+1} \\ 0, & 其他 \end{cases} \\ B_{i,k}(u) = \dfrac{u - u_i}{u_{i+k} - u_i} B_{i,k-1}(u) + \dfrac{u_{i+k+1} - u}{u_{i+k+1} - u_{i+1}} B_{i+1,k-1}(u), \quad k \geqslant 1 \end{cases} \quad (2.4)$$

式中，$U = \{u_0, u_1, \cdots, u_m\}$ 为无因次节点矢量。通常节点矢量取根据弦长计算得到的无因次量，$0 = u_0 = u_1 = u_2 = \cdots = u_k \leqslant u_{k+1} \leqslant u_{k+2} \leqslant \cdots \leqslant u_n = u_{n+1} = u_{n+2} = \cdots = u_{n+k} = 1$。

与 Bézier 曲线类似，B 样条曲线是控制顶点的逼近曲线，不插值于其控制顶点。船舶与海洋平台设计中经常遇到的问题是，给定一组点，要求样条曲线插值于给定的所有点，该问题称为样条曲线的反算问题。通过 B 样条曲线的反算算法，可以根据给定的一组型值点与两个额外的约束条件，计算 B 样条的控制顶点与节点矢量，构造 B 样条曲线。

B 样条曲线具有严谨的数学理论，可以采用统一的表达式表达 $n(n \geqslant 1)$ 次曲线，具有线性变换下的几何不变性和局部修改性。因此，B 样条曲线在计算机辅助设计领域中有广泛的应用。但是 B 样条曲线不能准确处理一些特殊问题，如准确表达圆弧、椭圆弧等圆锥曲线，表达曲线内部的折角点，以及实现不同类型的曲线拼接等。针对这些需求，国内外研究者不断对 B 样条曲线算法进行研究。Versprille 在他的博士学位论文中提出 NURBS 的概念。

3. NURBS 曲线

NURBS 曲线为一分段的矢量有理多项式函数，其表达式为

$$\boldsymbol{P}(u) = \frac{\sum\limits_{i=0}^{n} B_{i,k}(u) W_i \boldsymbol{V}_i}{\sum\limits_{i=0}^{n} B_{i,k}(u) W_i} \quad (2.5)$$

式中，$W_i (i = 0, 1, \cdots, n)$ 为权因子，其余参数含义同 B 样条函数定义。

当权因子全部取 1 时，NURBS 退化为 B 样条曲线。所以 NURBS 具有 B 样条曲线的所有优点。NURBS 可以采用统一的表达式表达样条曲线、直线和各类圆锥曲线，包括圆、椭圆和双曲线等。通过设置重节点，可以使 NURBS 在中间任意节点处满足 $C_i (0 \leqslant i \leqslant k-1)$ 连续性，该特性使得 NURBS 可以准确表达内部带有折角点的曲线。通过 NURBS 的拼接算法，可以实现不同类型的曲线拼接。拼接算法在船体型线设计中非常重要。船体型线中可能包含不同类型的曲线。虽然采用不同类型的曲线分段表达，能够准确描述船体型线。但是，型线设计中涉及大量对曲线进行插值、积分等算法，如果型线的曲线类型不统一或者一条型线采取分段形式表达，则程序设计十分复杂，且给后续设计工作增加困难。

通过正确设置 NURBS 的节点矢量与权值，可以将船体型线按照几何特点采

用自由曲线、直线、圆弧或者椭圆弧等解析曲线准确表达。利用 NURBS 的拼接算法,将各类曲线拼接为一条完整的曲线,这样既能够保证表达的准确性,同时解决了型线完整性问题。如图 2.1 所示,型线中的水线、首尾轮廓线、平边线、横剖线等,均根据几何特征采用由 NURBS 定义的样条曲线、直线与圆弧精确表达,然后由 NURBS 曲线的拼接算法将分段曲线拼接为一条完整的 NURBS 曲线。

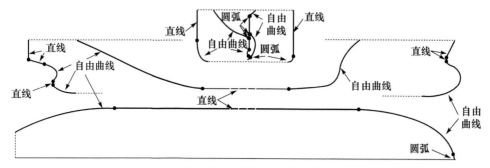

图 2.1　拼接算法在船体型线表达中的应用

1991 年,国际标准化组织(ISO)颁布的工业产品数据交换标准 STEP 中,把 NURBS 作为定义工业产品几何形状的唯一数学方法。当前主流的 CAD 软件均支持 NURBS 曲线,主要的船体型线设计软件中同样采用 NURBS 表达船体型线。

2.1.2　样条曲线求交算法

求交算法是样条曲线的重要算法。在船体型线设计中,求交算法应用十分广泛,算法的效率与稳定性直接关系到型线设计软件的质量。

曲线求交问题最理想的方法为计算两条曲线交点的解析解。在船体型线设计中通常采用参数样条曲线。参数样条曲线虽然有数学表达式,但是计算其解析解不具有可行性,尤其对于 NURBS 曲线。所以,曲线求交问题通常采用数值方法求解。

对于简单的曲线求交问题,如图 2.2 所示的各种单交点的情况,可以通过二分法、牛顿法等方法求解。但对于多交点情况,二分法与迭代法均无效,需要采取更复杂的迭代算法求解。对于 NURBS 曲线求交问题,通常利用 NURBS 分解算法将其转化为一组几何形状相同的 Bézier 曲线。Bézier 曲线具有良好的凸包性和可分割性,通过 Bézier 曲线段的求交算法计算 NURBS 曲线的所有交点。

利用文献[5]中提供的算法,可以将任意 NURBS 曲线转化为一组等效的有理 Bézier 曲线段。利用 Bézier 曲线的分割算法,可以将一条 Bézier 曲线分割为两条等效的 Bézier 曲线段。NURBS 与 Bézier 曲线的上述性质,是平面 NURBS 曲线求交问题的计算基础。

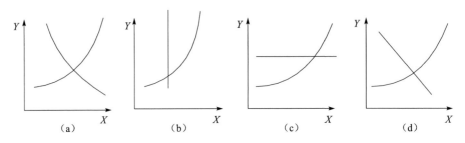

图 2.2　简单的曲线求交问题

如图 2.3 所示，平面内，S_1 与 S_2 为两条 NURBS 曲线，计算 S_1 与 S_2 所有交点的算法如下。

算法 2.1　NURBS 曲线的求交算法

建立点数组 **P**，用于保存 S_1 与 S_2 的所有交点

计算 S_1 控制顶点凸包多边形 C_1，S_2 的凸包多边形 C_2

IF C_1 与 C_2 没有交集

{S_1 与 S_2 无交点，返回}

将 S_1 转化为 Bézier 曲线，保存至数组 **B1**，**B1** 长度为 n_1

将 S_2 转化为 Bézier 曲线，保存至数组 **B2**，**B2** 长度为 n_2

计算 **B1**、**B2** 中所有 Bézier 曲线的凸包多边形

建立数组 **B1′**、**B2′**

WHILE $n_1 \neq 0$ 且 $n_2 \neq 0$

{**FOR** i 从 0 至 $n_1 - 1$ 循环

　{**FOR** j 从 0 至 $n_2 - 1$ 循环

　　{**IF** $B1_i$ 凸包与 $B2_j$ 凸包有交点

　　　{**IF** $B1_i$ 凸包与 $B2_j$ 凸包面积均小于精度 ε

　　　　{将 $B1_i$ 的中点添加至 **P**}

　　　　ELSE

　　　　{**IF** $B1_i$ 凸包面积大于精度 ε

　　　　　{利用 Bézier 曲线分割算法，将 $B1_i$ 分割为 $Bh1$ 与 $Bt1$ 两段将 $Bh1$ 与 $Bt1$ 添加至数组 **B1′**

　　　　　}

　　　　ELSE{将 $B1_i$ 添加至数组 **B1′**}

　　　　IF $B2_j$ 凸包面积大于精度 ε

　　　　{将 $B2_j$ 分割为 $Bh2$ 与 $Bt2$ 两段

　　　　　将 $Bh2$ 与 $Bt2$ 添加至数组 **B2′**

　　　　}

　　　　ELSE{将 $B2_j$ 添加至数组 **B2′**}

　　}

```
          }
       }
     }
  删除 B1′ 与 B2′ 中重复线
  令 B1＝B1′, B2＝B2′
  令 n₁ 为 B1 的长度, n₂ 为 B2 的长度
}
P 即为曲线 S₁ 与 S₂ 的所有交点
```

算法结束

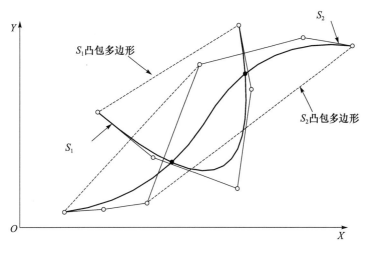

图 2.3　基于凸包多边形的复杂曲线求交问题

　　商业 CAD 软件中, 通常提供 NURBS 曲线的求交算法。基于商业软件开发船舶与海洋平台设计软件时, 可以直接应用商业软件提供的曲线求交功能。例如, AutoCAD 软件中, 在其 VBA、C＋＋等应用程序接口中, 提供样条曲线的求交点函数(IntersectWith)。利用该函数可以得到平面内任意两条曲线的所有交点。

2.1.3　样条曲线插值算法

　　样条曲线的插值是指给定横坐标 x, 计算样条曲线上横坐标为 x 的点的 Y 坐标。或者给定纵坐标 y 坐标, 计算曲线上满足纵坐标为 y 的点的 X 坐标。船体型线设计软件中涉及大量插值操作, 插值函数的效率和稳定性直接影响到软件系统的功能。曲线插值算法要求曲线在插值方向上满足单调性。例如, 对 X 方向插值, 要求曲线在定义域内沿 X 方向单调, 否则在给定 x 位置处可能存在多于 1 个解。所以, 插值问题的复杂度要低于求交问题。本节给出一种基于二分迭代法的

样条曲线插值算法,适用于各种参数样条曲线的插值问题。

在插值算法中应先判断插值曲线是否满足单调性,如果无效,直接提示错误并退出。给定曲线 S,型值点为 $\mathbf{F}=\{F_0,F_1,\cdots,F_{n-1}\}$,$S$ 起点与终点的 X 坐标分别为 xs、xe,起点与终点的参数分别为 u_0、u_1,计算给定位置 x 处的 Y 坐标算法如下。

算法 2.2 **参数样条曲线的插值算法**

  FOR i 从 0 至 $n-2$ 循环

  $\{F_i$ 与 F_{i+1} 的 X 坐标分别为 x_i 与 x_{i+1}

   IF $(x_{i+1}-x_i)\cdot(xe-xs)<0$

   $\{$提示曲线不单调

    返回错误代码

   $\}$

  $\}$

  IF $(xe-x)\cdot(xs-x)>0$

  $\{x$ 超出曲线范围

   返回空

  $\}$

  令 $l=u_0,r=u_1,\varepsilon=10^{-7}$

  WHILE $r-l>\varepsilon$

  $\{m=(l+r)/2$

   计算 S 曲线参数为 l 时的 X 坐标 xl,以及参数为 m 时的 X 坐标 xm

   IF $(xl-x)\cdot(xm-x)>0$

   $\{$令 $l=m\}$

   ELSE

   $\{$令 $r=m\}$

  $\}$

  计算参数 m 对应的 Y 坐标 y,y 为 x 对应的满足精度的 Y 坐标

  算法结束

计算给定 Y 坐标计算 X 坐标的算法与上述算法类似。算法 2.2 中采用二分迭代法计算曲线插值问题。需要注意的是,从计算效率来说,二分迭代法效率相比于牛顿法较低。但是,牛顿法要求曲线 C_1 连续,而船体型线设计中,可能用到不满足 C_1 连续性的曲线,如带有折角的型线等,此时牛顿法可能失效。二分法效率相对较低,但是具有良好的稳定性,且通常情况下二分法完全满足软件计算效率的要求。

2.1.4 样条曲线积分算法

船舶与海洋平台设计中,需要用大量的积分计算,如静水力曲线、邦戎曲线、稳性插值曲线等性能曲线的计算,主要计算量在于通过曲线积分算法计算面积、静矩

及惯性矩。型线变换中,计算船舶的横剖面面积曲线(section area curve,SAC),以及基于 SAC 曲线计算棱形系数和浮心纵向位置,均需要用到曲线的积分算法。依据微积分基本定理,函数 $f(x)$ 在 $[a,b]$ 上的积分为

$$I = \int_a^b f(x)\mathrm{d}x \tag{2.6}$$

只需找到 $f(x)$ 的被积函数 $F(x)$,则根据牛顿-莱布尼茨(Newton-Leibniz)公式,将上述积分问题转化为

$$I = F(a) - F(b) \tag{2.7}$$

但实际上,在船舶与海洋平台的设计问题涉及的积分问题中,$f(x)$ 大多采用样条曲线表达,难以得到其被积函数。所以,工程上通常采用数值算法解决设计中的积分问题。常用的数值积分算法包括梯形积分法、辛普森(Simpson)积分法和龙贝格(Romberg)积分法等。

梯形积分法将被积分区域划分为 n 份,通过梯形公式计算第 $i(0 \leqslant i \leqslant n-1)$ 段面积,通过 n 段梯形面积之和近似替代原函数的积分。梯形积分法公式如下:

$$\int_a^b f(x)\mathrm{d}x \approx \sum_{i=0}^{n-1} \left\{ \frac{x_{i+1} - x_i}{2} \left[f(x_{i+1}) + f(x_i) \right] \right\} \tag{2.8}$$

梯形法是最简单的数值积分算法,原理简单,编程易于实现。但是梯形积分法的精度较低,虽然可以通过增加划分段数 n 来提高积分精度,但却以增加插值计算量为代价。所以,对于高于一次样条曲线的积分问题,梯形法很少采用。

梯形法中,将每个微段的面积简化为梯形。如果将每个微段视为二次曲线进行计算,可以显著提高二次或高次曲线的积分精度,即

$$\int_a^b f(x)\mathrm{d}x \approx \sum_{i=0}^{n-1} \left\{ \frac{x_{i+1} - x_i}{6} \left[f(x_{i+1}) + 4f\left(\frac{x_i + x_{i+1}}{2}\right) + f(x_i) \right] \right\} \tag{2.9}$$

式(2.9)即辛普森积分公式。辛普森积分法相比于梯形法增加了一组数据,计算微段面积时增加了一个中间点。虽然插值计算量比梯形法增加约一倍,但是对二次或高次曲线的积分精度远高于梯形法。早期的船舶设计中,辛普森法是一种常用的手工积分方法。

梯形法与辛普森积分法计算效率较高,缺点是精度不可控。如果对积分精度有严格要求,则不能采用上述两种算法,应当采用可控制计算精度的算法,如龙贝格求积公式。龙贝格求积公式也称为逐次分半加速法,它是在梯形公式、辛普森公式和柯特斯公式之间关系的基础上,构造出的一种加速计算积分的方法。作为一种外推算法,龙贝格求积公式在不增加计算量的前提下提高了计算精度,具有公式简练、计算结果精度高、使用方便、稳定性好等优点,因此在工程中有广泛的应用。

龙贝格求积公式采用的递推公式为

$$\begin{cases} y(0) = \dfrac{b-a}{2}\big[f(a)+f(b)\big] \\ y(k) = \dfrac{y(0)(k-1)}{2} + \dfrac{b-a}{2^k}\sum_{j=0}^{2^{k-1}-1} f\Big(a+(2j+1)\dfrac{b-a}{2^k}\Big), \quad k=1,2,\cdots \end{cases}$$

$$(2.10)$$

式中,a 与 b 分别为积分上限与下限;k 为迭代次数,$y(k)$ 为第 k 代积分结果。

2.2　二维船体型线设计方法

本书中,如无特殊声明,采用三维船体坐标系定义如下:坐标原点取船舶尾垂线、基平面与中纵剖面的交点,X 轴沿船长方向,指向船首为正;Y 轴沿船宽方向指向左舷为正,Z 轴沿型深方向,指向甲板为正。

二维型线设计方法基于经典型线图完成型线设计,是最早应用的型线设计方法。二维设计方法中,采用平面内的半宽水线图、纵剖线图及横剖线图三个方向型线描述船体型线。对于半宽水线,在水线图中为曲线,在纵剖线图、横剖线图中均为平行于 X 轴的直线。同理,纵剖线、横剖线在纵剖面图、横剖面图中为曲线,另外两个视图中均为平行于某一坐标轴的直线。船舶的甲板边线通常为一条三维曲线,即曲线不属于任意平面,在半宽水线图、纵剖线图和横剖线图中,分别为三维甲板边线在 XY 面、YZ 面和 YZ 面内的投影线。

2.2.1　二维型线设计模型

本节介绍一种二维型线设计方法,该方法主要适用于常规单体、单尾鳍、无多余折角线的船型设计。吨位超过 1 万吨的散货船、矿砂船、油船、化学品船等船舶大多属于这类船型。型线设计模型包含以下曲线与数据:

(1) 水线 $\mathbf{HB}=\{HB_0,HB_1,\cdots,HB_{nWL-1}\}$,其中 nWL 为水线数。水线高度 $\mathbf{WL}=\{WL_0,WL_1,\cdots,WL_{nWL-1}\}$,其中 WL_i 为 HB_i 对应的高度值($i=0,1,\cdots,nWL-1$)。

(2) 首尾轮廓线 $\mathbf{SR}=\{SR_0,SR_1,\cdots,SR_{nSR-1}\}$,其中 nSR 为首尾轮廓线数。

(3) 甲板边线,包括水线面视图中投影线 DHB、纵剖面视图中投影线 DSR。

(4) 甲板中心线 DCN。

上述所有曲线均在 XY 面内定义,水线的坐标系与三维船体坐标系一致,首尾轮廓线与纵剖面内的甲板边线、甲板中心线的坐标原点取三维船体坐标系的坐标原点,X 方向与三维船体坐标系相同,Y 坐标为型深方向指向甲板为正。坐标系定义及各类曲线的含义如图 2.4 所示。

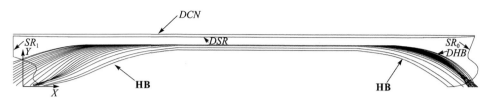

图 2.4　二维型线设计模型

2.2.2　船体曲面与平面交线计算方法

首先研究船体曲面与垂直于 XY 面的任意平面求交问题,采用二维型线设计模型的计算算法。在平面图内,垂直于 XY 面的平面可以通过 XY 面内的一条直线表达。假设 ln 为 XY 面内的任一直线,求过 ln 与 XY 面垂直的平面 P 与船体曲面三维交线的计算原理如下。

P 与船体曲面的所有交点包括三种类型:第一种是 P 与水线的交点;第二种是 P 与甲板边线的交点;第三种为 P 与首尾轮廓线的交点。

P 与水线的交点直接通过 ln 与所有水线 **HB** 的交点计算得到。计算中,ln 与水线交点的 X、Y 坐标不变,Z 坐标设置为对应水线的高度。P 与甲板边线的交点通过水线视图中的甲板边线 DHB 与纵剖线图中的甲板边线 DSR 两条二维曲线确定。计算 DHB 与 ln 的交点 pDk,则 pDk 的 X 坐标与 Y 坐标分别为三维船体坐标系下 P 与甲板边线交点的 X、Y 坐标,如图 2.5(a)所示。然后通过插值函数,计算纵剖线图中的甲板边线 DSR 在 $pDk \cdot x$ 位置处的 Y 坐标 zDk,则 zDk 为 P 与甲板边线的交点的 Z 坐标。令 $pDk \cdot z = zDk$,则 pDk 为 P 与甲板边线的交点。

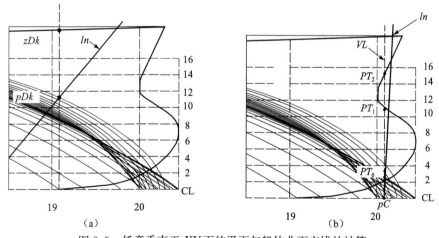

图 2.5　任意垂直于 XY 面的平面与船体曲面交线的计算

　　在三维船体坐标系下，首尾轮廓线均位于 XZ 面内，所以 P 与首尾轮廓线的交点均落在 XZ 面内。同时，交点在 P 面内，所以 P 与首尾轮廓线的交点均位于 P 平面与 XZ 面的交线上。在二维型线图中，ln 与 X 轴的交点为 pC。则 P 与首尾轮廓线的交点的 X 坐标均为 $pC.x$。在 XY 平面内过 pC 作垂线 VL，并求 VL 与首尾轮廓线的交点集 $\mathbf{PT}$。对于常规单体、单尾鳍船舶，$\mathbf{PT}$ 的长度可以为 0，也可能为 1，2 或者 3，如图 2.5(b)所示。P 与首尾轮廓线的交点的 X 坐标为 $\mathbf{PT}$ 点的 X 坐标，Y 坐标为 0，Z 坐标为 $\mathbf{PT}$ 点的 Y 坐标。按照上述原则，将 $\mathbf{PT}$ 中的点转换至三维船体坐标系，即为 P 与首尾轮廓线的交点。

　　将 P 与水线、甲板边线及首尾轮廓线的交点均保存至数组 $\mathbf{PI}$ 中，创建曲线之前需要对 $\mathbf{PI}$ 中的点进行排序。对于常规单体单尾鳍船舶，如果 P 仅与船中前曲面或者船中后曲面有交点，则交线通常沿 Z 方向单调，此时可以通过 Z 坐标值由小到大对所有型值点进行排序，然后依据排序后的点数组创建样条曲线，即可得到平面 P 与船体曲面的三维交线。

　　如果 P 与船中前、中后曲面均有交点，如 P 取纵剖面，此时交线不满足沿 Z 方向的单调性，不能简单地将点按 Z 坐标排序。此时，可以先将 $\mathbf{PI}$ 按照 X 坐标分成两组，X 坐标大于 $Lpp/2$ 的存入 $\mathbf{PIF}$，其余存入 $\mathbf{PIA}$，其中 Lpp 为船舶垂线间长。然后分别对 $\mathbf{PIF}$ 和 $\mathbf{PIA}$ 依据 Z 坐标从小到大顺序排序。将 $\mathbf{PIA}$ 中点倒序，然后将 $\mathbf{PIF}$ 中的点添加至 $\mathbf{PIA}$，依据 $\mathbf{PIA}$ 构造样条曲线，即为所求交线。

　　常用的排序算法有冒泡排序法（bubble sort）、插入排序法（insertion sort）、希尔排序（Shell sort）和快速排序法（quick sort）等。不同的排序算法具有不同的使用范围。冒泡排序法、插入排序法等算法原理简单，稳定性好，但是时间复杂度高，两种算法时间复杂度均为 $O(n^2)$。希尔排序和快速排序等算法时间复杂度较低，两种算法时间复杂度均为 $O(n\lg n)$，具有较高的效率，但是编程相对复杂，且算法稳定性相对较差。所以实际应用中，对于数据量较小的问题，采用冒泡排序等算法简单、稳定性好的排序法。如果数据量较大，通常采用如快速排序等高效排序算法。在船体型线设计中，水线的数量通常不会超过 100，可不必考虑排序算法的效率问题。所以船体型线插值问题中，可以采用冒泡排序算法解决点的排序问题。

　　基于上述原理，求过 ln 与 XY 面垂直的平面 P 与船体曲面三维交线的算法如下。

算法 2.3　计算船体曲面与垂直于 XY 面的任意平面交线

　　定义点数组 $\mathbf{PI}$

　　FOR i 从 0 至 $nWL-1$ 循环

　　〈利用曲线求交算法，计算 HB_i 与直线 ln 的交点数组 $\mathbf{PT}=\{PT_0,PT_1,\cdots,PT_{nI-1}\}$

　　　　IF $nI\neq0$

　　　　{令点 $P = PT_0$，$P.z = HB_i$ 对应水线高度 WL_i，将 P 添加至 **PI**}
　　}
　　计算 ln 与 DHB 的交点 pDK
　　插值计算 DSR 曲线在 X 坐标为 $pDK.x$ 位置处的 Y 坐标 zDK
　　令 $pDK.z = zDK$，将 pDK 添加至 **PI**
　　IF ln 与 X 轴有交点 pC
　　{**FOR** i 从 0 至 $nSR-1$ 循环
　　　{在 XY 面内过点 $pC.x$ 作垂直于 X 轴的直线 VX
　　　　计算 SR_i 与 VX 的交点数组 **PT** $= \{PT_0, PT_1, \cdots, PT_{nI-1}\}$
　　　　FOR j 从 0 至 $nI-1$ 循环
　　　　{定义点 P，$P.x = pC.x$，$P.y = 0$，$P.z = PT_j.y$
　　　　　将点 P 添加至 **PI**
　　　　}
　　　}
　　}
　　PI $= \{PI_0, PI_1, \cdots, PI_{nA-1}\}$ 为 P 与船体曲面所有交点
　　令 $MaxX = -10^{10}$，$MinX = 10^{10}$
　　FOR i 从 0 值 $nA-1$ 循环
　　{**IF** $PI_i.x > MaxX\{MaxX = PI_i.x\}$
　　　IF $PI_i.x < MinX\{MinX = PI_i.x\}$
　　}
　　IF $(MinX - Lpp/2) \cdot (MaxX - Lpp/2) < 0$
　　{定义点数组 **PIA**，**PIF**
　　　FOR i 从 0 值 $nA-1$ 循环
　　　{**IF** $PI_i.x > Lpp/2$
　　　　{将 PI_i 添加至 **PIF**}
　　　　ELSE
　　　　{将 PI_i 添加至 **PIA**}
　　　　将 **PIA** 按 Z 坐标从大到小排序，将 **PIF** 按 Z 坐标从小到大排序
　　　　将 **pIF** 追加至 **PIA**，令 **PI** = **PIA**
　　　}
　　}
　　ELSE
　　{将 **PI** 中的点按 Z 坐标从小到大排序}
　　依据 **PI** 中的点构造曲线 S，S 即为所求曲线
　　算法结束

　　采用上述方法，计算图 2.5(a)、(b)所示的两条直线 ln 所在垂直于 XY 面的两个平面与船体曲面的三维交线，结果如图 2.6 所示。

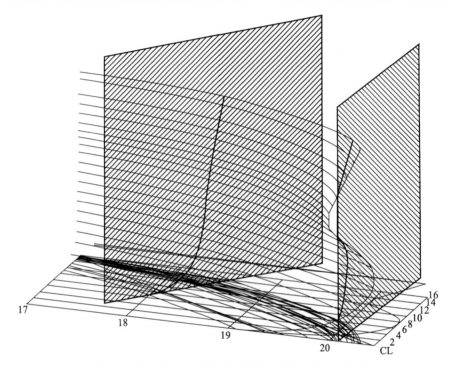

图 2.6　任意垂直于 XY 面的平面与船体曲面三维交线

由于所采用的二维型线模型为左舷模型,所以不能直接求任意垂直于 XY 面的平面与整船曲面的交线。对于这类问题,可以通过左舷模型解决全船曲面的求交问题。

仍然假定平面在 XY 面内的投影线为 ln。首先按照上述方法计算左舷的交线 SL;其次,求 ln 沿 X 轴对称曲线 ln',并将 ln' 向 Y 方向正方向延长使其超过所有水线、首尾轮廓线和甲板边线的范围;接着计算 ln' 与船体曲面的交线 SR,SL 对应的型值点为 **PL**,SR 曲线对应的型值点为 **PR**,将 **PR** 中点按 Z 坐标从大到小排序,将 **PL** 中点按 Z 坐标从小到大排序,并将 **PL** 中的点追加至 **PR** 中;然后基于 **PR** 构造样条曲线 SG,SG 即为 ln 所在垂直于 XY 面的平面与整船曲面的三维交线。

2.2.3　插值计算横剖线、纵剖线与肋骨型线

算法 2.3 中的任意垂直于 XY 面的平面与船体曲面交线的计算算法,可以很容易应用于船体型线的纵剖线、横剖线以及肋骨型线的绘制中。

在二维图中,过各站所在位置绘制一系列垂直于 X 轴的直线,并计算各直线对应平面与船体曲面的三维交线,即为各站位置处的三维横剖线。肋骨型线的绘制方法与横剖线相同。纵剖线的绘制分首、尾两部分进行。对首部,二维图中的纵

剖线对应的直线的起点为 $Lpp/2$，终点为任给一个长度超过船首范围的值，依据该直线计算得到的三维曲线为首部半段的三维纵剖线。同理，可以得到尾部半段的三维纵剖线。通过上述方法，插值计算 50000DWT 成品油船（附录 1[1]）型线的三维横剖线、三维纵剖线如图 2.7 所示，插值计算肋骨型线图如图 2.8 所示。

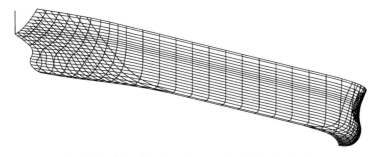

图 2.7　插值水线得到三维纵剖线与三维横剖线

图 2.8　插值水线生成三维肋骨型线

2.2.4　点的排序算法

点的排序问题是船体型线设计中的常见问题，无论是三维型线设计还是二维型线设计，涉及型线插值时，通常均需要对点进行排序。算法 2.3 中，通过 Z 坐标对型值点进行排序。如果可以预测待排序的点在 X、Y 或者 Z 三个方向其中之一满足单调性，则通过坐标排序是最简单、效率最高且稳定性最好的排序算法。但是型线设计中经常遇到型值点在 X、Y 和 Z 方向均不满足单调性的问题。这类问题在双体船、多体船或者双尾鳍船等设计中经常遇到。对于这类不满足单调性的型值点排序问题，如果将点按照某种程序可识别的规则分成若干组后，每组点均满足在某一坐标方向的单调性，则程序中可以将点分组后各自排序，然后将排序后各组点依次连接。如果点数组对上述两个条件均不满足，则可以采用按照最小距离原则进行排序完成这类点的排序问题。

对于三维点数组 $\mathbf{P}=\{P_0, P_1, \cdots, P_{n-1}\}$，已知点数组的一个端点为 S，根据最小距离原则排序算法如下。

算法 2.4　依据距离最小原则对点排序

建立一个空数组 **PN**

令尾端点 $T=S$

WHILE $n \geqslant 0$

$\{MinDis=10^{10}$

　　FOR i 从 0 至 $n-1$ 循环

　　$\{d$ 为 P_i 至 T 的距离

　　　　IF $d < MinDis$

　　　　$\{$令 $MinDis=d, ID=i\}$

　　$\}$

　　令 $T=P_{ID}$，将 P_{ID} 添加至数组 **PN**，将 **P** 的第 ID 个元素删除

　　$n=n-1$

$\}$

PN 为按照距离最小原则排序后得到的数组

算法结束

　　对于大多数型线设计问题，上述基于距离最小原则的点排序算法可以完成点的正确排序。但如果型值点的间距过大，或者一些特殊曲面问题中，可能出现距某一点距离最小点并非正确的下一个点的情况。对于这类问题，软件开发中应允许用户干预，通过分组、增加型值点等方式避免异常的产生。

2.2.5　型线中折角线的处理

　　算法 2.3 中未考虑型线中的折角线问题。折角线通常存在于小型船舶或者对曲面造型有特殊要求的大型船舶的船体曲面中。船体型线设计中通常采用三次曲线，如三次 B 样条曲线、三次 NURBS 曲线表达船体型线。三次曲线的内部满足 C_2 连续性，在曲线内部曲率是连续的。对于含有折角线的船体曲面，型线在折角线处仅满足 C_0（型值）连续，C_1（斜率）与 C_2 连续性均不满足。

　　对于带有折角点的船体型线，如果型线设计中忽略折角线的作用，则在折角点处型线会发生明显的不光顺，如图 2.9 所示 160000DWT 原油船型线中，BL12 纵剖线采用两种方式表达，其中加粗线条为不考虑折角点得到的纵剖线，细线条为考虑折角线的纵剖线，不考虑折角点的曲线明显不满足型线设计的基本要求。对于存在折角线的型线，可以采取两种解决方案。第一种方法为将型线分段表达，即在折角线处将曲线断开，根据实际情况在折角点处设置自由端（曲率为零）或者指定斜率等边界条件，使分段曲线在折角点处满足型线设计要求。如果采用 NURBS 表达船体型线，则可以采用第二种方式，即先采用分段表达法准确表达型线，然后通过 NURBS 的拼接算法将分段曲线连接为一条完整的样条曲线。

　　图 2.9 所示的折角线比较特殊，在 Z 方向处于同一水线处。实际上，更普遍的

情况是折角线是一条三维曲线,即与甲板边线类似,在 XY、YZ 及 XZ 面内均非直线。此时,需要至少两个视图才能表达一条完整的折角线。基于二维模型的型线设计中,可以通过水线面内的折角线与纵剖面内的折角线两条曲线表达一条三维折角线。具体处理原则与甲板边线类似。

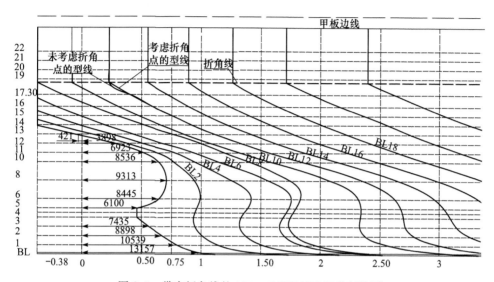

图 2.9　带有折角线的 160000DWT 原油船纵剖线图

　　型线插值中,将折角线对应的插值点采取与甲板边线相同的方式计算交点,并一同存入点数组 **P** 中。除此之外,另外定义一个整型数组 **I**。**I** 的长度与 **P** 相同,用于保存 **P** 中每个点是否为折角点,1 代表折角点,0 代表非折角点。所有交点计算完成并存入 **P** 中,$\mathbf{P}=\{P_0, P_1, \cdots, P_{n-1}\}$,并正确设置数组 $\mathbf{I}=\{I_0, I_1, \cdots, I_{n-1}\}$。带有折角点的船体型线创建算法如下。

算法 2.5　建立带有折角点的船体型线

　　对 **P** 中点、**I** 中整数,按照 **P** 的排序规则重新排序

　　定义数组 **PN**

　　定义样条曲线数组 **S**

　　令整数型变量 $nt=0$

　　FOR i 从 0 至 $n-1$ 循环

　　{**IF** $I_i=1$

　　　{**IF** $nt>0$

　　　　{将 P_i 添加至 **PN**

　　　　　令 $nt=nt+1$

　　　　　根据 **PN** 构造点数为 nt 的样条曲线 s

　　　　　将 s 添加至 **S**

清空数组 **PN**

　令 $nt=0$

　　$\}$

　$\}$

将 P_i 添加至 **PN**

令 $nt=nt+1$

$i=i+1$

$\}$

IF $nt>1$

$\{$根据 **PN** 构造点数为 nt 的样条曲线 s

　将 s 添加至 **S**

$\}$

S 为分段曲线

采用 NURBS 曲线拼接算法将 **S** 中分段曲线拼接为完整样条曲线 SL

SL 为考虑折角线的船体型线

算法结束

采用上述带有折角点的曲线插值算法,插值计算带有多条复杂折角线的船体横剖线,如图 2.10 所示。

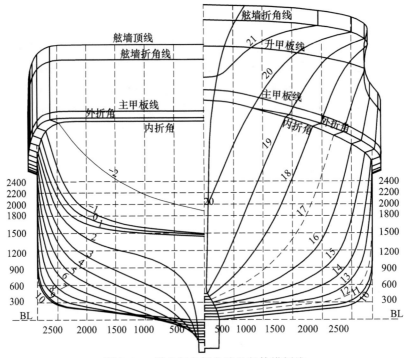

图 2.10　带有复杂折角线的船体横剖线

2.3　样条曲线的折线表达方法

通常情况下,船体型线设计过程中均采用样条曲线,原因是样条曲线算法可以将少量型值点连接成一条光顺曲线。但是,不同软件中样条曲线的数据格式通常是不同的,所以直接通过样条曲线完成不同软件之间的数据接口相对较困难。并且,过同样一组型值点,采用不同的样条曲线算法,插值得到的曲线可能略有差异。这些差异,对船舶的性能没有显著影响,但是可能导致型线图中的三视图数据不一致,给后续的设计和建造带来困难。所以,船体型线设计软件通常内部算法采用样条曲线实现,但是保存的文件均将样条曲线转化为折线,以折线模型作为型线的最终设计结果。

2.3.1　曲线转折线的参数等分转化法

CAD 软件系统中,样条曲线主要采用参数曲线,即

$$\begin{cases} x = x(t) \\ y = y(t) \\ z = z(t) \end{cases} \tag{2.11}$$

其中,t 为参数,$0 \leqslant t \leqslant 1$。对于参数曲线,转化为折线最简单的处理方式为将区间 $[0,1]N(N \geqslant 2)$ 等分,计算参数 t 取各等分点时曲线上对应的等分点,采用直线段依次连接各等分点,得到一条型值点分布相对均匀的折线。等分法原理简单,易于编程,但是精度较低。如果需要提高精度,唯一的途径为增加 N,但增加 N 将引起折线型值点的数据量迅速膨胀,导致计算量和存储量的增加。等分法是一种可行但不合理的方法。除了直线、圆、圆弧以外,船体型线中曲线的曲率是变化的。为降低折线代替曲线的误差,应当在曲率较大的位置将转化的点加密,在曲率较小的位置增加点间距,这样一方面可以提高精度,另一方面也可以有效降低折线点的数据量。

2.3.2　曲线转折线的基于曲率转化法

如图 2.1 所示,船体型线设计中,常采用 NURBS 曲线统一表达 B 样条曲线、圆弧和直线段,通过样条曲线的拼接算法,将首尾相连的 B 样条曲线、圆弧、直线段拼接为一条 NURBS 曲线。所以,将 NURBS 转化为折线时需要考虑NURBS 曲线的上述特点,将拼接的 NURBS 曲线分解为简单曲线,对不同的曲线采用不同的转化方法。对直线或者折线,不需要转换。对于圆弧,由于整个弧长范围内的曲率相同,所以可以采取参数等分法转化。对于样条曲线,转化过程中根据型线图的三向对应关系增加必要的节点,保证型线图中三向数据的一致

性。点的间距根据样条曲线的曲率计算确定,保证采用折线表达的型线具有足够的精度。

以样条曲线为例介绍曲线依据曲率转化为折线的算法。令 S 为 NURBS 样条曲线,节点矢量为无因次格式,曲线长度为 L,控制顶点为 $\boldsymbol{V}=\{V_0,V_1,\cdots,V_n\}$,节点矢量为 $\boldsymbol{U}=\{u_0,u_1,\cdots,u_{n+k+1}\}$,其中 k 为 S 的次数。建立数组 $\boldsymbol{P}$,用于存储转化为折线的型值点。将 NURBS 样条曲线依据曲率转化为折线的算法如下。

算法 2.6　依据曲率将 NURBS 转化为折线

> **FOR** i 从 0 至 $n+k-1$ 循环
> {**IF** $u_i=u_{i+1}$
> 　{继续下次循环}
> 　计算 S 在参数 u_i 位置的曲率为 ρ_i
> 　计算 S 在参数 u_{i+1} 位置的曲率为 ρ_{i+1}
> 　令 $du=Len/L/(\rho_i+\rho_{i+1})$
> 　令 $Seg=(u_{i+1}-u_i)/du$
> 　**IF** $Seg<2$
> 　{$Seg=2$}
> 　**FOR** j 从 0 至 $Seg-1$ 循环
> 　{$u=u_i+du \cdot j$
> 　　计算曲线 S 中参数 u 对应的点 pt
> 　　将 pt 添加至 $\boldsymbol{P}$
> 　}
> }
> S 的尾端点为 T
> 将 T 添加至 $\boldsymbol{P}$
> 通过 $\boldsymbol{P}$ 构造折线 PL,即为 S 依据曲率转化而成的样条曲线
> **算法结束**

2.3.3　两种转化法效果对比

采用上述算法,将图 2.11(a)所示样条曲线依据曲率转化为折线,如图 2.11(b)所示,图 2.11(d)为图 2.11(b)放大图。转化为折线后的样条曲线包含 93 个型值点。如果采用等分法,取 93 个型值点,将图 2.11(a)所示样条曲线转为折线,如图 2.11(c)所示。图 2.11(e)为图 2.11(c)的放大图。从该例可以看出,在数据量相同的前提下,基于曲率的转化方式得到的折线的拟合效果显著优于等分法。通过曲线面积定量分析拟合精度。样条曲线 S 与 X 轴围成区域的面积为 3039.48m²,基于曲率法得到的折线面积为 3039.37m²,基于等分法得到的折线面积为 3038.77m²。基于曲率法与等分法的相对误差分别为 0.004% 与 0.023%,在点数据量相同的前提下,基于曲率法的精度显著高于等分法。

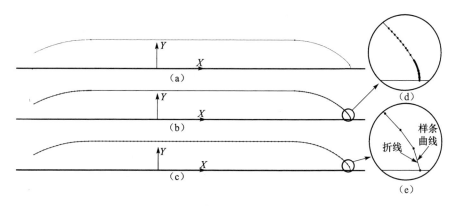

图 2.11　两种样条曲线转化为折线方法对比

2.4　三维船体型线设计

二维模型的船体型线设计方法,适用于线型相对简单的单体、单尾鳍大型船舶。这类船舶的型线通常为平面内的曲线,采用平面三视图表达时,仅在一个视图中为曲线,在其他两个视图中均为直线。除甲板边线以外,船舶的水线、横剖线、纵剖线、首尾轮廓线、平边线、平底线、甲板中心线等均为平面曲线。对于平面曲线,采用二维方式表达与采用三维方式表达没有显著差异,甚至采用二维方式表达更易于型线的绘制、修改与型线光顺,所以二维模型通常满足型线设计各项要求。对于型线较复杂的船舶,如多体船、双尾鳍船或者包含较复杂折角线的船舶等,船体型线中存在大量三维折角线或者其他三维特征曲线。对于非平面的三维曲线,在三视图中投影均为曲线,采用二维型线设计模型表达时,程序需要维护三条投影曲线之间数据的对应关系,算法相对复杂。设计中可以采用三维线框模型表达船体型线,并基于三维线框模型完成船体型线设计与性能计算。

2.4.1　船体型线三维设计软件开发概述

如图 2.12 所示,采用三维型线设计方法进行 42m 海域看护船(附录 1[2])型线设计。三维型线设计中,在三维坐标系下定义船体型线。船体型线由特征线、水线、横剖线与纵剖线构成,其中特征线包括首尾轮廓线、甲板边线、折角线、平边线、平底线及尾封板边线等。

三维型线设计的初始模型中应包含所有特征线与一组型线(通常采用水线),在其基础上通过插值算法得到另外两组型线(纵剖线与横剖线)。三维型线设计与二维型线设计的最大区别在于空间曲线的求交与插值算法,该问题同时也是三维型线设计最大的难点,其中所涉及最多的问题为空间曲线与任意空间平面的求交

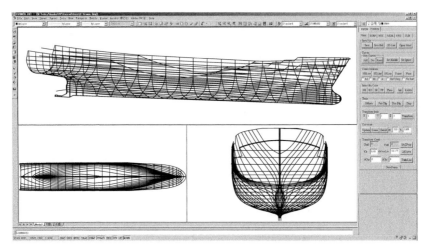

图 2.12　船体型线三维设计软件

问题。型线设计中,通常采用样条曲线表达船体型线。直接计算空间样条曲线与空间平面的求交问题相对困难。实际应用中,可以采取一种简化方式解决该问题。

　　折线的求交问题相比于样条曲线更为简单。首先给定精度,采用算法 2.6 将样条曲线转化为折线,则软件中仅须处理折线的求交问题。空间折线与任意平面的求交问题实际上可以归结为空间直线段与任意平面的求交问题。

2.4.2　空间折线与任意平面交线计算

　　如图 2.13 所示,过点 (px, py, pz),法向为 (vx, vy, vz) 的平面 P,与过点 (x_1, y_1, z_1) 与点 (x_2, y_2, z_2) 空间直线段 S,计算 P 与 S 的交点 (x_I, y_I, z_I) 的方法如下。

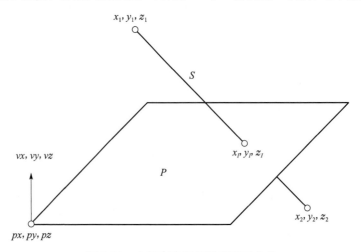

图 2.13　空间直线段与任意平面求交

（1）直线段 S 的方向向量 $(dx,dy,dz)=(x_2-x_1,y_2-y_1,z_2-z_1)$，直线可以写成参数方程

$$\begin{cases} x=x_1+dx\cdot t \\ y=y_1+dy\cdot t \\ z=z_1+dz\cdot t \end{cases} \tag{2.12}$$

（2）平面 P 的点法式方程为

$$vx\cdot(x-px)+vy\cdot(y-py)+vz\cdot(z-pz)=0 \tag{2.13}$$

（3）将式（2.12）代入式（2.13），联立后得

$$t=\frac{vx(px-x_1)+vy(py-y_1)+vz(pz-z_1)}{vx\cdot dx+vy\cdot dy+vz\cdot dz} \tag{2.14}$$

显然，式（2.14）成立的前提是 $vx\cdot dx+vy\cdot dy+vz\cdot dz\neq0$。当 $vx\cdot dx+vy\cdot dy+vz\cdot dz=0$ 时，表示 S 与 P 的法向正交，此时直线段 S 与平面 P 平行，二者没有交点。其余情况下，将 t 代入式（2.12），可以得到 P 与 S 所在直线的交点 (x_I,y_I,z_I)。

（4）(x_I,y_I,z_I) 为 P 与 S 所在直线的交点，未必是 P 与 S 的交点。如果满足

$$(x_I-x_1)(x_I-x_2)+(y_I-y_1)(y_I-y_2)+(z_I-z_1)(z_I-z_2)>0 \tag{2.15}$$

则点 (x_I,y_I,z_I) 位于点 (x_1,y_1,z_1) 与点 (x_2,y_2,z_2) 的同侧，此时，直线段 S 与 P 的交点处于 S 的延长线上，认为 S 与 P 无交点。否则，(x_I,y_I,z_I) 为直线段 S 与 P 的交点。

对于包含 n 个型值点的折线 KL，可以分解为 $n-1$ 个直线段 $S_0,S_1,\cdots,S_{n-2}$。采用上述算法，计算 $S_0,S_1,\cdots,S_{n-2}$ 与平面 P 的所有交点，则所有交点的集合即为平面与折线的所有交点。

2.4.3　船体曲面与任意平面交线计算

三维船体型线设计中的插值、求交问题，可以转化为船体曲面与任意空间平面的求交问题。如图 2.14 所示，P 为空间中任意平面，采用三维型线设计模型，船体曲面与任意平面 P 的交线的计算方法如下。

算法 2.7　基于三维型线模型计算船体曲面与任意平面交线

建立三维曲线数组 **S**

将水线、横剖线、纵剖线和所有特征线均添加至 **S**

$\mathbf{S}=\{S_0,S_1,\cdots,S_{nS-1}\}$

定义点数组 **PT**

FOR i 从 0 至 $nS-1$ 循环

｛将 S_i 转化为折线 PL_i

　　通过折线与平面求交算法计算 PL_i 与 P 的所有交点 **PI**

　　将 **PI** 保存至 **PT**

　　　　}
　　指定曲线的起点 PS
　　根据算法 2.4,以 PS 为起点,将 **PT** 中的点排序
　　依据 **PT** 创建曲线 SI,即为 P 与船体曲面的交线
算法结束

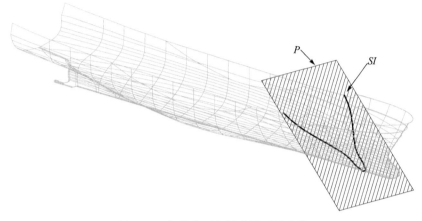

图 2.14　船体曲面与任意平面的交线

2.4.4　横剖线、纵剖面与半宽水线插值算法

　　三维船体型线设计中,虽然所有型线均表达为一根三维坐标系下的曲线,避免了二维型线设计中数据冗余的问题,但是水线、横剖线与纵剖线属于相同的曲面,所以当一组型线发生变化时,需要通过插值算法计算另外两组曲线,以保证三视图数据的一致性。型线插值算法与上述曲线和任意平面求交算法类似。

　　各站位置 $\mathbf{ST}=\{ST_0,ST_1,\cdots,ST_{nSt-1}\}$,插值生成横剖线算法如下。

算法 2.8　插值三维型线生成三维横剖线

　　删除所有横剖线
　　建立用于插值的三维曲线数组 **S**
　　将水线和所有特征线均添加至 **S**,$\mathbf{S}=\{S_0,S_1,\cdots,S_{nS-1}\}$
　　FOR i 从 0 至 $nSt-1$ 循环
　　{$x=ST_i/20\cdot Lpp,Lpp$ 为垂线间长
　　　过点 $(x,0,0)$ 作法向为 $(1,0,0)$ 的平面 P
　　　定义点数组 **PT**
　　　FOR j 从 0 至 $nS-1$ 循环
　　　{将 S_j 转化为折线 PL_j
　　　　通过折线与平面求交算法计算 PL_j 与 P 的所有交点 **PI**
　　　　将 **PI** 保存至 **PT**

```
}
PT = {PT_0, PT_1, ···, PT_{nP-1}}
定义数组 PTL, PSR
FOR i 从 0 至 nP-1 循环
{IF PT_i.y > 0 {将 PT_i 添加至 PTL}
  ELSE {将 PT_i 添加至 PTR}
}
将 PTL 中的点按照 Z 坐标从小到大排序
将 PSR 中的点按照 Z 坐标从大到小排序
将 PTL 中的点追加至 PSR 中
依据 PSR 创建曲线 B_i,即为第 i 站的横剖线
}
```

算法结束

上述算法针对船体横剖线插值。对于纵剖线插值问题和水线插值问题,算法与横剖线插值类似。通常,纵剖线插值时,用于插值的三维曲线数组 **S** 包括水线、横剖线与所有特征线,用于求交的平面 P 的法向为 $(0,1,0)$。水线插值时,三维曲线数组 **S** 包括横剖线与所有特征线,用于求交的平面 P 的法向为 $(0,0,1)$。

2.4.5 三维型线模型转换为二维型线图

在船舶设计、建造过程中,二维型线图是一份标准文档,无论采用哪种型线设计方法,最终都需要转化为二维型线图,用于后续的送审设计、文件存档等。采用三维型线设计方法,通过曲线的投影算法,可以准确地将三维型线图投影生成二维型线图。42m 海域看护船的三维型线图转换至二维型线图如图 2.15 所示。

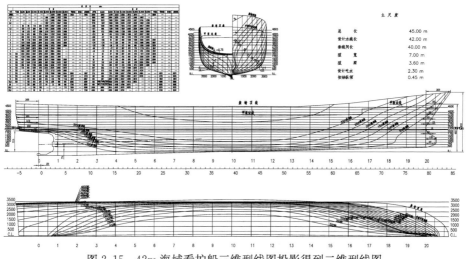

图 2.15　42m 海域看护船三维型线图投影得到二维型线图

2.5　母型船改造法船体型线设计

在船体型线设计方法中,母型船改造法由于可以继承母型船的优良特性,因而仍然是目前应用最广泛的型线设计方法。母型船改造法分为比例缩放法和移动横剖面变换法两大类。其中,比例缩放法通过对船长、船宽和型深方向的型值乘以三个独立的系数,将母型船型线在三个方向等比例缩放,得到设计船的型线。比例缩放法型线变换可以满足船长、船宽和型深(或者吃水)的要求,但是无法改变母型船的棱形系数 Cp 和浮心纵向位置 LCB 等参数,所以通常结合移动横剖面变换法使用。船舶的 Cp、LCB 和平行中体长度等参数均可以由横剖面面积曲线(SAC)确定。移动横剖面法通过微调母型船的 SAC 曲线,得到设计船的 SAC 曲线。SAC曲线的调整需要满足型线光顺性,即如果调整前的型线满足 C_2 连续性条件,则调整后的型线也应当满足。由母型船 SAC 曲线变换得到设计船 SAC 曲线的关键问题是确定满足光顺性、Cp、LCB 和平行中体长度等参数要求的偏移量函数

$$\mathrm{d}x = f(x) \tag{2.16}$$

$f(x)$ 仅为 X 坐标(船长方向坐标)的函数,且通常为分段函数,即函数分船中前与中后两段表达。$f(x)$ 确定之后,修改母型船 SAC 曲线得到设计船 SAC 曲线,然后校核 Cp、LCB 及平行中体长度等参数是否满足设计要求。如果不满足,需要对SAC 曲线进一步修正,直至所有设计要求均满足。最后,根据设计船的 SAC 曲线修改母型船型线图的型值,得到设计船的型线。

移动横剖面变换法根据变换函数 $f(x)$ 的不同,可分为二次式变换函数法、Lackenby 法和 1-Cp 法等。其中,Lackenby 法可以独立控制平行中体的长度,适用于有平行中体或者无平行中体的船舶。1-Cp 法适用于有平行中体的船舶,在常规的大型运输船的型线设计中有广泛的应用。

2.5.1　1-Cp 法型线设计方法及关键技术

令母型船的前体棱形系数、后体棱形系数分别为 Cpf_0 和 Cpa_0,设计船的棱形系数为 Cp,浮心纵向位置为 xb。1-Cp 法中,变换函数 $f(x)$ 分为中前与中后两段表达,且两段均为线性函数,表达如下:

$$f(x) = \begin{cases} \dfrac{\delta Cpf}{1 - Cpf_0}(1 - x), & x > 0 \\[3mm] -\dfrac{\delta Cpa}{1 - Cpa_0}(1 + x), & x < 0 \end{cases} \tag{2.17}$$

式中,δCpf、δCpa 分别为首部棱形系数变化量和尾部棱形系数变化量,二者均为未知量。已知参数 Cp 与 xb,δCpf 和 δCpa 可以通过以下公式确定:

$$\begin{cases} \delta Cpf = Cp + k \cdot xb - Cpf_0 \\ \delta Cpa = Cp - k \cdot xb - Cpa_0 \end{cases} \quad (2.18)$$

其中,k 为待定系数。将式(2.18)中两个等式相加并整理后得

$$\delta Cpf + \delta Cpa = 2Cp - (Cpf_0 + Cpa_0) \quad (2.19)$$

Cpf_0 与 Cpa_0 之和为母型船的棱形系数 Cp_0,式(2.19)表明无论 k 取何值,式(2.18)得到的棱形系数变化量均满足 Cp 的要求。k 的取值仅影响设计船的 LCB。工程中通常根据设计经验,先暂取一个系数 k,如取 $k = 2.25$,然后计算设计船的 SAC 曲线,并通过对其积分得到设计船的浮心纵向位置 xb_1。此时 LCB 的误差为

$$\delta xb = xb - xb_1 \quad (2.20)$$

然后通过迁移法计算用于修正 LCB 的 X 坐标偏移量函数

$$f_1(x) = k \cdot y(x) = \frac{1 + Cp}{Cp} \cdot \delta xb \cdot y(x) \quad (2.21)$$

式中,$y(x)$ 为 SAC 曲线上 x 位置处的 Y 坐标。上述方法即所谓的迁移法。迁移法可以保证通过调整 SAC 曲线各点的 X 坐标之后,得到的 SAC 曲线满足 Cp、LCB 的精度要求。

　　迁移法中,SAC 曲线型值点的 X 坐标修正量与各点对应的 Y 坐标成正比。通常情况下,带有自航能力的船舶首柱之前可能仍然有部分排水体积,且 0 站设在舵柱所在位置而非尾封板,所以 SAC 曲线在首垂线与尾垂线处可能并非为零。此时采用迁移法修正 SAC 曲线后,首垂线与尾垂线处存在 X 坐标修正量,对应的物理含义为船舶的垂线间长将发生变化,这是型线变换所不允许的。但通常情况下,首垂线与尾垂线所在位置水线以下横剖面面积较小,所以首尾垂线处的迁移法偏移量较小,可以人为地将尾垂线之后、首垂线之前的偏移量置零。经上述操作后,可以保证船舶型线变换中的垂线间长不变,但是 LCB 将发生微小的变化,且基于该 SAC 变换得到的设计船型线在首尾垂线处可能存在微小的不光顺问题。通常情况下上述两方面问题都在工程可接受范围内。

　　对于型线精度要求较高的情况,如直接利用 1-Cp 法变换精光顺后的船体曲面,得到满足排水量与浮心纵向位置要求的精光顺船体曲面,此时,如果采取上述方式,则首尾垂线处的微小不光顺问题可能会影响精光顺曲面的光顺性。此时,可以不采用上述迁移法,通过一种迭代策略直接得到满足 Cp 和 LCB 要求的 SAC 曲线。

2.5.2　满足 Cp 与 LCB 要求的 SAC 曲线迭代计算方法

　　从式(2.18)中可以看出,当 k 取较大值时,δCpf 较大,设计船的 LCB 偏向船首,反之 LCB 偏向船尾。当 k 取特定值时,设计船的 LCB 等于 xb,满足设计要求。由于船体型线没有简单的数学表达式,所以难以得到 k 值的解析解。但可以通过数值方法进行求解,如采用二分法,可以得到满足给定精度的 k 值,算法如下。

算法 2.9 计算满足 LCB 要求的系数 k

令 $l=0,r=0$

$Flag=1$

WHILE $Flag=1$

$\{$令 $m=(l+r)/2$

　　$\delta Cpf_m=Cp+m \cdot xb-Cpf_0$

　　$\delta Cpa_m=Cp-m \cdot xb-Cpa_0$

　　利用 δCpf_m 与 δCpa_m,计算 SAC 曲线 SAC_m

　　利用 SAC_m 计算浮心纵向位置 LCB_m

　　IF $LCB_m-xb<\varepsilon$

　　$\{flag=0,$继续下次循环$\}$

　　$\delta Cpf_l=Cp+l \cdot xb-Cpf_0$

　　$\delta Cpa_l=Cp-l \cdot xb-Cpa_0$

　　利用 δCpf_l 与 δCpa_l,计算 SAC 曲线 SAC_l

　　利用 SAC_l 计算浮心纵向位置 LCB_l

　　IF$(LCB_m-xb)(LCB_l-xb)>0$

　　$\{$令 $l=m\}$

　　ELSE

　　　$\{$令 $r=m\}$

$\}$

m 为满足精度要求的 k 值

算法结束

通过上述二分迭代数值方法直接计算 k,代入式(2.18)中,可直接得到满足设计要求的 δCpf、δCpa;代入式(2.17)中,得到变换函数,通过此变换函数作用于母型船的 SAC 曲线,直接可以得到满足 Cp 和 LCB 要求的设计船 SAC 曲线,同时保证首部与尾部的变换函数满足型线变换的光顺性要求,且在首垂线、尾垂线处的偏移量为零,保证型线变换不改变垂线间长。

2.5.3　型线变换方法

根据母型船 SAC 曲线 sac_0 与设计船 SAC 曲线 sac_M 完成型线变换。型线变换可以归结为型值点的变换问题。对于采用折线表达的船体型线,对折线的所有顶点进行变换。对于采用 NURBS 表达的船体型线,对 NURBS 的所有控制顶点进行变换。

对于母型船型线中的点 $P(X,Y,Z)$,变换方法如下。首先,计算 X 对应的无因次位置 x,$x=2X/Lpp-1$,其中 Lpp 为船舶的垂线间长。通过插值计算 x 对应于 sac_0 曲线上的 Y 坐标 y。然后通过插值计算 sac_M 曲线上 Y 作为 y 位置处的 X 坐标 x_M。令 $X_M=(x_M+1) \cdot Lpp/2$,则点 $P_M(X_M,Y,Z)$ 即为 P 点对应的设计船型线上的点。

　　采用上述方法,对 50000DWT 成品油船型线进行变换,母型船的 Cp 与 LCB 分别为 0.815 和 0.0295,要求设计船的 Cp 与 LCB 分别为 0.8 与 0.03,型线变换结果如图 2.16 所示,其中虚线为母型船型线,实线为设计船型线。

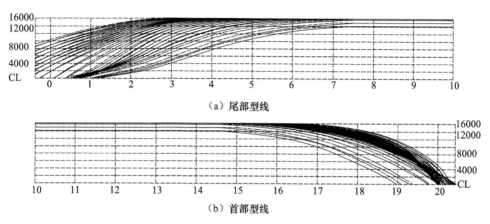

图 2.16　50000DWT 成品油船 1-Cp 法型线设计程序运行结果

2.6　船体曲面及其设计方法

2.6.1　船体曲面表达概述

　　常用的船体曲面表达方式包括整体表达[6,7]和分片表达两种方式。整体表达法常用于船舶初步设计的静水力性能计算和水动力性能计算等问题。由于船体曲面中存在折角线、平边线与平底线、舭部圆弧等特殊几何形状,整体表达法通常难以准确描述船体曲面的上述几何特征,仅能近似表达船体曲面,所以整体表达法仅在初步设计中有一定应用。当前通用的船舶设计软件大多采用曲面的分片表达法。

　　分片表达法可以分为两大类:一类是分片放样(loft)曲面;另一类是分片边界曲面。分片放样曲面表达法中,根据船体曲面的几何特点,将船体曲面划分为若干四边形区域,将各四边形区域内部设置一组 U 向的轮廓线及一组 W 向的轮廓线,然后由两个方向的轮廓线构造样条曲面,如图 2.17 所示。NURBS 曲面是应用最普遍的放样曲面。船体曲面的 NURBS 表达式为

$$\boldsymbol{P}(u,v)=\dfrac{\displaystyle\sum_{i=0}^{m-1}\sum_{j=0}^{n-1}B_{i,k}(u)B_{j,l}(v)W_{i,j}\boldsymbol{V}_{i,j}}{\displaystyle\sum_{i=0}^{m-1}\sum_{j=0}^{n-1}B_{i,k}(u)B_{j,l}(v)W_{i,j}} \qquad (2.22)$$

式中,u、v 为参数;m、n 为 U 向与 W 向控制顶点的个数;$\boldsymbol{V}_{i,j}$($0 \leqslant i \leqslant m-1, 0 \leqslant j \leqslant n-1$)为控制顶点,其中 $\boldsymbol{V}_{i,j}$ 由对应点的 X, Y, Z 三个坐标组成;$W_{i,j}$ 为权因子;$B_{i,k}(u)$ 和 $B_{j,l}(v)$ 分别为沿 U 向的 k 次和沿 W 向的 l 次 B 样条基函数,分别由 U 方向上的节点矢量和 W 方向上的节点矢量控制。通常,船体曲面设计中 k 和 l 均取 3。

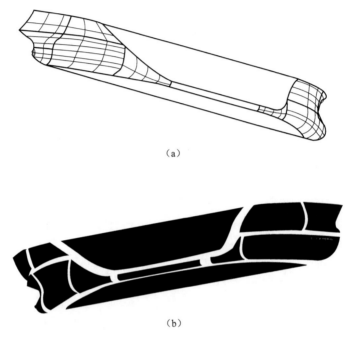

（a）

（b）

图 2.17　通过放样曲面分片表达船体曲面

　　分片表达法中的边界曲面表达法,是将船体曲面通过一组三维型线建模,将其划分为若干四边形或者三角形区域,然后将各区域依据其轮廓线及其轮廓线端部跨界切矢、跨界二阶导矢等通过曲面造型的方式,如 Coons 曲面,构造成满足连续性要求的曲面片,通过四边形或三角形曲面片表达整张船体曲面,如图 2.18 所示。这种基于边界曲面的分片表达方式在船舶设计软件中有广泛的应用。例如,在船舶初步设计软件 NAPA 和生产设计软件 TRIBON 中,曲面均采用分片法表达。

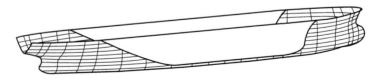

图 2.18　船体曲面边界曲面分片表达法

2.6.2　船体曲面整体表达法

在船体曲面整体表达法中,可以采用不同的曲面类型,如 NURBS 曲面、B 样条曲面和双三次样条曲面等。本节介绍两种船体曲面整体表达方式:一种是采用 NURBS 曲面表达;另一种是通过网格面表达。在船体曲面的整体表达中,可以基于船体水线与船体纵剖线构造船体曲面。本节介绍基于水线建立船体曲面的方法。

1. 船体 NURBS 曲面整体表达

文献[5]中给出 NURBS 曲面的蒙面法造型方法,即给定一组轮廓线,根据轮廓线建立 NURBS 曲面的控制顶点与节点矢量,构造插值于轮廓线的 NURBS 曲面。任意一组 NURBS 表达的船体三维水线,理论上均可以通过 NURBS 的蒙面算法构造船体曲面。但是,如果各水线之间的差异较大,则得到的 NURBS 曲面整体光顺性较差。如果要提高曲面的光顺性,应保证水线的型值点数量尽可能一致且各条水线型值点间距尽量相等。所以,首先将各水线 n 等分,依据等分点构造新的水线;然后基于一组各包含 $n+1$ 个点的样条曲线,采用 NURBS 的蒙面算法,构造船体 NURBS 曲面。令船体三维半宽水线为 $\mathbf{HB} = \{HB_0, HB_1, \cdots, HB_{nWL-1}\}$,构造船体 NURBS 曲面的算法如下。

算法 2.10　基于水线构造船体 NURBS 曲面

　　定义 NURBS 曲线数组 **N**

　　$n = 50$

　　FOR i 从 0 至 $nWL-1$ 循环

　　$\{HB_i$ 的起点与终点参数分别为 us 和 ue

　　　　定义三维点数组 **P**

　　　　FOR j 从 0 至 n 循环

　　　　$\{u = us + (ue - us) \cdot j/n$

　　　　　　计算参数 u 对应的 HB_i 曲线上的点 Pu,将 Pu 添加至数组 **P**

　　　　$\}$

　　　　IF $PA_1.x < PA_0.x$

　　　　$\{$将 **P** 中元素逆序$\}$

　　　　依据 **P** 构造 NURBS 曲线 N_i,将 N_i 添加至 **N**

　　$\}$

　　定义点数组 **PD**

　　FOR j 从 0 至 n 循环

　　$\{$甲板边线的起点与终点参数分别为 us 和 ue

　　　　$u = us + (ue - us) \cdot j/n$

　　　　计算甲板边线参数 u 对应的点 Pu，将 Pu 添加至数组 **PD**

　　}

　　IF $PD_1.x < PD_0.x$

　　〈将 **PD** 中元素逆序〉

　　依据 **PD** 构造甲板边线 NURBS 曲线 DL

　　将 DL 添加至 **N**

　　统一 **N** 中曲线的节点矢量，作为曲面的 U 向节点矢量

　　以 **N** 中曲线控制顶点作为型值点，反算 W 向的控制顶点

　　根据 W 向控制顶点计算 W 向节点矢量，并取统一值

　　根据 W 向控制顶点与 U 向、W 向节点矢量，构造船体 NURBS 曲面 SN

　　算法结束

　　采用上述算法计算 50000DWT 成品油船船体曲面如图 2.19 所示。在上述船体曲面的 NURBS 表达算法中，由于对各条水线进行了重新拟合，如果型线中存在直线、圆弧等特殊形状，则上述 NURBS 曲面表达算法存在一定的误差。但是对于船体曲面的初步设计中的相关设计任务，如静水力特性计算、水动力性能计算、船舶三维造型等，因曲线拟合带来的误差通常可以忽略。

图 2.19　船体曲面的 NURBS 表达

2. 船体网格曲面整体表达

　　AutoCAD 等商业 CAD 软件提供一种相对简单的曲面表达方式，即通过网格面定义与显示曲面。

　　网格面的输入参数为一组二维点 $P_{m \times n}$，其中 m 为点的行数，n 为点的列数，如图 2.20 所示。相邻两行、两列四个点构成一个四边形曲面片，在曲面片的构造中要考虑与相邻曲面片的 C_1、C_2 连续性。采用网格面表达船体曲面时，仅需要将船体曲面采用一组 $m \times n$ 三维点数组表达，调用 CAD 软件的网格面构造算法就可以得到船体曲面。令船舶三维半宽水线为 **HB**$= \{ HB_0, HB_1, \cdots, HB_{nWL-1} \}$，基于网格面构造船体曲面的算法如下。

　　算法 2.11　基于网格面构造船体曲面

　　$n=50$

　　定义二维点数组 $P_{(nWL+1) \times (n+1)}$

　　FOR i 从 0 至 $nWL-1$ 循环

〔HB_i 的起点与终点参数分别为 us 和 ue
　定义三维点数组 **P**
　FOR j 从 0 至 n 循环
　〔$u=us+(ue-us)\cdot j/n$
　　计算 HB_i 参数 u 对应的点 Pu,令 $P_{i,j}=Pu$
　〕
〕
FOR j 从 0 至 n 循环
〔甲板边线的起点与终点参数分别为 us 和 ue
　$u=us+(ue-us)\cdot j/n$
　计算甲板边线参数 u 对应的点 Pu,令将 $P_{nWL,j}=Pu$
〕
FOR i 从 0 至 nWL 循环
〔**IF** $P_{i,0}.x>P_{i,n}.x$〔将 **P** 中第 i 行点逆序〕
〕
依据 **P** 构造船体网格曲面 SN
算法结束

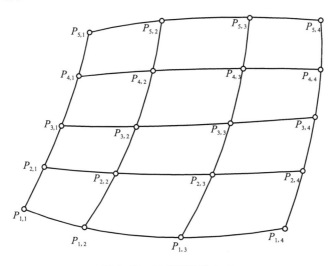

图 2.20　网格面构造方式

　　采用上述算法,构造 50000DWT 成品油船船体曲面的网格面如图 2.21 所示,其中图 2.21(a)为线框模型,图 2.21(b)为渲染模型。比较图 2.21 所示的船体网格曲面与图 2.19 所示的船体 NURBS 曲面,渲染后从外观上看,两曲面没有显著差异;但是前者是曲面的标准格式,可以应用 NURBS 曲面的编辑功能对其进行拼接、剪裁等操作,可以基于 NURBS 曲面构造实体模型以用于排水特性计算等,而后者为非 CAD 软件的标准格式,主要适用于三维造型、虚拟仿真、三维布置等非计算相关任务中。

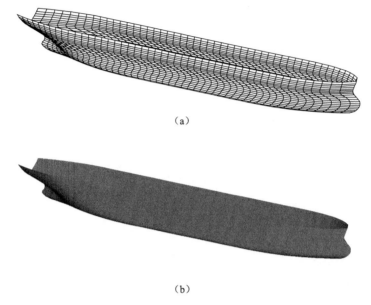

（a）

（b）

图 2.21　船体曲面网格面模型表达

2.7　船体型线设计程序设计

本节给出一个船体型线设计程序开发实例。该程序基于 AutoCAD 平台，在 VBA 开发环境下开发完成，适用于 AutoCAD 2000～2015 各版本。程序的功能包括船体型线整体等比例缩放、插值生成三维横剖线与纵剖线、船体曲面与垂直于 XY 面的任意平面求交、插值生成肋骨型线、船体曲面绘制及 1-Cp 法型线变换等。

2.7.1　型线设计模型

采用二次开发的模式开发船舶与海洋平台设计软件，可以采用 CAD 软件的图形数据库管理、显示和保存与图形相关的设计数据。但是，单纯的图形数据包含的数据量通常不能满足设计的特殊要求，需要采取适当的手段将具有特定含义的数据添加至图形数据库中。以基于 AutoCAD 开发二维船体型线设计软件为例。采用 CAD 原有的功能，可以完成二维型线的绘制、显示、编辑和存储等功能。但是，AutoCAD 图形数据库中缺乏必要的信息，程序难以从中得到相关数据，如诸多线条中哪些是水线、哪些是格子线、哪些是甲板边线，各二维水线的高度值、横剖线的纵向位置等。若无法准确得到上述信息，则后续的专业设计工作就无法展开。所以，基于二次开发模式开发船舶与海洋平台设计软件，需要对图形数据库进行标准化处理，根据特定的规则向图形数据库中添加必要的设计数据，必要时可以定义新的图元类型。依据上述原则绘制或修改的图形,程序可以根据规则从中得到设计相关的信息并用于后续设计,此时的"图形"可称之为"模型"。软件开发之前首先应当考虑如何基于图形定义设计模型,如何借助于 CAD 现有的工具或者开发必要的建模工具,将图形转化为模型。

采用二次开发模式开发船舶与海洋平台设计软件中,模型的数据管理可以分为两种方式。第一种方式是将模型属性通过特定的数据结构存储、管理,与 CAD 系统中图元相关的数据通过图元的 ID 建立二者之间的联系,数据与图元相对独立存储。第二种方式是将与图元相关的用户数据保存在对应的图元中,并随图元一起由 CAD 系统管理。

数据与图元相对独立存储的开发模式,需要解决用户数据的定义、存储、管理及与 CAD 中的图元的同步更新等问题。例如,在船体型线设计软件中,建立特定的数据结构,保存型线的类别、型线的空间位置等信息,并通过图形中型线的 ID 建立属性记录与相应图元之间的联系,如图 2.22 所示。这类开发模式下,可以将用户数据按照记录的形式通过数据库进行管理。当数据量较小或者记录的访问、增减、排序等操作不频繁时,可以简单地采用文本文件进行存储。

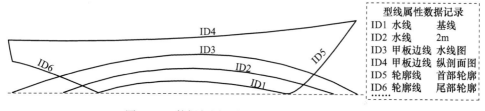

图 2.22　数据与图元相对独立存储的开发模式

数据与图元相对独立存储的开发模式下,用户数据相对独立于 CAD 系统,对 CAD 的图形数据库修改较小甚至可以不作修改,并且所有数据集中存储管理,如果借助于数据库技术,可以实现高效的数据维护、访问与存储。但是,用户程序需要负责维护 CAD 图形与用户数据之间的关系。如果图形需要频繁修改,则需要频繁修改属性数据记录,容易产生因二者不一致而导致的模型错误。此外,在这种模式下,通常图形文件与用户属性数据文件单独存储,不利于文件的管理与维护。

对于大多数商业 CAD 软件系统,数据的存储均采取第二种模式,即图元的属性随图元保存。AutoCAD 系统同样采取这种模式。AutoCAD 系统具有良好的开放性,开发者可以通过扩展数据(XData)或者扩展记录(XRecord)的形式增加系统原有各类图元(AutoCAD 中将图元称为实体 Entity)的属性。例如,将二维多义线增加名称、位置属性后,即可用于表达各类船体型线,如图 2.23 所示。图中各虚线框内的数据为各图元的属性,随图元一起由 CAD 系统管理。其中正体为 CAD 系统原有的属性,斜体为用户定义的数据类型,与原数据一起由 CAD 系统负责维护管理。此外,用户通过 C＋＋开发工具可以利用系统提供的模板自定义图元类型。自定义图元内可以附带各种用户数据,同时由 CAD 系统按照其固有图元相同的方式管理。对于基于二次开发模式开发大型船舶与海洋平台专业软件,采用扩展数据、扩展记录或者用户自定义图元,可以方便定义各种类型的专业数据,将用户程序与 CAD 系统更紧密结合,一方面可以提高软件的开发效率,另一方面使软件更易于使用,功能性更强。

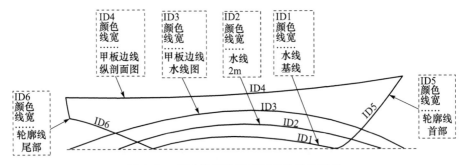

图 2.23　用户数据从属于图元的开发模式

　　扩展数据、扩展记录或者用户自定义图元三种方式虽然功能较强,但是初期的开发量较大,适合于中大型软件开发。而对于规模较小的软件开发任务,可以采取另外一种折中方案。AutoCAD 系统中图元包含若干默认属性。例如,所有图元均具有颜色属性(Color)、线形比例属性(Linetypescale)、线宽属性(Lineweight)、图层属性(Layer)等。这些属性值主要用于图形的显示,或者方便图形的绘制与修改等,与图元的几何属性无关。实际上,船舶与海洋平台的设计软件重点关注的是图元的几何属性,图元的上述非几何属性对设计本身的意义不大。因此,可以将上述与几何无关的属性赋予特殊含义,即将 CAD 系统中某些与几何无关的属性赋予与船舶和海洋工程专业设计相关的特殊含义,借助于 CAD 系统图元自带的与几何无关的属性表达专业软件所需要的设计信息。

　　本节介绍的船体型线设计程序中,采取上述简化方式建立船体型线设计模型。型线设计模型首先需要区分图形中型线相关图元与非型线相关图元。通过图元的颜色属性解决上述问题,规定红色图元为模型相关图元,其余颜色图元为非模型图元。经过上述规定之后,图形之中的红色赋予了特殊含义,用于区分模型数据与非模型数据,绘制型线图或者修改型线图需要遵循该原则。通过上述定义方法,程序开发时可以方便地通过图元颜色识别图形数据库中的模型数据,忽略所有非模型数据。用户在具体应用过程中,可以直观地通过图元颜色判断型线图中型线相关数据定义是否正确。

　　二维型线图中缺少 Z 坐标,对于水线图缺少水线的高度相关数据。高度数据为浮点数,需要利用 CAD 图元中数值为浮点数的属性存储,本例中采用图元的线形比例属性表达水线的高度。型线图中的首尾轮廓线,甲板边线,甲板中心线等曲线在 XY 平面内采用二维方式表达,需要制定有效的规则以使得程序能够准确识别所有曲线。同样采取线形比例属性定义非水线型线的类别,具体如表 2.1 所示。

表 2.1　型线的定义规则

线形比例值	型线模型中的含义	备　　注
0~100	不同吃水对应的水线	各水线仅允许定义一条完整线
1001	水线视图中甲板边线	仅允许定义一条曲线
1002	纵剖面图中甲板边线	仅允许定义一条曲线
1003	纵剖面图中甲板中心线	仅允许定义一条曲线
1004	纵剖面内首尾轮廓线	可以为单条或者多条曲线

2.7.2　程序的数据结构

本节介绍的船体型线设计程序中,分别定义首尾轮廓线多义线数组、水线数组、甲板边线与甲板中心线、站号浮点数数组、横剖线样条曲线数组,如图 2.24 所示。采用面向过程的软件开发模式,程序中定义的全局变量及其数据结构如表 2.2 所示。

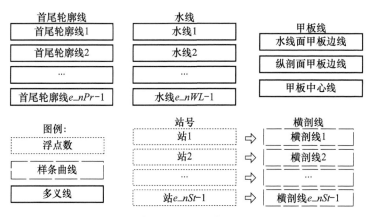

图 2.24　船体型线设计程序主要数据结构

表 2.2　船体型线设计程序全局变量列表

参数名	类型	变量含义
e_nWL	AcadEntity	水线数量
e_hbArr	double	水线数组,长度为 e_nWL
e_nPr	integer	首尾轮廓线的数量
e_prArr	double	首尾轮廓线数组,长度为 e_nPr
e_dlHB	AcadLWPolyline	水线图中的甲板边线

参数名	类型	变量含义
e_dlSR	AcadLWPolyline	纵剖面图中的甲板边线
e_dlCN	AcadLWPolyline	纵剖面图中的甲板中心线
e_nSt	integer	站的数量
e_stArr	array of double	站的位置数组,长度为 e_nSt
e_bdArr	Array of AcadSpline	横剖线数组,长度为 e_nSt
e_Lpp	double	船舶垂线间长,m
e_B	double	船舶型宽,m
e_d	double	船舶设计吃水,m

2.7.3　主要函数及其功能说明

（1）LINECMD_create3dLine,见附录 3 a[1],插值生成三维纵剖线与横剖线函数。

（2）LINECMD_createSurface,见附录 3 a[2],插值生成三维船体曲面网格面主函数。

（3）LINECMD_hullIntersectWithPlane,见附录 3 a[3],船体曲面与垂直于 XY 面的任意平面求交主函数。

（4）LINECMD_transform1_Cp,见附录 3 a[4],1-Cp 法型线变换主函数。

（5）createBodyLine,见附录 3 a[5]。函数参数列表:Cur2d,是否创建二维横剖线,0 代表创建三维横剖线,1 代表创建二维横剖线。生成二维或者三维横剖线,并给全局变量赋值。

（6）createBottomSurface,见附录 3 a[6]。函数参数列表:npt,每条水线分割的段数。插值生成船底曲面网格面。

（7）createHullSurface,见附录 3 a[7]。函数参数列表:npt,每条水线分割的段数。插值生成舷侧曲面网格面。

（8）createSheerLine,见附录 3 a[8]。函数参数列表:ss,纵剖面距 XZ 面的距离。插值创建并绘制居中距离为 ss 的纵剖线。

（9）findX,见附录 3 a[9]。函数参数列表:obj,待插值曲线;y,插值点位置;ext,是否延长曲线,1 表示延长,0 表示不延长。曲线插值计算给定 y 位置 X 值,如果没有值,则返回 NoVal。

（10）findY,见附录 3 a[10]。函数参数列表:obj,待插值曲线;x,插值点位置;ext,是否延长曲线,1 表示延长,0 表示不延长。曲线插值计算给定 x 位置 Y 值,如果没有值,则返回 NoVal。

（11）curveAreaX,见附录 3 a[11]。函数参数列表:sp,待积分曲线;a 与 b 分

别为积分下限与上限;pow,积分次数,求面积为 0,面积矩为 1,惯性矩为 2。计算并返回曲线给定范围[a,b]内与 X 轴之间区域面积积分。

（12）curveAreaY,见附录 3 a[12]。函数参数列表:参数含义同 curveAreaX。计算并返回曲线给定范围[a,b]内与 Y 轴之间区域面积积分。

（13）getSACBy1_Cp,见附录 3 a[13]。函数参数列表:sac0,母型船 SAC 曲线;Cp 与 Xb,设计船的 Cp 与 LCB 要求值。根据 1-Cp 法计算并返回设计船 SAC 曲线。

（14）getShipLine,见附录 3 a[14],读取型线设计模型,给全局变量赋值。

（15）hullIntersectWithPlan,见附录 3 a[15]。函数参数列表:ln,用于确定垂直于 XY 平面的直线。计算船体曲面与过直线 ln 且垂直于 XY 平面的平面交线,返回交线。

（16）polylineArea,见附录 3 a[16]。函数参数列表:pl,输入参数,待计算属性的曲线;a 与 LCB 为输出参数,pl 的面积与型心 X 坐标。计算并返回多义线 pl 与 X 轴围成面积 a 与型心 LCB。

（17）readPrinDimFromFile,见附录 3 a[17]。函数参数列表:fn,保存主尺度定义的文本文件名。从文件 fn 中读取船舶主要参数并赋给全局变量。

（18）readStFromFile,见附录 3 a[18]。函数参数列表:fn,保存站号的文本文件名。从文件 fn 中读取站的定义,并赋给全局变量。

（19）SACCurve,见附录 3 a[19],通过积分计算并返回母型船舶 SAC 曲线。

（20）scaleTransform,见附录 3 a[20]。函数参数列表:sx、xy、sz 分别为 X、Y、Z 方向的缩放比例。将母型船船体型线 X、Y 与 Z 方向缩放 sx、xy 与 sz。

（21）sortPoint3dBy,见附录 3 a[21]。函数参数列表:pta,待排序数组;x0y1z2,排序依据,0,1,2 分别代表依据 X、Y、Z 坐标排序。依据坐标对点 pta 从小到大排序。

（22）transformLineFromSac,见附录 3 a[22]。函数参数列表:sac0,母型船 SAC 曲线;sacN,设计船 SAC 曲线。根据母型船 SAC 曲线 sac_0 和设计船 SAC 曲线 sac_N 变换型线,得到设计船的型线。

2.8　小　　结

本章系统介绍船体型线设计原理、方法与关键技术,包括常用的样条曲线及其在船舶型线设计中的应用,基于二维型线模型和基于三维型线模型的型线插值算法,基于母型船改造法船体型线变换方法、船体曲面表达与构造方法,以及带有折角点的特殊型线表达等,并给出一个具体的型线设计程序开发实例。

船体型线二维设计方法与船体型线三维设计方法,两种方法具有不同的适用范围。二维设计方法程序设计相对简单,仅涉及二维曲线算法,采用底层开发、二次开发模式均易于实现,适用于常规的单体、单尾鳍、无复杂折角线的船型。三维型线设计方法算法涉及三维显示与三维运算,算法相对复杂,但可以表达各种复杂折角线,求交算法相对完善,具有更高的适用性,除常规船型以外,对多体船、双尾鳍船、带有复杂折角线等船型均适用。基于二维型线设计模型与三维型线设计模型,均可以完成型线变换与船体曲面创建等任务。

给出一种基于 VBA 开发环境,运行于 AutoCAD 软件平台的船体型线设计程序开发实例,包括软件的数据结构、关键技术以及功能函数说明与定义等,该程序实例可作为常规运输船舶型线设计软件开发的参考。

参 考 文 献

[1] Bézier P. The mathematical base of the UNISURF CAD system. Proceedings of the Royal Society of London A,1971,321:207-218.

[2] Clark J. Some property of the B-spline. Proceedings of the 2nd USA-Japan Computer Conference,1975:542-545.

[3] de Boor C. On calculation with B-spline. Journal of Approximation Theory,1972,6:50-62.

[4] de Boor C. A Practical Guide of Splines. Berlin:Springer,1978.

[5] 朱心雄,等. 自由曲线曲面造型技术. 北京:科学出版社,2000.

[6] 陆丛红. 基于 NURBS 表达的船舶初步设计关键技术研究. 大连:大连理工大学博士学位论文,2006.

[7] Shamsuddin S M, Ahmed M A, Samian Y. NURBS skinning surface for ship hull design based on new parameterization method. International Journal of Advanced Manufacturing Technology,2006,28(9):936-941.

第3章　船舶静水力特性计算软件开发

　　船舶的静水力特性包括静水力曲线、邦戎曲线和稳性插值曲线等。早期的静水力特性计算主要基于船舶的型值表,通过辛普森积分算法计算船舶的静水力曲线、邦戎曲线,利用切比雪夫法等方法通过表格计算船舶的稳性插值曲线。随着计算机技术的发展及样条曲线理论的完善,当前型线设计中普遍采用样条曲线表达船体型线,静水力特性的计算逐渐发展为通过样条曲线、曲面的插值、积分算法完成[1,2]。对于几何形状不规则,但是可以分解为简单几何体的浮体,如各类海洋平台,可以将浮体借助三维实体模型表达,利用三维实体计算体积、体积心、惯性矩等算法完成静水力特性计算[3,4]。

　　本章介绍一种基于三维切片模型的船舶静水力特性计算方法。该方法通过由水线面对应的边界平面模型计算静水力要素曲线,利用横剖面对应的边界平面模型计算邦戎曲线与稳性插值曲线。基于三维切片模型的船体静水力特性计算方法实质上是一种介于二维型线积分与三维实体算法之间的计算方法。该算法相比于基于样条曲线静水力特性计算方法效率高、算法简单,相比于基于三维实体模型的静水力要素计算方法,具有模型相对简单,对三维几何造型引擎要求较低等优点。

3.1　浮体模型的切片表达

　　将船舶的浮体模型通过两组相互垂直的边界平面表达:一组是平行于 XY 平面的水线面边界平面,如图 3.1 所示;另一组是平行于 YZ 平面的横剖面边界平面,如图 3.2 所示。水线面边界平面主要用于计算船舶的静水力曲线。对于常规运输船,水线面边界平面为由三维型线图中各吃水对应的水线围成的闭合区域。横剖面边界平面主要用于计算稳性插值曲线与邦戎曲线。对于常规运输船,横剖面边界平面为由三维型线图中的横剖线与对应剖面的梁拱线围成的闭合区域。基于由水线面边界平面、横剖面边界平面组成的切片模型计算船体静水力特性,基本思想是先计算各边界平面的面积、型心位置、惯性矩等属性。静水力特性计算中,与切面面积相关的特性,如静水力曲线中的水线面面积、漂心位置、初稳性高等可以由边界平面的面积属性计算得到。与体积相关的属性,如静水力曲线中的排水体积、浮心纵向位置与垂向位置,稳性插值曲线中的排水体积、排水体积的静矩等,可以由面积相关属性沿垂直于面的方向积分得到。所以,基于切片模型的船体静水力特性计算,关键问题是计算边界平面的几何属性,包括面积、对 X 轴与 Y 轴的静矩、对 X 轴与 Y 轴的惯性矩等。

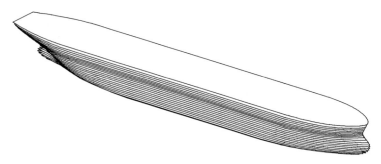

图 3.1 船舶水线面边界平面模型

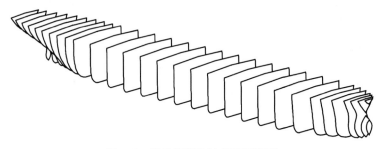

图 3.2 船舶横剖面边界平面模型

3.1.1 水线面边界平面模型建立方法

对于常规单体、单尾鳍船舶,水线面边界平面可以由半宽水线建立,如图 3.3 所示。水线对应图元数组为 $\mathbf{HB} = \{HB_0, HB_1, \cdots, HB_{n-1}\}$,水线高度数组为 $\mathbf{WL} = \{WL_0, WL_1, \cdots, WL_{nWl-1}\}$,$WL_i (0 \leqslant i \leqslant nWl-1)$ 为水线 HB_i 的高度值。水线面切片模型的建立算法如下。

算法 3.1 基于半宽水线创建水线面边界平面

  FOR i 从 0 至 $nWl-1$ 循环

  {定义曲线数组 $\mathbf{P}, \mathbf{P}'$

   依据算法 2.6,将 HB_i 转化为折线 PL

   将 PL 中的点添加至 $\mathbf{P}$

   将 $\mathbf{P}$ 中点逆序后添加至 $\mathbf{P}'$

   将 $\mathbf{P}'$ 中的点 Y 坐标乘以 -1

   将 $\mathbf{P}'$ 中的点添加至 $\mathbf{P}$

   将 HB_i 的起点添加至 $\mathbf{P}$

   删除 $\mathbf{P}$ 中重复点

依据 **P** 构造封闭折线 LC

依据 LC 构造边界平面 RH_i

RH_i 为水线高度为 WL_i 的边界平面

}

算法结束

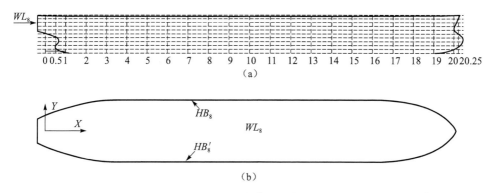

图 3.3　通过二维水线建立水线面边界平面

3.1.2　横剖面边界平面模型建立方法

对于常规运输船舶,横剖面边界平面的建立比水线面边界平面更复杂。将三维船体横剖线沿 XZ 平面对称,得到全宽的横剖线图。对于带有球首或者球尾的船舶,在首部或者尾部可能存在横剖面为间断的情况,如图 3.3 型线图中的 0.5 站、20 站位置。对于这类情况,由于构成横剖面边界平面的横剖线自相交,所以将导致无法创建边界平面。解决该问题的方法有多种,可以采用分段曲线表达横剖线,每段横剖线对应一个独立的子域,然后将所有子域通过布尔加运算得到多连通的横剖面边界平面,如图 3.4(a)所示。分段创建子面域的方法精度高,但是需要根据横剖线类型编写不同代码,程序设计较复杂。本节中采用一种简化的做法解决上述问题。如图 3.4(b)所示,在间断的横剖线位置,对横剖线作适当修改,将独立的两个区域采用一个宽度为 ε 的桥连接。当 ε 取值足够小时,桥对船舶静水力特性的影响可以忽略。经上述简化后,间断的横剖线可以采取与正常横剖线相同的处理方式,实现所有横剖面的边界平面计算算法统一。

为保证船舶静水力性能的计算精度,横剖面面域不应过少,且间距尽量均匀。根据精度要求,设置站的间距。在型线变化较大区域适当加密站线,如图 3.3 中 0.5 站与 20 站附近位置。

令三维坐标系下船舶的横剖线为 $\mathbf{BD}=\{BD_0,BD_1,\cdots,BD_{nSt-1}\}$,各横剖线对应的站为 $\mathbf{st}=\{st_0,st_1,\cdots,st_{nSt-1}\}$,甲板中心线为 DCN。船舶横剖面边界平面模型

的建立方法如下。

算法 3.2　基于横剖线创建横剖面边界平面

$\varepsilon=10$

FOR i 从 0 至 $nSt-1$ 循环

〔依据算法 2.6，将 BD_i 转化为折线 PL

　　定义数组 **P**

　　将 PL 中型值点保存至 **P**，$\mathbf{P}=\langle P_0, P_1, \cdots, P_{n-1}\rangle$

　　定义右舷点数组 **PR**，$\mathbf{PR}=\langle PR_0, PR_1, \cdots, PR_{n-1}\rangle$

　　FOR j 从 0 至 $n-1$

　　〔**IF** $\mathbf{P}_j.y<\varepsilon$

　　　　〔令 $\mathbf{P}_j.y=\varepsilon$〕

　　　　令点 $p=\mathbf{P}_j$

　　　　$p.y=-p.y$

　　　　$PR_{n-1-j}=p$

　　〕

　　$x=st_i \cdot Lpp/20$

　　对曲线 DCN 插值，计算 X 坐标为 x 对应的 Z 坐标 zt

　　将点 $(x,0,zt)$ 添加至 **P**

　　将 **PR** 中的点添加至 **P**

　　将 **P** 的第一个点添加至 **P**

　　依据 **P** 创建多义线 PL，依据 PL 创建边界平面 RB_i

　　RB_i 即为第 i 个横剖面对应的横剖面边界平面

〕

算法结束

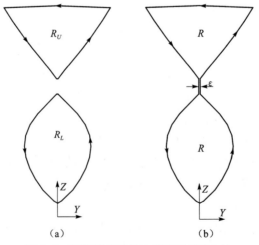

（a）　　　　　　　　　　（b）

图 3.4　间断横剖线的边界平面创建方法

3.2 平面闭合连通域属性计算方法

对于单连通闭合域 R，其面积 A_R、对 Y 轴的静矩 My_R、对 Y 轴的惯性矩 Iy_R、对 X 轴的静矩 Mx_R、对 X 轴的惯性矩 Ix_R 可以分别表达为积分式 $\iint\limits_{D} \mathrm{d}x\mathrm{d}y$，$\iint\limits_{D} x\,\mathrm{d}x\mathrm{d}y$，$\iint\limits_{D} x^2\,\mathrm{d}x\mathrm{d}y$，$\iint\limits_{D} y\,\mathrm{d}x\mathrm{d}y$ 及 $\iint\limits_{D} y^2\,\mathrm{d}x\mathrm{d}y$。对曲面的积分计算相对困难，所以通过格林公式，将对面的积分问题转化为对面的边界积分问题。

设闭合域 R 由分段光滑的曲线 L 围成，函数 $P(x,y)$ 与 $Q(x,y)$ 在 D 上具有连续一阶偏导数，根据格林公式有

$$\iint\limits_{D}\left(\frac{\partial Q}{\partial x}-\frac{\partial P}{\partial y}\right)\mathrm{d}x\mathrm{d}y=\oint_{L}P\,\mathrm{d}x+Q\,\mathrm{d}y \tag{3.1}$$

其中，L 是 D 的取正方向的边界曲线。选择合适函数的 P 与 Q，将式(3.1)左端分别转化为 $\iint\limits_{D} \mathrm{d}x\mathrm{d}y$，$\iint\limits_{D} x\,\mathrm{d}x\mathrm{d}y$，$\iint\limits_{D} x^2\,\mathrm{d}x\mathrm{d}y$，$\iint\limits_{D} y\,\mathrm{d}x\mathrm{d}y$ 及 $\iint\limits_{D} y^2\,\mathrm{d}x\mathrm{d}y$，则通过对 D 边界 L 的积分，可分别完成 A_R、My_R、Iy_R、Mx_R 和 Ix_R 的计算。

3.2.1 平面闭合连通域属性计算

首先，研究通过格林公式计算单连通闭合域的面积问题。

(1) 计算面积 A_R 的函数选取。格林公式中，令

$$\begin{cases} Q(x,y)=x \\ P(x,y)=0 \end{cases} \tag{3.2}$$

Q 与 P 在定义域内有连续一阶偏导数，满足格林公式应用条件。将式(3.2)代入格林公式，等式左端为 $\iint\limits_{D}\left(\frac{\partial Q}{\partial x}-\frac{\partial P}{\partial y}\right)\mathrm{d}x\mathrm{d}y=\iint\limits_{D}\mathrm{d}x\mathrm{d}y$，等式右端为 $\oint_{L}P\,\mathrm{d}x+Q\,\mathrm{d}y=\oint_{L}x\,\mathrm{d}y$。闭合区域 R 的积分 A_R 可以等效为对曲线的积分，即

$$A_R=\oint_{L}x\,\mathrm{d}y \tag{3.3}$$

(2) 计算对 Y 轴静矩 My_R 的函数选取。令

$$\begin{cases} Q(x,y)=\dfrac{x^2}{2} \\ P(x,y)=0 \end{cases} \tag{3.4}$$

Q 与 P 在定义域内有连续一阶偏导数，满足格林公式条件。将式(3.4)代入格林公式，等式左端为 $\iint\limits_{D}\left(\frac{\partial Q}{\partial x}-\frac{\partial P}{\partial y}\right)\mathrm{d}x\mathrm{d}y=\iint\limits_{D}x\,\mathrm{d}x\mathrm{d}y$，等式右端为 $\oint_{L}P\,\mathrm{d}x+Q\,\mathrm{d}y=\oint_{L}\frac{x^2}{2}\,\mathrm{d}y$。

闭合区域 R 的面积 My_R 可以等效为对曲线的积分，即

$$My_R = \oint_L \frac{x^2}{2} \mathrm{d}y \tag{3.5}$$

（3）计算对 Y 轴惯性矩 Iy_R 的函数选取。令

$$\begin{cases} Q(x,y) = \dfrac{x^3}{3} \\ P(x,y) = 0 \end{cases} \tag{3.6}$$

Q 与 P 在定义域内有连续一阶偏导数，满足格林公式条件。将式（3.6）代入格林公式，等式左端为 $\iint\limits_D \left(\dfrac{\partial Q}{\partial x} - \dfrac{\partial P}{\partial y} \right) \mathrm{d}x\mathrm{d}y = \iint\limits_D x^2 \mathrm{d}x\mathrm{d}y$，等式右端为 $\oint_L P \mathrm{d}x + Q\mathrm{d}y = \oint_L \dfrac{x^3}{3} \mathrm{d}y$。闭合区域 R 的积分 Iy_R 可以等效为对曲线的积分，即

$$Iy_R = \oint_L \frac{x^3}{3} \mathrm{d}y \tag{3.7}$$

（4）计算对 X 轴静矩 Mx_R 的函数选取。令

$$\begin{cases} Q(x,y) = 0 \\ P(x,y) = -\dfrac{y^2}{2} \end{cases} \tag{3.8}$$

Q 与 P 在定义域内有连续一阶偏导数，满足格林公式条件。将式（3.8）代入格林公式，等式左端为 $\iint\limits_D \left(\dfrac{\partial Q}{\partial x} - \dfrac{\partial P}{\partial y} \right) \mathrm{d}x\mathrm{d}y = \iint\limits_D y\mathrm{d}x\mathrm{d}y$，等式右端为 $\oint_L P \mathrm{d}x + Q\mathrm{d}y = \oint_L \left(-\dfrac{y^2}{2} \right) \mathrm{d}x$。闭合区域 R 的积分 Mx_R 可以等效为对曲线的积分，即

$$Mx_R = \oint_L \left(-\frac{y^2}{2} \right) \mathrm{d}x \tag{3.9}$$

（5）对 X 轴惯性矩 Ix_R 计算的函数选取。令

$$\begin{cases} Q(x,y) = 0 \\ P(x,y) = -\dfrac{y^3}{3} \end{cases} \tag{3.10}$$

Q 与 P 在定义域内有连续一阶偏导数，满足格林公式条件。将式（3.10）代入格林公式，等式左端为 $\iint\limits_D \left(\dfrac{\partial Q}{\partial x} - \dfrac{\partial P}{\partial y} \right) \mathrm{d}x\mathrm{d}y = \iint\limits_D y^2 \mathrm{d}x\mathrm{d}y$，等式右端为 $\oint_L P \mathrm{d}x + Q\mathrm{d}y = \oint_L \left(-\dfrac{y^3}{3} \right) \mathrm{d}x$。闭合区域 R 的积分 Ix_R 可以等效为对曲线的积分，即

$$Ix_R = \oint_L \left(-\frac{y^3}{3} \right) \mathrm{d}x \tag{3.11}$$

3.2.2　由折线段构成的闭合连通域属性计算

首先，讨论由折线段组成的闭合区域的属性计算问题。$P_0(x_0, y_0)$，$P_1(x_1,$

y_1），$\cdots$，$P_{n-1}(x_{n-1}, y_{n-1})$ 为平面内的 n 个点。依次连接 $P_0, P_1, \cdots, P_{n-1}, P_0$，得到 n 条直线段，n 条直线段围成闭合区域 R，不相邻的直线段之间不相交，如图 3.5 所示。

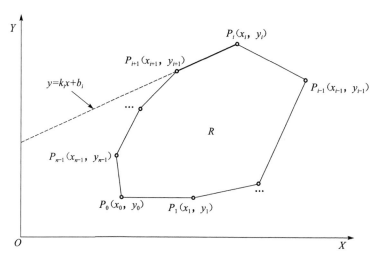

图 3.5　由折线段组成的闭合连通域

对于由折线段围成的闭合区域，对曲线的积分可以转化为对各直线段积分之和。折线段的每一段均为直线段，在 $[x_i, x_{i+1}]$（$0 \leqslant i \leqslant n-1$）上单调，所以有

$$\oint_L f(x, y)\mathrm{d}x = \sum_{i=0}^{n-1} \int_{x_i}^{x_{i+1}} f(x, y)\mathrm{d}x \tag{3.12}$$

其中，y_n 与 x_n 分别代表 y_0 与 x_0。同理，

$$\oint_L g(x, y)\mathrm{d}y = \sum_{i=0}^{n-1} \int_{y_i}^{y_{i+1}} g(x, y)\mathrm{d}y \tag{3.13}$$

对于第 i 段，当 $x_i \neq x_{i+1}$，$y_i \neq y_{i+1}$ 时，直线方程可以表达为

$$y = k_i x + b_i \tag{3.14}$$

其中，k_i 为直线斜率，b_i 为直线在 Y 轴的截距：

$$k_i = \frac{y_{i+1} - y_i}{x_{i+1} - x_i} \tag{3.15}$$

$$b_i = y_i - k_i x_i \tag{3.16}$$

$y_i \neq y_{i+1}$，所以 $k \neq 0$，则式（3.16）可以写成

$$x = \frac{y - b_i}{k_i} \tag{3.17}$$

1. 由折线段构成单连通域面积计算

联立式（3.3）和式（3.13），则单连通域的面积计算可以转化为

$$A_R = \oint_L x\,\mathrm{d}y = \sum_{i=0}^{n-1}\int_{y_i}^{y_{i+1}} x\,\mathrm{d}y \tag{3.18}$$

对于第 i 段$(0\leqslant i\leqslant n-1)$，分三种情况讨论积分 $\int_{y_i}^{y_{i+1}} x\,\mathrm{d}y$。

(1) 当 $x_i\neq x_{i+1}$，$y_i\neq y_{i+1}$ 时，代入式(3.17)，则有

$$\int_{y_i}^{y_{i+1}} x\,\mathrm{d}y$$
$$=\int_{y_i}^{y_{i+1}} \frac{y-b_i}{k_i}\,\mathrm{d}y \tag{3.19}$$
$$=\frac{1}{k_i}\left[\frac{1}{2}(y_{i+1}^2-y_i^2)-b_i(y_{i+1}-y_i)\right]$$

(2) 当 $x_i=x_{i+1}$ 时

$$\int_{y_i}^{y_{i+1}} x\,\mathrm{d}y = x_i(y_{i+1}-y_i)$$

(3) 当 $y_i=y_{i+1}$ 时

$$\int_{y_i}^{y_{i+1}} x\,\mathrm{d}y = 0$$

2. 由折线段构成的闭合连通域对 Y 轴静矩

将式(3.5)代入式(3.13)，则单连通域对 Y 轴的静矩计算可以转化为

$$M_{yR} = \oint_L \frac{x^2}{2}\,\mathrm{d}y = \sum_{i=0}^{n-1}\int_{y_i}^{y_{i+1}} \frac{x^2}{2}\,\mathrm{d}y \tag{3.20}$$

对于第 i 段$(0\leqslant i\leqslant n-1)$，分三种情况讨论积分 $\int_{y_i}^{y_{i+1}} \frac{x^2}{2}\,\mathrm{d}y$。

(1) 当 $x_i\neq x_{i+1}$，$y_i\neq y_{i+1}$ 时，代入式(3.17)，则有

$$\int_{y_i}^{y_{i+1}} \frac{x^2}{2}\,\mathrm{d}y$$
$$=\frac{1}{2k_i^2}\left[\frac{1}{3}(y_{i+1}^3-y_i^3)-b_i(y_{i+1}^2-y_i^2)+b_i^2(y_{i+1}-y_i)\right] \tag{3.21}$$

(2) 当 $x_i=x_{i+1}$ 时

$$\int_{y_i}^{y_{i+1}} \frac{x^2}{2}\,\mathrm{d}y = \frac{x_i^2}{2}(y_{i+1}-y_i)$$

(3) 当 $y_i=y_{i+1}$ 时

$$\int_{y_i}^{y_{i+1}} \frac{x^2}{2}\,\mathrm{d}y = 0$$

R 的型心 X 坐标 x_R 为

$$x_R = \frac{M_{yR}}{A_R} \tag{3.22}$$

3. 由折线段构成的闭合连通域对 Y 轴惯性矩

将式(3.7)代入式(3.13),则单连通域对 Y 轴的惯性矩计算可以转化为

$$Iy_R = \oint_L \frac{x^3}{3} \mathrm{d}y = \sum_{i=0}^{n-1} \int_{y_i}^{y_{i+1}} \frac{x^3}{3} \mathrm{d}y \tag{3.23}$$

对于第 i 段 $(0 \leqslant i \leqslant n-1)$,分三种情况讨论积分 $\int_{y_i}^{y_{i+1}} \frac{x^3}{3} \mathrm{d}y$。

(1) 当 $x_i \neq x_{i+1}$, $y_i \neq y_{i+1}$ 时,代入式(3.17),则有

$$\int_{y_i}^{y_{i+1}} \frac{x^3}{3} \mathrm{d}y$$
$$= \frac{1}{3k_i^3} \left[\frac{1}{4}(y_{i+1}^4 - y_i^4) - b_i(y_{i+1}^3 - y_i^3) + \frac{3b_i^2}{2}(y_{i+1}^2 - y_i^2) - b_i^3(y_{i+1} - y_i) \right] \tag{3.24}$$

(2) 当 $x_i = x_{i+1}$ 时

$$\int_{y_i}^{y_{i+1}} \frac{x^3}{3} \mathrm{d}y = \frac{x_i^3}{3}(y_{i+1} - y_i)$$

(3) 当 $y_i = y_{i+1}$ 时

$$\int_{y_i}^{y_{i+1}} \frac{x^3}{3} \mathrm{d}y = 0$$

4. 由折线段构成的闭合连通域对 X 轴的静矩

将式(3.9)代入式(3.12),则单连通域对 X 轴的静矩计算可以转化为

$$Mx_R = \oint_L \left(-\frac{y^2}{2} \right) \mathrm{d}x = \sum_{i=0}^{n-1} \int_{x_i}^{x_{i+1}} \left(-\frac{y^2}{2} \right) \mathrm{d}x \tag{3.25}$$

对于第 i 段 $(0 \leqslant i \leqslant n-1)$,分三种情况讨论积分 $\int_{x_i}^{x_{i+1}} \left(-\frac{y^2}{2} \right) \mathrm{d}x$。

(1) 当 $x_i \neq x_{i+1}$, $y_i \neq y_{i+1}$ 时,代入式(3.14),则有

$$\int_{x_i}^{x_{i+1}} \left(-\frac{y^2}{2} \right) \mathrm{d}x$$
$$= -\frac{1}{2} \left[\frac{k_i^2}{3}(x_{i+1}^3 - x_i^3) - k_i b_i(x_{i+1}^2 - x_i^2) + b_i^2(x_{i+1} - x_i) \right] \tag{3.26}$$

(2) 当 $x_i = x_{i+1}$ 时

$$\int_{x_i}^{x_{i+1}} \left(-\frac{y^2}{2} \right) \mathrm{d}x = 0$$

(3) 当 $y_i = y_{i+1}$ 时

$$\int_{x_i}^{x_{i+1}} \left(-\frac{y^2}{2}\right) \mathrm{d}x = -\frac{y_i^2}{2}(x_{i+1}-x_i)$$

R 的型心 Y 坐标 y_R 为

$$y_R = \frac{Mx_R}{A_R} \tag{3.27}$$

5. 由折线段构成的闭合连通域对 X 轴惯性矩

将式(3.9)代入式(3.12),则单连通域对 X 轴的惯性矩计算可以转化为

$$Ix_R = \oint_L \left(-\frac{y^3}{3}\right) \mathrm{d}x = \sum_{i=0}^{n-1} \int_{x_i}^{x_{i+1}} \left(-\frac{y^3}{3}\right) \mathrm{d}x \tag{3.28}$$

对于第 i 段($0 \leqslant i \leqslant n-1$),分三种情况讨论积分 $\int_{x_i}^{x_{i+1}} \left(-\frac{y^3}{3}\right) \mathrm{d}x$。

(1) 当 $x_i \neq x_{i+1}, y_i \neq y_{i+1}$ 时,代入式(3.14),则有

$$\int_{x_i}^{x_{i+1}} \left(-\frac{y^3}{3}\right) \mathrm{d}x$$

$$= -\frac{1}{3}\left[\frac{1}{4}(x_{i+1}^4-x_i^4) - k_i^2 b_i(x_{i+1}^3-x_i^3) + \frac{3k_i b_i^2}{2}(x_{i+1}^2-x_i^2) - b_i^3(x_{i+1}-x_i)\right]$$

$$\tag{3.29}$$

(2) 当 $x_i = x_{i+1}$ 时

$$\int_{x_i}^{x_{i+1}} \left(-\frac{y^3}{3}\right) \mathrm{d}x = 0$$

(3) 当 $y_i = y_{i+1}$ 时

$$\int_{x_i}^{x_{i+1}} \left(-\frac{y^3}{3}\right) \mathrm{d}x = -\frac{y_i^3}{3}(x_{i+1}-x_i)$$

3.2.3　多连通域与复连通域问题

船舶静水力计算中,存在大量多连通域与复连通域问题。例如,图 3.6 中,图 3.6(a)为 50000DWT 成品油船 0.5 站对应横剖面边界平面。该边界平面由上下两个分离的单连通域组成多连通域。图 3.6(b)为 50000DWT 成品油船 20 站对应横剖面边界平面,同样由两个单连通域组成。图 3.6(c)为 800t 风力安装船设计吃水处水线面边界平面。该风力安装船左右舷各设置 3 条桩腿,在浮体左右舷各开 3 个方形孔,静水力计算中应扣除主浮体的桩腿开孔影响。所以水线面边界平面中包含 6 个开孔,即对应边界平面为含有 6 个开孔的复连通域。

对于多连通域、复连通域边界平面的属性计算问题,可以通过单连通域算法解决。假设边界平面 Rc 中包含 m 个连通域,$\mathbf{Rs}=\{Rs_0, Rs_1, \cdots, Rs_{m-1}\}$,$Rc$ 内部包含

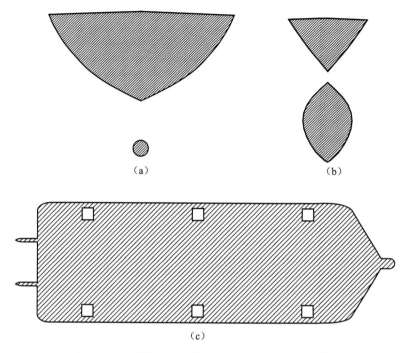

图 3.6　船舶静水力计算中的多连通域与复连通域

n 个开孔 $\mathbf{Rh}=\{Rh_0,Rh_1,\cdots,Rh_{n-1}\}$，则 Rc 的面积 A_{Rc}、对 X 轴静矩 Mx_{Rc}、对 X 轴惯性矩 Ix_{Rc}、对 Y 轴静矩 My_{Rc}、对 Y 轴惯性矩 Iy_{Rc} 分别为

$$A_{Rc}=\sum_{i=0}^{m-1}A_{Rs,i}-\sum_{i=0}^{n-1}A_{Rh,i} \tag{3.30}$$

$$Mx_{Rc}=\sum_{i=0}^{m-1}Mx_{Rs,i}-\sum_{i=0}^{n-1}Mx_{Rh,i} \tag{3.31}$$

$$Ix_{Rc}=\sum_{i=0}^{m-1}Ix_{Rs,i}-\sum_{i=0}^{n-1}Ix_{Rh,i} \tag{3.32}$$

$$My_{Rc}=\sum_{i=0}^{m-1}My_{Rs,i}-\sum_{i=0}^{n-1}My_{Rh,i} \tag{3.33}$$

$$Iy_{Rc}=\sum_{i=0}^{m-1}Iy_{Rs,i}-\sum_{i=0}^{n-1}Iy_{Rh,i} \tag{3.34}$$

式中，$A_{Rs,i}$，$M_{Rs,i}$ 和 $I_{s,i}$（$0\leqslant i\leqslant m-1$）分别为按照单连通域计算得到的 Rs_i 的面积、静矩与惯性矩；$A_{Rh,i}$，$M_{Rh,i}$ 和 $I_{Rh,i}$（$0\leqslant i\leqslant n-1$）分别为按照单连通域计算得到的开孔 Rh_i 的面积、静矩与惯性矩。

3.2.4　任意平面曲线构成的连通域属性计算

　　前面讨论由折线段组成的连通域的属性计算问题。实际上，用于船舶与海洋平台静水力特性计算的三维切面模型中,由折线段构成的边界平面只占很少一部分。通常情况下,切片模型中的边界平面的轮廓线包含多种曲线类型,包括直线段、样条曲线、圆、圆弧、椭圆弧等。对于这类问题,可以采取两种处理方式:一种是精确积分法,即对每一类曲线,根据格林公式推导将曲面积分转化为曲线积分的计算公式,计算复杂边界平面属性;另一种是近似积分法,即将组成连通域的所有曲线统一转化为折线,由折线连通域积分代替曲线连通域积分问题。

第一种方法得到的边界平面的属性为精确解,但是需要针对每一类曲线编制相应的算法。对于不满足单调性的曲线,需要在保证几何不变性的前提下将曲线分割为满足单调性要求的曲线段,通过分段积分代替原曲线积分。精确积分法具有较高的精度,但是公式的推导、算法实现均相对困难。第二种方法是一种折中的处理方法。首先,采用算法 2.6,按照要求的精度,将组成连通域的样条曲线、圆弧、椭圆弧转化为折线,通过折线代替原曲线。经上述转化后,连通域所有边界均为线性。采用曲线的连接算法,将连通域的边界连接为一封闭的折线。然后可以采用本节中介绍的边界为折线的平面域积分算法计算复杂连通域的属性。

采用折线代替曲线,如果要达到足够的精度,通常折线的数据量要显著大于原曲线。但本章中介绍的基于格林公式的折线型平面域属性计算方法中,面积、静矩与惯性矩的计算算法复杂度均为 $O(n)$,n 为折线的顶点数。所以取合理的拟合精度将曲线用折线代替,通常不会造成程序的 CPU 时间显著增加。

3.2.5 商业软件中的边界平面

本章前 4 节中介绍的边界平面属性计算算法,不依赖于其他几何造型引擎或者软件平台。该算法适用于底层开发模式的船舶静水力特性软件开发。如果采用基于商业 CAD 软件平台的二次开发模式,通常可以避免底层开发,借助于商业 CAD 软件中几何造型引擎提供的算法计算边界平面的各类属性。商业 CAD 软件中,通常提供功能完善的边界平面算法。例如,在 AutoCAD 软件中,边界平面对应的图元为面域(region)。面域的边界可以是直线段、多义线、样条曲线、圆、圆弧等各类曲线,一个面域可以为多连通或者复连通,通过面域的属性计算功能,可以准确计算面域的面积、对给定坐标轴的静矩、惯性矩、惯性积等属性。因此面域的功能满足船舶与海洋平台静水力切片模型的表达以及静水力特性计算的要求。

3.3 基于边界平面模型的静水力曲线计算

船舶的静水力曲线包括水线面面积 Aw、漂心纵向位置 LCF、排水体积 $Volume$、排水量 $Disp$、浮心纵向位置 LCB、浮心垂向位置 VCB、初横稳心高 ZM、初纵稳心高 ZML、每厘米吃水吨数 Dcm、每厘米纵倾力矩 Mcm、方形系数 Cb、水线面系

数 Cw、中横剖面系数 Cm、棱形系数 Cp 等曲线。其中，Aw、LCF、Dcm、Cw 为水线面相关静水力要素，$Volume$、$Disp$、LCB、VCB、Cp、Cb 为排水体积相关静水力要素，ZM、ZML、Mcm 为与水线面及排水体积均相关的静水力要素。

船舶的垂线间长为 Lpp，型宽为 B。$\mathbf{WL}=\{WL_0, WL_1, \cdots, WL_{n-1}\}$ 为一组吃水，n 为吃水个数，通常 WL_0 为 0，WL_{n-1} 小于型深。$\mathbf{R}=\{R_0, R_1, \cdots, R_{n-1}\}$ 为水线面边界平面，$R_i (0 \leqslant i \leqslant n-1)$ 是高度为 WL_i 水线对应的边界平面。基于水线面边界平面计算船舶静水力特性的计算流程如下。

（1）定义三维点数组 paA、$paLCF$、paV、$paDisp$、$paLCB$、$paVCB$、$paZM$、$paZML$、$paDCM$、$paMCM$、$paCb$、$paCw$、$paCm$、$paCp$。

（2）定义点数组 $paMx$，$paMz$。

（3）通过水线面边界平面，计算各水线面面积 $A_0, A_1, \cdots, A_{n-1}$，水线面对 Y 轴的静矩 $My_0, My_1, \cdots, My_{n-1}$，水线面型心的 X 坐标 $Xf_0, Xf_1, \cdots, Xf_{n-1}$，水线面相对于 X 轴的惯性矩 $Ix_0, Ix_1, \cdots, Ix_{n-1}$，以及水线面相对于 Y 轴的惯性矩 Iy_0，$Iy_1, \cdots, Iy_{n-1}$。

（4）令 i 从 0 至 $n-1$ 循环，向 paA、$paLCF$、$paDCM$、$paCw$ 中分别添加点 (WL_i, A_i)、(WL_i, Xf_i)、(WL_i, Dcm_i)、(WL_i, Cw_i)，向数组 $paMx$、$paMz$ 中添加 (WL_i, Mx_i)、(WL_i, Mz_i)，其中

$$Dcm_i = 0.01 A_i \cdot \rho \tag{3.35}$$

$$Cw_i = \frac{A_i}{Lpp \cdot B} \tag{3.36}$$

$$Mx_i = A_i \cdot Xf_i \tag{3.37}$$

$$Mz_i = A_i \cdot WL_i \tag{3.38}$$

式中，ρ 为海水密度；Lpp 与 B 分别为船舶的垂线间长与型宽。

（5）依据 paA、$paLCF$、$paDCM$、$paCw$ 构造样条曲线 sA、$sLCF$、$sDCM$ 和 sCw，分别对应水线面面积、漂心纵向位置、每厘米吃水吨数和水线面系数曲线。依据 $paMx$、$paMz$ 构造样条曲线 sMx、sMz。

（6）向 paV、$paDisp$、$paLCB$、$paVCB$、$paZM$、$paZML$、$paMCM$、$paCb$、$paCp$ 中分别添加点 (WL_i, V_i)、$(WL_i, Disp_i)$、(WL_i, LCB_i)、(WL_i, VCB_i)、(WL_i, ZM_i)、(WL_i, ZML_i)、(WL_i, MCM_i)、(WL_i, Cb_i)、(WL_i, Cp_i)，其中

$$V_i = \int_0^{WL_i} sA(z)\,\mathrm{d}z \tag{3.39}$$

$$Disp_i = V_i \cdot \rho \cdot c \tag{3.40}$$

$$LCB_i = \frac{\int_0^{WL_i} sMx(z)\,\mathrm{d}z}{V_i} \tag{3.41}$$

$$VCB_i = \frac{\int_0^{WL_i} sMz(z)\mathrm{d}z}{V_i} \tag{3.42}$$

$$ZM_i = \frac{Ix_i}{V_i} + VCB_i \tag{3.43}$$

$$ZML_i = \frac{Iy_i - A_i \cdot Xf_i^2}{V_i} + VCB_i \tag{3.44}$$

$$MCM_i = \frac{Disp_i \cdot (Iy_i - A_i \cdot Xf_i^2)}{100 Lpp \cdot V_i} \tag{3.45}$$

$$Cb_i = \frac{V_i}{Lpp \cdot B \cdot WL_i} \tag{3.46}$$

$$Cp_i = \frac{Cb_i}{Cm_i} \tag{3.47}$$

式中，c 为附体系数。$\int_0^{WL_i} sA(z)\mathrm{d}z$、$\int_0^{WL_i} sMx(z)\mathrm{d}z$ 和 $\int_0^{WL_i} sMz(z)\mathrm{d}z$ 分别依据曲线 sA、sMx、sMz 对 X 轴积分得到。

（7）依据 paV、$paDisp$、$paLCB$、$paVCB$、$paZM$、$paZML$、$paMCM$、$paCb$、$paCp$ 构造样条曲线 sV、$sDisp$、$sLCB$、$sVCB$、sZM、$sZML$、$sMCM$、sCb、sCp 分别为排水体积、排水量、浮心纵向位置、浮心垂向位置、初横稳心高、初纵稳心高、每厘米纵倾力矩、方形系数和棱形系数曲线。

3.4　基于边界平面模型的邦戎曲线计算

邦戎曲线可以通过两种方式计算：一种是基于横剖线的计算方法；另一种是基于边界平面的计算方法。给定一组吃水 $\mathbf{d} = \{d_0, d_1, \cdots, d_{nd-1}\}$。邦戎曲线计算目标为计算各站 $\mathbf{st} = \{st_0, st_1, \cdots, st_{nSt-1}\}$ 处横剖面的面积曲线与面积矩曲线。

3.4.1　基于二维横剖线计算邦戎曲线

船舶的二维横剖线为 $\mathbf{BD} = \{BD_0, BD_1, \cdots, BD_{nSt-1}\}$，基于二维横剖线的邦戎曲线计算方法如下。

算法 3.3　基于二维横剖线计算邦戎曲线

　　FOR i 从 0 至 $nSt-1$ 循环

　　〔定义面积数组 **PA** 和静矩数组 **PM**

　　　　令 $A_s = 0, M_s = 0$

　　　　FOR j 从 0 至 $nd-2$ 循环

　　　　〔计算 BD_i 最低点的垂向坐标 btm

　　　　　　通过龙贝格积分，计算 BD_i 在 $[d_j, d_{j+1}]$ 区间的面积 $\mathrm{d}A$

通过龙贝格积分,计算 BD_i 在$[d_j,d_{j+1}]$区间的面积矩 dM

$A_S=A_S+dA,M_S=M_S+dM$

IF $dA>0$

{**IF** PA 的长度为 0

　{在 **PA** 中添加点$(btm_i,0)$

　　在 **PM** 中添加点$(btm_i,0)$

　}

　将点(d_{j+1},A_S)添加至数组 **PA**

　将点(d_{j+1},M_S)添加至数组 **PM**

}

}

　根据 **PA** 创建样条曲线 BA_i,根据 **PM** 创建样条曲线 BM_i

　BA_i 与 BM_i 分别为第 i 站的面积曲线与面积矩曲线

}

算法结束

上述算法的示意图如图 3.7(a)所示。

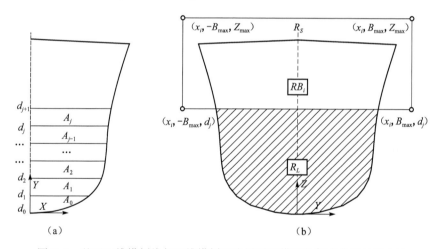

图 3.7　基于二维横剖线与三维横剖面边界平面模型的邦戎曲线计算方法

3.4.2　基于横剖面边界平面计算邦戎曲线

　　基于二维横剖线的邦戎曲线计算方法具有较高的效率和精度,但是要求各站横剖线在型深方向是单调的。对于双尾鳍、双体船等船型,部分横剖线因不满足单调性而无法直接采用曲线积分计算面积与面积矩,所以算法的通用性较差。本节给出一种基于横剖面边界平面的邦戎曲线计算方法。

　　各站横剖面边界平面 **RB**$=\{RB_0,RB_1,\cdots,RB_{nSt-1}\}$。各站横剖面边界平面的

最高点为 $Z_{\max}$，最大半宽为 $Y_{\max}$。基于横剖线边界平面的邦戎曲线算法如下。

算法 3.4　基于三维横剖线边界平面计算邦戎曲线

　　　FOR i 从 0 至 $nSt-1$ 循环

　　　〈定义面积数组 **PA** 和静矩数组 **PM**

　　　　　计算 RB_i 最低点的垂向坐标 btm

　　　　　在 **PA** 与 **PM** 中分别添加点 $(btm,0)$

　　　　　第 i 站的纵向位置 $x = st_i/20 \cdot Lpp$

　　　　　FOR j 从 0 至 $nd-1$ 循环

　　　　　〈**IF** $d_j < btm$

　　　　　　〈继续下次循环〉

　　　　　　定义点数组 **PL**

　　　　　　PL 中添加点 $(x,-B_{\max},d_j),(x,B_{\max},d_j),(x,B_{\max},Z_{\max}),(x,-B_{\max},Z_{\max})$,

　　　　　　　　$(x,-B_{\max},d_j)$

　　　　　　依据 **PL** 构造面域 R_S

　　　　　　利用面域的布尔运算，从 RB_i 中扣除 R_S，得到面域 R_L

　　　　　　计算面域 R_L 的面积 A，对 X 轴的静矩 M

　　　　　　将点 (d_j,A) 添加至数组 **PA**，将点 (d_j,M) 添加至数组 **PM**

　　　　　〉

　　　　　根据 **PA** 创建样条曲线 BA_i，根据 **PM** 创建样条曲线 BM_i

　　　　　BA_i 为第 i 站的面积曲线，BM_i 为第 i 站的静矩曲线

　　　〉

算法结束

上述算法的示意图如图 3.7(b)所示。

　　基于横剖面边界平面的邦戎曲线计算方法中，最多可能涉及 $nSt \times nd$ 次创建边界平面、边界平面布尔运算和计算边界平面属性操作，所以效率与基于二维横剖线的计算方法相比较低。但是，基于横剖面边界平面的邦戎曲线计算方法对各种类型的船体横剖面均适用，包括多连通和复连通形式的复杂横剖面，所以算法具有很好的通用性和稳定性，不需要对不同的船型编写不同的计算模块。

　　本节介绍的邦戎曲线中的面积曲线与面积矩曲线均采用样条曲线表达。样条曲线表达的优点为可以取较少的点得到较高的精度。但是对于横剖面形状不规则的船型，由于不同吃水处水线面宽度存在突变，采用样条曲线积分将会产生较大的误差。对这类情况，为提高计算精度，可以取较小的吃水间距并采用折线表示面积曲线与面积矩曲线。采用折线表达邦戎曲线，数据量相对较大，但是具有更高的稳定性。

3.5　基于边界平面模型的稳性插值曲线计算

　　与邦戎曲线计算相同，稳性插值曲线的计算可以基于二维横剖线或者三维横

剖面边界平面完成。基于二维横剖线计算稳性插值曲线算法相对复杂,程序设计中需要针对不同类型的横剖线编制不同的算法。本节中介绍一种基于三维横剖面边界平面模型的稳性插值曲线通用计算方法。

3.5.1　船舶正浮稳性插值曲线计算

假设船舶吃水为 d、旋转轴为 O、横倾角为 θ,假定重心高度为 0。如图 3.8 所示,采用变排水体积法计算稳性插值曲线。假定浮体不变,水线面绕 O 点旋转角度 θ。旋转后水线面以下排水体积为 V、浮心为 B,B 距中纵剖面、基平面的距离分别为 yb 与 zb。

形状稳性臂 ls 为浮心 B 与假定重心 G' 在垂直于水线面方向上的距离。在 YZ 平面内,过 B 点作水平线,与纵轴交点为 I,过 I,G' 和 B 点作垂直于旋转后水线的垂线。过 G' 点垂线与过 I 点垂线之间距离为 Lz,过 B 点垂线与过 I 点垂线之间距离为 Ly,则形状稳性臂

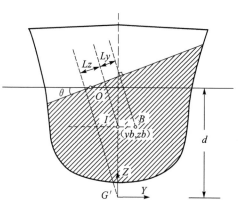

$$ls = Lz + Ly = zb\sin\theta + yb\cos\theta$$
$$(3.48)$$

图 3.8　稳性插值曲线计算原理

船舶各站位置 $\mathbf{st} = \{st_0, st_1, \cdots, st_{nSt-1}\}$。基于横剖面切片模型计算稳性插值曲线时,先计算各横剖面在倾斜水线下的面积 $A_i(i=0,1,\cdots,nSt-1)$,以各站对应的纵向位置为横坐标,以各站倾斜水线下横剖面面积为纵坐标,构造一条曲线 sV,sV 在长度范围内沿 X 轴积分即为水线面以下的排水体积 V。计算各横剖面倾斜水线下面积的型心 $B_i(i=0,1,\cdots, nSt-1)$。对于第 $i(i=0,1,\cdots,nSt-1)$ 剖面,计算假定重心与型心在垂直于水线面方向的距离 ls_i 为

$$ls_i = B_i \cdot z\sin\theta + B_i \cdot y\cos\theta \qquad (3.49)$$

以各站对应的纵向位置为横坐标,按照式(3.49)计算各站距离 ls_i,以 $ls_i \cdot A_i$ 为纵坐标,构造一条曲线 sM,sM 在长度范围内沿 X 轴的积分即为回复力矩 M。则形状稳性臂 ls 可以由 M 与 V 的比值确定,即

$$ls = \frac{M}{V} \qquad (3.50)$$

因此,基于切片法计算稳性插值曲线时,关键问题是计算各横剖面在倾斜水线面下的面积与型心位置。对于第 i 个横剖面,横剖面边界平面 RB_i、倾斜水线下横剖面面积与型心位置计算方法如下:

（1）如图 3.9 所示，在 RB_i 所在剖面，水线 d 以上作一个四边形边界平面 Rs。保证 Rs 在横剖面内绕 O 点从 $0°$ 至 $90°$ 逆时针旋转，与 RB_i 有交线。

（2）将 Rs 绕 O 点逆时针旋转角度 θ，得到边界平面 Rs'。

（3）利用边界平面的布尔运算，从 RB_i 中扣除 Rs'，得到边界平面 R_L。

（4）计算边界平面 R_L 的面积 A_i、型心 B_i，即为 RB_i 对应横剖面在倾斜水线下的面积与型心位置。

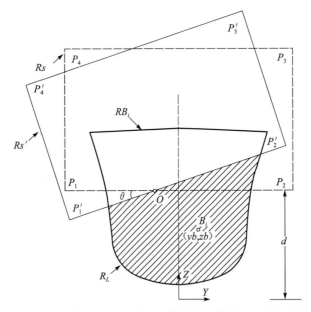

图 3.9　基于横剖面边界平面计算水线下横剖面面积与型心

各站对应的横剖面边界平面分别为 $\mathbf{RB}=\{RB_0,RB_1,\cdots,RB_{nSt-1}\}$，横倾角 $\boldsymbol{\theta}=\{\theta_0,\theta_1,\cdots,\theta_{na-1}\}$，吃水 $\mathbf{d}=\{d_0,d_1,\cdots,d_{nd-1}\}$，基于边界平面计算稳性插值曲线计算方法如下。

算法 3.5　基于三维横剖线边界平面计算稳性插值曲线

　　FOR i 从 0 至 $na-1$ 循环

　　{定义形状稳性臂的点数组 **pL**

　　　　FOR j 从 0 至 $nd-1$ 循环

　　　　{定义排水体积点数组 **pV**，回复力矩点数组 **pM**

　　　　　　FOR $k=0$ 至 $nSt-1$ 循环

　　　　　　{第 k 横剖面纵向位置 $x=st_k \cdot Lpp/20$

　　　　　　　定义点数组 **PLA**

　　　　　　　令 $H=3B$

　　　　　　　PLA 中添加点 $(x,-H,d_j),(x,H,d_j),(x,H,H),(x,-H,H)$

依据 **PLA** 构造面域 Rs

过点 $(x, -dm+d_j, d_j)$ 作平行于 X 轴的直线 NN'

将 Rs 绕旋转轴 NN' 旋转角度 θ_i，得到面域 Rs'

利用面域的布尔运算，从 RB_i 中扣除 Rs'，得到面域 R_L

计算面域 R_L 的面积 A，型心横向坐标 yb，型心垂向坐标 zb

$la = 0$

IF $A \neq 0$

$\{la = zb\sin\theta_i + yb\cos\theta_i$

$\}$

pV 添加中 (x, A)

pM 添加中 $(x, la \cdot A)$

$\}$

依据 **pV** 创建曲线 sV

依据 **pM** 创建曲线 sM

计算 sV 与 X 轴围成的面积 V

计算 sM 与 X 轴围成的面积 M

$l = M/V$

向数组中 **pL** 添加点 (V, l)

$\}$

依据 **pL** 创建曲线 L_i，即为横倾角为 θ_i 对应的稳性插值曲线

$\}$

算法结束

3.5.2　带有纵倾的稳性插值曲线计算

上述算法可以完成船舶正浮情况下的稳性插值曲线。为更精确计算船舶的稳性，设计中经常需要校核计入纵倾的船舶稳性。工程上通常采用一种简化的方式计算船舶带有纵倾的稳性，即假定一组纵倾角 $\varphi_0, \varphi_1, \cdots, \varphi_{nt-1}$，分别计算各纵倾角下的稳性插值曲线。然后经过两次插值，计算得到计入纵倾的静稳性曲线。关于计入纵倾的静稳性曲线计算方法，可参考本书第 4 章相关内容。本节中，讨论基于横剖面边界平面模型，计算不同纵倾角下的稳性插值曲线的方法。

在算法 3.5 中，对于平均吃水 d_j，在三维坐标系的中纵剖面（XZ 面）内，过点 $(LCF, 0, d_j)$ 作与水平面夹角为 φ_l 的直线 lt，其中 LCF 为漂心纵向位置。对于第 k 个横剖面，根据剖面所在的 x 坐标从曲线 lt 插值计算 Y 坐标 d_{jk}，如图 3.10 所示。算法 3.5 中创建面域 Rs、绘制旋转轴 NN' 时，采用 d_{jk} 代替 d_j，其余步骤不变，即可得到纵倾角为 φ_l 时的稳性插值曲线。

采用上述方法，计算 50000DWT 成品油船在纵倾为 $-2°$、$-1°$、$1°$、$2°$ 的稳性插值曲线，分别如图 3.11(a)、(b)、(c) 和 (d) 所示。

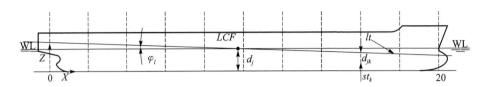

图 3.10　稳性插值曲线计算中的纵倾角定义

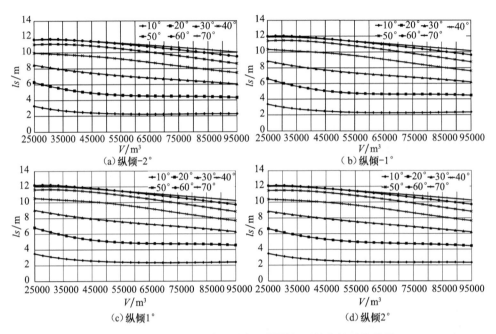

图 3.11　50000DWT 成品油船不同纵倾下的稳性插值曲线

3.6　特殊船舶的静水力特性计算

采用 3.1.1 节与 3.1.2 节中方法,可以由型线模型建立水线面与横剖面三维边界平面模型,然后分别采用 3.3 节、3.4 节、3.5 节中的算法完成船舶的静水力曲线、邦戎曲线与稳性插值曲线的计算。在静水力特性计算中,从浮体模型的建立到曲线的计算,以及计算结果的保存等均可由程序完成,不需要设计者干预,所以程序可以达到较高的专业化与智能化程度。但是浮体模型的自动创建算法仅局限于常规单体单尾鳍运输船舶,对于曲面中带有折角线的船舶、双尾鳍船、多体船和一些工程船舶,3.1.1 节和 3.1.2 节中的三维边界平面浮体模型建模方法不再适用。如果采用程序建立其浮体的切片模型,需要针对不同的船型开发不同的建模模块,软件开发工作量成倍增加。

　　船舶与海洋平台专业设计软件开发中,应当对所开发软件的功能有明确的定位,选择合适的开发思路,在软件开发投入与软件功能性之间取得平衡。如果软件开发的定位是开发一套既具有专业性,同时具有较强通用性的软件,则必须针对不同船型开发相应的计算模块。而实际上,这类情况相对较少,更普遍的情况是软件的开发侧重于一种船型,但是也可能涉及其他船型。此时,可以取一种折中的处理原则,即对于软件主要面对的船型,根据其船型的特点开发计算模块使其具备较高的专业性水平。同时,在软件中设置不同层次的接口,对于非主要面对的船型,可以通过手工的方式处理一些程序难以处理的特殊问题,具有通用性的计算功能仍采用程序完成。

　　船舶静水力特性计算软件设计中,可以将软件分为两个模块:第一个模块为建立浮体边界平面模型的建模模块;第二个模块为基于边界平面模型计算静水力特性的计算模块。建模模块与船型密切相关,常规运输船型、双尾鳍船型或者双体船均有不同的建模方法。计算模块具有较好的通用性,适用于各种船型。软件设计中,浮体模型提供两种建模方式:一是针对一类或者若干种船型的自动建模方式,如 3.1 节中针对常规单体单尾鳍运输船舶的浮体建模方法;二是针对其他船型的手工建模方式。通过上述开发思想,能够有效平衡软件专业性与通用性之间的矛盾。

　　将本章中介绍的静水力特性计算方法应用于一条 40m 小水线面双体船(附录 1[3])及一条 15000t 下水工作船(附录 1[4])。小水线面双体船的浮体模型如图 3.12 所示,下水工作船浮体模型如图 3.13 所示。小水线面双体船的浮体由左右舷两个片体加主船体三部分组成,下水工作船的浮体由浮箱与首部、中部及尾部三对立柱组成。两条船的水线面与横剖面边界平面模型中均存在大量的多连通边界平面。

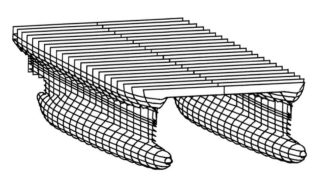

图 3.12　40m 小水线面双体船三维切片浮体模型

　　基于浮体的三维切片模型,采用本章中的算法可以完成上述两条船的静水力特性计算。图 3.14(a)、(b)分别为小水线面双体船在纵倾角为 0°与纵倾角为 2°时

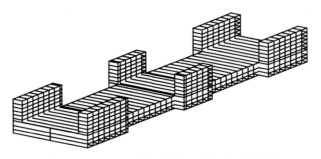

图 3.13　15000t 下水工作船三维切片浮体模型

的稳性插值曲线。图 3.15(a)、(b)分别为 15000t 下水工作船在纵倾角为 0°与纵倾角为 2°时的稳性插值曲线。

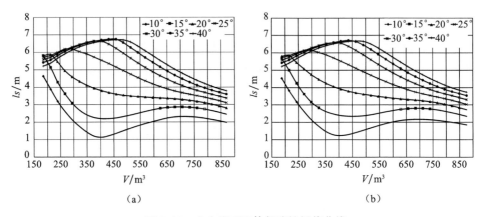

（a）　　　　　　　　　　　　　（b）

图 3.14　小水线面双体船稳性插值曲线

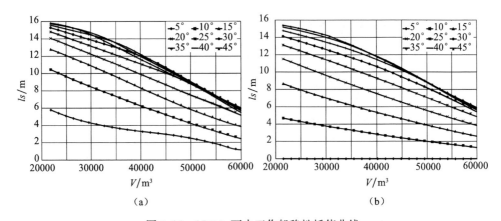

（a）　　　　　　　　　　　　　（b）

图 3.15　15000t 下水工作船稳性插值曲线

3.7　船舶静水力特性计算程序设计

本节给出一个船舶静水力特性计算程序开发实例。该程序基于 AutoCAD 平台开发,采用 VBA 开发工具,适用于 AutoCAD 2000～2015 各版本。程序的功能包括基于二维型线模型建立船舶三维边界平面浮体模型、静水力曲线计算、邦戎曲线计算和稳性插值曲线计算等。静水力计算采用的计算模型及其模型的加载方式,与型线设计采用的模型相同,见 2.7.1 节。

采用 AutoCAD 软件提供的边界平面图元面域计算静水力特性,程序中不必考虑边界平面的积分算法。根据二维水线创建三维水线面面域模型。根据二维型线模型插值生成各站三维横剖线,基于三维横剖线计算横剖面面域模型。通过水线面面域模型计算船舶的静水力曲线,通过横剖面面域模型计算船舶的邦戎曲线与不同纵倾角下的稳性插值曲线。

3.7.1　程序的数据结构

本节介绍的船舶静水力特性计算程序采用面向过程程序设计模式开发,将与船体型线、浮体模型等相关的变量均设置为全局变量,变量的设置及含义如表 3.1 所示,程序采用的数据结构及数据之间关系如图 3.16 所示。

表 3.1　船舶静水力特性计算程序全局变量表

参数名	类型	变量含义
e_nWL	Integer	水线数量
e_wlArr	Double	各水线高度数组
e_hbArr	AcadLWPolyline	水线数组
e_hbRegArr	AcadRegion	横剖面面域数组
e_nSt	Integer	站数量
e_stArr	Double	各站位置数组
e_bdArr	AcadSpline	三维横剖线数组
e_dlHB	AcadLWPolyline	水线视图二维甲板边线
e_dlSR	AcadLWPolyline	纵剖面视图二维甲板边线
e_dlCN	AcadLWPolyline	甲板中心线
e_nPr	Integer	首尾轮廓线数量
e_prArr	AcadLWPolyline	首尾轮廓线数组
e_hysArr	AcadLWPolyline	静水力曲线数组
e_nCr	Integer	稳性插值曲线数量
e_crArr	AcadSpline	稳性插值曲线数组
e_Lpp	Double	船舶垂线间长

续表

参数名	类型	变量含义
e_fai	Double	船舶的纵倾角
e_LCF	Double	船舶浮心纵向位置
e_d	Double	船舶吃水
e_appCoef	Double	附体系数
e_rou	Double	水的密度

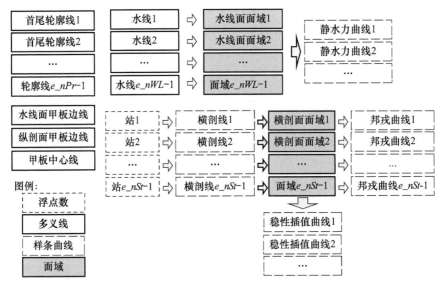

图 3.16　船舶静水力特性计算程序数据结构

3.7.2　主要函数及其功能说明

（1）bonjeanFromCurve，见附录 3 b[1]，通过二维横剖线计算邦戒曲线。

（2）bonjeanFromRegion，见附录 3 b[2]，通过三维切片模型计算邦戒曲线。

（3）hsyFromRegion，见附录 3 b[3]，通过水线面三维切片模型计算静水力曲线。

（4）createLineRegion，见附录 3 b[4]，根据二维水线创建水线面三维面域模型。

（5）CMD_crossCurve，计算稳性插值曲线主函数。

（6）CMD_bonjeanCurve，见附录 3 b[6]，计算邦戒曲线主函数。

（7）CMD_hystaticsCurve，见附录 3 b[7]，计算静水力曲线主函数。

（8）crossCurveFromRegion，见附录 3 b[8]。函数参数列表：d0，起始吃水值；d1，终止吃水值；ct1，终止横倾角；dct，横倾角间距。根据给定参数计算稳性插值曲线并保存至文件。

（9）crossCurveToFile，见附录 3 b[9]。函数参数列表：fn，稳性插值曲线文件名称；num，排水量数量。将稳性插值曲线按照段数 num 保存至文件 fn。

（10）getBodyLine，见附录 3 b［10］。函数参数列表：show2d 控制横剖线的形式，0 代表二维横剖线，1 代表三维横剖线。计算二维或者三维横剖线，并给全局变量赋值。

（11）createBodyRegion，见附录 3 b［11］，计算横剖线三维切片模型子过程。

（12）getStFromBDRegion，见附录 3 b［12］，通过三维切片模型读取站位置子过程，用于自定义的切片模型。

（13）hysCurveToFile，见附录 3 b［13］。函数参数列表：fn，静水力曲线文件名称。将静水力曲线保存至文件 fn。

（14）regFromPointArray，见附录 3 b［14］。函数参数列表：pta，用于创建面域的平面点数组。通过平面三维点数组 **pta** 创建面域。

3.7.3　文件接口

静水力要素有两方面作用。首先，静水力要素是船舶的后续设计任务的基础，包括装载稳性、总纵强度、结构强度等各项设计任务。其次，静水力要素是船舶装载手册的重要组成部分，为船舶营运过程中的装载计算、稳性校核及应急响应分析等提供依据。所以，静水力要素应采取有效的格式存储，以满足上述两方面要求。

在本章中静水力要素计算中，所有静水力要素均以曲线形式保存，可以是折线或者样条曲线。从软件系统数据信息的完整性角度，应当直接对曲线进行存储，包括曲线的几何属性与非几何属性。几何属性包括折线的顶点，NURBS 样条曲线的阶数、控制顶点、节点矢量、权值等，非几何属性包括曲线的颜色、线型比例等属性。

保存曲线的文件可以直接采用 CAD 软件的图形数据库文件，如 AutoCAD 软件的 DWG 文件，也可以通过 DXF 等中性文件，或者采用自定义的曲线文件等。以曲线的方式将静水力要素保存在文件中，可以保存曲线的所有属性，但缺点是其他程序要从文件中读取静水力数据时，需要了解曲线存储文件的格式并编制相应的曲线读取模块。并且曲线文件由于数据量较大，不适宜通过手工输入方式创建。此外，曲线文件的可读性相对较差，不能直接将其用于装载手册的编制。考虑到上述因素，本例中将静水力特性相关曲线保存为标准二维表的格式。

从提高数据的读取效率角度，可以采用数据库保存静水力要素曲线。但实际上，静水力特性数据的数据量相对较小，并且不涉及频繁地查找、插入与删除操作，所以采用数据库存储的优势并不明显。相反，基于数据库的开发模式软件独立性降低，软件的运行要求计算机安装相应的数据库软件。如果直接访问静水力特性数据，需要用户有一定的数据库软件使用经验。对于静水力特性数据这种采用非记录形式，且软件运行中存储、读取与访问频率较低的数据，更适于采用纯文本文件存储。纯文本文件不依赖于第三方数据库,数据直观易读,任选一种文本编辑软件均可以对文件进行访问与编写。由于避免了与数据库建立连接的过程,且采用顺序存储与读取,所以从效率角度来说不低于数据库方式。

纯文本文件的格式应满足三点要求。一是文件格式应易于程序的存储与读取,以降低不同软件之间接口开发的工作量,同时可以提高软件的稳定性。二是文件中数据工整,用户直接通过文本编辑器打开后即可编写、使用或者修改。三是文件格式简单,符合船舶与海洋平台的设计习惯,易于通过手工输入的方式建立与修改。

3.8　小　　结

本章提出一种基于三维切片模型的船舶静水力特性计算方法。船舶的浮体模型由水线面边界平面模型与横剖面边界平面模型两部分组成。浮体切片可以为单连通、多连通及复连通平面域。针对边界为折线段的平面域,推导出一类基于格林公式的属性计算公式。对于边界中含有曲线的平面域,通过基于曲率的曲线转化方法将曲线转化为折线,将各类平面域转化为仅由折线段组成的平面域,通过折线段平面域属性计算方法计算其属性。相比于精确积分算法,将曲线转化为折线的方法精度较低且点的数据量大,但是后者具有算法统一、易于编程的优点,可避免为满足曲线单调性进行的曲线分段表达问题,所以算法更稳定。折线平面域属性计算算法的时间复杂度为 $O(n)$。提高计算精度需要增加折线的顶点数。在工程精度范围内,增加折线节点数量不会造成计算时间的显著增加。上述方法不依赖于其他几何造型引擎或者软件平台,适用于基于底层开发的船舶与海洋平台静水力特性计算。

本章提出一种基于 AutoCAD 软件的船舶与海洋平台静水力特性计算方法。该方法中,通过面域建立水线面、横剖面浮体切片模型。通过面域的属性计算、布尔运算等功能,实现船舶与海洋平台的静水力曲线、稳性插值曲线及邦戎曲线的计算。分别以常规单体单桨运输船、小水线面双体船及下水工作船为例,证明基于面域浮体模型的静水力特性计算方法的实用性。

本章介绍的基于三维切片模型的船舶与海洋平台静水力特性计算方法,是一种折中的计算方法。相比于传统的二维线框模型,基于边界平面的算法具有更强的表达能力,算法易于实现且更为稳定。相比于三维实体模型,基于边界平面的静水力特性计算方法精度相对较低。但是,对于带有复杂曲面的浮体,如双体船等船型,基于水线、横剖线建立水线面、横剖面的边界平面,其复杂度要远小于建立浮态的三维实体模型,并且建立复杂浮态三维实体模型需要高级的三维造型引擎的支持。边界平面法建模相对容易,适用于各种复杂形状的浮体,可以通过增加切面数量,达到较高的计算精度,满足工程精度的要求。

参 考 文 献

［1］　陆丛红,林焰,纪卓尚.基于 NURBS 表达的船舶静水力特性精确计算.船舶力学,2003,
　　　11(5):691-701.
［2］　陆丛红,林焰,纪卓尚.基于曲面表达的几何特性计算及其在船舶静力性能计算中的应用.
　　　哈尔滨工程大学学报,2005,26(6):697-703.
［3］　于雁云,林焰,纪卓尚.海洋平台拖航稳性三维通用计算方法.中国造船,2009,50(3):9-17.
［4］　Yu Y Y,Chen M,Lin Y,et al. A new method for platform design based on parametric technolo-
　　　gy. Ocean Engineering,2010,37(5-6):473-482.

第4章　船舶装载稳性及总纵弯曲强度校核软件开发

装载稳性与总纵弯曲强度是常规运输海船的两项重要安全性指标。船舶装载稳性计算主要包括浮态计算、初稳性计算、完整稳性计算和破舱稳性计算等内容。设计中通常基于静水力公式计算船舶的浮态和初稳性，基于稳性插值曲线计算船舶的静稳性曲线、动稳性曲线，然后选择相应的稳性衡准校核船舶的完整稳性和破舱稳性。总纵强度校核包括计算船舶的剪力弯矩分布曲线，计算船体梁在总纵剪力弯矩作用下的应力，依据衡准校核结构的屈服强度与屈曲强度等。本章探讨船舶装载稳性与总纵强度计算软件开发中的关键问题，介绍一种船舶装载稳性与总纵强度校核程序设计方法。

4.1　船舶装载稳性计算

4.1.1　计入纵倾的静稳性曲线计算方法

船舶在正常航行时通常带有一定的纵倾（通常为尾倾）。船舶在发生纵倾时与正浮状态相比，水面以下的浮体形状发生变化，此时在给定横倾角下的回复力矩也将发生一定的变化，所以船舶的纵倾对稳性有一定影响。船舶的稳性计算方法按照是否计入纵倾的影响可以分为两大类，即固定纵倾下稳性计算与计入纵倾影响的稳性计算。其中，计入纵倾的稳性计算方法能够更准确地反应船舶的稳性，计算结果更为合理。本节介绍一种计入纵倾的船舶静稳性曲线计算方法。

计入纵倾的船舶静稳性曲线最简单的计算方法为，先计算船舶的纵倾角 φ，然后采用 3.5.2 节中算法计算纵倾角为 φ 时的稳性插值曲线，最后通过纵倾角为 φ 时的稳性插值曲线插值计算静稳性曲线。但实际上，这种方法要求装载计算程序必须有可用于稳性计算的浮体模型，该条件在设计中有时无法实现。同时，只要重心纵向位置发生变化，则稳性插值曲线需要重新计算，所以算法效率较低。

为克服上述缺点，船舶设计中常采用一种简化计算方法。先假定一组纵倾角 $\boldsymbol{\varphi}=\{\varphi_0,\varphi_1,\cdots,\varphi_{nT-1}\}$，其中 $[\varphi_0,\varphi_{nT-1}]$ 区间能够覆盖船舶在所有载况下可能发生的纵倾值。然后计算纵倾角为 $\varphi_i(i=0,1,\cdots,nT-1)$ 时的稳性插值曲线。所有纵倾角下的稳性插值曲线取相同的横倾角，横倾角数为 nh。

船舶的吃水为 d、纵倾角为 φ、静横倾角为 θ 时的静稳性曲线通过两次插值计算得到，具体算法如下。

算法 4.1　计入纵倾角的静稳性曲线计算方法

　　计算船舶的总重量 W，重心纵向、横向与垂向位置 LCG、TCG 与 VCG

　　读取静水力曲线

　　定义曲线数组 $\mathbf{ST}=\{St_0,St_1,\cdots,St_{nT-1}\}$

　　FOR i 从 0 至 $nT-1$ 循环

　　$\{$加载纵倾角 φ_i 对应的稳性插值曲线 $\mathbf{CR}_i$

　　　　依据 $\mathbf{CR}_i$ 计算 φ_i 对应的静稳性曲线 ST_i

　　　　IF $\theta>0$

　　　　$\{$插值计算曲线 ST_i 在 $X=\theta$ 处的 Y 值 l_θ

　　　　　　将 ST_i 沿 $(0,-1,0)$ 方向平移距离 l_θ

　　　　$\}$

　　$\}$

　　定义数组 $\mathbf{P}=\{P_0,P_1,\cdots,P_{nh-1}\}$

　　FOR i 从 0 至 $nh-1$ 循环

　　$\{$定义点数组 $\mathbf{PT}=\{PT_0,PT_1,\cdots,PT_{nT-1}\}$

　　　　FOR j 从 0 至 $nT-1$ 循环

　　　　$\{$令 $PT_j.x=\varphi_j$

　　　　　　令 $PT_j.y$ 等于 ST_j 第 i 个点的 Y 坐标

　　　　$\}$

　　　　依据 $\mathbf{PT}$ 构造样条曲线 S_i

　　　　插值计算 S_i 在 $X=\varphi$ 时的 Y 坐标 l_φ

　　　　令 $P_i.x$ 等于曲线 ST_0 第 i 个点的 X 坐标，$P_i.y$ 等于 l_φ

　　$\}$

　　依据 $\mathbf{P}$ 构造曲线 ls'，即为自由液面修正前的静稳性曲线

　　对 ls' 修正自由液面得到 ls

算法结束

　　采用上述算法，计算 69000DWT 散货船轻货满载工况下计入纵倾的稳性插值曲线，如图 4.1 所示。

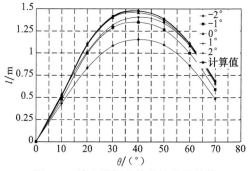

图 4.1　计入纵倾的静稳性曲线计算

4.1.2　完整稳性与破舱稳性衡准

不同航区、不同类型的船舶需要满足不同的稳性衡准。对于国际航行海船,需要满足 IMO 2008《国际完整稳性规则》[1];对于国内航行船舶,需要满足《钢制海船入级规范》[2]、《国内航行海船法定检验技术规则》[3]等规范与规则相关要求。对于破舱稳性,国际航行海船需要满足 IMO MSC 相关决议、MARPOL 公约[4]、SO-LAS 公约[5]等相关规定,国内航行船舶需要满足《国内航行海船法定检验技术规则》、SOLAS 公约等相关规定。

4.2　船体梁剪力与弯矩计算

船体梁受到的总载荷分布曲线由重力载荷与浮力载荷叠加而成,其中重力载荷包括空船重量、舱室货物重量、压载水、燃油、淡水及其他载荷。空船重量载荷包括钢结构重量、设备重量、舾装重量、管系重量及固定压载重量等。给定载况,船体梁剪力弯矩分布曲线计算流程如下:

(1) 计算船舶空船重量分布曲线 C_{LW}。

(2) 计算当前载况下各舱室装载货物重量分布曲线 $CTk_0, CTk_1, \cdots, CTk_{nTk-1}$,其中,$nTK$ 为舱室总数,$CTk_i(i=0,1,\cdots,nTk-1)$ 为第 i 个舱室的重量分布曲线。

(3) 计算除空船和舱室货物以外重量的重量分布曲线 $CLd_0, CLd_1, \cdots, CLd_{nLd-1}$,其中,$nLd$ 为非空船重量且非舱室货物重量分项总数,$CLd_j(j=0,1,\cdots, nLd-1)$ 为第 j 项重量分布曲线。

(4) 将 C_{LW}、$CTk_i(i=0,1,\cdots,nTk-1)$、$CLd_j(j=0,1,\cdots,nLd-1)$ 叠加,得到载荷分布曲线 C_{HW}。

(5) 根据 C_{HW} 计算船舶的总重量 W 及重量重心纵向位置 LCG。通过邦戎曲线计算满足重力浮力平衡、重力与浮力纵向力矩平衡的浮力分布曲线 C_{Buo}。

(6) 将 C_{HW} 与 C_{Buo} 叠加,得到总的载荷分布曲线 Ls。将 Ls 沿 X 方向积分,得到静水剪力分布曲线 Fs,将 Fs 沿 X 方向积分,得到静水弯矩分布曲线 Ms。剪力弯矩分布曲线计算结束。

船体梁载荷分布曲线 Ls、剪力分布曲线 Fs 及弯矩分布曲线 Ms 三者之间关系如下:

$$Fs(x) = \int_a^x Ls(s)\mathrm{d}s \tag{4.1}$$

$$Ms(x) = \int_a^x Fs(s)\mathrm{d}s \tag{4.2}$$

式中,a 为船体梁尾端点位置。

4.2.1　船舶载荷分布曲线计算方法

船舶的空船重量、载重量均由一系列重量分项组成。设计中通常能够给出各重量分项的重量 w、重心纵向位置 x_g 和重量分项的纵向作用范围 $[x_0, x_1]$。船舶总纵强度校核中，需要得到各重量分项的重量分布曲线。所以设计软件需要提供功能，利用 w, x_g, x_0 和 x_1 计算重量分项的重量分布曲线。

设计中通常假设载荷服从矩形、梯形或三角形分布。对于舱室货物载荷，通常给定舱室的装载量，通过装载量从舱容要素曲线中查出对应的装载高度，进而得到货物的重心纵向位置。然后根据舱室的起始位置与终止位置，确定载荷的作用范围，计算舱室货物载荷的重量分布曲线。

船舶的空船重量分布曲线 C_{LW}、总重量分布曲线 C_{HW}，均通过对给定的一组重量分布曲线叠加后得到。将空船重量组成部分分解为简单的重量分项，并将各分项表示为重量分布曲线，将其叠加后得到空船重量分布曲线。将空船重量分布曲线与各舱室货物重量分布曲线、其他货物重量分布曲线叠加，得到总的重量分布曲线。

软件开发中，船舶载荷分布曲线计算有两点关键问题：一是给定重量分项重量 w、重心纵向位置 x_g、重量作用范围 x_0 与 x_1 的重量分布曲线计算问题；二是将两条或者多条重量分布曲线叠加，得到总载荷分布曲线计算问题。

1. 重量分布曲线计算方法

假定某载荷重量为 w，重心纵向位置为 x_g，载荷作用的起始位置为 x_0，终止位置为 x_1。计算满足上述要求的重量分布曲线。

首先，假设载荷分布曲线服从梯形分布，x_0、x_1 处的单位长度上载荷分别为 q_0 与 q_1，如图 4.2 所示。根据力等效、力矩等效原则，建立等效方程组如下：

$$\begin{cases} \dfrac{1}{2}(q_0 + q_1)(x_0 - x_1) = w & (4.3\text{a}) \\ \dfrac{1}{2}(q_0 + q_1)(x_1 - x_0)\left[x_0 + \dfrac{(q_0 + 2q_1)(x_1 - x_0)}{3(q_0 + q_1)}\right] = w \cdot x_g & (4.3\text{b}) \end{cases}$$

式(4.3a)为力的等效方程，式(4.3b)为力矩等效方程。求解该方程，可以得到 q_0 与 q_1 的值：

$$\begin{cases} q_1 = \dfrac{2w(3x_g - x_1 - 2x_0)}{(x_1 - x_0)^2} \\ q_0 = \dfrac{2w}{(x_1 - x_0)} - q_1 \end{cases} \qquad (4.4)$$

通常情况下，q_0 与 q_1 均应为正值。

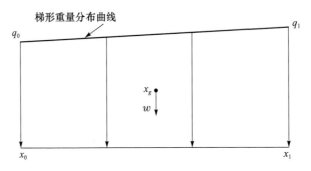

图 4.2　舱室装载重量分布梯形假设计算

　　但是在船舶设计中,也会出现载荷作用重心位置不准确,或者由于载荷作用范围定义不恰当,导致 q_0 或者 q_1 为负的情况。例如,图 4.2 中,如果 x_g 距 x_0 的距离小于载荷作用长度 $x_1 - x_0$ 的三分之一,则 q_1 为负值;如果 x_g 距 x_0 的距离大于载荷作用长度的三分之二,则 q_0 为负值。软件设计中,对于此类情况,应提示用户检查对应载荷数据的正确性,如果是舱室载荷的问题,检查舱室的起止位置定义是否正确,核实舱容数据中的重心纵向位置曲线是否正确等,如果是数据的错误,应当更正后重新计算。

　　实际中,上述情况不完全由设计错误引起,在某些特殊情况下,正确的设计数据也可能发生。例如,如图 4.3(a)所示的某油船艏尖舱模型,当舱室装载高度较低时,由于首部线型问题,导致货物主要集中于舱室的后端(靠近船尾),如舱室的装载量低于图中所示装载高度,且货物的重量重心位于舱室定义长度的中间三分之一区域之外,此时计算得到的前端的线载荷 q_1 为负。对于这类情况,梯形假设显然不合理,可以按照三角形载荷假设计算对应的载荷重量分布曲线。

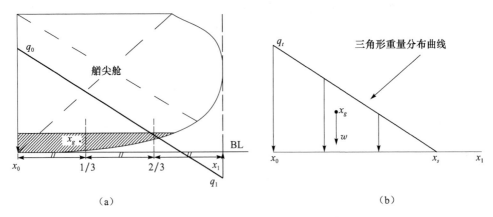

(a)　　　　　　　　　　　　　　　　　　(b)

图 4.3　舱室重心位置超出梯形假设的情况

　　首先判断 x_g 是否落在载荷作用范围的前三分之一范围内。如果是,则三角形

载荷的起点为 x_0，x_0 处载荷线密度为 q_t。此时三角形载荷的终点不是 x_1，而是 x_0 与 x_1 之间某位置 x_s，如图 4.3(b)所示。此时 q_t 与 x_s 为未知量，建立载荷等效方程组

$$\begin{cases} \dfrac{1}{2}q_t(x_s - x_0) = w \\ \dfrac{1}{6}q_t(x_s - x_0)(2x_0 + x_s) = wx_g \end{cases} \tag{4.5}$$

求解上述方程得

$$\begin{cases} x_s = 3x_g - 2x_0 \\ q_t = \dfrac{2w}{3(x_g - x_0)} \end{cases} \tag{4.6}$$

如果 x_g 落在载荷作用范围的后三分之一范围内，则载荷作用范围为 x_s 与 x_1 之间，x_s 位置处载荷线密度为 0，x_1 位置处载荷线密度为 q_t。解平衡方程得到 x_s 与 q_t 为

$$\begin{cases} x_s = 3x_g - 2x_1 \\ q_t = \dfrac{2w}{3(x_1 - x_g)} \end{cases} \tag{4.7}$$

依据上述原理，给定线性分布载荷重量为 W，重心纵向位置为 x_g，载荷作用起始与终止范围分别为 x_0 与 x_1，载荷分布曲线的计算算法如下。

算法 4.2　依据线性假设计算重量分项的重量分布曲线

令 $l = (x_1 - x_0)$

IF $x_g < x_0$ 或者 $x_g > x_1$

{提示重心超出载荷范围

　返回错误代码

}

令 $q_1 = 2w(3x_g - x_1 - 2x_0)/l^2$，$q_0 = 2w/l - q_1$

IF $q_0 < 0$ 或者 $q_1 < 0$

{**IF** $x_g < (x_1 + x_0)/2$

　{令 $x_1 = 3x_g - 2x_0$

　　令 $q_0 = 2w/[3(x_g - x_0)]$，$q_1 = 0$

　}

　ELSE

　{令 $x_0 = 3x_g - 2x_1$

　　令 $q_1 = 2w/[3(x_1 - x_g)]$，$q_0 = 0$

　}

}

定义点 $P_0(x_0, q_0)$，$P_1(x_1, q_1)$

根据点 P_0,P_1 构造直线段 lt,lt 为载荷分布曲线

算法结束

2. 曲线的叠加算法

船舶总纵强度计算中,需要叠加的载荷分布曲线有以下几个特点。第一,曲线类型较多,如船体浮力分布曲线通常采用样条曲线表达,舱室货物载荷通常采用直线段表达,船舶的空船重量分布曲线通常采用折线段表达。所以载荷分布曲线的叠加算法要考虑到曲线类型多样性的特点。第二,曲线的端点纵向位置不统一,曲线的长度、高度差异较大,如图 4.4(a)所示为船舶空船重量组成。船舶空船重量分布曲线的特殊性决定了难以将其通过样条曲线准确表达,所以空船重量分布曲线通常采用折线表达。包含空船重量分布曲线的总重量分布曲线同样应采用折线表达。

考虑待叠加曲线的上述特点,提出一种曲线叠加算法。令 $\mathbf{E}=\{E_0,E_1,\cdots,E_{n-1}\}$ 为 n 条待叠加的曲线,计算 $\mathbf{E}$ 中曲线的叠加曲线 PL 的算法如下。

算法 4.3　叠加多条载荷曲线

定义浮点数数组 **d**

FOR i 从 0 至 $n-1$ 循环

〈令曲线 $C=E_i$

　　IF E_i 为样条曲线 **OR** E_i 为圆弧 **OR** E_i 为椭圆弧

　　〈给定精度 ε,采用算法 2.6 将 E_i 转化为折线 E_i',令 $C=E_i'$

　　　将折线 C 所有顶点的 X 坐标添加至 **d**

　　〉

　　ELSE IF C 为直线

　　〈将直线 C 起点与终点的 X 坐标添加至 **d**〉

　　ELSE IF C 为折线

　　〈将折线 C 所有顶点的 X 坐标添加至 **d**〉

　　ELSE

　　〈提示未知的曲线类型,返回错误代码〉

〉

对 **d** 中的点从小到大排序

删除 **d** 中重复点,此时 $\mathbf{d}=\{d_0,d_1,\cdots,d_{m-1}\}$

定义点数组 $\mathbf{P}=\{P_0,P_1,\cdots,P_{m-1}\}$

FOR i 从 0 至 $m-1$ 循环

〈$P_i.x=d_i$,$P_i.y=0$

　FOR $j=0$ 至 $n-1$ 循环

　　〈插值计算曲线 E_j 在 $X=d_i$ 时的 Y 坐标 d_y

　　　IF d_y 为正常返回值

{令 $P_i.\,y = P_i.\,y + d_y$}

　　}

}

依据 **P** 构造折线 PL，即为叠加后曲线

算法结束

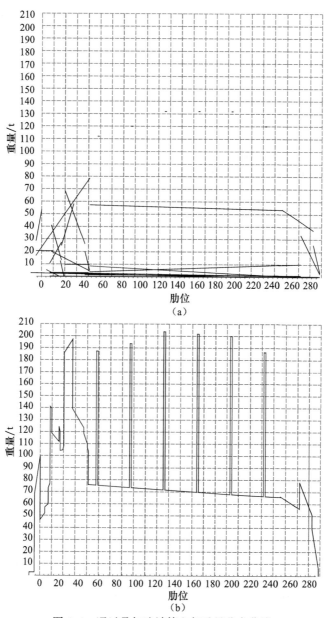

图 4.4　通过叠加法计算空船重量分布曲线

上述算法可以处理直线、折线、样条曲线、圆弧、椭圆弧的曲线叠加问题。要求待叠加的曲线在 X 方向满足单调性,否则插值函数提示错误。上述曲线叠加操作对于线性的曲线,如直线和折线是精确的。对于非线性的曲线,如样条曲线、圆弧和椭圆弧,将其按照一定精度转化为折线,只要精度选择合适,可以满足工程精度要求。

采用上述算法,将如图 4.4(a)所示的重量分项曲线叠加后,得到船舶空船重量分布曲线如图 4.4(b)所示。

4.2.2　浮力分布曲线计算方法

船舶的浮力分布曲线由浮态参数基于邦戎曲线计算得到。假设船舶的吃水、纵倾角、漂心纵向位置分别为 d、φ 和 LCF,邦戎曲线中面积曲线为 $\mathbf{Bon} = \{Bon_0, Bon_1, \cdots, Bon_{nSt-1}\}$,各曲线对应的横剖面纵向位置分别为 $\mathbf{x} = \{x_0, x_1, \cdots, x_{nSt-1}\}$。浮力分布曲线计算算法如下。

算法 4.4　通过邦戎曲线计算浮力分布曲线

过点 (LCF, d) 作与 X 轴夹角为 φ 的直线 lw

定义点数组 $\mathbf{P}$

FOR i 从 0 至 $nSt-1$ 循环

{计算直线 lw 在 $X = x_i$ 位置处的 Y 坐标 d_i

　IF $d_i > Bon_i$ 起点 X 坐标

　{对 Bon_i 曲线插值,计算 X 坐标为 d_i 对应的 Y 坐标 A_i

　　将点 (x_i, A_i) 添加至数组 $\mathbf{P}$

　}

}

计算 lw 与平面坐标系下尾轮廓线的交点 P_a

IF $P_a.x < \mathbf{P}$ 第一个点的 X 坐标

{将点 $(P_a.x, 0)$ 插入至数组 $\mathbf{P}$ 首端}

计算 lw 与平面坐标系下首轮廓线的交点 P_f

IF $P_f.x > \mathbf{P}$ 最后一个点的 X 坐标

{将点 $(P_f.x, 0)$ 添加至数组 $\mathbf{P}$}

以 $\mathbf{P}$ 为型值点构造样条曲线 C_{Buo},即为浮力分布曲线

算法结束

上述算法原理参考图 4.5,其浮力分布曲线计算时,需要先确定船舶的吃水 d 与纵倾角 φ。传统的船舶设计方法中,浮力分布曲线计算中的 d 与 φ 由静水力曲线插值计算得到。邦戎曲线与静水力曲线是船舶浮性的两种不同的表达方式。通常静水力曲线基于水线计算,邦戎曲线基于横剖线计算,二者的基础数据不同,所以难免会产生一定的误差。此外,静水力曲线通常只能针对有限几个纵倾角,而基于邦戎曲线可以计算各种纵倾角下的浮性。所以,将根据总重量 W 与重心纵向位

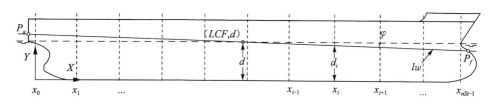

图 4.5　基于邦戎曲线计算浮力分布曲线示意图

置 LCG 基于静水力曲线计算得到的浮态参数 d 与 φ 代入到邦戎曲线计算浮力分布曲线,再由浮力分布曲线积分计算得到的排水量 $Disp$ 与浮心纵向位置 LCB,此时 W 与 $Disp$、LCG 与 LCB 之间会有一定的误差,即重力浮力平衡方程不严格满足。通常上述误差本身在工程中是可以忽略的,但是基于有误差的浮力分布曲线计算剪力分布曲线,得到的剪力分布曲线可能有相对较大的误差。基于不准确的剪力分布曲线积分计算弯矩分布曲线时,得到不准确的弯矩分布曲线,且误差可能被进一步扩大。上述误差将导致剪力分布曲线与弯矩分布曲线在船体梁的首端不为零,其中弯矩分布曲线的误差尤为显著,如图 4.6 所示。

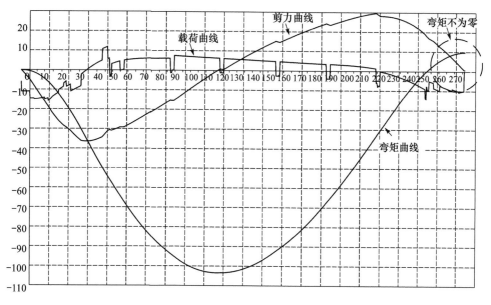

图 4.6　由于浮力分布曲线误差造成的首端剪力与弯矩不为零

　　通常而言,当船舶的纵倾较小时,弯矩分布曲线的端部误差相对较小。当船舶有较大纵倾时,弯矩分布曲线的端部误差可能较大,工程中需要采取有效的方式消除弯矩分布曲线的端部误差。常采用一种被动的端部弯矩修正方法,即将弯矩分布曲线坐标按照一定规则调整,使其端部弯矩为零。

1. 端部弯矩的简单修正算法

如图 4.7 所示,初始弯矩分布曲线 M_0 起点为 $(x_s,0)$,终点为 (x_e,y_e)。M_0 的顶点为 $V_0,V_1,\cdots,V_{m-1}$,$V_i(i=0,1,\cdots,m-1)$ 的坐标为 (x_i,y_i)。端部弯矩简单修正算法如下。

算法 4.5　弯矩曲线简单修正算法

　　过点 $(x_0,0)$ 与点 (x_{m-1},y_{m-1}) 作直线 lc

　　定义点数组 $\mathbf{P}=\{P_0,P_1,\cdots,P_{m-1}\}$

　　FOR i 从 0 至 $m-1$ 循环

　　{计算 lc 在 x_i 位置处的 Y 值 dy_i

　　　　$P_i.x=x_i$,$P_i.y=y_i-dy_i$

　　}

　　利用点数组 $\mathbf{P}$ 构造折线 M_c

　　M_c 即为满足端部弯矩为零的修正后弯矩分布曲线

算法结束

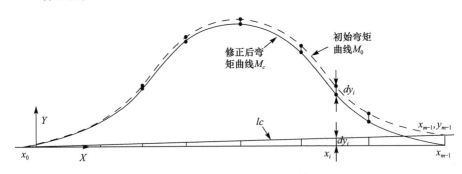

图 4.7　端部弯矩的简单修正算法

2. 满足端部弯矩为零的浮力分布曲线计算方法

通过端部弯矩的简单修正算法 4.5,修正弯矩分布曲线后可以保证船舶的首端与尾端的静水弯矩均为零。但是上述修正方法原理并不合理,因为首端的误差是由浮力、重力分布曲线的误差,经两次积分后累积而成,并不能通过增加线性的偏移量而消除,所以实际上的静水弯矩分布曲线与上述方法得到的曲线二者之间存在一定的误差。

弯矩分布曲线的误差源自于剪力分布曲线的不准确,而剪力分布曲线的不准确是因为重力分布曲线与浮力分布曲线并不完全平衡,其根源在于浮力分布曲线计算有误差。浮力分布曲线的误差来自于通过静水力公式计算得到的浮态参数相对于邦戎曲线不准确。

如果要得到端部弯矩为零且合理的剪力弯矩分布曲线,应当从浮态计算入手,确保通过邦戎曲线计算得到的浮力与浮心纵向位置,在给定精度下满足船舶的浮态平衡方程。船舶自由漂浮于水中,吃水与纵倾的变化是相互影响的。基于静水力公式的计算方法中,静水力计算忽略二者之间的影响,认为船舶纵倾过程中,吃水是不变的。实际上,如果船舶的纵倾较小,则上述假设近似成立。但如果船舶的纵倾较大时,纵倾变化引起的吃水变化不能忽略。同样,吃水变化将引起纵倾的进一步调整。所以,纵倾和吃水相互影响达到的平衡位置,是船舶在静水中的实际平衡状态。下面依据船舶吃水与纵倾之间相互影响的特点,给出一种基于邦戎曲线的船舶吃水与纵倾角迭代计算方法。

令船舶总重量为 W,重心纵向位置为 LCG,基于邦戎曲线的船舶吃水与纵倾角的迭代算法如下。

算法 4.6　迭代计算满足端部弯矩为零的浮态参数

令 $W_{inn} = W, \Delta W = W, \varepsilon_W = 1, \varepsilon_{trim} = 0.01$

WHILE $\Delta W > \varepsilon_W$

{通过静水力曲线,计算 W_{inn} 对应的吃水 d

　令 $l = -10°, r = 10°$

WHILE $r - l > \varepsilon_{trim}$

{$m = (l + r)/2$

　　通过算法 4.4 计算吃水为 d、纵倾为 m 的浮力分布曲线 BC_m

　　通过算法 4.4 计算吃水为 d、纵倾为 l 的浮力分布曲线 BC_l

　　通过 BC_m 积分计算浮心纵向位置 LCB_m

　　通过 BC_l 积分计算浮心纵向位置 LCB_l

　　$f = (LCB_m - LCG) \cdot (LCB_l - LCG)$

　　IF $f > 0$

　　{令 $l = m$}

　　ELSE

　　{令 $r = m$}

}

　　计算吃水为 d、纵倾为 m 的排水量 $Disp_m$

　　$\Delta W = Disp_m - W$

　　$W_{inn} = W_{inn} - \Delta W$

}

迭代结束,d, m 分别为满足要求的吃水与纵倾角

算法结束

上述算法中的两层循环,内层循环用于满足重力浮力平衡方程中的力矩平衡,外层循环用于满足平衡方程中的力平衡。

需要注意的是,采用上述迭代算法的原因并非是该方法计算的浮态参数精确

性高,事实上通过静水力公式计算得到的浮态参数通常情况下能够满足工程精度要求。采用上述方法是为了得到满足重力浮力平衡方程的浮态参数(基于邦戎曲线),依据该浮态参数计算得到的浮力分布曲线,因重力与浮力误差小于给定精度,剪力分布曲线在首端误差小于给定精度。同时因重心与浮心之间的距离小于给定精度,弯矩分布曲线在首端误差同样在可控范围。

采用算法 4.6,计算图 4.6 所示工况吃水与纵倾角,计算并绘制剪力弯矩分布曲线,此时剪力与弯矩分布曲线在尾端均近似等于零,如图 4.8 所示。

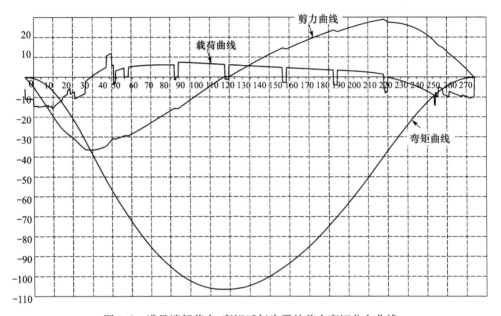

图 4.8　满足端部剪力、弯矩近似为零的剪力弯矩分布曲线

4.2.3　剪力弯矩分布曲线计算方法

载荷分布曲线通过折线表达,所以通过折线积分算法计算剪力分布曲线与弯矩分布曲线。令载荷分布曲线 PL 由 n 个型值点构成,各型值点坐标为(x_i, F_i) $(i=0,1,\cdots,n-1)$。工程中,常用梯形积分近似算法计算剪力与弯矩分布曲线,即利用梯形积分算法,将载荷分布曲线积分得到剪力分布曲线,然后再一次应用梯形积分算法,将剪力分布曲线积分得到弯矩分布曲线。令 S_i、M_i 分别为第 i 个型值点处的剪力与弯矩值。

通过梯形积分近似算法,第 i 个型值点处的剪力为

$$S_i = \begin{cases} 0, & i=0 \\ \displaystyle\sum_{j=1}^{i} \frac{(x_j - x_{j-1})(F_j + F_{j-1})}{2}, & i>0 \end{cases} \qquad (4.8)$$

第 i 个型值点处的弯矩值为

$$M_i = \begin{cases} 0, & i = 0 \\ \displaystyle\sum_{j=1}^{i} \frac{(x_j - x_{j-1})(S_j + S_{j-1})}{2}, & i > 0 \end{cases} \qquad (4.9)$$

上述公式中，S_i 的值是精确的。但是，如果利用 S_i 将剪力分布曲线表达为折线段，则会有一定的误差，因为对于直线段的积分得到的曲线应为二次曲线。上述弯矩计算公式中，实际上是假设剪力分布曲线也为线性分布，所以计算结果有一定误差。如果载荷分布曲线中型值点取的足够密，则该误差通常满足工程精度要求。但是，如果载荷分布曲线的型值点纵向间距较大，则上述误差不能忽略。下面给出一种计算船舶剪力弯矩分布曲线的精确计算公式。

4.2.4　剪力弯矩分布曲线精确计算公式

因为载荷分布曲线为直线段，可表达为分段线性函数，在各分段范围内，剪力分布曲线为二次曲线，弯矩分布曲线为三次曲线。令第 $i(1 \leqslant i \leqslant n-1)$ 点与第 $i-1$ 点之间的载荷直线方程为

$$y = ax + b \qquad (4.10)$$

代入直线的首尾端点可得

$$\begin{cases} a = \dfrac{F_i - F_{i-1}}{x_i - x_{i-1}} \\ b = F_{i-1} - ax_{i-1} \end{cases} \qquad (4.11)$$

考虑到载荷分布曲线中可能存在不连续的型值，即存在型值点 $x_j(1 \leqslant j \leqslant n-2)$，$x_j = x_{j+1}$ 且 $F_j \neq F_{j+1}$。对于这类情况，式(4.11)中 a 的计算式因分母为零而导致计算异常。对满足上述条件的型值点，为提高算法的通用性，可将 a 表达式的分母中增加一个小量 ε，取 $\varepsilon = 10^{-7}$，式(4.11)表达为

$$\begin{cases} a = \dfrac{F_i - F_{i-1}}{x_i - x_{i-1} + 10^{-7}} \\ b = F_{i-1} - ax_{i-1} \end{cases} \qquad (4.12)$$

在分段范围内，剪力为载荷分布曲线的积分

$$s(x) = \int f(x)\,\mathrm{d}x = \frac{ax^2}{2} + bx + c \qquad (4.13)$$

上述积分的边界条件为，当 $x = x_{i-1}$ 时，$s(x) = S_{i-1}$，代入式(4.13)可得到 c 的表达式为

$$c = S_{i-1} - \frac{a}{2}x_{i-1}^2 - bx_{i-1} \qquad (4.14)$$

同理，在分段范围内，弯矩为剪力分布曲线的积分为

$$m(x_i) = \int s(x)\,\mathrm{d}x = \frac{ax_i^3}{6} + \frac{bx_i^2}{2} + cx + d \qquad (4.15)$$

当 $x = x_{i-1}$ 时, $m(x) = M_{i-1}$, 代入式(4.15), 可得到 d 的表达式为

$$d = M_{i-1} - \frac{a}{6}x_{i-1}^3 - \frac{b}{2}x_{i-1}^2 - cx_{i-1} \qquad (4.16)$$

计算第 i 个点的剪力与弯矩值时, 系数 c 与 d 的表达式与 S_{i-1} 及 M_{i-1} 相关。船舶在自由漂浮情况下, 船体梁的剪力、弯曲在首端值均为零, 所以有 $S_0 = 0, M_0 = 0$。然后, 依据式(4.15)和式(4.16), 可以依次计算得到各型值点处的剪力与弯矩精确值。根据上述原理, 精确剪力与弯矩分布曲线计算算法如下。

算法 4.7　精确积分计算剪力与弯矩分布曲线

定义点数组 **PS, PM**

在 **PS** 中添加点 $(x_0, 0)$, 在 **PM** 中添加点 $(x_0, 0)$

令 $M_{\text{Last}} = 0, S_{\text{Last}} = 0$

FOR i 从 1 至 $n-1$ 循环

$\{a = (y_i - y_{i-1})/(x_i - x_{i-1} + 10^{-7})$

$\quad b = y_{i-1} - a \cdot x_{i-1}$

$\quad c = S_{\text{Last}} - a/2 \cdot x_{i-1}^2 - b \cdot x_{i-1}$

$\quad d = M_{\text{Last}} - ax_{i-1}^3/6 - bx_{i-1}^2/2 - cx_{i-1}$

$\quad S_{\text{Last}} = S_{\text{Last}} + ax_i^2/2 + bx_i + c$

PS 中添加点 (x_i, S_{Last})

$\quad M_{\text{Last}} = M_{\text{Last}} + ax_i^3/6 + bx_i^2/2 + cx_i + d$

PM 中添加点 (x_i, M_{Last})

$\}$

依据 **PS** 构造剪力分布曲线 SC

依据 **PM** 构造弯矩分布曲线 MC

算法结束

4.3　船舶装载计算程序设计

本节给出一个船舶装载计算程序开发实例。该程序基于 AutoCAD 平台, 采用 VBA 开发工具开发完成, 适用于 AutoCAD 2000~2015 各版本。程序的功能包括船舶浮态与初稳性计算、计入纵倾的船舶静稳性曲线计算、船舶剪力与弯矩分布曲线计算与绘制等。

4.3.1　程序的数据结构

船舶装载计算程序采用面向过程程序设计模式开发, 将与船舶相关、载况相关的变量均设置为全局变量, 变量的设置及含义如表 4.1 所示。

表 4.1　船舶装载计算程序全局变量列表

参数名	类型	变量含义
e_hysArr	AcadSpline	静水力曲线数组
e_nCr	Integer	稳性插值曲线数量
e_crArr	AcadSpline	稳性插值曲线数组
e_nSt	Integer	站的数量
e_stArr	Double	站号数组
e_bonArr	AcadSpline	邦戎曲线数组
e_Lpp	Double	船舶垂线间长
e_W	Double	船舶总重量
e_LCG	Double	船舶重心纵向位置
e_VCG	Double	船舶重心垂向位置
e_TCG	Double	船舶重心横向位置
e_FSI	Double	自由液面修正量
e_liVCG	Double	空船重量重心垂向位置
e_loadCur	AcadLWPolyline	总重力载荷分布曲线
e_buoCur	AcadSpline	船舶浮力分布曲线
e_allLoadCur	AcadLWPolyline	船体梁总载荷分布曲线
e_srCur	AcadLWPolyline	船体梁剪力分布曲线
e_bmCur	AcadLWPolyline	船体梁弯矩分布曲线
e_Vol	Double	船舶排水体积
e_dM	Double	船舶平均吃水
e_Trim	Double	船舶纵倾角
e_Heel	Double	船舶横倾角
e_df	Double	船舶首垂线处吃水
e_da	Double	船舶尾垂线处吃水
e_LCB	Double	船舶浮心纵向位置
e_VCB	Double	船舶浮心垂向位置
e_h	Double	船舶初稳性高

4.3.2　船舶装载计算模型定义

装载计算的模型主要包括三类数据:第一类是静水力特性数据,包括静水力曲线、稳性插值曲线、邦戎曲线等;第二类是与舱室相关的数据,包括舱室的名称、起止位置、舱容要素曲线等;第三类是与载况相关的数据,主要包括各舱室的装载量等信息。

第3章介绍了船舶静水力特性计算算法。对于常规单体单尾鳍运输船舶,可以以二维型线图作为输入数据,基于二维型线图采用第3章中相关的算法完成静水力特性相关曲线计算,并将得到的曲线用于装载稳性与总纵强度计算中。采用这种处理方式,程序的结构严谨,数据接口简单,自动化程度较高,型线的变化直接可以驱动装载稳性与总纵强度计算结果的更新。但在实际应用中,上述处理方式实用性较低。首先是软件通用性问题。工程中经常遇到对改装后船舶稳性与总纵强度校核的问题。船舶的改装通常不会涉及船体曲面,所以船舶的静水力特性数据通常不变,可以直接由原船的装载手册得到。而船舶的型线图并非必要的存档文件,大量的营运船舶无法得到型线资料,所以不能采用以型线图为装载计算模型输入数据的开发模式。其次,上述开发模式下每次打开装载计算软件时,均需要根据型线重新计算静水力特性相关曲线,影响软件的运行效率。在装载计算阶段,型线已基本确定,频繁地重新计算静水力特性数据没有意义。

为提高软件的通用性与运行效率,本例中以静水力特性数据的文本文件为基础数据,建立装载计算模型中的静水力特性模型,包括静水力曲线、邦戎曲线与稳性插值曲线。

4.3.3　主要函数及其功能说明

（1）buoyancyCheck,见附录 3 c[1],计算船舶浮态,将浮态计算结果保存至全局变量。

（2）CMD_SRAndBMCheck,见附录 3 c[2],计算剪力弯矩分布曲线主函数。

（3）CMD_STCheck,见附录 3 c[3],计算静稳性曲线主函数。

（4）createBuoyancyCurve,见附录 3 c[4],计算浮力分布曲线,将结果保存至全局变量。

（5）drawLoadingFig,见附录 3 c[5]。函数参数列表:ocFile,载况定义文件名称。绘制装载图。

（6）drawTankFig,见附录 3 c[6]。函数参数列表:tkName,舱室名称;level,舱室装载高度。绘制舱室 tkName 的装载图。

（7）getStCurve,见附录 3 c[7],计算当前载况下静稳性曲线,返回静稳性曲线。

（8）loadBonjeanCurve,见附录 3 c[8]。函数参数列表:fn,邦戎曲线名称。从文件 fn 中加载邦戎曲线,给全局变量赋值。

（9）loadCheck,见附录 3 c[9]。函数参数列表:ocName,载况定义文件名称。计算重量分布曲线、总重量与重量重心等。

（10）loadCrossCurve,见附录 3 c[10]。函数参数列表:fn,稳性插值曲线定义文件名称。从文件 fn 中加载稳性插值曲线,给全局变量赋值。

（11）loadCurveFromFile,见附录 3 c[11]。函数参数列表:fn,曲线定义文件名称;isSp,控制返回曲线的类型,如果 isSp＝1,则返回样条曲线,否则返回多义线。从文件 fn 中加载曲线,并返回得到的曲线。

（12）loadHCCurve,见附录 3 c[12]。函数参数列表:fn,静水力曲线定义文件名称。从文件 fn 中加载静水力曲线,给全局变量赋值。

（13）polylineAreaCurve，见附录 3 c［13］。函数参数列表：pl，用于积分的多义线。用于计算并返回多义线 pl 的积分多义线。

（14）scalePolyline，见附录 3 c［14］。函数参数列表：pl，待缩放的多义线；sx，sy，sz 分别为曲线 X 方向、Y 方向和 Z 方向的缩放比例。将多义线 pl 在 X，Y 与 Z 坐标等比例缩放 sx，sy 与 sz。

（15）setPolylineEndZero，见附录 3 c［15］。函数参数列表：pl，弯矩分布曲线。采用简单修正算法将弯矩分布曲线 pl 右端设置为零。

（16）spliceCurve，见附录 3 c［16］。函数参数列表：ea，待叠加的曲线列表；seg，样条曲线等分的段数。将 ea 中的所有曲线叠加，返回叠加曲线。

（17）srAndBmCurve，见附录 3 c［17］，根据载荷分布曲线与浮力分布曲线，计算剪力与弯矩分布曲线。

（18）tankProp，见附录 3 c［18］。函数参数列表：tName，舱室名称；level，舱室装载高度；W，返回值，舱室装载量；LCG、TCG、VCG、I，返回值，当前装载量下的货物重心 X、Y、Z 坐标及货物的自由液面修正量。计算舱室 tName 在装载高度为 level 时的各种属性，返回舱室装载货物的重量梯形分布曲线。

4.4　船体结构横剖面属性计算

船体梁的横剖面属性计算，包括横剖面面积、中性轴高度、剖面对中性轴的惯性矩、甲板剖面模数及船底剖面模数等。船舶设计中，常采用电子表格形式输入并计算各构件的面积、构件中心高度、自身惯性矩等参数，通过电子表格汇总计算剖面属性参数。采用电子表格的计算方法存在两个缺点：一是数据的录入相对复杂，例如，船体结构中存在的如顶边舱斜板、底边舱斜板等结构上的构件，需要单独量取并输入其对应的高度值；二是直观性差。通过电子表格无法直观反映各构件的位置与形状，所以数据的检查、修改相对困难，同时也增加了产生输入数据错误的风险。本节介绍一种可视化的船体结构横剖面属性计算方法，可用于完成各类船舶的横剖面属性快速、准确计算。

4.4.1　船体结构横剖面属性计算模型

在船舶设计中，二维横剖面图中包含了各结构构件的几何形状及空间位置等信息。但是结构横剖面中板材厚度、材质等信息采用文本形式定义，如图 4.9 所示，通过软件难以直接读取，所以不能直接用于剖面属性计算。将横剖面图加以改进，增加剖面属性计算所需的相关数据，建立横剖面属性计算模型，在其基础上完成船体结构横剖面属性计算。

参与船舶总纵强度计算的结构横剖面模型由板和扶强材两类纵向连续构件组

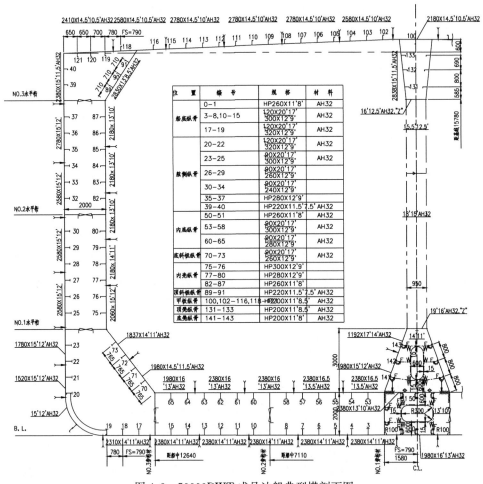

图 4.9 50000DWT 成品油船典型横剖面图

成,如图 4.10 所示。将坐标原点定在基线与船体中心线的交点,X 轴沿船宽方向指向左舷为正,Y 轴沿型深方向指向甲板为正。纵向连续构件的图元类型包括直线、折线、样条曲线和圆弧等。为利于模型的建立与程序处理,将横剖面统一采用直线段建模,构件的厚度以属性的形式表达。采用算法 2.6,将样条曲线、圆弧线等剖面线转化为折线,然后将所有折线转化为直线段。对于角钢、T 型材等扶强材,将腹板和面板表达为两个直线段。对于球扁钢,按照面积等效、静矩等效原则将其等效为角钢。将球扁钢等效为角钢,对于剖面属性计算有一定误差,主要体现在剖面惯性矩计算中。但是由于球扁钢自身惯性矩占整个结构模型的整体惯性矩的比例非常小,所以该误差在工程允许范围内。经过上述处理以后,横剖面属性计算模型中仅存在直线段。通过对直线段添加属性表示其所代表结构的厚度及材料的屈服极限等物理属性。

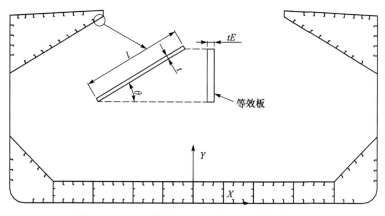

图 4.10　用于横剖面属性计算的船体横剖面图

4.4.2　横剖面属性计算原理

假设横剖面 S 内有 n 个参与总纵强度计算的结构构件,对应直线段 $\mathbf{L}=\{L_0, L_1,\cdots,L_{n-1}\}$,各构件的厚度为 $\mathbf{t}=\{t_0,t_1,\cdots,t_{n-1}\}$,则 S 的剖面面积为

$$A = \sum_0^{n-1} Len_i \cdot t_i \tag{4.17}$$

式中,Len_i 为 $L_i(0 \leqslant i \leqslant n-1)$ 的长度。剖面对 X 轴的静矩为

$$M = \sum_0^{n-1} Len_i \cdot t_i \cdot y_i \tag{4.18}$$

式中,y_i 为 L_i 中心距 X 轴的距离。剖面的中性轴位置为

$$yn = \frac{M}{A} \tag{4.19}$$

剖面相对于 X 轴的惯性矩为

$$I_x = \sum_0^{n-1} I_i \tag{4.20}$$

式中,I_i 为 L_i 相对于 X 轴的惯性矩,分三类情况讨论。如果构件平行于 X 轴,此时构件对 X 轴的惯性矩为

$$I_{i,H} = \frac{t_i^3 l_i}{12} + A_i y_i^2 \tag{4.21}$$

对于垂直于 X 轴的构件,先提取 L_i 起点与终点的 Y 坐标 ys_i 和 ye_i。如果 $ys_i > ye_i$,则交换 ys_i 和 ye_i。垂直于 X 轴的构件对 X 轴惯性矩表达为

$$I_{i,V} = \frac{t_i(ye_i^3 - ys_i^3)}{3} \tag{4.22}$$

船体结构中存在大量与 X 轴既不垂直又不平行的倾斜构件。对于此类构件,

可将其等效为垂直于 X 轴的构件进行计算,即将其按照惯性矩等效原则投影至 Y 轴,等效厚度为

$$t_{i,E} = \frac{A_i}{ye_i - ys_i} \tag{4.23}$$

经上述等效之后,倾斜构件对 X 轴的惯性矩可以由式(4.22)计算。实际应用中,为简化程序设计的复杂性,可将上述三种情况统一采用垂直于 X 轴的计算公式计算。对于平行于 X 轴的板,yc_i 为 L_i 中点,$yc_i = (ys_i + ye_i)/2$,令

$$\begin{cases} ye_i = yc_i + \dfrac{t_i}{2} \\ ys_i = yc_i - \dfrac{t_i}{2} \end{cases} \tag{4.24}$$

等效厚度由式(4.23)计算。此时,可用式(4.22)计算平行于 X 轴的板对 X 轴的惯性矩。经上述等效原则,水平构件、垂直构件和倾斜构件的惯性矩可以通过统一的计算公式表达。

船舶的总纵强度计算中,需要用到剖面关于中性轴的惯性矩 I,I 可以通过移轴定理得到

$$I = I_x - A \cdot yn^2 \tag{4.25}$$

确定剖面对中性轴惯性矩之后,任给位置 y' 处的剖面模数为

$$W' = \frac{I}{|y' - yc|} \tag{4.26}$$

4.4.3　横剖面属性计算算法

根据 4.4.2 节中的基本原理,计算船体横剖面属性。结构构件数组 $\mathbf{L} = \{L_0, L_1, \cdots, L_{n-1}\}$,各构件的厚度为 $\mathbf{t} = \{t_0, t_1, \cdots, t_{n-1}\}$,则剖面属性计算算法如下。

算法 4.8　计算船体结构横剖面属性

　　令 $A_{sum} = 0, M_{sum} = 0, I_{sum} = 0, y_{min} = 10^5, y_{max} = -10^5$

　　FOR i 从 0 至 $n-1$ 循环

　　$\{L_i$ 的起点与终点分别为 (x_s, y_s) 与 (x_e, y_e)

　　　　令 $Len = \sqrt{(x_e - x_s)^2 + (y_e - y_s)^2}$

　　　　令 $a = t_i \cdot Len$

　　　　IF $y_s > y_e$

　　　　$\{$令 $tem = y_s, y_s = y_e, y_e = tem\}$

　　　　IF $y_s < y_{min}$

　　　　$\{y_{min} = y_s\}$

　　　　IF $y_e > y_{max}$

　　　　$\{y_{max} = y_e\}$

　　　　令 $y_c = (y_s + y_e)/2$

IF $y_e - y_s < t_i$

{令 $y_s = y_c - t_i/2, y_e = y_c + t_i/2$

}

令 $t_E = a/(y_e - y_s), m = a \cdot y_c, I = t_E \cdot (y_e^3 - y_s^3)/3$

$A_{sum} = A_{sum} + a$

$M_{sum} = M_{sum} + m$

$I_{sum} = I_{sum} + I$

}

中性轴高度 $yn = M_{sum}/A_{sum}$

自身惯性矩 $I_{yn} = I_{sum} - yn^2 \cdot A_{sum}$

甲板剖面模数 $W_d = I_{yn}/(y_{max} - yn)$

船底剖面模数 $W_b = I_{yn}/y_{min}$

算法结束

4.5　船体总纵强度弯曲应力计算及显示

4.5.1　弯曲应力计算与校核

船体结构横剖面中,构件在波浪弯矩与静水弯矩作用下的弯曲应力按照以下公式计算:

$$\sigma = \frac{M_T}{W} = \frac{(M_W + M_{SW}) \mid y - yn \mid}{I} \tag{4.27}$$

式中,M_T、M_W 和 M_{SW} 分别为构件所在剖面的船体梁总弯矩、波浪弯矩和静水弯矩;W 为构件所在位置的剖面模数;y 为构件所在位置距基线距离;yn 为构件所在剖面的中性轴高度;I 为构件所在剖面对中性轴的惯性矩。

静水弯矩 M_{SW} 取决于船舶的装载状态,根据算法 4.8 计算得到。波浪弯矩 M_W 计算相对复杂,对于常规运输船舶,各船级社的规范中有简化的计算公式,船舶设计中如果船舶符合规范中的适用条件,可以采用规范公式计算船体梁波浪弯矩。例如,《钢制海船入级规范(2009)》[2]规定船长大于 65m、$L/B > 5$、$B/D \leqslant 2.5$、$C_b \geqslant 0.6$ 的船舶,波浪弯矩可以按照下式计算:

$$\begin{cases} M_W(+) = 190ML^2CBC_b \times 10^{-3} (\text{kN} \cdot \text{m}) \\ M_W(-) = -110ML^2CB(C_b + 0.7) \times 10^{-3} (\text{kN} \cdot \text{m}) \end{cases} \tag{4.28}$$

其中,系数 C 按下式计算:

$$C = \begin{cases} 0.0412L + 4, & L < 90\text{m} \\ 10.75 - \left(\dfrac{300 - L}{100}\right)^{1.5}, & 90\text{m} \leqslant L \leqslant 300\text{m} \\ 10.75, & 300\text{m} < L < 350\text{m} \\ 10.75 - \left(\dfrac{L - 350}{150}\right)^{1.5}, & 350\text{m} \leqslant L \leqslant 500\text{m} \end{cases} \tag{4.29}$$

结构的许用弯曲应力与结构材料相关,通常船舶设计规范中对不同材料的许用弯曲应力有明确规定。如文献[2]中规定,船体梁总纵强度计算中,许用弯曲应力$[\sigma]=175/KL(MPa)$,其中 KL 为材料系数,表 4.2 所示。

表 4.2　船用钢材料系数 *KL*

钢类别	屈服极限/MPa	KL
船用普通钢	235	1.0
AH32 高强钢	315	0.78
AH36 高强钢	355	0.72

4.5.2　应力云图显示原理

有限元分析中,通常采用由蓝色逐渐过渡至红色的冷暖色区分单元物理量的值,并通过图例显示不同颜色代表的物理量范围,通过云图形式直观显示应力、变形、温度等物理量。这种表达方式在计算流体力学(CFD)分析中也有广泛应用,是一种工程中的标准表达方式。本节介绍通过应力云图的形式显示船体横剖面总纵弯曲强度的方法。

结构构件 $\mathbf{L}=\{L_0,L_1,\cdots,L_{n-1}\}$,各构件的应力值 $\mathbf{S}=\{S_0,S_1,\cdots,S_{n-1}\}$。根据 $\mathbf{S}$,绘制 $\mathbf{L}$ 的应力云图原理如下。

首先,定义云图 RGB 颜色数组 $\mathbf{C}=\{C_0,C_1,\cdots,C_9\}=\{RGB(0,0,255),RGB(0,63,255),RGB(0,127,255),RGB(0,255,255),RGB(0,255,127),RGB(0,255,0),RGB(127,255,0),RGB(255,255,0),RGB(255,127,0),RGB(255,0,0)\}$,$\mathbf{C}$ 中包含由蓝色过渡至红色共 10 个颜色;接着,找到 $\mathbf{S}$ 中应力最大值 S_{max} 与最小值 S_{min}。对于构件 $L_i(i=0,1,\cdots,n-1)$,在云图中的颜色值在 $\mathbf{C}$ 数组中的下标为 I_i

$$I_i=(\mathbf{int})\frac{10(S_i-S_{min})}{S_{max}-S_{min}} \tag{4.30}$$

其中,(**int**)符号代表取整。通常情况下,云图与颜色图例配合使用。绘制 1 列 10 行矩形,根据 $\mathbf{C}$ 中的颜色值填充各矩形,然后计算并显示各节点对应的物理量值,得到颜色图例。用户根据图形中构件的颜色,从颜色图例中找到对应颜色的矩形,即可快速、直观地得到物理量值的范围。

4.5.3　弯曲应力计算与应力云图绘制

船体结构横剖面内,结构的弯曲应力与结构距中性轴的距离有关,对于非水平构件,构件的应力值与所在位置的 Z 坐标相关。对于垂直于水平面的板,顶端与底端的应力有显著差异。船体结构的弯曲应力显示中,应考虑到上述问题。理想的处理方式为在构件内部均匀选取若干点,计算各点的颜色值,根据离散点的颜色值采用过渡颜色显示结构应力分布。但是大多数 CAD 软件的图元均不支持过渡颜色显示。所以,可行的处理方式为将结构构件按照尺寸 dL(例如取 $dL = 100\text{mm}$)划分为微段,计算各微段两端点的应力值,将其平均值或者最大值作为微段的应力值,并依据应力值计算其颜色,实现结构应力分布的云图显示。

不同区域的船体梁承受不同的剪力与弯矩载荷,所以设计中,通常根据船体梁承载的总载荷进行结构横剖面设计,不同剖面的几何形状、构件数量、构件的材料等均可能存在差异。所以,总纵强度计算中,需要对多个横剖面进行校核。对于存在多剖面的情况,按照本节中规定的坐标系定义原则,图形 Z 坐标表示剖面的纵向(沿船长方向)位置,将所有剖面均保存在同一图形中。剖面校核中,首先识别图形中存在的剖面数,然后对各剖面分别计算剖面属性,最后计算各构件的弯曲应力。根据所有构件的应力值绘制整体应力云图,将各剖面的应力采用统一的图形显示。

结构构件 $\mathbf{L} = \{L_0, L_1, \cdots, L_{m-1}\}$,各构件的厚度为 $\mathbf{t} = \{t_0, t_1, \cdots, t_{m-1}\}$,$\mathbf{C} = \{C_0, C_1, \cdots, C_9\}$ 为应力云图颜色数组,静水弯矩分布曲线为 MC。计算并显示多横剖面的船体结构弯曲应力具体算法如下。

算法 4.9　多剖面船体结构总纵强度弯曲应力计算与云图显示

　　定义直线微段数组 $\mathbf{dl}$,微段应力数组 $\mathbf{S}$

　　令 $dL = 100, S_{max} = -10^5, S_{min} = 10^5$

　　定义剖面纵向位置数组 $\mathbf{x}$

　　FOR i 从 0 至 $m-1$ 循环

　　〔将 L_i 起点的 Z 坐标添加至 $\mathbf{x}$〕

　　对 $\mathbf{x}$ 从小到大排序,删除重复元素,$\mathbf{x} = \{x_0, x_1, \cdots, x_{nS-1}\}$

　　FOR k 从 0 至 $nS-1$ 循环

　　〔定义直线数组 $\mathbf{CL}$,厚度数组 $\mathbf{Ct}$

　　　FOR i 从 0 至 $m-1$ 循环

　　　〔**IF** L_i 起点 Z 坐标为 x_k

　　　　〔将 L_i 添加至 $\mathbf{CL}$,将 t_i 添加至 $\mathbf{Ct}$〕

　　　〕

　　$\mathbf{CL} = \{CL_0, CL_1, \cdots, CL_{mc-1}\}, \mathbf{Ct} = \{Ct_0, Ct_1, \cdots, Ct_{mc-1}\}$

　　依据 $\mathbf{CL}, \mathbf{Ct}$,通过算法 4.4 计算剖面 k 的自身惯性矩 Iyn_k,中性轴 yn_k

　　计算波浪弯矩 M_w,利用 MC 曲线插值计算位置 x_k 处的静水弯矩 M_{SW}

　　FOR i 从 0 至 $mc-1$ 循环

　　〔CL_i 起点和终点分别为 $(xs, ys, zs), (xe, ye, ze)$

　　　CL_i 方向矢量 $v = (xe - xs, ye - ys, ze - zs)$,将 v 无因次化

　　　CL_i 的长度 $Len = \sqrt{(xe - xs)^2 + (ye - ys)^2}$

　　　CL_i 分割的段数 $seg = (\mathbf{int})(Len/dL)$

　　　IF $seg < 1\{seg = 1\}$

FOR j 从 0 至 $seg-1$ 循环

$\{p_0=(xs+v.x \cdot j/seg, ys+v.y \cdot j/seg)$

　　$p_1=(xs+v.x \cdot (j+1)/seg, ys+v.y \cdot (j+1)/seg)$

　　过 p_0、p_1 作直线 l，将 l 添加至 **dl**

　　l 中心位置 $y=(p_0.y+p_1.y)/2$

　　l 的平均应力 $s=(M_{SW}+M_W)(y-yn_k)/Iyn_k$

　　将 s 添加至 **S**

　　IF $s>S_{max}\{S_{max}=s\}$

　　IF $s<S_{min}\{S_{min}=s\}$

　　$\}$

　$\}$

$\}$

$\mathbf{dl}=\{dl_0, dl_1, \cdots, dl_{nd-1}\}, \mathbf{S}=\{S_0, S_1, \cdots, S_{nd-1}\}$

FOR i 从 0 至 $nd-1$ 循环

$\{Index=(\mathbf{int})(10(S_i-S_{min})/(S_{max}-S_{min}))$

　　将 dl_i 的颜色值设置为 C_{Index}

　　绘制 dl_i

$\}$

算法结束

　　采用上述算法，绘制包含三个横剖面的船体横剖面弯曲应力云图，如图 4.11 所示。

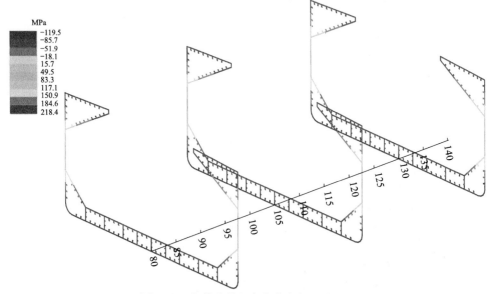

图 4.11　船体总纵强度弯曲应力云图显示

4.6　船舶总纵强度计算程序设计

本节给出一个船舶总纵强度计算程序开发实例。该程序基于 AutoCAD 平台,采用 VBA 开发工具开发完成,适用于 AutoCAD 2000～2015 各版本。程序的功能包括船舶横剖面面积属性计算、船体梁弯曲应力计算及船体梁弯曲应力云图显示等。

4.6.1　计算模型定义

本例中定义规则如下。板厚为浮点数,不同位置的构件可能具有不同的厚度属性,且设计中需要经常对板厚进行修改,所以通过 CAD 实体的线型比例属性定义。构件的屈服强度、材料利用系数两个参数均与材料相关,为设计方便,将其定义在一起。利用图层属性定义材料属性。图层名格式为"$\sigma_s KL$",其中 σ_s 为材料的屈服强度,KL 为材料系数,如表 4.2 所示。建模时,首先根据结构中所有材料,按照上述规则建立图层,然后将所有构件的图层属性设置为其材料对应的图层。坐标原点取在船体中心线与基线的交点位置,X 轴沿船宽方向指向左舷为正,Y 轴沿型深方向指向甲板为正。

多剖面模型中,剖面数量和剖面位置信息隐含在结构构件中,为避免模型数据冗余,由程序从模型中提取模型中的剖面数量并完成构件的分类。相比于第 2 章型线设计程序中以文件形式定义、保存站位信息的方法,这种处理方式不需要定义横剖面位置,可简化建模的工作量。同时如果横剖面位置需要调整,仅需要沿船长方向移动横剖面内的结构构件即可。此外,因模型中没有冗余的横剖面位置数据,避免了出现横剖面定义数据与实际横剖面位置不一致的错误。

4.6.2　程序的数据结构

总纵强度计算程序采用面向过程程序设计模式开发,将与船舶相关、载况相关、船体结构相关的变量均设置为全局变量,变量的设置及含义如表 4.3 所示。

表 4.3　总纵强度计算程序全局变量列表

全局变量名	变量类型	变量含义
e_nStr	Integer	结构构件的数量
e_strArr	AcadLine	结构构件数组
e_nSec	Integer	横剖面数量
e_secPArr	Double	横剖面位置数组
e_secIArr	Double	各横剖面自身惯性矩数组
e_secYcArr	Double	各横剖面自身中性轴高度数组

全局变量名	变量类型	变量含义
e_ssArr	Double	各结构构件屈服极限数组
m_kArr	Double	各结构构件材料系数数组
e_Lpp	Double	船舶垂线间长
e_B	Double	船舶型宽
e_Cb	Double	船舶方形系数

4.6.3　主要函数及其功能说明

（1）calcSecProp，见附录 3 d[1]，计算并输出船舶横剖面属性，给相应的全局变量赋值。

（2）calcColor，见附录 3 d[2]。函数参数列表：min、max，应力条颜色的最小值与最大值；var 用于确定颜色的值。计算并返回 var 变量对应的在以 min、max 为下限与上限的应力指示条中颜色值。

（3）CMD_runSecProp，见附录 3 d[3]，计算剖面属性，绘制材料利用系数图主函数。

（4）createIndicator，见附录 3 d[4]。函数参数列表：Size，应力指示条相对大小；x0、y0，应力指示条基点位置；min、max，应力指示条数值下限与上限。依据参数绘制应力指示条。

（5）drawMaterialUsage，见附录 3 d[5]。函数参数列表：MCW，波浪弯矩分布曲线；MCstill，静水弯矩分布曲线。基于总纵弯曲应力绘制材料利用系数图。

（6）drawStress，见附录 3 d[6]。函数参数列表：MCW，波浪弯矩分布曲线；MCstill，静水弯矩分布曲线。基于总纵弯曲强度绘制弯曲应力云图。

（7）hullWaveMoment，见附录 3 d[7]。函数参数列表：L，船舶计算长度；Cb，船舶方形系数；hog，是否为中拱，1 表示是，0 表示否。依据规范计算船舶的波浪弯矩分布曲线。

（8）getPlate，见附录 3 d[8]，遍历图形数据库建立横剖面计算程序的模型，给全局变量赋值。

4.7　小　　结

本章阐述了船舶装载稳性与总纵强度计算方法与关键技术，包括船舶装载模型的定义与配载图显示、计入纵倾的静稳性曲线计算方法、船体梁剪力与弯矩分布曲线的准确计算方法、满足端部为零的剪力弯矩分布曲线计算方法、基于三维模型的船舶横剖面属性计算方法、船体梁弯曲应力的应力云图显示等，并给出具体的计算机程序算法,以及基于 VBA 在 AutoCAD 平台下的程序开发实例。

　　装载计算的基础数据包括静水力曲线、稳性插值曲线、邦戎曲线、舱容要素曲线等,均以文件形式保存。装载计算程序读取文件生成相应的计算模型。装载计算中的基础数据大多为第 3 章中介绍的船舶静水力计算程序的输出数据。静水力计算程序与装载计算程序实际上是一个软件的两个功能模块。从软件运行效率及降低软件开发量角度可以将静水力计算得到的曲线直接应用于装载计算。但是从软件通用性角度来看,这种做法并不可取。为满足船舶设计、营运中单纯的装载相关计算要求,采用中间文件的形式建立两个模块之间的联系。对于有型线模型的设计问题,静水力计算结果不需要设计者干预,直接可用于装载计算,效果与共享变量基本相同。对于没有型线模型的计算问题,用户可以采用其他软件建立静水力相关、舱容要素相关定义文件作为输入数据,则装载计算模块依然有效。通过上述方式,可以兼顾软件的专业性与通用性。

　　对于船舶总纵强度计算模块,本章采用可视化的方式建立结构横剖面三维模型,可以用于各类船舶的剖面属性计算。从文件读取总纵强度计算中用到的剪力与弯矩分布曲线,以使总纵强度计算模块可以独立于装载计算模块运行,增强软件的通用性。此外,本章介绍一种应力云图的绘制方法,并通过应力云图显示结构弯曲应力。应力云图可以直观地显示结构的最大应力及应力分布,是结构设计中常用的应力表达方式。本章提出的应力云图绘制方法具有一定的通用性,同样适用于有限元屈服强度计算、屈曲强度计算等问题的应力显示,在后续章节中有相关的介绍。

参 考 文 献

[1]　IMO. International Code on Intact Stability (2008 IS CODE). MSC. 267(85). London: IMO, 2008.

[2]　中国船级社. 钢制海船入级规范. 北京:中国船级社,2009.

[3]　中华人民共和国海事局. 船舶与海上设施法定检验技术规则. 北京:人民交通出版社, 2011.

[4]　国际海事组织. 73/78 防污染公约. 北京:人民交通出版社,2009.

[5]　国际海事组织. 国际海上人命安全公约(SOLAS). 北京:人民交通出版社,2009.

第 5 章 船舶与海洋平台有限元分析软件开发

有限元法是船舶与海洋平台结构设计中应用最普遍的数值计算方法,广泛应用于结构屈服强度、屈曲强度、疲劳强度及模态分析等力学响应分析问题。船舶与海洋平台早期的结构设计主要基于简化经验公式完成。有限元法仅为结构强度的辅助验证方法。随着有限元技术的发展与逐渐成熟,当前的船舶与海洋平台结构设计中,有限元法已由一种辅助手段变为必要的工具,从船体结构强度整体分析到结构局部细节分析,均需要通过有限元法直接计算以保证结构安全性。因此,有限元法是当前船舶与海洋平台设计的最重要的工具,其软件的应用效率直接关系到设计的效率和质量。

当前,在船舶与海洋平台的设计中,有限元分析软件仍以 ANSYS、PATRAN 等通用有限元软件为主。通用有限元软件功能强大、应用范围广泛,但是存在专业性不强的缺点,应用于船舶与海洋平台的设计中时表现出建模工作烦琐、载荷与边界条件定义复杂、后处理效率低等问题。

本章介绍一种船舶与海洋平台结构有限元分析专业软件开发技术,并以空间杆梁结构物为例,介绍该方法的具体实现。

5.1 船舶与海洋平台结构有限元分析的特点

与其他工程结构物相比,船舶与海洋平台船体结构有限元分析有以下六个特点。

(1) 船体结构为复杂的大型空间板壳结构,结构构件数量繁多,构件的拓扑关系复杂。例如,一艘 20 万吨的散货船,其结构构件数目数以万计。结构构件之间的拓扑关系错综复杂,连接形式也变化多样。船体结构主要为由板材与型材组成的加筋板结构,为保证结构强度,设置大量肘板、支柱等辅助结构。为降低结构重量、满足建造工艺性或者使用中的方便性,板材上设置大量结构开孔。一个构件往往同时与数个构件相交,在有限元模型中保证构件连接处网格的协调性是建模的难点。

(2) 船体曲面的存在,增加了有限元分析的难度。船体曲面为复杂的空间三维曲面,不能用简单的数学公式描述,通常采用样条曲线、样条曲面表达。大量的横向、纵向或者倾斜的板材、型材焊接于船体曲面。船体曲面的网格划分需要准确计入所有与之相连的构件,在交线处,外板与相交构件的网格节点设置必须一致,以正确模拟二者的连接关系。船体曲面的准确表达、船体曲面的网格质量及船体曲面与相交结构拓扑关系的处理,均为船体结构有限元前处理需要解决的问题。

(3) 设计工况的复杂性。运输船舶在营运过程中,需要装载不同种类的货物,同一种货物可能有不同的装载方案,设计中需要考虑各种载况下的安全性。此外,航行于不同的海域,或者恶劣海况下部分船舶需要进行必要的压载或者调载,此类工况,设计中也必须详细考虑。通常情况下,一艘运输船舶的设计载况可多达数十种,甚至上百种。对于海洋平台,设计工况相比于船舶更为复杂。以自升式钻井平台为例,典型的设计中至少要考虑近海迁航、远洋迁航、升船、预压载、正常作业、风暴自存六种工况。每种典型工况根据风、浪、流环境载荷的不同,需要计算多种子工况。设计载况与工况的复杂性,使船舶与海洋平台的有限元分析工作量成倍增长。

(4) 设计载荷的复杂性。船舶与海洋平台结构设计中,需要考虑多种载荷。对于运输船舶,有限元分析中需要考虑的载荷包括船舶重力载荷、货物压力载荷、船体浮力载荷、波浪水动压力载荷、船舶运动引起的惯性载荷及风载荷等。对于海洋平台,除需要考虑上述常规船舶的载荷以外,还应当考虑作业时的各种复杂载荷组合。通常情况下,不同的工况对应不同的载荷组合。准确施加各类载荷是保证有限元分析结论正确性与精度的前提。

(5) 结构有限元后处理的复杂性。大型船舶或者海洋平台通常在高应力区域使用高强钢,非高应力区域使用普通钢。船体结构的构件有多种类型,如板材、型材、肘板、支柱等,不同位置的构件根据其受力特点的不同,以及对结构安全性的影响等级不同,设计中有不同的强度要求。即使采用相同的材料,其许用应力也可能有较大差异。所以,船体结构有限元分析时,不能简单地根据有限元模型的整体应力判断结构强度安全性,需要对构件按照钢材强度等级、构件类型等进行分类,针对不同类型的结构单独进行有限元后处理。

(6) 有限元相关后续分析任务的复杂性。船舶与海洋平台设计中,通常基于有限元法计算结构的屈服应力,然后根据屈服应力,采用简化公式校核板材与型材的屈曲强度。板的屈曲强度校核需要根据板格进行,板格的屈曲强度不仅与屈服应力相关,同时与板格的长度、宽度、边界条件、厚度和材质等因素均相关。所以,通常情况下,准确分析结构屈曲强度的工作相比于屈服强度更为烦琐,进一步增加了船体结构有限元分析的复杂性。

上述六个特点导致采用通用的有限元软件进行船舶与海洋平台结构有限元分析时,设计者主要的精力用于烦琐的网格划分、载荷施加、应力的分组分析以及屈曲强度计算中的板格提取与屈曲因子计算等工作中,而上述工作大多为简单的重复工作。简单的重复工作占用了设计者绝大部分的时间与精力,使得设计者不能专注于结构设计与优化设计任务,不仅影响设计效率,并且影响结构设计方案的质量。提高船舶与海洋平台结构设计效率,客观上要求依据船体结构特点开发专业的有限元软件。

5.2　船体结构有限元分析软件开发基本原理

有限元软件的开发需要有软件工程、计算数学、应用力学、有限元等专业基础,需要解决内存管理、网格剖分、基本单元库的定义、动力与静力求解器开发等关键问题。因此,开发一套有限元软件不是一个人,也不是几年之内能够完成的。事实上,基于底层的开发模式开发专业有限元软件,对于非大型专业软件公司或科研单位而言并非必要。目前,如 ANSYS、PATRAN/NASTRAN 等通用有限元软件已非常成熟。通用有限元软件提供丰富的单元类型,支持静态分析、瞬态分析和模态分析等结构力学响应问题的求解。通用软件未解决的是软件的专业性问题,而这些问题可以通过对其定制、开发与修改,即对通用有限元软件的二次开发途径解决。

5.2.1　通用有限元软件二次开发的基本模式

通用有限元软件的开发大体可以分为宏语言层、界面层和源代码层三个层次。

有限元软件通常提供用户界面(user interface,UI)与宏语言两种应用模式。有限元软件的宏语言是软件提供的解释性语言,用于控制有限元软件的建模、加载、约束、求解、应力提取与分析等功能,如 ANSYS 的 APDL(ANSYS parametric design language)[1]、PATRAN 的 PCL(patran command language)[2,3]等。宏语言类似于计算机高级语言,可以定义变量与数组,提供逻辑运算、分支语句,支持简单循环与嵌套循环语句,提供基本的数学运算函数库。宏语言为纯文本格式,执行前不需要编译,有限元软件通常也不提供宏语言的编辑器,用户可以采用文本编辑器对其编辑与修改。

有限元软件通常提供对软件界面进行定制的功能,即基于界面层的开发模式,如 ANSYS 软件的 UIDL(user interface design language)、PATRAN 的 PCL 等。基于界面层的开发模式下,软件开发者可以根据专业要求定义菜单、对话框与工具栏等用户界面,根据用户输入参数调用宏语言命令,实现各项前处理与后处理功能,从而使有限元软件更为专业化。宏语言功能完善,但是直接编写宏语言文件一方面效率较低,另一方面对用户要求较高。基于界面的开发模式可以封装复杂的宏语言,降低特定有限元分析问题的复杂性,提高有限元软件的使用效率。

基于宏语言层、界面层属于简单的开发模式,主要解决有限元软件专业性的问题,通常不能实现深层次的功能。部分有限元软件提供源代码层的二次开发模式,如 ANSYS 的 UPFs(user programmable features)语言。源代码层二次开发模式下,通过 FORTRAN、C 语言等高级程序语言,对有限元软件内核进行定制。用户可以根据需要重新编译连接生成用户定制版本的有限元软件,实现深层次的功能,如创建新单元、定义新的材料属性、定义用户失效准则等。基于源代码层二次开发可以完成宏语言层难以完成的工作,比如复杂材料本构模型的定义,优化算法的定义,接触准则的定义等。

船舶与海洋平台结构有限元分析所涉及的单元相对简单,常见的线性或者二次梁单元、杆单元、壳单元与板单元即可满足主要的分析任务。常规船舶与海洋平台的主船体结构均为钢制,不涉及复杂的本构关系。结构连接形式主要为焊接,不涉及复杂的接触问题。所以,宏语言层次提供的功能可以满足船舶与海洋平台有限元分析的基本要求,除特殊问题外不需要进行源代码层的开发。

界面层的开发模式可以使有限元软件在解决一些具体问题时效率更高,但是基于界面层的软件开发只能使用有限元软件宏语言提供的功能,可以用于简单的分析问题,或者开发仅针对一类分析任务的工具,如船体结构有限元分析中的网格细化工具,屈曲强度计算工具等,难以使有限元软件适应 5.1 节中所述的船舶与海洋平台有限元分析的六个特点。

基于宏语言的二次开发以宏语言文件作为用户程序与有限元软件的接口,用户软件与有限元系统相对独立性较好。船体结构建模、船体结构前处理、后处理中,涉及大量三维曲线曲面造型、曲线曲面求交与切割等算法,同时需要有良好的人机交互界面与三维显示效果。上述问题不是有限元软件重点关注的问题,利用有限元软件解决较为困难,但是通用的 CAD 软件却能很好解决。通用 CAD 软件通常提供强大的二次开发接口,通过高级编程语言,可以对 CAD 软件进行定制、修改与扩展,满足专业软件的设计要求。因此,本章中介绍一种船舶与海洋平台结构有限元专业软件开发技术。以通用 CAD 软件为开发平台建立船体结构三维模型,以有限元软件宏语言为接口,实现船体结构模型在有限元软件中的建模、求解分析,然后提取计算结果,利用 CAD 中的三维显示功能实现专业后处理功能。

5.2.2　宏语言层船舶与海洋平台有限元软件开发基本流程

基于宏语言层船舶与海洋平台有限元软件开发基本流程如图 5.1 所示,基本原理如下。

(1) 在 CAD 软件中,通过交互式建模的方式,建立船体结构三维模型。对于板、壳结构,几何模型为板、壳的理论面模型,将板的厚度作为板的属性。对于杆、梁结构,结构模型为其理论线的三维模型,将杆、梁的截面、法向方向、偏移量等作为其属性。此外,在结构模型中定义结构材料的杨氏模量、泊松比、屈服极限、许用应力等材料属性,完成三维结构模型的建立。

(2) 根据有限元模型的要求,对三维结构模型进行必要处理。船体结构中存在大量板与板的相交、相贯关系,加筋板中型材与板材的焊接关系,支柱与板的焊接关系等。CAD 软件中采取有效的处理方式,将结构模型中各构件之间的拓扑关系反映到有限元模型中。

(3) 为使软件具有较高的专业化程度,将有限元分析中的结构载荷与边界约束均定义在结构模型中。其中船舶与海洋平台分析中常见的载荷包括加速度载荷、

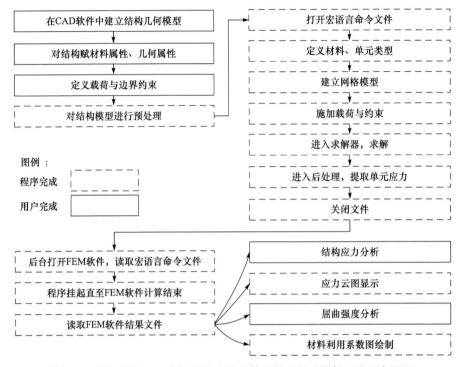

图 5.1　基于宏语言二次开发技术的船体结构有限元软件开发基本原理

集中力载荷、均布力载荷、梯度载荷和复杂面载荷等。对于特殊的非焊接连接方式，如自升式平台桩腿与固桩室结构的连接处，可以通过耦合特定自由度的方式模拟特殊的连接关系。将耦合关系同样定义在结构模型中。

（4）以写的方式打开有限元软件宏语言文件。按照有限元宏语言语法格式，根据结构模型中的信息，编写定义单元类型、定义材料属性及建立有限元网格模型的命令。有限元网格模型可以通过两种方式建立，一是直接建立节点、单元的建模方式，二是先建立几何模型，通过对几何模型网格划分得到有限元模型的建模方式。第一种方式需要用户编制功能模块完成网格划分，然后依据网格的拓扑结构定义有限元命令流，在有限元软件中直接生成有限元网格。这方式可以解决简单的结构分析问题。由于涉及网格划分问题，在相对复杂的船体结构有限元分析中，采用这种方式的程序开发量、运行效率与实用性很大程度上受限于所选用的网格划分工具。第二种方式中，通过宏语言在有限元软件中先建立几何模型，如将板定义为几何面，将梁定义为几何线。然后调用有限元软件的网格划分模块，通过对几何模型网格划分得到有限元模型。第二种方式中，由于用户软件开发不涉及网格划分问题，所以易于算法实现，且算法的稳定性相对较高。

（5）依据模型中的载荷与边界约束，在宏语言文件中定义加载与约束命令。

然后编制选择求解器、有限元求解等命令,控制有限元软件完成有限元求解。

(6) 根据有限元软件平台提供的功能,选择一种合适的有限元计算结果提取方法,在宏语言文件中定义提取有限元计算结果的命令,将应力、变形等计算结果保存至文本文件中,然后关闭宏语言文件。

(7) 在用户软件中,后台打开有限元软件,将宏语言文件作为有限元软件的输入文件,依据定义的宏语言命令依次完成建模、加载、约束、求解、结果提取等指令。执行有限元软件时将用户软件挂起,直至有限元软件运行结束后用户软件继续执行。

(8) 打开有限元软件计算结果文件,通过字符串算法从中提取各单元、节点的应力、变形等计算结果。

(9) 利用 CAD 软件的三维显示功能,编制专业后处理模块,用于船体结构有限元分析,包括结构应力云图显示、变形云图显示、材料利用系数图的绘制及屈曲强度分析等。

5.3　空间杆梁结构有限元前处理程序设计

空间杆梁结构是海洋工程结构物中常见的结构形式,如自升式钻井平台的桁架式桩腿结构、桁架式吊机臂结构、钻井平台的井架结构等。

本节将 5.2 节中船体结构有限元分析软件开发思想应用于空间杆梁结构的有限元分析中,实现空间杆梁结构的快速建模,开发应力云图显示、材料利用系数图绘制及屈曲强度分析等模块,实现专业化后处理功能。软件开发中采用的 CAD 软件平台为 AutoCAD 软件,选择的有限元软件为 ANSYS,接口文件为 ANSYS 的 APDL 宏语言文件。程序的系统架构如图 5.2 所示。

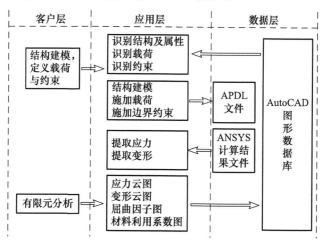

图 5.2　空间杆梁结构有限元分析程序架构图

5.3.1　结构的定义及结构建模

本节介绍的空间杆梁结构有限元程序、结构模型定义方式与 2.7 节、3.7 节、4.3 节与 4.6 节中采取的方式类似,即利用 CAD 软件现有功能,针对 CAD 图形制定结构模型规则,按照规则采用 CAD 现有的图元绘制结构并定义结构属性。用户程序运行时,首先遍历 CAD 软件的图形数据库,根据结构模型定义规则,从图形数据库中提取结构构件,建立结构模型。

对 CAD 图形定义如下规则。对于梁单元,几何参数仅为梁的理论线,因此在杆梁结构的结构模型中,几何模型仅由杆梁的理论线构成,考虑到船舶与海洋平台的杆梁结构中构件的理论线基本为直线,所以采用直线段定义几何模型。考虑到模型中可能存在其他辅助直线,规定红色直线为模型实体,其余颜色为非模型实体。杆梁结构的剖面尺寸、材料类型等信息通过图元的图层属性定义。将杆梁结构中所有载荷均等效为节点的集中力载荷,通过 CAD 中的一个点图元表达一个集中力载荷,点的位置即为集中力载荷的位置,载荷点所在的图层属性中包含集中力载荷的方向与大小。同样,将模型的边界约束采用点图元表达,一个点代表一个约束,从约束点所在的图层名中提取约束的类型与强制位移的数值。

采用上述定义方式,结构模型建模不需要用户程序的干预,建模过程中不需要启动用户程序,仅采用 CAD 软件即可完成模型的建立。用户程序仅要求 CAD 图形的最终结果符合结构模型规则,不限制模型的建立过程,可以充分利用 CAD 软件提供的交互功能,如图元的创建与编辑、复制粘贴、移动、旋转及坐标变换等。所有建模操作均为 CAD 软件的标准操作,用户无须单独学习软件的建模方法。结构模型只是一个符合结构定义规则的标准 CAD 图形,模型的存储与读取完全由 CAD 系统的文件管理功能完成,不需要用户开发相关的代码。

5.3.2　有限元软件接口文件

本节针对 ANSYS APDL 宏语言的语法编写接口文件。APDL 语言的语法相对灵活,同一个模型可以有多种建模方式,接口文件应从中选择易于程序控制的方式。空间杆梁结构有限元分析中,由于不涉及复杂网格,所以采取直接建立有限元模型的建模方式。接口文件的建立过程如下:

(1) 定义单元类型、材料杨氏模量、泊松比、密度。本例中仅采用二节点线性梁单元。

(2) 对每个结构进行循环,通过添加节点函数,建立梁结构的起点与终点。模型中可能有多根梁共有一个节点的情况,所以程序中建立一个三维几何点数组 **P**

以及点在 APDL 中对应的编号 ID 数组 **I**。在用于创建节点的函数中,先判断待添加的点是否已经存在于 **P** 中。如果是,直接返回已存在点的 ID;否则,通过添加节点命令创建一个新节点,并把几何点与节点的 ID 分别添加至数组 **P** 和 **I** 中。通过建立单元命令,根据梁结构的起点与终点 ID,创建梁单元。

(3) 对所有载荷进行循环,在文件中编写施加载荷的命令。

(4) 对所有边界约束进行循环,在文件中编写施加边界约束的命令。

(5) 编写求解命令。进入求解器,执行求解命令。

(6) 编写后处理命令。进入后处理模块,以单元列表形式输出梁单元的轴应力。输出各节点的 X 方向、Y 方向与 Z 方向线位移。

(7) 关闭 APDL 文件,有限元接口文件编写结束。

5.3.3　有限元软件的调用

通过上述方式建立 ANSYS 的 APDL 宏语言文件之后,宏语言文件的执行有两种方式。一是在 ANSYS 软件中前台执行,即打开 ANSYS 软件,执行读取文本格式宏语言命令,ANSYS 系统根据宏语言文件中的命令与参数,完成杆梁结构的建模、施加载荷、边界约束、求解、应力云图显示、应力与变形结果提取等后处理任务。第二种方式为后台调用 ANSYS 的模式,即在用户程序中后台打开 ANSYS 的一个进程,并直接调用用户程序生成的宏语言文件,ANSYS 在后台完成上述所有分析任务并退出。上述两种方式中,如果用户程序仅实现前处理功能,第一种方式更适合。如果用户程序不仅包括前处理功能,同时需要在用户程序中进行结构强度分析等后处理任务,或者对结构进行优化设计,则第二种方式更为合适。本例中,编制包含前处理与后处理功能的杆梁结构有限元分析程序,所以采用第二种调用方式。

在 Window 系统中,采用 VB、VBA、VC 等编程语言,可以通过 Window 系统的 API 函数 ShellExecute 或者 Shell 调用 ANSYS 软件。在通过 Windows API 函数调用 ANSYS 时,API 函数的参数中除了需要包含 ANSYS 的安装路径之外,还需要指定待读取的宏语言文件的完整路径,以及用于记录 ANSYS 运行过程的 LOG 文件完整路径。该调用方式对 ANSYS 各版本均适用,采用 VB 或者 VBA 典型的调用命令如下:

```
ANSYSCmd = "C:\ANSYS Inc\v130\ANSYS\bin\winx64\ANSYS130.exe"
Shell(ANSYSCmd & " - b - i d:\trussFEA.txt - o d:\trussFEAResult.txt",1)
```

采用上述方式后台打开 ANSYS 之后,ANSYS 与用户程序为两个独立的 Windows 运行程序。用户程序的后处理功能模块中需要调用 ANSYS 的计算结果文件,该文件在 ANSYS 运行结束之后才有效。所以,当 ANSYS 运行结束时,需要将该消息采取有效方式通知用户程序。常用的方式有两种,一是通过用户程序间隔一定时间循环访问 ANSYS 的结果文件,查看文件是否已更新且为可读状态,如果是,则表示 ANSYS 已运行结束。另一种方式通过查看 ANSYS 软件的系统进程是否结束实现。通过系统 API 打开 ANSYS 软件时,API 函数返回新打开的 ANSYS 进程 ID,用户程序可以通过进程 ID 判断 ANSYS 是否结束。用户程序执行调用 ANSYS 命令之后,将用户程序挂起,通过上述两种方式之一判断 ANSYS 是否运行完毕,如果是,用户程序继续向下执行,读取 ANSYS 计算结果文件并完成后处理功能。

5.3.4　程序应用

图 5.3 为自升式钻井平台桩腿模型。桩腿为三角形桁架式结构,桩腿形式为倒 K 形布置。Bay(两个水平横撑之间的结构)间距为 5000mm,共计 19 个 Bay,模型总长为 95000mm。三个弦杆呈边长为 11258mm 的正三角形布置。弦杆、斜腹杆、水平腹杆的尺寸如图 5.3 中所示。

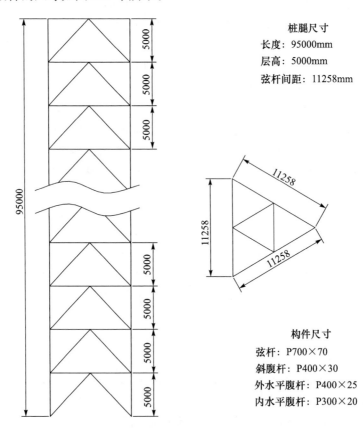

桩腿尺寸
长度:95000mm
层高:5000mm
弦杆间距:11258mm

构件尺寸
弦杆:P700×70
斜腹杆:P400×30
外水平腹杆:P400×25
内水平腹杆:P300×20

图 5.3　自升式钻井平台桩腿结构尺寸示意图(单位:mm)

桩腿底部采取简支约束模拟,在桩腿各弦杆顶端施加 X 方向 200t 的集中力,如图 5.4(a)所示。采用 5.3.1 节中提供的方法建立桩腿结构模型,并在模型中通过点定义边界约束和载荷。程序根据结构模型建立 ANSYS 的 APDL 命令流文件。在 ANSYS 软件中直接运行 APDL 命令流文件,完成给定条件下桩腿结构的有限元求解,得到的等效应力云图如图 5.4(b)所示。

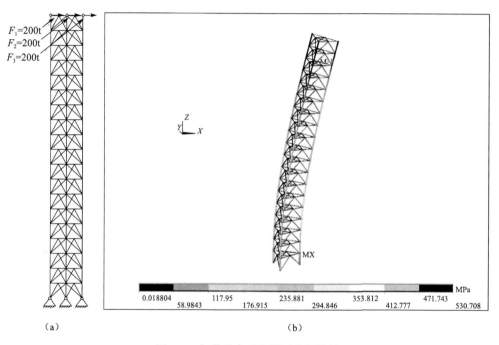

(a)　　　　　　　　　　　　　　　　(b)

图 5.4　加载约束及有限元分析结果

5.3.5　有限元模型的三维显示

通用的有限元软件提供各种后处理功能,可以完成应力云图、变形云图的显示等后处理任务。但是,船体结构有限元分析中经常需要根据特殊要求显示结构云图,如厚度分布云图、材料利用系数云图、屈曲因子云图等。虽然理论上通过有限元软件提供的功能能够实现特殊云图的显示,但是操作相对复杂且效率较低。所以,有必要针对船舶与海洋结构后处理的特点编制后处理中专业的三维显示功能模块,在 CAD 系统中实现有限元模型的三维显示。

通常,有限元单元的几何形状相对简单,利用 CAD 软件的几何造型功能,可以相对容易地建立各种类型单元的三维模型。下面针对由线性管单元组成的有限元模型,介绍一种三维显示算法。

单元 P 的 I 节点、J 节点对应几何位置分别为 p_0 和 p_1,单元直径为 D,长度为

L,厚度为 t,建立管单元三维实体模型的方法如下。P 的理论线方向 $v = p_1 - p_0$。以 p_0 为圆心绘制直径为 D、法向为 v 的圆 C_O,然后再以 p_0 为圆心绘制直径为 $D - 2t$、法向为 v 的圆 C_I。以 C_O,C_I 为截面轮廓,通过实体的拉伸(extrude)操作,拉伸长度为 L,得到两个圆柱体 Cy_O 和 Cy_I。将 Cy_O 利用实体的布尔运算扣除实体 Cy_I,得到实体 Cy_P,即为管单元 P 的三维实体模型。

　　4.5 节介绍了通过颜色显示结构应力的方法。实际上,这种方法可以用于以云图的形式显示结构的各种物理量属性,如材料屈服极限、板的厚度、结构屈曲因子等。软件实现中,可以将物理量属性数组作为绘制云图函数的参数,采用与 4.5 节相同的算法实现各类物理量的云图显示。例如,分别按管的直径、材料屈服极限、管的厚度计算相应构件的颜色,绘制如图 5.3 所示自升式钻井平台桩腿三维图形如图 5.5 所示。后处理中的应力云图、屈曲因子图绘制均采用上述方法实现。

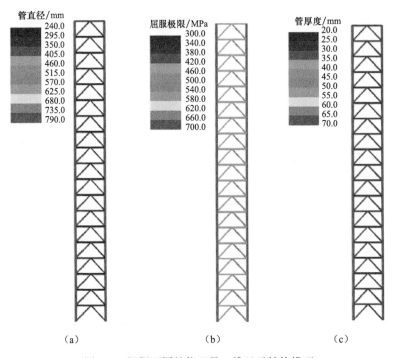

图 5.5　根据不同的物理量三维显示结构模型

5.4　空间杆梁结构有限元后处理程序设计

　　后处理模块包括有限元单元、节点的应力、变形提取、应力与变形云图显示、屈服强度分析、屈曲强度分析,以及材料利用系数图的绘制等功能。

5.4.1　后处理模块的数据结构设计

为正确设计程序的数据结构,首先分析静态问题有限元法的基本原理和求解过程。有限元法中,当网格划分结束之后,首先建立所有单元的单元刚度矩阵 K^e。然后通过网格的拓扑关系,将所有单元刚度矩阵 K^e 经坐标变换后组装得到总体刚度矩阵 K。根据模型的边界条件,修正总体刚度矩阵 K。然后将载荷向量转化为等效节点力向量 F,建立总体平衡方程

$$Ku = F \tag{5.1}$$

求解总体平衡方程,得到所有节点在整体坐标系下的位移向量 u。根据 u 得到每个单元各节点的变形量,转化至单元坐标系下为 u^e;然后根据 u^e 计算单元的应力向量

$$\sigma^e = DBu^e \tag{5.2}$$

式中,D 为弹性矩阵;B 为应变矩阵;σ^e 为包含单元各节点的应力。有限元软件中,应力显示时通常将 σ^e 转化至世界坐标系下,即默认条件下通过有限元软件查看的应力为世界坐标系下的应力值。

根据上述分析,有限元后处理程序设计中,结构的变形应定义为节点的属性,结构应力应定义为单元的属性。如果需要详细分析单元内的应力分布,则在单元中应当设置合理的数据结构,存储单元内各节点的不同应力分量值。

5.4.2　应力与变形的提取分析

有限元的结果文件包括两种类型:第一类是用户控制有限元软件创建的数据文件;第二类是有限元软件生成的 LOG 文件。第一类文件格式由用户定制,所以文件内容易于程序读取,但是部分单元的计算结果提取困难,所以应用范围受限。第二类数据不能由用户定制,数据的提取相对困难,但包含的信息量更丰富。本例中重点研究通过读取有限元软件的 LOG 文件提取所需要的应力、应变计算结果的方法。

有限元软件的 LOG 文件由有限元软件生成,结果文件的输出格式不完全由用户定制,所以从中提取数据必须利用文件的格式特点编制数据提取模块。有限元运行的 LOG 文件中含有大量的信息,包括软件简介、建模命令、模型设置、求解过程以及所提取的应力、变形数据等。这些信息的格式复杂,且软件的不同版本、针对不同的分析问题输出的结果文件也不尽相同。实际上,LOG 文件中对用户程序有用的数据只是其中很少的一部分。本节提出一种从 ANSYS 的 LOG 文件中提取应力与变形数据的方法。

ANSYS 的 LOG 文件格式是不固定的,所以通过读取并忽略若干数据、若干

行等方式均不可行。虽然文件的整体格式不固定,但是可以通过命令控制 ANSYS 的输出结果格式有一定规则,且该规则相对稳定,对于软件的不同版本、不同的有限元模型均不变。所以在用户程序设计中,可根据 LOG 文件的特殊规则,通过字符串运算从文件中提取有效的应力与变形计算结果。

1. 应力结果提取

在 APDL 的后处理语句中,通过 ETABLE 功能将 PIPE 单元的应力保存至单元表格,然后通过 PRETAB 命令将应力输出至 LOG 结果文件,在 LOG 文件中单元应力区域文件格式如图 5.6(a)所示。图中,SPIPE 是用户定义的表格列名。经分析可知,正常情况下,ANSYS 的 LOG 文件中,包含内容"ELEM SPIPE"的行可能有多行,但仅存在于由 ETABLE 与 PRETAB 命令生成的数据段中。利用这一特点,可以从 ANSYS 的 LOG 文件中识别目标应力区域的起始位置。目标应力区域的结尾没有固定符号,但是目标区域内每行均有且仅有两个数字。利用这一特点,读取应力数据过程中,如果读入行中读到的数据包含的纯数字个数不是 2,则认为当前段目标应力区域结束。利用上述特点,编制从 ANSYS 的 LOG 文件中提取 PIPE 单元应力。

...	...		...	...
ELEM	**SPIPE**		**ELEM**	**SPIPE**
$elem_1$	$stress_1$		1	200.03
$elem_2$	$stress_2$		2	198.27
$elem_3$	$stress_3$		3	−398.31
...	...		...	...

(a) (b)

图 5.6　ANSYS 的 LOG 文件中单元应力格式(a)及示例(b)

模型中单元 ID 保存在数组 $\mathbf{E}=\{E_0, E_1, \cdots, E_{n-1}\}$ 中,通过数组 $\mathbf{S}=\{S_0, S_1, \cdots, S_{n-1}\}$ 保存单元应力值。应力提取算法如下

算法 5.1　读取 ANSYS 的 LOG 文件提取单元应力

以只读方式打开 ANSYS 的 LOG 文件 *filename*

WHILE *filename* 文件未结束

〈从 *filename* 中读取一个字符串 *s*

　IF *s* 中包含子串"ELEM SPIPE"

　〈从 *filename* 中读取一行数据 v_1

　　以空格为分割符号将 v_1 分割为子串数组 **str** $=\{str_0, str_1, \cdots, str_{nStr-1}\}$。

   IF $nStr=2$

   $\{$令 $Id=str_0$，$stress=str_1$

    FOR i 从 0 至 $n-1$ 循环

    $\{$**IF** $E_i=Id$

     $\{$令 $S_i=stress$，退出 FOR 循环

     $\}$

    $\}$

    IF $i=n$

    $\{$提示单元 Id 在数组中不存在，返回错误代码

    $\}$

   $\}$

  $\}$

 $\}$

  关闭 $filename$

  算法结束

  上述过程中，确定单元号为 Id 的单元在数组 **E** 中的索引号问题，需要用到查找算法。船舶与海洋平台 CAD 软件开发中，可以针对不同问题，采用不同的查找算法。

  对于待查找数据元素规模较小的问题，可以采用简单的顺序查找，即对数据元素进行遍历，当遇到满足给定条件的数据时，返回对应的索引。顺序查找易于编程、算法稳定且适用性强，但是其时间复杂度为 $O(n)$，当数据元素规模较大时不宜采用。例如，船体结构有限元分析软件中，模型中的单元与节点数经常为数万甚至数十万、数百万，此时采用顺序查找算法将占用大量 CPU 时间，导致软件效率降低。

  大规模数据的查找问题应当采用时间复杂度较低的查找算法，如二分查找。二分查找要求数据采用顺序存储结构，且按关键字有序排列，算法的原理类似于二分迭代法。待查数据 $\mathbf{D}=\{D_0, D_1, \cdots, D_{n-1}\}$，采用二分查找 **D** 中数据 a 的算法如下。

  算法 5.2　二分查找法

   令 $l=0$，$r=n-1$，$m=0$

   WHILE $l\ne r$

   $\{$令 $m=(l+r)/2$

    IF $D_m=a$

    $\{$退出循环

    $\}$

    IF $a>D_m$

    $\{$令 $l=m+1$

ELSE

$\{$令 $r=m-1$

$\}$

IF $D_m=a$

$\{$返回 m

$\}$

提示 a 在 **D** 中不存在

算法结束

二分查找的时间复杂度为 $O(\lg n)$，具有较高的查找效率。但缺点是要求数据有序，适用于数据变动不频繁且规模较大的查找问题。本例中，结构规模较小，所以采用顺序查找即可满足要求。

2. 变形结果的提取

变形结果的提取方式与应力相似。二者之间的主要区别在于，应力为单元的属性，变形为节点的属性，在 ANSYS 中需要通过不同的方式提取。通过 PRNSOL 命令，将各节点的 X、Y 与 Z 向位移分别列表显示，则在 LOG 文件中，节点变形数据段格式如图 5.7(a)所示。图中，UX 代表节点位移的 X 分量，对应数据段为 X 方向变形结果。Y、Z 方向的变形结果对应的符号分别为 UY、UZ。

...	...		...	...
NODE	**UX**		**NODE**	**UX**
$node_1$	$disp_1$		1	0.0000
$node_2$	$disp_2$		2	5.8865
$node_3$	$disp_3$		3	0.0000
...	...		...	...
(a)			(b)	

图 5.7　ANSYS 的 LOG 文件中节点变形格式(a)及示例(b)

模型中节点 ID 保存在数组 $\mathbf{N}=\{N_0,N_1,\cdots,N_{m-1}\}$ 中，通过二维数组 $\mathbf{U}_{m\times 3}$ 保存节点变形值，其中 $U_{i,0}$、$U_{i,1}$ 和 $U_{i,2}(0\leqslant i\leqslant m-1)$ 分别表示第 i 个节点在 X 方向、Y 方向和 Z 方向的变形量。节点变形的提取算法如下。

算法 5.3　读取 ANSYS 的 LOG 文件提取节点变形

以只读方式打开 ANSYS 计算 LOG 文件 *filename*

WHILE *filename* 文件未结束

$\{$从 *filename* 中读取一个字符串 s

定义变量 *item* 用于区分变形分量

IF s 中包含子串"NODE UX"

$\langle item=0 \rangle$

ELSE IF s 中包含子串"NODE UY"

$\langle item=1 \rangle$

ELSE IF s 中包含子串"NODE UZ"

$\langle item=2 \rangle$

ELSE

$\langle$继续下一次循环$\rangle$

WHILE 1

$\langle$从 $filename$ 中读取一行数据 v_1

　　以空格为分割符号将 v_1 分割为子串数组 $\mathbf{str}=\langle str_0, str_1, \cdots, str_{nStr-1} \rangle$

　　IF $nStr \neq 2\langle$退出循环$\rangle$

　　令 $Id=str_0, disp=str_1$

　　FOR i 从 0 至 $m-1$ 循环

　　$\langle$**IF** $N_i=Id$

　　　$\langle$令 $U_{i,item}=disp$

　　　　退出 FOR 循环

　　　$\rangle$

　　IF $i=m$

　　$\langle$提示节点 Id 在数组中不存在,返回错误代码$\rangle$

　　$\rangle$

$\rangle$

$\rangle$

关闭 $filename$

算法结束

　　对于线性梁单元,内部变形量为节点变形量的线性函数,计入变形后的单元仍为线性。在船体结构弹性范围内有限元分析问题中,结构变形量相对于原结构较小,采用 1∶1 比例的变形图难以观测结构变形分布。所以,实际中通常将结构的变形量放大 k 倍后显示。

　　变形图的三维显示算法与 5.3.5 节中三维显示算法类似。创建单元 P 三维实体时,5.3.5 节中算法以 P 的 I 节点位置 p_0 为起点,以 J 节点位置 p_1 为终点,根据 P 的直径与厚度,创建以点 p_0,p_1 连线为轴线的空心圆柱,即为单元 P 的三维实体模型。假设 P 的 I 节点与 J 节点的变形矢量分别为 dI 与 dJ。令点 $p_0'=p_0+k \cdot dI, p_1'=p_1+k \cdot dJ$,则以 p_0' 与 p_1' 为起点与终点,以 p_0' 点与 p_1' 点连线为轴线,根据 P 的直径与厚度创建空心圆柱,即为按 k 倍放大显示的结构变形三维模型。图 5.8 为 k 分别取 1、10 和 20 时采用上述方法绘制图 5.3 所示自升式钻井平台桩腿结构变形图。

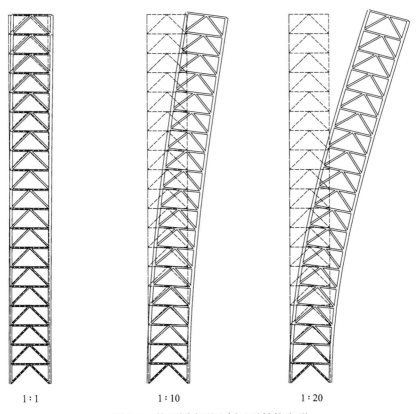

1:1　　　　　　　　　1:10　　　　　　　　　1:20

图 5.8　按不同变形比例显示结构变形

5.4.3　空间杆梁屈曲强度计算

　　屈曲是船体结构失效的一种重要模式,船舶与海洋平台设计中,需要对压杆、加筋板板格等结构进行屈曲强度校核,以保证结构的安全性。对于受压杆件,可以采用 Euler 公式计算临界压力,通过临界压力判断构件是否满足屈曲强度要求。但是实际结构的边界条件相对复杂,结构承受多种载荷作用,且屈曲强度计算中应考虑材料的弹塑性,所以设计中不能简单地采用 Euler 公式校核压杆屈曲强度。

　　船舶与海洋平台设计中,通常依据相关规范校核结构屈曲强度。开发面向工程应用的船舶与海洋平台设计软件时,应首先考虑规范中的计算方法与计算衡准。本章中研究的空间杆梁结构有限元分析中,依据海上移动式平台入级规范[4]计算压杆稳定性。根据该规范,受压杆件的整体屈曲临界应力 σ_{cr} 计算公式为

$$\sigma_{cr} = \begin{cases} \sigma_E, & \sigma_E \leqslant \dfrac{\sigma_s}{2} \\[2mm] \sigma_s \left(1 - \dfrac{\sigma_s}{4\sigma_E}\right), & \sigma_E > \dfrac{\sigma_s}{2} \end{cases} \tag{5.3}$$

式中，σ_s 为材料的屈服极限；σ_E 为 Euler 应力：

$$\sigma_E = \frac{\pi^2 E}{(Kl/r)^2} \tag{5.4}$$

式中，E 为材料的杨氏模量；K 为杆件的有效长度系数；l 为构件有效长度；r 为构件截面惯性半径。对于组合工况，受压杆件的整体屈曲安全系数按下式计算得到：

$$S_u = \begin{cases} 1.250 + 0.199\lambda_0 - 0.033\lambda_0^2, & \lambda_0 \leqslant \sqrt{2} \\ 1.438\lambda_0^2, & \lambda_0 > \sqrt{2} \end{cases} \tag{5.5}$$

式中，λ_0 为受压杆件的相对长细比：

$$\lambda_0 = \sqrt{\frac{\sigma_s}{\sigma_E}} \tag{5.6}$$

依据屈曲强度，受压杆件的许用屈曲应力为

$$[\sigma]_B = \frac{\sigma_{cr}}{S_u} \tag{5.7}$$

依据上述公式，给定杆 P，屈曲强度校核流程如下：

(1) 有限元静态求解，从 P 对应的单元中提取 P 单元的平均轴向应力 σ；

(2) 依据式(5.4)计算 P 的 Euler 应力 σ_E；

(3) 依据式(5.3)计算 P 的临界应力 σ_{cr}；

(4) 利用式(5.6)计算 P 的长细比 λ_0；

(5) 利用式(5.5)计算受压杆件的整体屈曲安全系数 S_u；

(6) 利用式(5.7)计算构件的屈曲强度许用应力 $[\sigma]_B$；

(7) 令 $k = \sigma/[\sigma]_B$，如果 $k \leqslant 1$，则构件屈曲强度满足要求；否则，构件的屈曲强度不满足设计要求。

5.4.4　材料利用系数图

通过应力云图可以直观地查看结构构件的应力分布情况。如果结构仅由一种材料构成，则应力云图可以较为直接地体现结构屈服强度安全性。但是，船体结构中常常存在两种或者多种材料，如大型散货船的结构中通常包含船用普通钢、AH32 高强钢、AH36 高强钢三种材质；集装箱船、海洋平台等海洋结构物由于结构强度的特殊性要求，采用的材料种类通常更多。不同材料具有不同的屈服极限，对应有不同的许用应力。对于含有多种材质的结构模型，通过简单应力云图较难直观地分析船体结构的屈服强度。

为解决这一问题，引入材料利用系数概念，令材料利用系数为最大实际应力与许用应力的比值 k，即

$$k = \frac{\sigma}{[\sigma]} \tag{5.8}$$

其中,σ 为最大实际应力;$[\sigma]$ 为许用应力。在应力云图显示中,将计算结构颜色的标准换成材料利用系数 k,则得到的云图相比于应力云图可更直观地反映模型的结构强度分布情况。实际上,设计者通常关心的仅是应力较高的区域,对于应力低于一定范围的构件,通常并不关心其具体的应力值(优化设计例外)。所以,为使图形直观性更强,颜色值仅保留三种,如红色、黄色和蓝绿色。红色用于显示材料利用系数 k 超过 1,即实际应力大于许用应力的构件,表示构件不满足强度要求。黄色代表 k 大于 0.85 且小于 1 的构件,表示构件的屈服强度处于警戒线范围,需要重点关注。蓝绿色用于表示 k 值小于 0.85 的构件,表示构件的结构强度富余量较大,相对较安全。

式(5.8)中,σ 取压应力 σ_P,$[\sigma]$ 取屈曲强度许用应力 $[\sigma]_\mathrm{B}$,则可以计算屈曲强度材料利用系数 k_B

$$k_\mathrm{B} = \frac{\sigma_P}{[\sigma]_\mathrm{B}} \qquad\qquad (5.9)$$

利用 k_B 可以绘制屈曲强度材料利用系数图。图 5.9(a)为图 5.3 所示桩腿在图 5.4(a)所示载荷作用下屈服强度材料利用系数图,图 5.9(b)为相应工况下的屈曲强度材料利用系数图。

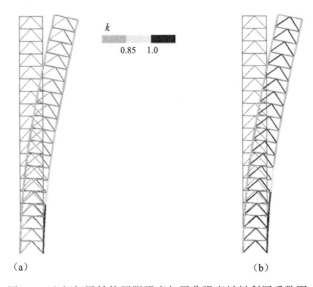

图 5.9　空间杆梁结构屈服强度与屈曲强度材料利用系数图

5.5　空间杆梁结构有限元分析程序设计

本节给出一个空间杆梁结构有限元分析程序开发实例。该程序基于 Auto-

CAD 平台,采用 VBA 开发工具开发完成,适用于 AutoCAD 2000～2015 各版本。有限元软件为 ANSYS 5.5～16.0 各版本。程序的功能包括建立结构模型、定义载荷与约束、生成 APDL 接口文件、调用 ANSYS 通过接口文件完成建模、加载、约束、求解与应力、变形提取、屈服强度应力显示、屈曲强度计算、屈服强度与屈曲强度材料利用系数图绘制等。

5.5.1　程序的全局变量设置

空间杆梁结构有限元分析程序采用面向过程程序设计模式开发,将与船舶相关、载况相关的变量均设置为全局变量,变量的设置及含义如表 5.1 所示。

表 5.1　空间杆梁结构有限元分析程序全局变量设置

数据类型	变量名	说明
结构相关变量	e_nPipe	Integer,存储模型中的结构数(单元数)
	e_strArr	AcadLine 型数组,结构构件对应直线段
	e_strDArr	double 型数组,各管结构的直径
	e_strTArr	double 型数组,各管结构的厚度
	e_strSSArr	double 型数组,各管材料屈服极限
	e_strSCr	double 型数组,各管屈曲强度临界应力
	e_strBSu	double 型数组,各管屈曲强度安全系数
	e_strMinTArr	double 型数组,各管最小厚度
单元相关变量	e_Id0Arr	Integer 数组,起点节点编号
	e_Id1Arr	Integer 数组,终点节点编号
	e_strIdArr	Integer 数组,单元编号
	e_strSArr	double 型数组,单元平均应力
	e_str3dColorArr	double 型数组,单元三维显示颜色
节点相关单元	e_nNode	Integer,节点数
	e_nodePosArr	点数组,节点的位置
	e_nodeIdArr	Integer 数组,节点 Id 值
	e_strUArr	点数组,节点的位移值
载荷及约束相关	e_nBC	边界约束数量
	e_nF	集中载荷数量
	e_BCArr	边界约束数组
	e_FArr	集中载荷数组

5.5.2　主要函数及其功能说明

(1) addNode,见附录 3 e[1]。函数参数列表:x、y、z 分别为待添加点的 X、Y 与 Z 坐标;nFile,APDL 文件指针编号。向 APDL 文件中添加节点(x,y,z),返回新添加点的 ID。如果点(x,y,z)已经存在,则直接返回已存在点的 ID。

(2) APDL_applyConstraint,见附录 3 e[2],向 APDL 文件中添加约束命令流。

(3) APDL_applyLoad,见附录 3 e[3],向 APDL 文件中添加加载命令流。

(4) APDL_createModel,见附录 3 e[4],向 APDL 文件中添加建模命令流。

(5) APDL_extractResult,见附录 3 e[5],向 APDL 文件中添加提取应力与变形结果的命令流。

(6) APDL_solveAndPostprocessing,见附录 3 e[6],向 APDL 文件中添加求解及进入后处理器命令流。

(7) barStabilityCapacity,见附录 3 e[7],依据规范计算所有管的临界应力、屈曲强度安全系数。

(8) callANSYS,见附录 3 e[8],后台打开 ANSYS,读取 APDL 宏语言文件,程序挂起直至 ANSYS 运行结束。

(9) CMD_optimizeStructure,见附录 3 e[9],以结构重量最轻为目标,以管单元厚度为优化对象,以满足屈服强度与屈曲强度为约束条件,空间杆梁结构优化主函数。

(10) CMD_trussFEA,见附录 3 e[10],空间杆梁结构有限元分析主函数,包括模型建立、APDL 文件生成、打开 ANSYS 计算与求解、应力与变形的提取与显示等。

(11) draw3DPipe,见附录 3 e[11]。函数参数列表:uScale,变形的放大比例,即绘制考虑变形的管结构三维图,变形被放大 uScale 倍显示。

(12) getModel,见附录 3 e[12],遍历图形数据库建立杆梁结构模型,给全局变量赋值。

(13) getNodeIndexById,见附录 3 e[13]。函数参数列表:Id,节点的 ID。从节点列表中,找到 ID 号为 Id 的节点,并返回节点的索引号。

(14) getPipeIndexById,见附录 3 e[14]。函数参数列表:Id,单元的 ID。从单元列表中,找到 ID 号为 Id 的单元,并返回单元的索引号。

(15) getPipeStress,见附录 3 e[15],从 ANSYS 的 LOG 文件中,提取单元应力,并给全局变量赋值。

(16) getPipeU,见附录 3 e[16],从 ANSYS 的 LOG 文件中,提取单元节点的变形,并给全局变量赋值。

(17) getptId,见附录 3 e[17]。函数参数列表:x、y 和 z 分别为节点的 X、Y 和 Z 坐标。根据坐标,从节点列表中查找节点,并返回节点的索引。如果节点不存在则返回-1。

(18) resetThick,见附录 3 e[18],根据规则法优化杆梁结构的属性,根据结构屈服强度与屈曲强度重新计算并重置单元的厚度。如果有单元厚度被重置,返回 0;否则,返回 1。

　　(19) ruleCheckDrawing,见附录 3 e[19]。函数参数列表:y0b1,控制校核的内容,1 表示屈服强度,0 表示屈曲强度。依据规范,校核结构的屈服强度或者屈曲强度,并绘制应力云图。

　　(20) setColorBy,见附录 3 e[20]。函数参数列表:data,用于计算构件颜色的物理量数组。根据物理量数组计算构件三维显示的颜色,物理量可以为应力、厚度、材料屈服强度、材料利用因子等。

　　(21) strWeight,见附录 3 e[21]。计算并返回当前结构的总重量。

5.6 　面向过程与面向对象软件开发模式

　　本书中前面章节的相关程序实例,包括 2.7 节船体型线设计程序、3.7 节船舶静水力特性计算程序、4.3 节船舶装载计算程序、4.6 节船舶总纵强度计算程序及 5.5 节空间杆梁结构有限元分析程序,软件开发的重心放在解决问题的过程。为解决一复杂问题,将其分解为易于解决的若干子问题并编写相应的子函数,然后按照解决问题的顺序调用子函数,最终完成复杂问题的求解。为简化各子函数的接口,解决问题过程中涉及的各种数据,通常作为全局变量处理,子函数中可以直接访问全局变量。

　　以空间杆梁结构有限元分析程序为例,程序的开发目标是解决杆梁结构的快速建模、专业化分析问题。解决该问题,第一步是定义相关的数据结构。该问题中涉及三维结构与有限元模型,所以以全局变量的形式定义结构模型、有限元模型相关的两大类数据。然后分析该问题的解决过程,将结构前处理、结构后处理两大主问题功能分解。对于前处理,首先需要解决模型的识别(构造模型)问题,通过子函数 getModel 实现。然后需要编制接口文件,创建有限元模型,该问题可以分为有限元中的建模、施加载荷、施加约束、求解与应力变形提取四个子问题,分别通过 APDL_createModel、APDL_applyLoad、APDL_applyConstraint、APDL_solveAnd-Postprocessing 四个子函数实现。然后需要解决 ANSYS 软件的后台调用并读取接口文件的功能,通过 callANSYS 函数实现。之后需要解决从 ANSYS 的 LOG 文件中提取应力、变形结果的问题,分别编制子函数 getPipeStress、getPipeU 实现。在实现 getPipeStress、getPipeU 时,涉及根据单元、节点的 Id 从全局单元、节点列表中找到对应元素的索引功能,分别编制子函数 getPipeIndexById 和 getNode-IndexById 实现。最后,需要实现结构的三维显示功能,通过函数 draw3DPipe 实现。程序的主函数中,依次调用 getPipe、APDL_createModel、APDL_applyLoad、APDL_applyConstraint、APDL_solveAndPostprocessing、APDL_extractResult、callANSYS、getPipeStress、getPipeU、draw3DPipe 子函数,即可解决包含有限元前处理、求解、后处理的杆梁结构有限元分析问题。

　　上述模式是典型的面向过程的软件开发模式。面向过程的软件开发中,程序为数据结构(模型)与算法(解决问题的一系列逻辑步骤)的简单组合,采用模块化编程的思想将主程序分解为一系列相对独立的子程序,将复杂的问题分解为简单的问题解决。面向过程程序设计的思想接近于人们解决问题的基本思想,并且符合计算机处理问题的逻辑,是早期常用的一种编程模式,目前仍然常用于一些简单的程序开发中。

　　但是,面向过程程序设计方法将密切相关、相互依赖的数据与对数据的操作相互分离,这种实质上的依赖与形式上的分离使得大型程序不但难以编写,而且难以调试和修改,软件的可维护性差,且不具备良好的可重用性。这一问题导致其开发的程序随着系统规模的膨胀,面向过程将逐渐难以应付,最终导致系统的崩溃。

　　为解决面向过程程序设计的上述缺陷,20 世纪 90 年代出现了一种新的开发模式——面向对象编程(object oriented programming,OOP)。面向对象软件开发模式的重点不是解决问题的过程,而是对象(object)。对象是指人们要研究的任何事物,一条曲线、一部手机、一台计算机、一个人、一艘轮船等均可看作对象。对象不仅能表示具体的事物,还能表示抽象的规则、计划或事件。对象是具体的事务,而不是泛指的概念。具有相同特性(数据元素)和行为(功能)的对象的抽象就是类(class)。类的具体化就是对象,即类的实例是对象。

　　类实际上是一种数据类型,它由名称、方法(method)、属性(attribute)和事件(event)构成。其中,方法、属性可以分别理解为成员函数和成员变量。面向对象的基本特征为封装性、继承性和多态性,该三大特征是面向对象的精髓,具体可参考文献[5]。封装性使得程序模块间的关系更为简单,程序模块的独立性、数据的安全性就有了良好的保障。通过继承性与多态性,可以大大提高程序的可重用性,使得软件的开发和维护都更为方便,并且软件具有良好的可扩展性,能够更好地支持大型软件开发。

　　采用面向对象的思想,5.5 节中所述的空间杆梁结构有限元问题可以通过以下思路解决。

　　面向对象软件开发的核心是对象,所以分析研究问题中应包含哪些对象。首先,结构模型中的每个管结构,包含各种属性(厚度、材料类型、几何形状)和操作(三维显示、网格划分等),可将其定义为管结构对象。有限元模型中,每个单元、每个节点均有相应的属性与操作,可分别定义为单元对象与节点对象。对于整个结构模型,同样可以作为结构模型对象。

　　对于管对象,其属性应至少包括管对应的图元、管的厚度、直径及材料等。节点的属性应包含节点位置、节点编号及节点变形量等。单元的属性应包含单元编号、单元 I 与 J 节点编号、单元应力及单元所属结构等。结构模型的属性应包含模型中的结构构件、有限元节点与单元列表等。通过对上述对象的抽象,建立各自对应的类。

C++语言是工程中应用最广泛的面向对象开发语言。采用 C++语言定义杆梁结构有限元分析的类如下。

（1）管结构类 pipeStr，用于定义结构对象，其中包含结构的理论线、管的直径与材料属性等属性。

```
class PipeStr
{public:
  CCADLine * m_pBaseLine;            //CAD 图形数据库中的理论线图元对象指针
  double m_thickness;                //管的厚度属性
  double m_diameter;                 //管的直径属性
  double m_sigmaS;                   //管的材料屈服极限属性
  CGeoPoint m_startPoint;            //管的起点位置
  CGeoPoint m_endPoint;              //管的终止位置
  void show3d(double uScale,BOOL item);  //管的三维显示
  …
};
```

（2）节点类 FEMNode，用于定义和存储有限元节点对象。

```
class FEMNode
{public:
  CGeoPoint m_position;              //节点的几何位置
  long m_ID;                         //节点在有限元模型中的编号
  CGeoVector m_U;                    //节点的线位移变形矢量
  …
};
```

（3）单元类 FEMPipe，用于定义和存储有限元管单元对象，实现单元的三维显示等任务。

```
Class FEMPipe
{public:
  FEMNode * m_pINode;               //管单元的 I 节点对象指针
  FEMNode * m_pJNode;               //管单元的 J 节点对象指针
  double m_stress;                  //管单元的平均应力
  int m_3dColor;                    //管单元三维显示的颜色
  PipeStr * m_strObject;            //管单元对应的结构对象指针
  void create3DModel();             //管的三维显示函数
  …
};
```

（4）载荷类 FEMLoad，与约束类 FEMConstraint，用于定义有限元模型中的

集中载荷与边界约束。

```
class FEMLoad
{public:
 CCADPoint * m_pPosition;                    //集中载荷的位置对象指针
 string m_loadType;                          //集中载荷的类型,如 FX、FY 或 FZ
 double m_value;                             //集中载荷值
 …
};
class FEMConstraint
{public:
 CCADPoint * m_pPosition;                    //约束点的位置对象指针
 string m_constraintType;                    //约束类型,如 DX、DY、DZ、ALL 等
 double m_value;                             //约束值,0 代表固定约束
 …
};
```

（5）ANSYS 软件接口类 APDLFile,用于解决向 APDL 文件中写建模、加载、约束、求解以及应力提取等命令。

```
class APDLFile
{public:
 string m_fileName;                          //APDL 接口文件名称
 vector <CGeoPoint * >m_nodePosition;        //用于存储已存在的所有节点位置
 void addNode(CGeoPoint * pt);               //创建节点命令
 void addElem(PipeStr * pip);                //创建管单元命令
 void addLoad(FEMLoad * load);               //施加载荷命令
 void addConstraint(FEMConstraint * cons);   //施边界约束命令
 void solveAndPost();                        //求解及后处理命令
 void extractResult();                       //提取应力及变形命令
 …
};
```

（6）结构模型类 StrMode,用于存储模型中的所有结构、节点和单元,实现结构模型建模、有限元接口文件的生成、应力提取、三维显示等功能。该类与一个分析模型相对应,如果 CAD 软件采用多文档（multiple document interface,MDI）模式,则一个该类派生的对象对应一个文档。

```
class StrModel
{public:
 vector <PipeStr * >m_pipeArray;             //结构模型数组
 vector <FEMNode * >m_nodeArray;             //节点数组
 vector <FEMPipe * >m_elemArray;             //单元数组
```

```
    APDLFile m_apdlFile;              //有限元接口文件
    void getPipe();                   //结构建模函数,为 m_pipeArray 赋值
    void CreateAPDLFile();            //根据当前结构,创建 APDL 文件,包括建模、加载、
                                      //约束、求解以及应力与变形的提取相关命令
    void callANSYS();                 //后台调用 ANSYS 函数
    void getPipeStress();             //提取应力,为 m_elemArray 中应力属性赋值
    void getPipeU();                  //提取变形,为 m_nodeArray 中变形属性赋值
    void draw3DPipe();                //显示三维模型,调用各单元 create3DModel 函数
    …
};
```

具体的函数功能实现上,采用上述面向对象的开发模式与面向过程的开发模式的函数编写类似,区别在于面向对象的函数访问与修改的是类的成员变量,而面向过程的函数访问与修改的为全局变量。

限于篇幅,上述代码仅用于表达面向对象的封装性思想,并未严格按照 C++标准编制,如通过私有变量控制成员变量与成员函数的访问权限,通过 const 关键字定义函数变量、函数类型,利用继承性定义类等。

面向对象的开发模式虽然不符合人们和计算机处理事务的流程,但是程序的架构清晰,关系明确,更接近于客观事务的规律,易于人们理解。面向对象的开发模式在程序的可维护性、可扩展性及程序的安全性等方面相比于面向过程的开发模式具有绝对的优势,适合于大型软件系统开发。

5.7　小　　结

本章介绍了一种船舶与海洋平台专业有限元软件开发模式。在商业 CAD 软件平台下建立结构模型,定义载荷与边界条件。充分利用 CAD 软件强大的三维建模、三维显示功能以及良好的人机交互能力,实现结构快速建模。依据商业有限元软件宏语言格式,将结构模型、载荷与约束转化为宏语言文件,并控制有限元软件调用宏语言文件完成建模、施加载荷与边界约束、求解分析与应力提取等任务。读取有限元计算结果文件提取结构应力与变形等物理量,借助于 CAD 软件的三维显示功能实现专业的后处理,包含应力云图显示、材料利用系数图绘制及屈曲强度计算等。

上述方法中,用户程序将有限元相关操作最大程度封装,使用中不需要进行烦琐的网格划分、施加约束与载荷等操作,一方面具有较高的效率,另一方面也可降低对用户有限元专业基础的要求。本章中重点介绍 ANSYS 软件接口,该思想同样适用于其他有限元软件,如 PATRAN/NASTRAN、ABAQUS 等。基于不同的有限元软件平台,主要区别体现在生成的命令流文件不同和提取应力与变形的函

数不同。编制函数将建模、加载、约束、求解及后处理的命令按照 PATRAN 的 PCL 语言格式编写文件,则可以读取相同的模型生成 PCL 命令流文件,在 PAT-RAN/NASTRAN 中执行有限元分析任务。然后根据 PATRAN/NASTRAN 计算结果文件格式编制应力与变形的提取函数。添加上述两个模块之后,可以基于 PATRAN 平台完成船舶与海洋平台专业软件开发。所以,本章中采用的结构模型具有良好的可重用性,可以运行于不同的有限元软件平台。

参 考 文 献

[1] 熊梅芳,潘晓勇.基于参数化编程语言的 ANSYS 二次开发.机械制造与自动化,2010,6: 88,89,98.

[2] 何祖平,王德禹.基于 MSC.Patran 二次开发的结构参数化建模及其集成开发环境.船海工程,2005,2:17-20.

[3] 唐友宏,陈宾康.用 MSC.Patran 的 PCL 二次开发用户界面.船海工程,2002,3:20-22.

[4] 中国船级社.海上移动平台入级与建造规范.北京:人民交通出版社,2012.

[5] Stanley B L,Josee L,Barbara E M. C++ Primer.北京:人民邮电出版社,2010.

第 6 章 船体结构参数化有限元软件开发

第 5 章中介绍的船舶与海洋平台专业有限元软件开发模式,依据专业习惯开发有限元前处理与后处理模块,可以有效提高设计效率。船舶与海洋平台前期设计中设计的修改非常频繁,为进一步提高设计效率,应使结构模型具有良好的可变性。本章将参数化技术应用于船舶与海洋平台专业有限元软件中,提出一种适用于空间板壳结构有限元分析的软件开发技术;建立船舶与海洋平台结构参数化模型,使模型具备良好的可变性。当结构设计方案发生变化时,通过修改参数驱动结构模型修改,然后生成相应的命令流文件,调用有限元软件执行命令流文件后可得到修改后的模型与应力分析结果。这种设计模式可以实现船舶与海洋平台 CAD、CAE 一体化,同时 CAE 模型的计算结果可以反馈至 CAD 模型,理论上可以实现结构设计的闭环设计。

6.1 船体结构三维有限元软件概述

船体结构参数化有限元软件基本原理如图 6.1 所示。在船体结构模型中,通过型材、平板、曲面板和开孔等数据类型定义零件模型。零件通过装配信息组装得到三维结构模型。根据船体结构有限元模型的特点,本节提出一种特殊的网格划分策略,将三维结构模型网格划分,得到三维结构有限元模型。通过舱室模型与载况模型,计算各结构构件的载荷与边界约束,并施加至有限元模型。上述功能属于有限元前处理范畴。

调用结构静态求解器求解,将结构的应力、节点的变形信息保存至结果文件中。通过读取有限元接口文件,得到所有单元的应力与节点的变形,然后根据船舶有限元分析的特点,开发专业应力显示与分析模块,对有限元模型按照应力分类、构件分组等规则显示。根据材料的许用应力绘制单独工况及组合工况下的材料利用系数图。通过板格计算算法提取结构中的板格,根据规范,基于有限元屈服强度计算结果校核所有板格的屈曲强度,并绘制屈曲因子图。根据屈服强度、屈曲强度校核结果,创建有限元分析文档,实现文档自动化。

在船舶与海洋平台结构设计中,PATRAN/NASTRAN 与 ANSYS 为当前应用最广泛的有限元软件。采用 PATRAN/NASTRAN 进行船体结构有限元分析时,通常采用自下而上的建模方式,第 5 章中空间杆梁结构有限元分析程序设计中采用的就是典型的自下而上的建模方式。ANSYS 等有限元软件具有较强的网格

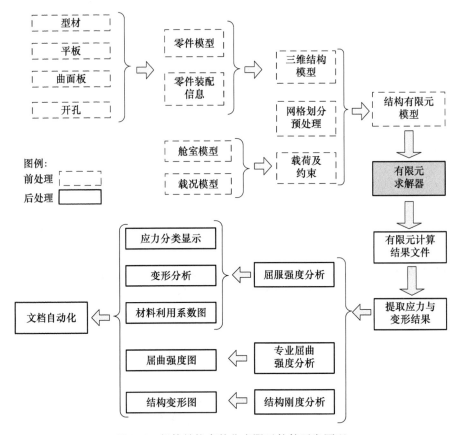

图 6.1　船体结构参数化有限元软件开发原理

划分能力,因此能够很好地支持自上而下的建模方式,但由于船体结构的复杂性,直接采用 ANSYS 等有限元软件自上而下的建模方式,通常在网格划分时会遇到问题,可能导致网格划分失败,或者网格划分错误导致有限元模型不能正确表达结构构件之间的拓扑关系。所以,通常情况下不能直接使用通用有限元软件的自上而下模式建立船舶与海洋平台的结构有限元模型。

　　针对船舶与海洋平台的结构特点,本章给出一种实用的空间加筋板结构有限元模型建立方法。基于 Visual C++ 语言,采用面向对象技术完成软件开发。该方法中,将加筋板通过板与梁两类对象表达,如图 6.2(a)所示。将板与梁组装,得到结构模型,如图 6.2(b)所示。将结构模型中的板,通过板上的扶强材以及与其相交的所有其他板进行分割,得到板格模型,如图 6.2(c)所示。将板格模型根据有限元软件的语法,编写有限元命令流接口文件,然后调用有限元软件并读取接口文件,对板格模型网格划分,得到结构有限元模型,如图 6.2(d)所示。

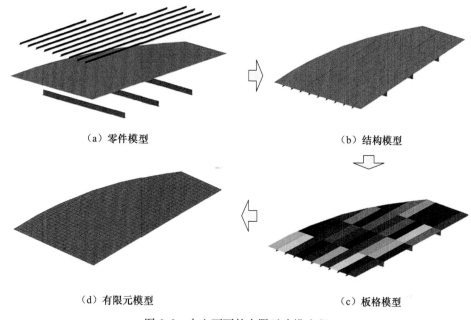

（a）零件模型　　　　　　　　　　　　　　（b）结构模型

（d）有限元模型　　　　　　　　　　　　　（c）板格模型

图 6.2　自上而下的有限元建模流程

6.2　船体结构参数化建模

　　参数化技术是 CAD 软件中一项普遍应用的技术。但由于船体结构的复杂性，参数化设计方法在船体结构设计中的应用相对较少。

　　广义参数化设计方法可以分为程序参数化设计方法、基于构造历史的参数化设计方法和基于几何约束求解的参数化设计方法三大类。程序参数化设计方法可以用于建立船体参数化模型，但缺点是建模工作需要编写程序完成，难以将其用于开发通用的结构设计软件。基于几何约束求解的参数化设计方法要求结构的主要特征能够通过一个或者数个平面草图表达。船体结构中存在大量与 XY、YZ 及 XZ 平面均不平行的空间结构，如散货船、成品油船的槽型舱壁结构等，这类结构中存在大量空间边线与交线，如果采用二维草图描述，则草图十分复杂，建立与修改草图的复杂度远超过直接建立或者修改三维结构模型，所以基于几何约束求解的参数化方法不适用于船体结构设计。针对上述特点，本章采用基于构造历史的参数化设计方法建立船体结构参数化模型，提出一种行之有效且易于软件算法实现的船体结构参数化模型。

　　船体结构主要为加筋板结构。将加筋板结构通过板和板的附件表达。板包括几何模型与属性两类数据。几何模型用于确定板的轮廓线，属性包括厚度、材料类型、有限元网格尺寸等。附件包括型材和开孔等。与板相同，型材由几何模型与属性两类数据构成,其中几何模型为型材的理论线,属性包括型材的剖面类型、方向、材料类型等。船舶加筋板结构中包含大量几何信息,直接建立参数化模型比较困难。在结构设计中,加筋板结构设计通常分两步完成,首先设计板结构,确定板的几何轮廓;然后基于板的轮廓线完成属性的设计。根据船体结构设计的上述特点,将加筋板结构的参数化模型分为板模型与附件模型两部分。首先建立板的参数化模型,在其基础上建立附件模型。板包括平面板与曲面板两种类型,两类结构几何属性差异较大,分别讨论其建模方式。

6.2.1　平面加筋板的参数化模型及其驱动机制

将船体结构中平面板模型通过由定义层、中间层、轮廓层和几何层四层结构构成的参数化模型表达。

定义层用于表示船体板的几何构成。板的几何形状定义包括两部分:第一部分用于定义板所在的基平面,通过平面方程定义,如 $Z=0$, $X=1000$, $X+Y=0$ 等;第二部分为板的轮廓定义。板的轮廓可以为船体曲面、平面方程或者其他在结构树中位置位于定义板之前的任意板。

中间层为一组直线、圆弧或者样条曲线。中间层中的曲线分为两类:第一类曲线由定义层中的基平面与轮廓中曲面、平面彼此求交得到;第二类曲线与定义层无关,为正常由型值组成的非参数化直线、圆弧或者样条曲线。

轮廓层由一组首尾封闭的直线、圆弧或者样条曲线构成。轮廓层所有图元的并集构成板的理论面二维轮廓。

几何层为一个边界平面,即板的理论面。由几何层的边界曲面,通过拉伸特征,拉伸长度为板的厚度,可得到板的 B-Rep 实体模型。几何层的边界曲面是建立结构有限元模型的基础。

通过上述四层结构定义的板,板的几何形状建立分四步完成。

(1) 删除中间层中自动创建生成的所有直线、曲线,然后将定义层的基平面与定义层的轮廓曲面、平面求交线,将得到的交线添加至中间层。

(2) 将中间层的所有直线、曲线两两求交,通过得到的交点切割中间层中所有曲线、直线,得到曲线段集 **Ss**。

(3) 删除轮廓层中所有直线、曲线。通过最小回路搜索算法,得到由 **Ss** 构成的闭合回路,将组成闭合回路的直线段、曲线段保存至轮廓层。

(4) 根据轮廓层的所有直线段、曲线段,构造边界平面 Pb,则 Pb 为板的几何层,为对应板的理论面。

如图 6.3(a)所示,35000DWT 成品油船(附录 1[5])FR30 对应肋板的定义模型中,基平面定义为 $X=FR30$,表示该肋板所在纵向位置为 FR30。轮廓定义为船体曲面 HULL、平面 $Y=0$ 和平面 $Z=2000$。中间层包括三条曲线,分别为由

HULL 与 X＝FR30 交线对应曲线，Y＝0 与 X＝FR30 求交得到的平行于 Z 轴的直线，以及由 Z＝2000 与 X＝FR30 求交得到的平行于 Y 轴的直线，如图 6.3(b)所示。由中间层曲线建立轮廓层封闭曲线，如图 6.3(c)所示。再由轮廓层曲线构造几何层的边界平面，如图 6.3(d)所示。

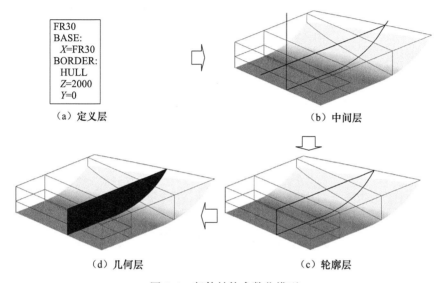

图 6.3　船体结构参数化模型

上述定义方式有三个优点。

第一，解决了板的参数化定义问题。定义层中仅包含板的构造信息，不包含任何几何信息。当定义模型中的参数发生变化时，中间层、轮廓层和几何层依次更新，得到与之相适应的理论面模型。参数化模型使得船体结构模型具有良好的可变性，模型修改效率显著高于非参数化模型。参数化模型同时可提高建模的效率。如图 6.3 中的肋板几何轮廓需要大量的与曲面相关型值点才能确定，而通过参数化方法定义的模型中，不需要输入任何具体型值。

第二，船体结构中存在大量相似但不相同的结构，如非平行中体部分同一舱室的实肋板结构等。采用参数化模型，可快速实现相似结构的建模问题。例如，图 6.3 中所示的肋板，将 X＝FR30 对应肋板复制至 33 号肋位处，并将其参数 X＝FR30 修改为 X＝FR33，即可得到 33 号肋位对应的肋板，如图 6.4 所示。

第三，上述模型可以实现参数化表达与非参数化表达的统一。船体结构设计中，部分设计任务希望采用非参数化的方式建立模型。对于上述参数化模型，如果定义层为空，在中间层中直接添加构成板边界的轮廓线，则对应的模型为非参数化模型。非参数化模型可变性较差，但是与其他结构相对独立，模型的稳定性相比于参数化模型更好。

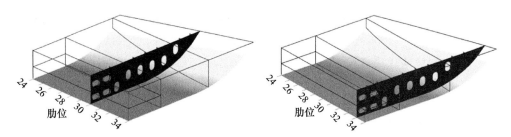

图 6.4　定义模型变化后板的自动更新

　　上述参数化定义方法可实现船体结构中平板的参数化建模。对于扶强材、开孔等附属结构,均定义为板的附属对象。扶强材的长度可根据需要适当延长并超过板的轮廓线。当板的几何模型发生变化后,通过曲线的切割算法,将板轮廓之外的扶强材理论线切断并删除,将得到的曲线或者直线段作为扶强材的理论线,如图 6.5 所示。

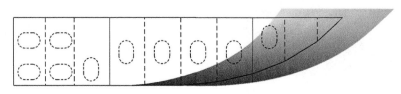

图 6.5　板的附属结构定义

6.2.2　参数化加筋板模型的数据结构

　　(1) 结构模型的基类 StructMember,用于定义平板、曲面板、扶强材、拉伸板等所有进行有限元分析的船体结构类。StructMember 中封装所有船体结构的公共属性与方法。StructMember 的主要属性及方法定义如下:

```
class StructMember:public ShipObject
{private:
  string m_ElemType;                        //有限元模型中单元类型
  double m_meshSize;                        //网格尺寸
  vector <long>m_IdArray;                   //有限元模型中几何编号
  CMaterial * m_pMaterial;                  //材料属性
  vector <long>m_elemIdArray;               //结构所包含的有限元单元 ID
  vector <FEMElem * >m_elemArray;           //结构所包含的有限元单元
  public:
  virtual void show3d() = 0;                //结构的三维显示
  virtual void FEMModel(APDLFile * af) = 0; //结构有限元建模
  virtual void FEMMeshing(APDLFile * af) = 0; //结构有限元网格划分
  …
};
```

ShipObject 为船体模型相关所有类的基类,定义如下:

```
class ShipObject:public CObject
{private:
  string m_name;                            //名称,模型中的关键字
  string m_description;                     //备注信息
  ...
};
```

(2) 平面板 ShipPlate,用于定义加筋板,父类为 StructMember。ShipPlate 包括曲面板、平面板和拉伸板等。

```
class ShipPlate:public StructMember
{private:
  double m_thickness;                       //板的厚度
  string m_groupName;                       //结构分组名
  vector <ShipBeam * >m_beamArray;          //扶强材列表
  public:
  virtual void show3d()const;               //板的三维显示
  virtual void FEMModel(APDLFile * af)const;//有限元建模
  ...
};
```

(3) 型材类 ShipBeam,用于定义理论线为直线、曲线的扶强材。

```
class ShipBeam:public StructMember
{private:
  string m_secData;                         //型材规格
  ShipPlate * m_pPlate;                     //型材所属板
  vector <CGeoCurve * >m_theoryCurveArray;  //型材的理论线
  public:
  virtual void show3d()const;               //型材的三维显示
  virtual void FEMModel(APDLFile * af)const;//有限元建模
  ...
};
```

(4) 平板类 PlanarPlate,用于定义平面加筋板,通过参数化方式定义,其数据结构中包含定义层、中间层、轮廓层和几何层。通过其成员函数,可以实现各层数据的依次转化。

```
class PlanarPlate:public ShipPlate
{private:
  string m_paramBasePlane;                  //定义层,基平面定义
  CStringArray m_paramBorderArray;          //定义层,轮廓定义
  vector <CGeoCurve * >m_innerCurve;        //中间层,未剪裁的边界线
```

```
    vector ＜CGeoCurve ＊＞m_borderCurve;              //轮廓层,板的边界线
    CGeoRegionm_theoreticalPlane;                     //板的理论面
    vector ＜CGeoRegion ＊＞m_panelArray;              //板格列表
    vector ＜PlateHole ＊＞m_holeArray;               //开孔列表
    public:
    void updateByParam(vector ＜ ShipPlate ＊＞plA);   //创建 m_innerCurve
    void createBorder();                              //创建 m_borderCurve
    void createBasePlane();                           //创建 m_theoreticalPlane
    void intersectWith(PlanarPlate ＊ p1,vector ＜CGeoCurve ＞&ica)const;//面面求交
    ...
    };
```

　　结构建模中,构件的划分带有一定的主观性。相同的结构,不同设计者可以将其划分为不同的结构。例如,船舶的外底板,可以将其通过船体曲面表达,也可以将其定义为平板,两种方法各有利弊,设计者需要根据设计船的具体情况选择。船体结构中的部分结构,按照本章中规定的参数化建模规则,必须将其分为多个板建模,如散货船或者成品油船的槽型舱壁、散货船的顶边舱斜板与垂直列板等,这类带有折角的板,既不能描述为平板,也不能建立为曲面板,建模中将其从折角线处分割,定义为多块平板,如图 6.6 所示。而这些平板通常对船体结构具有类似的贡

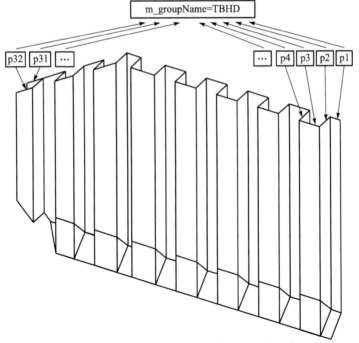

图 6.6　散货船槽型舱壁的建模与分组

献,受到相似的载荷作用,具有类似的结构安全性要求。所以在加载、结构屈服强度分析、屈曲强度分析等任务中,又应当将其作为一类结构统一处理,以降低建模与分析的工作量,使船体结构有限元软件更符合专业设计习惯。

结构类 StructMember 中,板的名称 m_name 属性为板对象在结构中的关键字,结构中不允许有重名的板存在。所以软件设计中不能通过名称区分构件类型,而是为 ShipPlate 类定义构件分组属性 m_groupName,用于表示板对象所属的结构构件。例如,槽型舱壁中的板可以在名称规则允许的范围内任意命名,但是所有槽型舱壁板对象的 m_groupName 属性均设置相同值。图 6.6 中槽型舱壁由 32 块平板对象构成,名称为 p1～p32。所有板对象的 m_groupName 属性均设置为 TBHD,则加载、应力分析、屈曲强度分析等任务中,选择 m_groupName 属性为 TBHD 的所有平板,可以实现从模型中准确筛选上述 32 个板对象。

6.2.3　板格模型的建立

板上的各种分割线,如板的扶强材理论线、板缝线、开孔的边界线和板与其他板的交线等,这些曲线与板的边界线一起,将板划分为不可再分的小的板块。这些小的板块称为板格。板格模型将船体结构构件之间的焊接关系转化为板格的共顶点、共边的连接关系。

如果直接对加筋板网格划分,得到的有限元模型不能正确表达结构构件之间的拓扑关系,得到的有限元模型无法应用。但是将板格模型网格划分,并且保证相邻板格在公共边处的网格划分一致,则得到的有限元模型能够正确表达所有结构构件之间的连接关系。所以,依据结构模型建立有限元模型的方法中,先将结构模型划分为板格模型,然后通过对板格模型的网格划分得到结构有限元模型。正确识别加筋板中的所有板格,是实现由结构模型转化为有限元模型的关键。

下面给出一种基于最小回路搜索算法的船体结构板格模型建模方法[1,2]。

6.2.4　最小回路搜索算法及其应用

首先,应明确图论中与最小回路相关的几个概念。

(1) 顶点的度(degree)。无向图 G 中与某一顶点 V 相关联的边数称为顶点 V 的度数。

(2) 回路(loop)。在由相关顶点和边构成的子图中,每个顶点的度数都为 2 的连通图称为回路。

(3) 最小回路(the least loop)。在某一回路和它包容的所有节点和边形成的新图中,如果回路各顶点的度数都为 2,这样的回路称为最小回路。

（4）最大回路（the most loop）。能包容图中全部顶点和全部边的回路称为最大回路。

（5）桥（bridge）。e 是 G 的一边，G 是连通图，如 e 不在 G 的任一回路上，则称 e 为 G 中的桥。G 为由 n 个顶点和 m 个边构成的无向连通图，若 G 中不存在桥，则 G 的最小回路的个数为 $m-n+1$。

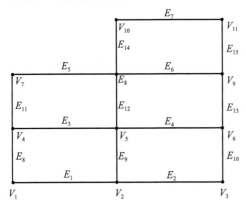

图 6.7　由 11 顶点、15 边组成的连通图

令 G 为不存在桥的连通图，其中包含 n 个顶点 $\mathbf{V}=\{V_0,V_1,\cdots,V_{n-1}\}$ 与 m 个边 $\mathbf{E}=\{E_0,E_1,\cdots,E_{m-1}\}$。$G$ 中的边可以分为两类，第一类边是最外围的边，如图 6.7 中 E_1,E_2,E_{10} 等，这类边与最大回路及一个最小回路相关。第二类边是连通图的内部边，如图 6.7 中 E_3,E_4 和 E_6 等，内部边仅与两个最小回路相关。所以连通图中的所有边或者与两个最小回路相关，或者与一个最小回路及一个最大回路相关。根据这一特点，如果将图完成所有最小回路及最大回路的搜索，则所有边均被访问 2 次。

设置整数数组 $\mathbf{A}=\{A_0,A_1,\cdots,A_{m-1}\}$，$A_i(i=0,1,\cdots,m-1)$ 表示 E_i 被访问的次数，A_i 的初始值为 0，搜索完最大回路与所有最小回路之后 A_i 值为 2。搜索策略为首先搜索最大回路，然后搜索 $m-n+1$ 个最小回路。每次搜索中，通过 A_i 判断第 i 条边是否已完成搜索。

1. 最大回路搜索算法

搜索 G 的最大回路算法原理如下：

（1）以顶点 $\mathbf{V}$ 内 X 坐标最小的顶点中，Y 坐标最小的顶点 V_{vs} 作为最大回路的搜索起点。

（2）最大回路的第一条边为与 V_{vs} 相连的所有边中与 X 轴夹角最小的一个边 E_{es}。将 E_{es} 存入最大回路数组 $\mathbf{L}_{most}$。此处规定，两向量的夹角以逆时针为正，且夹角范围为 $(-\pi,\pi]$。E_{es} 在 $\mathbf{A}$ 中对应的下标为 $es(0\leqslant es<m)$。令 $A_{es}=A_{es}+1$，E_{ec} 为当前边，令 $E_{ec}=E_{es}$，令当前顶点 V_{vc} 为 E_{ec} 除 V_{vs} 之外的顶点。

（3）最大回路当前边为 E_{ec}，当前顶点为 V_{vc}。计算与 V_{vc} 相连的除 E_{ec} 之外所有边线集 $\mathbf{C}$。计算 $\mathbf{C}$ 中各边与 E_{ec} 之间的夹角，夹角的定义同上。找到 $\mathbf{C}$ 中与 E_{ec} 夹角最小的边 E_{en}，E_{en} 为最大回路的下一个边，E_{en} 在 $\mathbf{A}$ 中对应的下标为 $en(0\leqslant en<m)$。令 $A_{en}=A_{en}+1$。将 E_{en} 存入最大回路数组 $\mathbf{L}_{most}$。令 V_{vc} 等于 E_{en} 除 V_{vc} 之

外的另一个顶点，令 $E_{ec} = E_{en}$。

（4）重复上述过程，直至找到的下一个顶点为 V_{vs}，则最大回路搜索结束，此时 $\mathbf{L}_{most}$ 中保存的边，依次构成 G 的最大回路。

依据上述原理，最大回路的搜索算法如下。

算法 6.1　最大回路搜索算法

　　FOR i 从 0 至 $m-1$ 循环

　　$\{A_i = 0\}$

　　定义存储最大回路的整数数组 **ML**

　　$vs = 0$

　　FOR i 从 1 至 $n-1$ 循环

　　$\{$**IF** $V_{vs}.x \times 10^5 + V_{vs}.y > V_i.x \times 10^5 + V_i.y\{$令 $vs = i\}$

　　$\}$

　　定义整数数组 **C**

　　FOR i 从 0 至 $m-1$ 循环

　　$\{$**IF** E_i 包含节点 $V_{vs}\{$将 i 存入 **C**$\}$

　　$\}$

　　$\mathbf{C} = \{C_0, C_1, \cdots, C_{NC-1}\}, minA = 10^5, es = -1$

　　FOR i 从 0 至 $NC-1$ 循环

　　$\{$计算 **E** 中第 C_i 元素与 X 轴夹角 ang

　　　　IF $ang < minA\{minA = ang, es = C_i\}$

　　$\}$

　　$A_{es} = A_{es} + 1$

　　将 es 保存至 **ML**，$ec = es$，$vc = E_{es}$ 的另一个端点

　　WHILE $vc \neq vs$

　　$\{$定义整数数组 **C**

　　　　FOR i 从 0 至 $m-1$

　　　　$\{$**IF** $i \neq ec$ **AND** E_i 包含节点 $V_{vc}\{$将 i 存入 **C**$\}$

　　　　$\}$

　　　　$\mathbf{C} = \{C_0, C_1, \cdots, C_{NC-1}\}, minA = 10^5, en = -1$

　　　　FOR i 从 0 至 $NC-1$ 循环

　　　　$\{$计算 **E** 中第 C_i 元素与 E_{ec} 轴夹角 ang

　　　　　　IF $ang < minA\{$令 $minA = ang, en = C_i\}$

　　　　$\}$

　　　　将 vc 设置为 E_{en} 除 V_{vc} 之外另一个点的编号

　　　　将 en 保存至 **ML**，令 $ec = en$，$A_{en} = A_{en} + 1$

　　$\}$

　　ML 对应为最大回路

　　算法结束

依据上述算法,图 6.7 中对应图的最大回路搜索中,起点为 V_1,依次搜索得到最大回路的边为 $E_1,E_2,E_{10},E_{13},E_{15},E_7,E_{14},E_5,E_{11},E_8$,如图 6.8(a)所示。

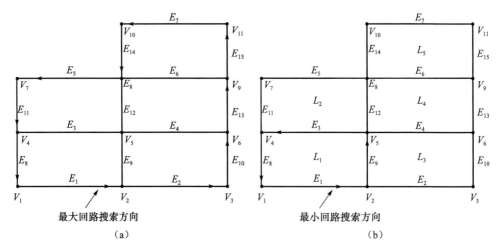

图 6.8　最大回路与最小回路搜索

2. 最小回路搜索算法

最小回路搜索算法的原理与最大回路类似。但是最大回路仅搜索一次,最小回路需要搜索 $m-n+1$ 次。最小回路搜索原理如下:

(1) 搜索最大回路,给数组 **A** 赋值。

(2) 通过 $m-n+1$ 次循环完成最小回路搜索。

(3) 对于第 $il(il=0,1,\cdots,m+n)$ 次循环,建立未完成搜索的所有边编号数组 **IUE**,以及未完成搜索的所有边的顶点编号数组 **IUV**。

(4) 以顶点 **IUV** 对应的所有顶点集,X 坐标最小的顶点中,Y 坐标最小的顶点 V_{vs} 作为当前最小回路的搜索起点。

(5) 最小回路的第一条边为与 V_{vs} 相连的所有边中与 X 轴夹角最小的一个边 E_{es}。将 E_{es} 存入最小回路数组 **L**$_{\text{least}}$。夹角方向的规定同最大回路部分描述。E_{es} 在 **A** 中对应的下标为 $es(0\leqslant es<m)$。令 $A_{es}=A_{es}+1$,E_{ec} 为当前边,令 $E_{ec}=E_{es}$,前顶点 V_{vc} 为 E_{ec} 除 V_{vs} 之外的顶点。

(6) 最小回路当前边为 E_{ec},当前顶点为 V_{vc}。计算 **IUE** 中与 V_{vc} 相连的除 E_{ec} 之外所有边线集 **C**。计算 **C** 中各边与 E_{ec} 之间的夹角,夹角的定义同上。找到 **C** 中与 E_{ec} 夹角最大(最大回路搜索时为最小)的边 E_{en},E_{en} 为最小回路的下一个边,E_{en} 在 **A** 中对应的下标为 $en(0\leqslant en<m)$。令 $A_{en}=A_{en}+1$,将 E_{en} 存入最小回路数组 **L**$_{\text{least}}$。令 V_{vc} 等于 E_{en} 除 V_{vc} 之外的另一个顶点,令 $E_{ec}=E_{en}$。

（7）重复上述过程，直至找到的下一个顶点为 V_{vs}，则 $\mathbf{L}_{\text{least}}$ 中依次保存当前最小回路的边。

依据上述原理，G 的最小回路搜索算法如下。

算法 6.2　最小回路搜索算法

建立长度为 m 的整型数组 $\mathbf{A}$

搜索最大回路，给 $\mathbf{A}$ 赋值

FOR il 从 0 至 $m-n$ 循环

｛定义整数数组 $\mathbf{IUE}$ 存储未搜索完成的边

　定义整数数组 $\mathbf{IUV}$ 存储未搜索完成的边的顶点

　FOR i 从 0 至 $m-1$ 循环

　｛**IF** $A_i<2$

　　｛将 i 存入 $\mathbf{IUE}$，将 E_i 的两个顶点编号存入 $\mathbf{IUV}$

　　｝

　｝

　$\mathbf{IUE}=\{IUE_0,IUE_1,\cdots,IUE_{nue-1}\}$，$\mathbf{IUV}=\{IUV_0,IUV_1,\cdots,IUV_{nuv-1}\}$

　定义存储最小回路的整数数组 $\mathbf{ML}$

　$vs=IUV_0$

　FOR i 从 1 至 $nuv-1$

　｛$id=IUV_i$

　　IF $V_{vs}.x\times10^5+V_{vs}.y>V_{id}.x\times10^5+V_{id}.y$

　　｛$vs=id$｝

　｝

　定义整数数组 $\mathbf{C}$

　FOR i 从 0 至 $nue-1$ 循环

　｛$id=IUE_i$

　　IF E_{id} 包含节点 V_{vs}｛将 id 存入 $\mathbf{C}$｝

　｝

　$\mathbf{C}=\{C_0,C_1,\cdots,C_{NC-1}\}$，$minA=10^5$，$es=-1$

　FOR $i=0$ 至 $NC-1$ 循环

　｛计算 $\mathbf{E}$ 中第 C_i 元素与 X 轴夹角 ang

　　IF $ang<minA\{minA=ang,es=C_i\}$

　｝

　$A_{es}=A_{es}+1$

　将 es 保存至 $\mathbf{ML}$，$ec=es$，$vc=E_{es}$ 的另一个端点编号

　WHILE $vc\neq vs$

　｛定义整数数组 $\mathbf{C}$

　　FOR i 从 0 至 $nue-1$

　　｛$id=IUE_i$

　　　　IF $id \neq ec$ **AND** E_{id} 包含节点 V_{vc} **AND** $A_{id} < 2$

　　　　〔将 id 存入 **C**〕

　　　〕

　　　C $= \{C_0, C_1, \cdots, C_{NC-1}\}, minA = 10^5, en = -1$

　　　FOR i 从 0 至 $NC-1$ 循环

　　　〔计算 **E** 中第 C_i 元素与 E_{ec} 轴夹角 ang

　　　　IF $ang > minA \{minA = ang, en = C_i\}$

　　　〕

　　　将 vc 设置为 E_{en} 除 V_{vc} 之外另一个点的编号

　　　将 en 保存至 **ML**, $ec = en$

　　　$A_{en} = A_{en} + 1$

　　　〕

　　　ML 为第 il 个最小回路

　　〕

　　算法结束

　　图 6.7 中对应图的最小回路搜索中,第一个最小回路的起点为 V_1,搜索顺序为 E_1、E_9、E_3、E_8,如图 6.8(b)所示。图中所有最小回路数为 5,按照上述原则搜索顺序依次为 L_1、L_2、L_3、L_4、L_5。

3. 基于最小回路搜索算法建立板格模型

　　基于最小回路搜索算法,建立板 Pc 的板格模型算法如下。

　　算法 6.3　　基于最小回路搜索算法建立板格模型

　　　从结构模型中搜索所有与 Pc 相交的板 **PI**

　　　得到 **PI** 中所有板与 Pc 的交线,令交线集为 **IC**

　　　提取 Pc 中所有扶强材的理论线并添加至数组 **SC**

　　　提取 Pc 轮廓层所有直线段与曲线段,得到轮廓线数组 **BC**

　　　将 **IC**、**SC** 与 **BC** 添加至曲线数组 **C**,**C** $= \{C_0, C_1, \cdots, C_{Nc-1}\}$

　　　FOR i 从 0 至 $NC-1$ 循环

　　　〔**FOR** j 从 $i+1$ 至 $NC-1$ 循环

　　　　〔计算 C_i 与 C_j 的交点,保存至点数组 **PT**〕

　　　〕

　　　PT $= \{PT_0, PT_1, \cdots, PT_{NI-1}\}$

　　　建立曲线段数组 **S**

　　　FOR i 从 0 至 $NC-1$

　　　〔利用 **PT** 中所有点分割 C_i,将得到的曲线段保存至 **S**

　　　〕

　　　S $= \{S_0, S_1, \cdots, S_{m-1}\}$

　　　将 **S** 转化至 **PL** 所在平面坐标系下,得到平面曲线 **E** $= \{E_0, E_1, \cdots, E_{m-1}\}$

建立顶点数组 **V**,将 **E** 中曲线的端点保存至 **V** 中,**V**=$\{V_0, V_1, \cdots, V_{n-1}\}$

根据 **E** 与 **V**,通过最小回路搜索算法,得到所有最小回路 **L**=$\{L_0, L_1, \cdots, L_{nL-1}\}$

依据 **L** 中的编号,利用 **S** 中曲线建立 nL 个三维回路,各回路对应一个板格

算法结束

利用上述算法,建立如图 6.9(a)所示模型板格模型,并从所有板格中扣除 PL 中所有开孔对应的边界平面,得到最终的板格模型,如图 6.9(b)所示。

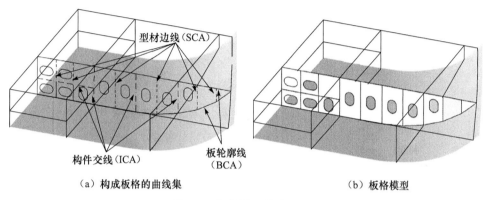

（a）构成板格的曲线集　　　　　　　　　　　（b）板格模型

图 6.9　板格模型的建立过程

6.2.5　船体曲面建模

船体曲面为复杂曲率曲面,利用有限元软件中提供的蒙面造型法,通过一组船体型线可以构造出船体曲面,但是直接基于船体型线在有限元软件中建立的船体曲面,会产生几何造型错误或者出现拟合精度较低等问题,不满足船体结构有限元分析的基本要求。此外,曲面的网格划分必须与曲面上的扶强材,以及相连的其他板在交线处完全一致,以保证有限元模型的正确性,直接通过蒙面法构造的曲面难以满足这一要求。船体外板上焊接各类扶强材,包括船底纵骨、舷侧纵骨、肋骨、船底纵桁、舷侧纵桁、为防屈曲或冰区加强设置的扶强材等。建立船体曲面有限元模型时,需要充分考虑船体曲面结构的上述特殊性。

针对上述问题,建立船体曲面类 SurfacePlate,用于实现曲面建模、有限元前处理、有限元后处理等功能。船体曲面上的型材为 ShipBeam 类定义的对象,将曲面上所有型材定义为曲面的内嵌对象。曲面的网格划分需要考虑与其相交的所有结构边线,所以将与其相交的所有板的边线作为曲面的属性,用于曲面的网格划分。为保证曲面网格质量,需要设计一定的水平的或者倾斜的网格线。如图 6.10 所示为 69000DWT 散货船(附录 1[6])机舱与尾部船体曲面模型。

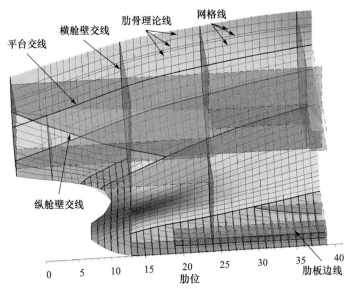

图 6.10　69000DWT 散货船机舱与尾部船体曲面几何模型的构成

1. 船体曲面的数据结构设计

以 ShipPlate 为父类,建立船体曲面类 SurfacePlate,类中关键属性及方法声明如下。

```
class SurfacePlate:public ShipPlate
{private:
  vector <CGeoCurve * >m_curveArray;              //轮廓层,轮廓线列表
  vector <CGeoCurve * >m_meshLineArray;           //网格硬线列表
  vector <CGeoSurface * >m_patchArray;            //几何层,曲面片列表
  public:
  virtual void show3d()const;                     //板的三维显示
  virtual void FEMModel(APDLFile * af)const;      //有限元建模
  void createPatch();                             //建立曲面片模型
  …
};
```

采取两层结构表达船体曲面:第一层为轮廓层,即构成船体曲面的轮廓线,通常采用一组肋骨型线表达;第二层为几何层(曲面片层),用于表达初步网格划分后的船体曲面片。船体曲面中包含内嵌对象列表 ShipBeam,以及内嵌网格线对象列表 m_meshLineArray。m_meshLineArray 中包含两类曲线:一类为几何曲线,由型值点定义;另外一类为参数化曲线,为与船体曲面相交的板在曲面上的边线。6.2.2 节中介绍的船体平板结构参数化建模中,可以将船体曲面作为板的约束,曲面定义中将平板的边线作为曲面的网格线。表面上看二者形成一个循环约束,实

际上此处的两个约束有明确的前后关系。

以曲面为边界定义的参数化板 P,在更新其 P 理论面模型时,需要重新确定 P 与曲面的交线。此时,曲面的求交算法用到的仅为曲面的轮廓线(m_curveArray),与曲面的网格线(m_meshLineArray)无关。曲面的轮廓线为非参数化曲线,不依赖于任何其他对象,所以可以顺利得到 P 在曲面上的交线。在此之后,根据 P 的轮廓线更新曲面的网格线,用于曲面的后续网格划分。

与平板的网格划分策略相同,曲面的网格划分分两步进行。首先,建立曲面的曲面片模型。曲面片为以曲面上的扶强材、网格线、网格硬线为边界,内部无其他边线的曲面板格。曲面片通过共顶点、共边关系,可以正确表达船体曲面、船体曲面的扶强材及与曲面相交的平面之间的连接关系。在有限元模型中,通过曲面片表达船体曲面,建模时先建立所有曲面片的几何模型,然后通过对曲面片的网格划分,得到船体曲面的有限元模型。

2. 曲面片模型的生成方法

曲面片模型建立问题与平面板的板格模型建立问题类似,即找到由多条曲线围成的所有最小闭合回路。但是,平面板格模型的建立算法中,采用的基于图论的最小回路搜索算法,需要用到边在平面内的方向。而船体曲面为空间结构,用于建立曲面片的边不共面,不能直接采用平面板格的搜索算法。

为表达的准确性,用于有限元分析的船体曲面建模中,采用分片曲面表达整张船体曲面。通过适当的分片方法,可以找到投影变换 T,通过 T 将船体曲面 SH 投影至平面 P_v 以后,船体曲面中由轮廓线、内部扶强材边线、网格线等曲线构成的所有曲面片在 P_v 内的投影均为非自相交的封闭曲线。称满足上述关系的投影变换 T 为非重叠投影变换。图 6.11 为 69000DWT 散货船的尾部船体曲面,以 v 为投影方向,投影至平面 P_v,得到满足上述要求的投影线 CP。投影线

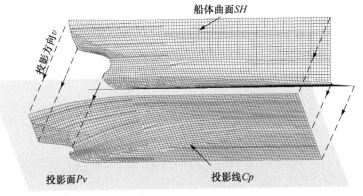

图 6.11　船舶曲面的曲面片模型建立原理

CP 为二维平面图,通过 6.2.4 节中介绍的最小回路搜索算法,可以得到 CP 中的所有最小闭合回路。根据 CP 中最小回路与船体曲面中曲面片的对应关系,建立船体曲面片模型。

根据上述原理,船体曲面的曲面片模型建立算法如下。

算法 6.4　　建立船体曲面的曲面片模型

　　定义曲线段数组 **SC**、**MC**、**BC**

　　提取 SH 中所有扶强材的理论线,添加至数组 **SC**

　　提取 SH 中所有网格线,添加至数组 **MC**

　　提取 SH 的轮廓线,添加至边线数组 **BC**

　　将 **SC**、**MC** 与 **BC** 添加至曲线数组 **C**,$\mathbf{C}=\{C_0, C_1, \cdots, C_{NC-1}\}$

　　FOR i 从 0 至 $NC-1$ 循环

　　〈**FOR** j 从 $i+1$ 至 $NC-1$ 循环

　　　　〈计算 C_i 与 C_j 的交点,保存至点数组 **PT**〉

　　〉

　　$\mathbf{PT}=\{PT_0, PT_1, \cdots, PT_{NI-1}\}$

　　建立曲线段数组 **S**

　　FOR i 从 0 至 $NC-1$ 循环

　　〈利用 **PT** 中所有点分割 C_i,将得到的曲线段保存至 **S**

　　〉

　　删除 **S** 中相同曲线段

　　$\mathbf{S}=\{S_0, S_1, \cdots, S_{m-1}\}$

　　找到曲面的一个非重叠投影变换 T,通过 T 变换 **S**

　　投影变换得到平面曲线数组 $\mathbf{E}=\{E_0, E_1, \cdots, E_{m-1}\}$,$E_i(i=0,1,\cdots,m-1)$ 与 S_i 相对应

　　建立顶点数组 **V**,将 **E** 中曲线的端点保存至 **V** 中,$\mathbf{V}=\{V_0, V_1, \cdots, V_{n-1}\}$

　　根据 **E** 与 **V** 建立图 G

　　通过算法 6.2,得到 G 的所有最小回路 $\mathbf{L}=\{L_0, L_1, \cdots, L_{nL-1}\}$

　　定义曲面片集 **SP**

　　FOR i 从 0 至 $nL-1$ 循环

　　〈$\mathbf{L_i}=\{Id_0, Id_1, \cdots, Id_{ni-1}\}$

　　　定义曲线集 **SS**

　　　FOR j 从 0 至 $ni-1$ 循环

　　　〈$id=Id_j$

　　　　将 S_{id} 添加至 **SS**

　　　〉

　　　依据 **SS** 构造曲面片 S_i,将 S_i 添加至 **SP**

　　〉

　　SP 为曲面 SH 的曲面片模型

　　算法结束

采用上述算法,建立 69000DWT 散货船尾部船体曲面的板格模型如图 6.12 所示。

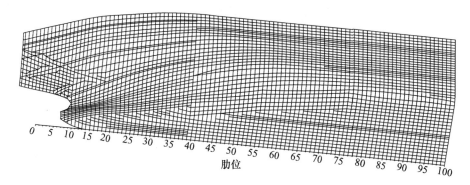

图 6.12　69000DWT 散货船尾部船体曲面的曲面片模型

6.2.6　建立船体结构有限元模型

采用算法 6.3 与算法 6.4,可以分别建立平板结构的板格模型与曲面板结构的曲面片模型。板格与曲面片均为几何形状相对简单的边界平面或者边界曲面。相邻板格或者曲面片,顶点与边均相同,通过共点、共边关系表示实际结构中的焊接关系。

但是,板格与曲面片不能直接作为有限元模型中的单元。首先,可用于船体结构有限元分析的单元形状只有有限几种,如 3 节点线性三角形单元、4 节点线性四边形单元、6 节点二次三角形单元、8 节点二次四边形单元等。同时有限元分析对单元的形状有严格规定,如单元的长宽比、翘曲度、最小内角等取值均须在合理的范围内。板格模型与曲面片模型中存在大量边数超过 4 的图元,部分板格带有开孔,同时部分图元的形状不满足有限元单元形状的要求。此外,板格的尺寸通常大于船体结构有限元分析中要求的单元尺寸。所以,需要对板格模型与曲面片模型二次网格划分建立有限元模型,用于船体结构有限元分析。

板格与曲面片的几何构成相对简单,采用现有的网格划分方法可以完成网格划分。根据板格、曲面片几何特点与连接关系的特殊性,采用改进波前法[3,4]进行二次网格划分建立有限元模型。采用本章中的开发模式,二次网格划分任务可以交与有限元软件完成,即在 APDL 文件中建立板格与曲面片的几何模型,调用 ANSYS 软件的波前法网格划分工具,对几何模型进行网格划分,得到结构有限元模型。

采用本节中的方法,建立 69000DWT 散货船三维结构模型,通过两层网格划分策略建立全船结构有限元模型,如图 6.13 所示。

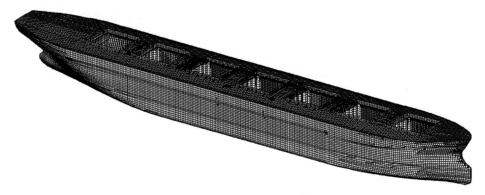

图 6.13　69000DWT 散货船船体结构有限元模型

6.3　舱室与载况定义

船体结构有限元分析中,结构所受的载荷通常与载况相关。各载况下的舱室货物压力载荷与舱室的形状、舱室的装载量、舱室装载的货物、货物的休止角(对于固态货物)等均相关。舱室载荷需要施加于围成舱室的板上。一块板可能同时为两个舱室共享,如位于货船货舱内的横舱壁板等。船体结构有限元分析软件开发中,数据结构应正确反映载况、舱室、舱室装载状态、载荷、船体结构等要素之间的关系,同时应在保证数据具有良好的可维护性、可扩展性等要求下,尽可能避免数据的冗余。为实现上述目标,本节中采用面向对象的技术定义载况、舱室、载荷的数据结构。

6.3.1　舱室板类与载荷类

有限元分析中,舱室的货物压力载荷、舷外水压力等载荷作用于板(结构模型中的 ShipPlate 对象)上。要求船体外板、甲板或者同一个舱室内的所有板的法向均指向舱室外部(或者内部),以便于压力载荷的施加。前面提到,同一块板可能属于两个相邻的舱室,舷侧外板、主甲板等结构通常也是压载舱等舱室的外侧边界。上述情况下,两个舱室(或者舷侧外板/甲板与舱室)对板的方向要求可能是矛盾的。此外,船体结构中,板的起始范围通常不是以舱室为边界,所以一块板可能属于两个或者多个舱室。

考虑到上述特殊性,将船体结构中承受压力作用的板抽象为 PressurePlate 类。PressurePlate 类的属性包括起始位置、终止位置、正方向以及对应结构板(ShipPlate)的对象指针。结构建模中,根据具体要求,可以将同一板分不同零件建模,如散货船的槽型舱壁板等。在 PressurePlate 类中,内嵌的结构板为 ShipPlate 对象的指针数组。综上考虑,PressurePlate 类的声明如下。

```
class PressurePlate:public ShipObject
{private:
```

```
    CGeoPoint m_startPos;                    //板的起始位置
    CGeoPoint m_endPos;                      //板的终止位置
    BOOL m_positive;                         //板是否为正方向
    vector <ShipPlate * >m_plateArray;       //结构板对象指针数组
};
```

均布压力载荷和梯度压力载荷是船体结构有限元分析中常见的两类载荷。均布载荷与梯度载荷可以由压力值、梯度值、压力零点位置和压力方向四个参数确定,两类载荷均作用于 PressurePlate 对象之上。定义类 PlateLoad 描述船体结构中的均布和梯度压力载荷,PlateLoad 类的声明如下。

```
class PlateLoad:public ShipObject
{private:
    PressurePlate * m_pApplyPlane;          //载荷作用的板
    double m_pressure;                       //压力值
    double m_gradient;                       //压力梯度,0 表示均布力
    double m_zeroPos;                        //压力零点位置
    char m_dir;                              //压力方向,X、Y 或者 Z
    public:
    void apply(APDLFile * af)const;          //将压力施加于有限元模型
    …
};
```

6.3.2　舱室类与舱室状态类

船舶与海洋平台舱室相关的数据可以分为两大类。第一类是与载况无关的数据,如舱容要素曲线、舱室的起始位置、舱室板的组成、舱室的空气管高度等。第二类为随载况不同而不同的数据,包括舱室的装载高度、装载量、货物密度、货物休止角等数据。虽然上述两类数据均与舱室相关,但在船舶与海洋平台软件开发中,应将上述两类数据分开存储。例如,将与载况无关的数据定义为舱室固有属性,将与载况相关的数据定义为舱室的装载属性。两类数据之间相互独立,没有冗余数据,一方面提高建模的效率,方便模型的修改;另一方面可以使模型更为合理,符合正常的设计逻辑。

依据上述原则,船体结构有限元分析软件中,将舱室相关数据通过两个类表达。建立 ShipTank 类表达舱室,存储与载况无关的舱室固有属性,以及舱室相关的方法,如舱室的三维显示、计算装载量、显示舱室板等。舱室的几何形状取决于构成舱室的板(PressurePlate),基于舱室板可以准确计算舱室在不同装载量下的舱容要素,因此 ShipTank 模型中没有必要额外定义舱容要素曲线。ShipTank 类的声明如下。

```
class ShipTank:public ShipObject
{private:
```

```
  vector <PressurePlate * >m_plateArray;        //舱室板内嵌对象列表
  double m_pipeHeight;                          //舱室空气管高度
  public:
  void showSolid(const int &color)const;        //三维显示舱室
  void showPressurePlate()const;                //显示舱室板
  …
};
```

建立 TankStatus 类存储与载况相关的舱室属性,如舱室的装载高度、装载重量、货物密度、货物休止角等。TankStatus 类的声明如下。

```
class TankStatus:public ShipObject
{private:
  ShipTank * m_pTank                            //所属舱室对象指针
  double m_level;                               //舱室装载高度
  double m_weight;                              //舱室装载量
  double m_cargoDensity;                        //货物密度
  double m_cargoEndAngle;                       //舱室休止角
  …
};
```

6.3.3　载况类

建立载况类 ShipOC,用于存储船舶的浮态参数、静水载荷与波浪载荷、配载信息、静水压力载荷等与载况相关属性,以及载荷计算、载荷施加等操作。ShipOC 类的声明如下。

```
class ShipOC:public ShipObject
{private:
  double m_draft;                               //船舶吃水
  double m_trim;                                //船舶纵倾
  double m_waterMoment;                         //模型端部静水弯矩
  double m_waveMoment;                          //模型端部波浪弯矩
  vector <TankStats * >m_tankSatasArray;        //舱室配载状态
  vector <PlateLoad * >m_waterLoadArray;        //静水压力载荷
  public:
  void createAllLoad();                         //计算载况下的所有载荷
  void applyAllLoad(APDLFile * af);             //施加载荷至有限元模型
  …
};
```

上述定义的舱室板类 PressurePlate、载荷类 PlateLoad、舱室类 ShipTank、舱

室状态类 TankStatus 与载况类 ShipOC 之间的关系如图 6.14 所示。

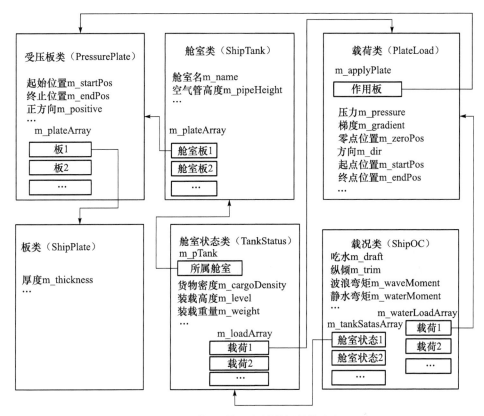

图 6.14　载况、舱室相关数据结构定义

6.4　船体结构有限元前处理模型

建立船舶前处理类 ShipModel，用于定义船舶模型，实现建模与有限元前处理等相关功能。ShipModel 类的声明如下。

```
Class ShipModel:public ShipObject
{private:
    double m_Lpp,m_B,m_d,m_Cb;                //主尺度 Lpp、B、d、Cb
    APDLFile m_apdlFile;                      //APDL 接口
    vector <PlanarPlate *>m_plateArray;       //平板列表
    vector <SurfacePlate *>m_surfaceArray;    //曲面板列表
    vector <ShipOC *>m_OCArray;               //载况列表
    vector <ShipTank *>m_tankArray;           //舱室列表
    vector <ShipPlate *>m_shellPlateArray;    //船底及舷侧外板列表
```

```
vector <ShipPlate *>m_deckPlateArray;        //甲板列表
public:
void upDataAllPlate();                       //更新所有参数化板
void createFEMModel();                       //创建有限元模型
void show3dModel()const;                     //三维显示
    …

}
```

参数化结构模型中包括平板模型与曲面板模型。建立平板数组 m_plateArray,曲面数组 m_surfaceArray,分别存储结构中的平板和曲面板。所有型材均定义为板的内嵌对象。虽然平板采用了基于四层结构的参数化结构,但实际应用中,根据问题的特点,可以选择参数化建模或者非参数化建模。采用非参数化建模时,忽略平板的定义层 m_paramBasePlane 和 m_paramBorderArray,直接建立平板的中间层 m_innerCurve 图元。非参数化定义的板几何形状完全由设计者指定,不依赖于结构中的其他构件。船舶参数化结构模型的更新机制如下。

(1) 为便于建模与模型的修改,在 m_plateArray 中板的顺序可不按构造历史中的顺序。首先,根据平板之间的参数化约束关系,将 m_plateArray 中的板依据构造历史重新排序,使得 m_plateArray 数组中的任意两个板 P_i 与 P_j($0 \leqslant i < j \leqslant n-1$,$n$ 为 m_plateArray 的长度)满足 P_i 不依赖于 P_j。

(2) 将 m_plateArray 中的板按照数组中的次序顺序求解,依次更新各板的中间层、边界层和几何层数据。

(3) 建立 m_plateArray 中所有板的板格模型。

(4) 更新 m_surfaceArray 中各曲面板中由平板轮廓线定义的网格线,并重新建立各曲面的曲面片模型。

(5) 将 m_plateArray 中所有板格、m_surfaceArray 中所有曲面片,按照网格尺寸排序,得到按照网格尺寸从小到大顺序排列的图元数组 AllPlateArray。

(6) 打开 APDL 接口文件,依次完成 AllPlateArray 中各图元的结构建模与网格划分。

(7) 扶强材为一维单元,不存在网格形状问题,所以扶强材的建模与网格划分在板之后。在 APDL 中建立所有扶强材的几何模型,并完成其网格划分,完成结构有限元模型的初步建模。

6.5　船体结构屈服强度评估

ANSYS、PATRAN 等通用有限元软件的后处理模块可以用于船舶与海洋平台结构有限元分析,但是未考虑船舶与海洋平台的结构特点,所以后处理效率较低。而且应力云图、变形图等图形中,较难增加如肋位、构件空间位置、尺寸标注等关键信息,不能完成船舶与海洋平台有限元分析的专业化后处理任务。

本节根据船体结构特点,提出船舶与海洋平台有限元分析的专用后处理模块设计方法,功能模块包括应力、变形的提取,应力、变形的显示,材料利用系数图的绘制,屈曲强度校核以及文档自动化等。

6.5.1　应力提取与存储

采用与 5.4.2 节中相同的方法,从 ANSYS 的 LOG 结果文件中,提取板单元、梁单元的各种应力分量。船体结构屈曲强度分析中,通常需要查看 X、Y、Z 方向的正应力分量,以及 XY、YZ 和 XZ 方向的剪应力分量。应力评估中,等效应力可以综合反应结构的正应力与剪应力整体水平,等效应力计算公式为

$$\sigma_{\text{eqv}} = \sqrt{\sigma_x^2 + \sigma_y^2 - \sigma_x\sigma_y + 3\tau_{xy}^2} \tag{6.1}$$

式中,σ_x,σ_y 与 τ_{xy} 分别为单元坐标系下 X 方向、Y 方向正应力与 XY 面内剪应力。在板格的屈曲强度校核中,也将用到单元坐标系下的应力分量。ANSYS 软件可以通过 APDL 将所有单元的世界坐标系下应力、单元坐标系下应力按照一定规则输出,根据其应力在结果文件中的格式,采用 5.4.2 节中介绍的方法,分别提取单元在世界坐标系下应力分量与单元坐标系下应力分量。

单元内各节点处应力分量的应力值通常不相同,程序设计中需要设计相应的数据结构分别存储各节点的应力值。考虑到各节点需要包含上述所有应力分量,为提高软件的可维护性,通过 FEMNodeStress 类存储单元节点的应力状态。FEMNodeStress 类的声明如下。

```
class FEMNodeStress:public CObject
{private:
 double m_sigmaX,m_sigmaY,m_sigmaZ;      //世界坐标系下三个方向正应力分量
 double m_taoXY,m_taoYZ,m_taoXZ;         //世界坐标系下三个面内剪应力分量
 double m_sigmaUcsX,m_sigmaUcsY;         //单元坐标系下正应力分量
 doublem_UcsTao;                         //单元坐标系下剪应力分量
 double m_sigmaEQV;                       //等效应力
 …
};
```

通过 FEMNode 类定义节点,节点类中包含节点位置、节点变形量等属性。有限元相关类的父类为 FEMModelObject。FEMModelObject 类与 FEMNode 类的声明如下。

```
Class FEMModelObject:public CObject
{private:
 stringm_name;                          //名称
 long m_ID;                              //ID 值
```

```
    ...
    };
    Class FEMNode:public FEMModelObject
    {private:
     CGeoPoint m_position;                          //节点的空间位置
     CGeoVector m_displacement;                     //节点的变形量
     ...
    }
```

通过 FEMElem 类表达有限元单元的父类。FEMElem 中,包括内嵌节点对象数组 m_nodeArray 和应力状态数组 m_stressArray。m_nodeArray 与 m_stressArray 数组长度均为单元的节点数,二者数据一一对应。之所以不把应力状态作为节点 FEMNode 的属性,是因为一个节点可能同时属于多个单元,同一节点在不同单元中的应力状态是不同的。

```
    class FEMElem:public FEMModelObject
    {private:
     long m_FEMType;                                //单元类型编号
     long m_materialId;                             //单元材料编号
     StructMember * m_pStructure;                   //单元所属结构名称
     vector <FEMNode * >m_nodeArray;                //节点数组
     vector <FEMNodeStress * >m_stressArray   //各节点应力状态数组
     public:
     virtual void draw3d()const = 0;                //三维显示函数
     virtual double volume()const = 0;              //计算体积函数
     ...
    };
```

从 FEMElem 类派生出不同的单元类型,如壳单元 FEMShellElem、梁单元 FEMBeamElem、板单元 FEMPlanElem 和杆单元 FEMLinkElem 等。FEMShellElem 单元与 FEMBeamElem 单元的声明如下。

```
    class FEMShellElem:public FEMElem
    {private:
     long m_thicknessId;                            //单元厚度 ID
     public:
     double thickness()const;                       //从厚度 ID 获取单元厚度
     double area()const;                            //计算单元面积
     virtual void draw3d()const;                    //三维显示函数
     double volume()const;                          //计算单元体积函数
     CGeoVector vector()const;                      //计算单元法向量
     vector <CGeoPoint * >pointArray()const;  //返回单元的顶点数组
```

```
 …
};
class FEMBeamElem:public FEMElem
{private:
 long m_secNumId;                                    //截面属性 ID
 public:
 stringsecData();                                    //从截面属性 ID 获取单元截面属性
 virtual void draw3d()const;                         //三维显示函数
 double secArea()const;                              //计算截面面积
 CGeoPoint startPoint()const;                        //返回单元的起点
 CGeoPoint endPoint()const;                          //返回单元的终点
 CGeoVector direction()const;                        //返回单元方向
 double volume()const;                               //计算体积函数
  …
};
```

6.5.2 单元的分组显示

对于平板、曲面板或者扶强材结构 S,有限元建模阶段,可以获取由 S 网格划分得到的所有单元(FEMElem)的 ID,并将所有 ID 保存于 StructMember 类的 m_elemIdArray属性数组中。利用 StructMember 的 m_elemIdArray 属性,可将结构 S 中所有单元的 m_pStructure 属性设置为 S,建立 StructMember 与 FEMElem 对象之间的双向联系。在其基础上,定义后处理分组类 FEMPostGroup,用于应力的分组管理与显示。FEMPostGroup 类的声明如下。

```
class FEMPostGroup:public CObject
{private:
 double m_allowSigmaSX;                              //分组的许用正应力
 double m_allowSigmaST;                              //分组的许用剪应力
 double m_allowSigmaSEQV;                            //分组的许用等效应力
 CStringArray m_structureGroupArray;                 //结构分组名称
 CGeoPoint m_startPoint;                             //分组的起点位置
 CGeoPoint m_endPoint;                               //分组的终点位置
 vector <FEMElem * >m_elemArray                      //分组内的单元列表
 public:
 getElemFromGroupName();                             //根据结构分组名称建立单元列表
 drawStressNephogram(conststring & sType);           //按应力分量显示应力云图
  …
};
```

通过 FEMPostGroup 类定义横舱壁应力显示分组对象,其结构中包括槽型舱壁、底凳板、顶凳板、与顶凳相连的甲板纵桁等。通过该方法显示 27400DWT 散货船(附录 1[7])应力云图分组显示如图 6.15 所示。

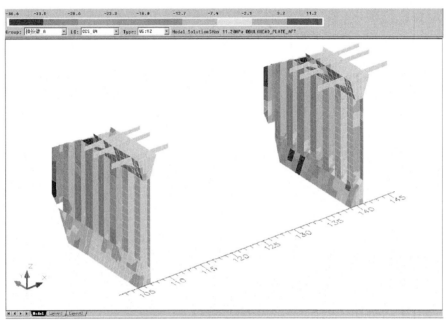

（a）横舱壁

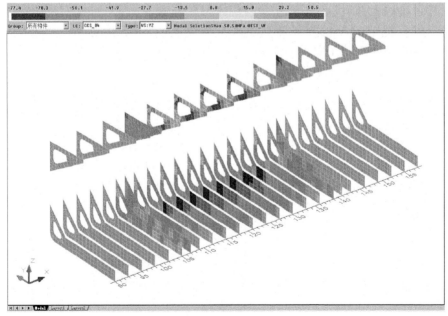

（b）横框架

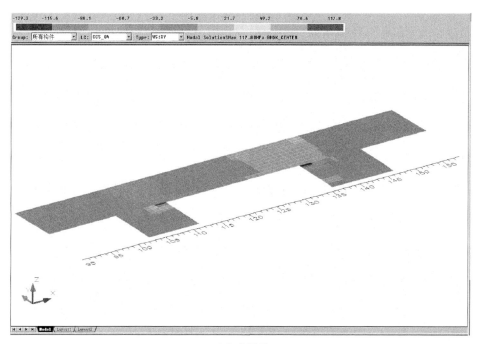

（c）主甲板

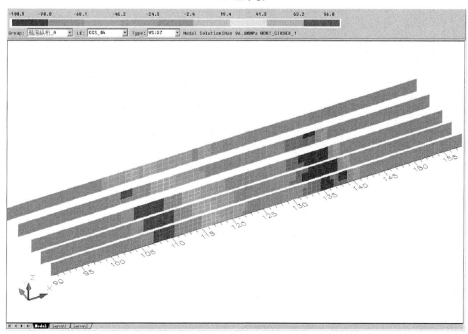

（d）船底纵桁

图 6.15　船体结构应力的分组显示

6.5.3　组合工况及其应用

船舶与海洋平台设计中需要考虑多种工况,不同工况下结构受到载荷的差异性,导致结构力学响应有较大差别。通过 6.5.2 节中的分组方式可以分析结构在各种工况下的应力。但是采用分工况的方式分析结构强度,分析量几乎与工况数量成正比。如果设计工况量较大时,应力分析将占用设计者大量时间与精力。实际上,决定结构安全性的,主要为结构构件在所有载况下的最大应力。如果结构构件在某工况下的应力水平很低,其应力值设计者通常并不关心,因为低应力不是结构安全性的决定因素。单工况下的低应力不代表可以根据其应力水平对结构进行优化。设计者所感兴趣的是结构在所有载况下应力的最大值(正应力与剪应力可为正或者负,此处指绝对值最大值)。

根据船体结构设计的上述特点,在有限元后处理中引入组合工况。组合工况是将所有设计工况的屈服强度和屈曲强度取最危险值后得到的特殊工况。对于屈服强度,组合工况下各单元的屈服应力取该单元在所有工况下绝对值最大值。所有单元在各设计工况下的应力分量,绝对值均不大于单元在组合工况下的对应应力分量。如果单元在组合工况下满足屈服强度要求,则在所有设计工况下均满足。

组合工况可以综合反映结构的屈服强度与屈曲强度安全性,将组合工况引入船体结构有限元分析系统中,可以使结构安全性的初步评估工作量与载况数量基本无关,因而可有效提高结构有限元后处理的效率。

6.5.4　材料利用系数图

相比于 5.4 节中研究的空间杆梁结构有限元分析问题,三维船体结构有限元分析中,涉及的构件类型、结构材料属性更复杂,需要校核更多的应力分量。例如,文献[5]、[6]中规定,散货船、油船结构强度校核中,需要对构件的正应力、剪应力、等效应力分别进行校核,不同构件对同一应力分量的要求也存在差异。所以,通过应力云图难以直观判断结构是否安全,或者评估结构所处的安全性等级。

5.4.4 节中介绍的材料利用系数图可以综合考虑材料的许用应力与实际应力,采用无因次化的思想表达结构强度的安全等级。所以,采用材料利用系数图直观分析船体结构强度。在船体结构材料利用系数图中,将材料利用系数小于警告值(0.85)的单元采用蓝绿色线框图元表达,高于警告值、小于许用值的单元采用黄色不透明实体表达,高于许用值的单元采用红色不透明实体表达。图 6.16 为 27400DWT 散货船依据文献[5]计算重货隔舱装载工况下的材料利用系数图。需要说明的是,27400DWT 散货船的建造时间为 1986 年,早于文献[5]生效日期,所以按照文献[5]中的强度衡准校核船体结构强度,存在部分结构不满足要求的问题。

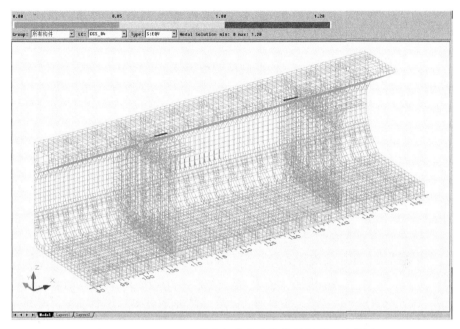

图 6.16　27400DWT 散货船货舱段结构材料利用系数图

6.6　船体结构屈曲强度评估

对于加筋板,扶强材之间的板格屈曲是结构最基本的屈曲形式。船舶与海洋平台设计中,需要评估加筋板板格的屈曲强度,以避免结构因失稳发生损坏。加筋板的屈曲强度评估可以分为两大类,即解析法与数值法[7]。船体结构设计中,通常基于相关船级社规范校核板的屈曲强度。船级社规范中的屈曲强度校核方法主要采用 Johnson-Ostenefld 公式,通过修正系数的方法把塑性屈曲强度用弹性屈曲强度来衡量,属于解析法的一种。船体结构屈曲强度校核,根据结构应力的计算方法,可以分为总纵强度屈曲强度校核与基于有限元直接强度计算的屈曲强度校核两种类型。本章中研究的对象为基于有限元直接强度计算,应用规范中解析公式的船体结构屈曲强度校核软件开发方法。

解析法屈曲强度计算主要针对理想板格,应用于船体结构中,考虑到船体结构应力分布的复杂性,以及板格边界条件、厚度分布等特殊性,需要依据板格具体情况对解析法公式加以修正。不同的船舶规范中采用的修正算法不尽相同,但本质上均可归结为通过板的实际应力与临界应力计算屈曲利用因子 λ,要求 λ 不大于许用屈曲利用因子 λ_{allow},即

$$\lambda = f(\sigma, \sigma_{cr}) < \lambda_{allow} \tag{6.2}$$

其中,实际应力 σ 可以为 X 方向压应力、Y 方向压应力、剪应力或者上述应力的组合;σ_{cr} 为板格的临界应力,取决于板格的材料屈服极限、几何形状、边界约束、腐蚀余量等属性。

船体结构的屈曲强度校核远比屈服强度更为复杂。对于大型船舶或者海洋工程结构物,加筋板结构中包含数千甚至数以万计的板格,板格的长度、宽度、厚度及材料的类型不尽相同。工程中通常对其中几个典型板格进行校核,用典型板格的屈曲强度校核结论代替整个结构。这种方法对设计者要求很高,如果设计经验不足或者对结构设计方案理解不够深入,可能遗漏屈曲强度更差的板格,得出偏于危险的分析结论。

本节提出一种船体结构屈曲强度分析方法,根据有限元屈服强度计算结果,对结构中所有板格进行屈曲强度校核,一方面可以提高船体结构屈曲强度分析的效率,另一方面可以有效提高分析的准确性。

与船体结构屈服强度有限元分析不同,结构屈曲强度分析与规范密切相关,对于不同船型,需要开发专用的软件。但计算 σ_{cr} 时,均需要用到板格的几何尺寸、厚度分布、边界约束条件等数据,实际应力 σ 需要从结构有限元屈服强度计算结果中提取。基于不同规范的结构屈曲强度校核,基本流程、基础数据相同,差异在于 σ、σ_{cr} 的计算公式以及 λ_{allow} 的规定不同。所以可以采用相同的软件设计思路开发基于不同规范的船舶与海洋平台结构屈曲强度校核软件。基于有限元直接计算的船体结构板格屈曲强度评估软件开发的主要任务包括以下四个方面,即板格模型的建立,应力提取,屈曲利用因子计算以及屈曲强度的图形显示。

6.6.1　板格模型的建立

用于屈曲强度计算的板格模型包括两部分内容,一是板格的几何属性,二是板格的物理属性。几何属性即板格的几何形状,包括板格的长度、宽度和空间位置等。物理属性包括板格的厚度、材料屈服极限、杨氏模量、边界条件、结构腐蚀余量等。采用类 FEMBucklingPanel 描述屈曲板格,FEMBucklingPanel 类的声明如下。

```
class FEMBucklingPanel:public CObject
{private:
double m_length;                              //板格长度
double m_width;                               //板格宽度
char m_boundaryCondition;                     //板格边界约束
vector <CGeoCurve *>m_contourCurveArray;      //板格轮廓线
double m_corrosion;                           //板格腐蚀余量
```

```
ShipPlate * m_pPlate;                      //板格所属板对象指针
vector <CGeoPoint *>m_vertexArray;          //板格顶点
vector <FEMNodeStress *>m_stressArray;      //板格应力分量
…
};
```

　　屈曲强度校核中的板格与 6.2.4 节中的板格概念有一定区别。6.2.4 节中的板格的边线可以是板的边线或者网格线,屈曲强度计算板格的边界必须是型材理论线或者结构交线。在结构模型中,删除板的边线、型材理论线及构件交线之外的所有网格线,然后采用 6.2.4 节中的网格搜索算法建立板格模型,即可得到用于屈曲强度计算的板格模型。图 6.17 为 27400DWT 散货船货舱区板格模型。用于屈曲强度计算的板格模型的物理属性,包括板格厚度、材料属性、边界条件、腐蚀余量等,均从板格所属板 m_pPlate 的相应属性中获取。

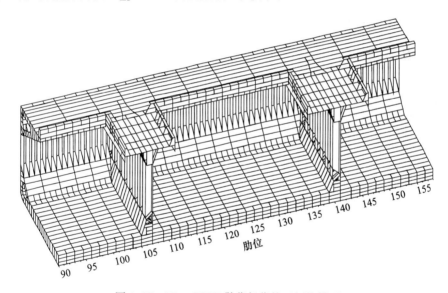

图 6.17　27400DWT 散货船货舱区板格模型

6.6.2　板格应力的提取

　　结构有限元屈服强度计算结果中,给出了各单元的不同应力分量在单元内的分布。屈曲强度评估中,评估的对象是板格而不是单元。实际上,单元和板格均是结构的组成部分,二者是同一结构模型的不同离散化形式。对于常规静态强度分析的有限元模型,如果建模中无错误,则单元之间无交集,所有单元的并集为整个船体结构。对于板格模型,同样符合上述规律。有限元模型根据板格模型创建,所以板格的边界一定为单元的边界。正确建模的模型中,一个板格可以仅包含一个单元,也可能包含多个单元,板格的顶点为一个或者多个有限元单元的节点。每个单元均位于且仅位于一个板格内部。根据这一特点,可以通过几何关系识别属于板格的单元,从对应单元中提取屈曲强度评估所需要的板格应力分量。

通常船体结构中板格的屈曲强度评估仅针对平面板格,所以仅讨论平面板格的应力提取问题。基于规范校核板格的屈曲强度,通常仅研究四边形板格,屈曲强度评估中仅需要提取四边形板格四个顶点处的应力值。对于板格 P,首先通过单元与板格的几何关系,得到所有顶点均位于 P 内或者 P 的边线上的单元 $\mathbf{E}$。对于 P 的第 $i(0 \leqslant i \leqslant 3)$ 个顶点 P_i,正常情况下,$\mathbf{E}$ 中仅存在一个单元的一个节点坐标与 P_i 相同。找到该单元,提取该单元中坐标与 P_i 相同的节点的应力值,即为板格在 P_i 处的应力值。通过上述规则可实现从有限元单元中提取所有板格用于屈曲强度评估的应力值。

6.6.3　屈曲利用因子图

针对开发软件面向的船舶类型,选择相应的规范,按照规范中的相应要求,编写屈曲临界应力、屈曲利用因子计算模块,完成各板格在给定应力状态下的屈曲强度计算。通过屈曲利用因子图直观显示船体结构屈曲强度分布。屈曲利用因子图类似于屈服强度校核中的材料利用系数图,采用蓝绿色、黄色和红色分别表示屈曲因子小于许用值、小于许用值且大于警告值及大于警告值的板格。图 6.18 为依据文献[5]计算并生成的 27400DWT 散货船货舱段重货隔舱工况下屈曲强度利用因子图。

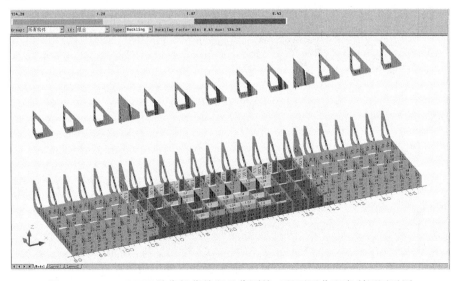

图 6.18　27400DWT 散货船货舱段重货隔舱工况下屈曲强度利用因子图

6.7　船体结构参数化有限元软件的数据结构

采用面向对象技术开发软件,要求数据结构层次清晰,类之间关系明确,代码具有良好的可维护性,充分利用面向对象软件开发技术中类的继承性与多态性定义软件的数据结构,使软件的逻辑结构更合理,一方面可降低软件开发与修改的工作量,同时使得软件具有良好的可扩展性。本章中研究的船体结构参数化有限元分析软件系统中,主要类的结构图如图 6.19 所示。

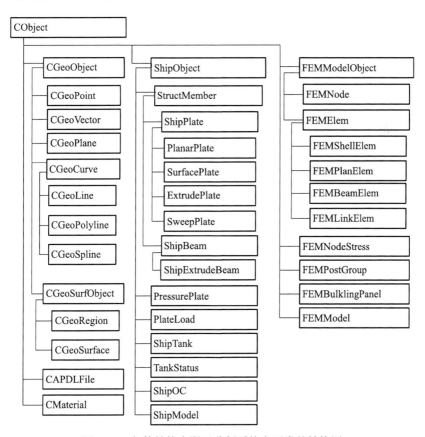

图 6.19　船体结构有限元分析系统主要类的结构图

6.8　小　　结

本章论述一种船体结构参数化有限元软件开发技术,提出一种基于构造历史的船体结构参数化模型,实现船体结构的快速建模与修改;通过对三维结构模型网格划分,建立船体结构有限元模型。将平板依据板的扶强材、板与板的交线等划分为板格模型,将船体曲面依据曲面上的扶强材以及其他类型的网格线划分为曲面片模型。板格、曲面片为相对简单的几何体,在通用有限元软件中建立几何模型,并通过有限元软件的网格划分功能将其划分为结构有限元模型。根据船舶的设计习惯,定义载况与舱室,按载况计算重力载荷、浮力载荷、舱室货物压力载荷及波浪水动压力等载荷,并施加至有限元模型。通过有限元求解得到各工况下的船体结构应力与结构变形,并保存至结果文件中。编制专业后处理模块,读取ANSYS的结果文件,提取结构应力与变形。根据船体结构有限元分析的特点,将结构应力按结构构件分组显示,计算船体结构的材料利用系数图,直观表达船体结构的安全等级。从结构模型中根据构件的拓扑关系提取结构板格,从结构有限元模型中提取板格顶点的应力值,进行板的屈曲强度校核,并通过屈曲因子图直观表达船体结构的屈曲强度分布。

　　本章提出的船体结构有限元分析软件开发方法具有良好的通用性,不仅适用于常规运输船舶,同时适用于海洋平台以及其他类型的浮式海洋结构物,可用于船体结构整体强度分析、局部强度分析及特殊工程问题等。参数化技术的运用,可有效提高船体结构建模的效率和模型的可变性,同时结构模型中的拓扑关系由软件根据构件的几何关系自动识别,实现自上而下的设计模式。

参 考 文 献

[1] Yu Y Y, Chen M, Lin Y, et al. New method for ship finite element method preprocessing based on 3D parametric technique. Journal of Marine Science & Technology, 2009, 3(14): 398-407.

[2] 付志红,俞集辉,苏向丰. 引入方向因子的最小回路最大回路搜索算法. 重庆大学学报, 2002, 25(3): 64-72.

[3] 关振群,宋超,顾元宪. 有限元网格生成方法研究的新进展. 计算机辅助设计与图形学学报, 2003, 15(1): 1-14.

[4] Lohner R. Progress in grid generation via the advancing front technique. Engineering with Computers, 1996, 12: 186-210.

[5] 中国船级社. 散货船结构强度直接计算分析指南. 北京: 中国船级社, 2003.

[6] 中国船级社. 油船结构直接计算分析指南. 北京: 中国船级社, 2003.

[7] 崔维成. 加筋板格的屈曲强度和极限强度分析. 船舶力学, 1998, 3: 41-61.

第7章 海洋平台总体设计软件开发

移动式海洋平台(简称海洋平台)包括自升式平台、半潜式平台、张力腿式平台、坐底式平台以及风电安装船等浮式海洋结构物,是海洋资源的勘探与开发的重要装备。海洋平台的功能性与常规运输船舶有显著差异,但是二者均为漂浮于水上的板壳结构钢制海洋结构物,所以二者之间有大量的共性。海洋平台的设计流程与船舶类似,其总体设计包括总体布置、分舱设计、静水力特性计算、完整稳性计算及破舱稳性计算等。但是海洋平台与运输船舶之间的功能性、几何外形、作业环境、结构形式等有显著差异,导致具体设计中,二者采用的方法和设计内容不尽相同。上述差异性导致针对常规运输船舶开发的总体设计软件,通常不能满足海洋平台设计的特殊性要求。本章针对海洋平台的具体特点,提出一种基于参数化技术的海洋平台总体设计软件系统开发方法。

7.1 海洋平台设计中的特殊性

与常规运输船舶相比,海洋平台的设计具有以下特殊性。

(1) 海洋平台不属于运输工具,虽然多数海洋平台设计有拖航或者自航工况,但是海洋平台漂浮航行的距离、时间及作业频率均显著低于常规运输船舶。所以,海洋平台对航速的要求通常较低,对外形是否为流线形没有太高的要求。海洋平台主尺度、几何外形设计更多考虑的是其功能性要求。海洋平台的浮体通常仅在局部带有一定的线型,甚至整个浮体外表面均为平面,没有任何线型。所以,海洋平台的总体设计中,型线设计工作相对简单,甚至不需要型线设计。海洋平台的浮体中虽然没有复杂的几何曲面,但是浮体的构造较为特殊,存在大量离散结构或者开孔。因此,经典的基于型线模型的船舶静水力计算方法不适用于海洋平台,不仅建模复杂,而且精度较低。

(2) 海洋平台的甲板面需要满足作业、存放工具与设备的需要,所以需要主甲板具有较大的宽度和较大的面积。因此,海洋平台的长宽比通常远小于常规船舶,如部分三角形自升式钻井平台的长宽比甚至接近于1。较大的宽度通常有利于船舶的稳性,但是海洋平台的重心高度、受风面积显著大于相同排水量级别的运输船舶,所以其漂浮状态下的稳性仍然是设计中必须考虑的因素。常规运输船因具有较大的长宽比,导致其纵向稳性远好于横向稳性,并且船舶的横向受风面积远大于纵向,所以设计中仅需要分析其横稳性。如果常规运输船舶的横稳性满足要求,则纵稳性或者其他方向稳性通常均能够满足设计要求。对于长宽比较小的海洋平台,沿不同倾斜轴的回复力矩之间的差异没有常规运输船显著,并且海洋平台的进水点较多且分布规律性较差,最小进水角可能出现在任意风力矩方向角处。海洋平台的受风面积也与主甲板上的布置相关,最大受风面积可能出现在非横倾方向。浮体的稳性与回复力臂、进水角和受风面积三者相关,海洋平台在横向外力作用状态下有可能具有较小的进水角和较大的受风面积,所以其稳性最差的方向未必是横稳性,可能发生在纵向或者其他方向[1,2]。因此,海洋平台的稳性计算与常规船舶具有较大的差异,仅校核横向稳性不能保证海洋平台的安全性,所以需要校核不同方向外力作用下的稳性。

(3) 海洋平台具有较小的长宽比,因此漂浮工况下的总纵剪力和总纵弯矩不是平台结构设计中需要重点考虑的因素。常规运输船舶的结构设计中需要考虑三方面因素,即结构的局部强度(规范中对各类结构的尺寸有明确规定)、总纵强度和有限元直接强度。对于海洋平台,仅需要考虑局部强度与有限元直接强度,并且对后者有更高的要求。部分关键部件的结构形式与结构尺寸需要通过直接强度计算确定,如钻井平台的悬臂梁、自升式平台的桩腿与桩靴结构等。

(4) 相比于常规运输船,海洋平台的纵舱壁、横舱壁数量通常更多,且可能存在大量与中纵剖面既不平行也不垂直的斜向布置的舱壁。但是,海洋平台主船体结构中的板结构通常仅包含两大类,即平行于基平面的板或者垂直于基平面的板,结构中很少存在与基平面倾斜布置的板结构。所以,海洋平台的俯视图可以表达海洋平台的主体结构的布置与几何尺度。海洋平台设计中充分考虑该特点,可以显著提高设计效率。

(5) 与常规运输船舶相比,海洋平台的布置问题更为复杂。首先,海洋平台需要解决机舱、泵舱以及生活模块等常规船舶的布置问题,并且海洋平台通常船员数大于运输船舶,机舱布置也比常规船舶更为复杂。其次,海洋平台的作业功能性对其总体布置有较高的要求,布置方案的合理性直接关系到平台的作业性能,营运安全性和经济性。此外,由于作业功能性的要求,海洋平台需要设置的舱室类型更为丰富,如对于钻井平台,除需要设置常规的压载舱、燃油舱、淡水舱、污水舱、消防水舱等舱室之外,还需要设置钻井水舱、重油舱、泥浆舱等与钻井工艺相关的功能性舱室。

(6) 除了具有常规船舶属性之外,海洋平台因其功能性的要求而具有特殊的设计要求。以自升式平台为例,当其升离海面作业时,自升式平台的桩腿与海底接触,平台沿桩腿提升至一定高度,平台的重量载荷主要通过桩腿传递至海底。此时,自升式钻井平台更像是一座固定式平台,其受到的波浪载荷计算方式与船舶有显著差异。由于桩腿为细长体且尺度相对波长较小,所以可以忽略其对流体的作用,通过 Morison 公式可以得到满足工程精度要求的载荷计算结果。同时,自升式平台在工作时,需要对其站立情况下的性能进行计算分析,如整体抗倾稳性、抗滑稳性、桩基承载力等。

海洋平台的上述特点,导致其总体设计与常规运输船有显著差异。海洋平台的总体设计软件开发中,采用的算法与技术应充分考虑海洋平台的具体特点。

7.2　海洋平台主结构参数化建模

根据海洋平台的几何特点,采用基于几何约束求解的参数化方法建立海洋平台的参数化模型。将海洋平台的甲板与舱壁轮廓线在基平面内的投影图作为对象,建立参数驱动的草图。利用草图中的图元,通过特征造型的方式建立海洋平台主要结构的三维参数化模型。海洋平台的主要结构是总体设计的基础,后续的分舱设计、舱容计算、结构设计等均可以在参数化主要结构模型的基础之上,定义相应的参数化模型,实现海洋平台的三维参数化设计。

海洋平台参数化设计的基础是建立主结构草图,实现草图的参数驱动。基于几何约束求解的参数化设计方法包括三要素,即几何图元、几何约束与几何约束求解。海洋平台主结构草图中的几何图元包括点、直线、直线段、圆、圆弧和样条曲线。几何约束包括垂直约束、水平约束、相合约束、点-点距离约束、点-线距离约束、平行约束、垂直约束、夹角约束、对称约束和面积约束等。主结构草图中,几何图元与几何约束的种类相对较多,可能存在循环约束、非尺规约束等复杂的约束形式。针对上述特点,通过变量几何法完成主结构草图的几何约束求解。

7.2.1　主结构草图

变量几何法中,将几何图元通过参数表达。几何约束转化为关于参数的非线性方程,联立所有约束得到约束的非线性方程组。通过迭代法,最常用的为牛顿迭代法求解约束方程组,得到所有参数的值。将参数值代入几何图元,得到满足所有约束要求的几何图元,实现模型的参数化驱动机制。

采用面向对象的技术实现上述参数化机制。首先定义参数类 SKEParameter,类的声明如下。

```
class SKEParameter:public SKEObject
{long m_ID;                    //参数的 ID
double m_value;               //参数的数值
double m_initValue;           //参数的初始解
BOOL m_isKnown;               //参数是否为已知
…
};
```

其中,m_ID 用于保存参数在数据库中的关键字;m_value 为参数的值。采用牛顿迭代法求解方程时,需要有一个良好的初始解。m_initValue 用于保存参数对应的初始解的值。m_isKnown 用于表示参数的值是否为已知,如施加固定约束的点对应的参数 m_isKnown 属性设置为 1,表示参数已知,求解时作为常量处理,不需要进行迭代求解。

1. 几何图元

采用类 SKEEntity 表达所有几何图元的父类,SKEEntity 类的声明如下。

```
class SKEEntity:public SKEObject
{private:
long m_type;                    //图元的类型
long m_ID;                      //图元的 ID
…
};
```

所有几何图元类均由 SKEEntity 派生而来,各种几何图元的定义及类的声明如下。

(1) 点。点由两个参数定义,即点的 X 坐标 m_x 与 Y 坐标 m_y,自由度数为 2。点通过类 SKEPoint 表达,类的声明如下。

```
class SKEPoint:public SKEEntity
{private:
SKEParameter m_x;               //点的 X 坐标
SKEParameter m_y;               //点的 Y 坐标
BOOL m_indepandent;             //是否为独立点
…
};
```

参数化模型中的点分为两类。第一类点是用户建立的孤立点,这类点由用户定义与删除,与其他实体无关,将点的 m_indepandent 属性设置为 1。第二类点为实体相关的点,包括直线、圆弧的端点,样条曲线的型值点,圆的圆心等。第二类点由用户定义其他实体时自动创建,并与所创建实体相关,随所属实体一同被创建或者删除。将第二类点的 m_indepandent 属性设置为 0。

(2) 直线。直线有多种表达方法,如两点式、标准方程和点斜式。实际上,确定平面一条直线仅需要两个参数,如通过直线的斜率与直线在 Y 轴的截距两个参数。直线的自由度为 2,表达式为

$$y = \tan\theta \cdot x + b \tag{7.1}$$

式中,θ 为直线与 X 轴夹角,θ 的取值范围为 $(-\pi, \pi]$。当 $\theta = 0$ 时,式(7.1)为平行于 X 轴的直线 $y = b$。令 $\theta = \pi - \varepsilon$,其中 ε 为足够小的数,$b = -a \cdot \tan\theta$,则式(7.1)

可近似表达垂直于 X 轴的直线 $x = a$。通过类 SKELine 定义直线，SKELine 类的声明如下。

```
class SKELine:public SKEEntity
{private:
SKEParameter m_b;              //直线在 Y 轴的截距
SKEParameter m_angle;          //直线与 X 轴的夹角
…
};
```

（3）直线段。直线段由起点 $P_0(xs, ys)$、终点 $P_1(xe, ye)$ 两个点定义，包含的自由度总数为 4。采用 PLineSegment 类表达直线段类，PLineSegment 类的声明如下。

```
class SKELineSegment:public SKEEntity
{private:
SKEPoint m_p0;                 //直线段的起点
SKEPoint m_p1;                 //直线段的终点
…
};
```

（4）圆。圆通过圆心 $P_0(xc, yc)$ 与半径参数 R 定义，包含的自由度总数为 3，通过 SKECircle 类定义，声明如下。

```
class SKECircle:public SKEEntity
{private:
SKEPoint m_p0;                 //圆的圆心
SKEParameter m_radius;         //圆的半径
…
};
```

（5）圆弧。圆弧常用的定义方式有三种。第一种为圆心加起点、终点；第二种为圆心、半径加起始角度与终止角度；第三种为半径加起点、终点。其中，第一种表达方式中包含 6 个自由度，需要定义额外的约束消除多余自由度，应用中相对较复杂。第二、三种表达方式中包含 5 个自由度。几何图形中，圆弧的端点通常落在其他实体上，采用圆心加两个角度的表达方式，因圆弧的起点与终点不是参数，故不能直接施加约束，影响参数化系统的功能。采取第三种表达方式定义圆弧，即通过圆弧的起点 $P_0(xs, ys)$、终点 $P_1(xe, ye)$ 和圆弧半径 R 定义。这种定义方式中，圆心不能显式表达，但是海洋平台主结构草图中，圆弧主要用于定义结构的倒角，倒角需要关心的是端点，圆心位置相对不重要。圆弧通过 SKECircleArc 类定义，类的声明如下。

```
class PSKECircleArc:public SKEEntity
{private:
SKEPoint m_p0;                 //圆弧起点
```

```
SKEPoint m_p1;                          //圆弧终点
SKEParameter m_radius;                  //圆弧半径
...
};
```

(6) 样条曲线。采用 3 次 B 样条曲线表达样条曲线。样条曲线由 n 个型值点定义,分别为 $P_0(x_0, y_0), P_1(x_1, y_1), \cdots, P_{n-1}(x_{n-1}, y_{n-1})$。样条曲线包含的自由度总数为 $2n$。样条曲线的端部认为是自由端,即两端处的曲率为零。样条曲线类为 SKESpline,类的声明如下。

```
class SKESpline:public SKEEntity
{private:
vector <SKEPoint * >m_pointArray;        //样条曲线的型值点
...
};
```

海洋平台主结构草图中的上述 6 类几何图元的定义与图元的参数组成关系如图 7.1 所示。

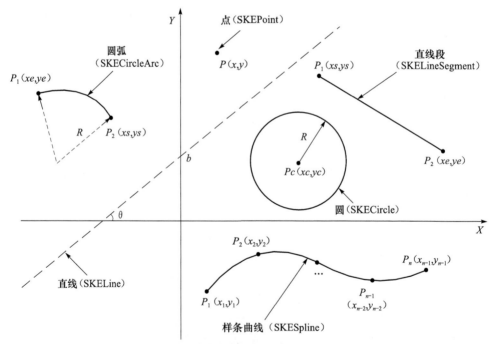

图 7.1　海洋平台主结构草图中各种几何图元的表达

2. 几何约束

几何约束从包含的约束度数量可以分为一元约束、二元约束和多元约束。从约束的作用可以分为用于控制草图形状的形状约束,如水平约束、竖直约束、垂直约束、平行约束、相合约束与对称约束等,与用于控制草图尺寸的尺寸约束,如距离约束、角度约束、面积约束等。定义约束类的父类 SKEConstraint,所有约束均从 SKEConstraint 派生出来。根据约束的原理,将部分约束合并。SKEConstraint 中包括约束的类型、约束值,以及创建约束方程方法等,类的声明如下。

```
class SKEConstraint:public SKEObject
{private:
int m_type;                          //约束类型
virtual CEquation makeEquation() = 0;  //构造约束方程
…
};
```

(1) 水平约束与竖直约束。水平约束与竖直约束的对象为直线 $L(\theta,a)$ 或者直线段 $S(xs,ys,xe,ye)$。对直线,水平约束的约束方程为 $\theta=0$。对于直线段,水平约束的约束方程为 $ys-ye=0$。对直线,竖直约束的约束方程为 $\theta=\pi/2$。对于直线段,竖直约束的方程为 $xs-xe=0$。定义类 SKEConstraintHV 表达水平约束与竖直约束。makeEquation 函数中,根据 m_type 判断约束的类型,根据 m_pEent 的类型判断约束的对象是直线或者直线段,通过 m_pEent 的参数构造相应的约束方程。SKEConstraintHV 类的声明如下。

```
class SKEConstraintHV:public SKEConstraint
{private:
SKEEntity * m_pEnt;                   //约束实体
virtual CEquation makeEquation();     //构造约束方程
…
};
```

(2) 相合约束。相合约束的约束对象为两个点,$P_1(x_1,y_1)$ 与 $P_2(x_2,y_2)$。对应的约束方程为

$$\begin{cases} x_1 - x_2 = 0 \\ y_1 - y_2 = 0 \end{cases} \tag{7.2}$$

相合约束类采用类 SKEConstraintCoin 表达,类的声明如下。

```
class SKEConstraintCoin:public SKEConstraint
{private:
SKEPoint * m_pP1;                     //第一个约束点
SKEPoint * m_pP2;                     //第二个约束点
virtual CEquation makeEquation();     //构造约束方程
…
};
```

(3) 距离约束。距离约束包括点-线距离约束与点-点距离约束。点-点距离约

束作用的对象为点 $P_1(x_1,y_1)$ 与点 $P_2(x_2,y_2)$，P_1 到 P_2 的距离为 d。对应的约束方程为

$$\sqrt{(x_2-x_1)^2+(y_2-y_1)^2}-d=0 \qquad (7.3)$$

通过类 SKEConstraintDistPP 定义两点距离约束，类的声明如下。

```
class SKEConstraintDistPP:public SKEConstraint
{private:
SKEPoint * m_pP1;                        //第一个约束点
SKEPoint * m_pP2;                        //第二个约束点
double m_distance;                       //距离值
virtual CEquation makeEquation();        //构造约束方程
…
};
```

点-线距离约束作用的对象为点 $P(x_p,y_p)$ 与直线 $L(\theta,a)$ 或者直线段 $S(x_s,y_s,x_e,y_e)$，P 到 L 或者 S 的距离为 d。对于点到直线距离，约束方程为

$$\frac{\tan\theta \cdot x_p-y_p+a}{\sqrt{1+\tan^2\theta}}-d=0 \qquad (7.4)$$

对于点到直线段的距离，约束方程为

$$\frac{kx_p-y_p+y_s-kx_s}{\sqrt{1+k^2}}-d=0 \qquad (7.5)$$

其中

$$k=\frac{y_e-y_s}{x_e-x_s} \qquad (7.6)$$

如果参数 d 为零，则点-线距离约束可用于表达点在线上约束。通过类 SKEConstraintDistPL 定义点-线距离约束，类的声明如下。

```
class SKEConstraintDistPL:public SKEConstraint
{private:
SKEPoint * m_pPt;                        //约束点
SKEEntity * m_pEnt;                      //约束线，直线或者直线段
double m_distance;                       //距离值
virtual CEquation makeEquation();        //构造约束方程
…
};
```

（4）角度约束。角度约束的约束对象为直线型实体，可以为两条直线、两条直线段或者一条直线与一条直线段。两直线型实体的夹角为 α，则角度约束的约束方程为

$$\frac{k_2-k_1}{1+k_1k_2}-\tan\alpha=0 \qquad (7.7)$$

其中，k_1，k_2 为直线型实体的斜率，对于直线 $L(\theta, a)$，斜率为 $\tan\theta$，对于直线段 S (x_s, y_s, x_e, y_e)，斜率计算见式(7.6)。角度规定平面内逆时针旋转为正。对于垂直约束，可以转化为夹角为 $\pi/2$ 的角度约束。

平行约束可以转化为夹角为零的角度约束，此时，约束方程可简化为

$$k_2 - k_1 = 0 \tag{7.8}$$

通过类 SKEConstraintAngle 定义角度约束，类的声明如下。

```
class SKEConstraintAngle:public SKEConstraint
{private:
SKEEntity * m_pEnt1;                        //第一个直线或者直线段
SKEEntity * m_pEnt2;                        //第二个直线或者直线段
double m_angle;                             //角度值
virtual CEquation makeEquation();          //构造约束方程
    …
};
```

(5) 对称约束。对称约束的约束对象为点 $P_1(x_1, y_1)$、点 $P_2(x_2, y_2)$ 与直线 L (θ, a) 或者直线段 $S(x_s, y_s, x_e, y_e)$，对称约束要求点 P_1 与点 P_2 关于直线 L 或者 S 对称。约束方程为

$$\begin{cases} x_2 = x_1 - \dfrac{2k(kx_1 - y_1 + b)}{1 + k^2} \\ y_2 = y_1 + \dfrac{2(kx_1 - y_1 + b)}{1 + k^2} \end{cases} \tag{7.9}$$

其中，k 为 L 或者 S 的斜率，斜率 k 的规定同角度约束中的规定。b 为直线或直线段所在直线在 Y 轴的截距，对于直线 $L(\theta, a)$，$b = a$；对于直线段 $S(x_s, y_s, x_e, y_e)$，$b = y_s - kx_s$。对称约束通过 SKEConstraintSymetric 类定义，类的声明如下。

```
class SKEConstraintSymetric:public SKEConstraint
{private:
SKEPoint * m_pP1;                           //第一个约束点
SKEPoint * m_pP2;                           //第二个约束点
SKEEntity * m_pAxis;                        //对称轴
virtual CEquation makeEquation();          //构造约束方程
    …
};
```

(6) 面积约束。面积约束的对象为一组点，$P_0, P_1, \cdots, P_{n-1}$。面积约束的作用为使指定点依次围成的多边形面积为定值。约束方程为

$$A = \frac{1}{2} \sum_{i=0}^{n-1} (x_i y_{i+1} - y_i x_{i+1}) \tag{7.10}$$

其中，x_i 与 y_i 分别为第 i（$0 \leqslant i \leqslant n-1$）个点的 X 坐标与 Y 坐标，x_n 与 y_n 分别表示

x_0 与 y_0。面积约束通过 SKEConstraintArea 类表达,类的声明如下。

```
class SKEConstraintArea:public SKEConstraint
{private:
vector <SKEPoint * >m_pointArray;              //约束点数组
double m_area;                                 //面积值
virtual CEquation makeEquation();             //构造约束方程
…
};
```

3. 参数化系统定义

定义类 PSketchSystem,管理参数化系统中的参数、实体、约束与约束方程,负责实体与约束的添加、修改与删除,根据实体构造参数列表,根据约束构造约束方程组,通过牛顿迭代法求解约束方程,完成几何模型的更新等。PSketchSystem 类的声明如下。

```
class SKESystem:public SKEObject
{vector <SKEParameter * >m_parameterArray;    //参数列表
vector <SKEEntity * >m_entityArray;           //实体列表
vector <SKEConstraint * >m_constraintArray;   //约束列表
vector <SKEEquation * >m_equationArray;       //约束方程列表
void addEntity(SKEEntity * e);                //添加图元
void addConstraint(SKEConstraint * c);        //添加约束
void makeEquation();                          //构造约束方程组
void solveNewtonLaplace();                    //求解约束方程组
void updateDrawing();                         //更新图形
…
};
```

4. 几何约束求解

参数化系统中,参数的数量以及约束方程的类型不固定,所以约束方程采用符号法表达,将各约束对应的约束方程,采用相应参数的符号表达式建立等式,联立所有约束对应的等式得到总体约束方程组:

$$\begin{cases} c_1(p_1, p_2, \cdots, p_n) = 0 \\ c_2(p_1, p_2, \cdots, p_n) = 0 \\ \cdots \\ c_n(p_1, p_2, \cdots, p_n) = 0 \end{cases} \tag{7.11}$$

式(7.11)为非线性方程组,其中等式左端中可能为多项式、正弦函数等运算的复杂

组合,所以采用牛顿迭代法进行求解。约束方程通过符号法表达,通过符号表达式
的求偏导数函数,计算式(7.11)的雅可比(Jacobian)矩阵:

$$J = \begin{bmatrix} \dfrac{\partial c_1(\boldsymbol{p})}{\partial p_1} & \dfrac{\partial c_1(\boldsymbol{p})}{\partial p_2} & \cdots & \dfrac{\partial c_1(\boldsymbol{p})}{\partial p_n} \\ \dfrac{\partial c_2(\boldsymbol{p})}{\partial p_1} & \dfrac{\partial c_2(\boldsymbol{p})}{\partial p_2} & \cdots & \dfrac{\partial c_2(\boldsymbol{p})}{\partial p_n} \\ \vdots & \vdots & & \vdots \\ \dfrac{\partial c_n(\boldsymbol{p})}{\partial p_1} & \dfrac{\partial c_n(\boldsymbol{p})}{\partial p_2} & \cdots & \dfrac{\partial c_n(\boldsymbol{p})}{\partial p_n} \end{bmatrix} \tag{7.12}$$

基于牛顿迭代法求解的迭代方程为

$$\boldsymbol{p}^{(k+1)} = \boldsymbol{p}^{(k)} - \frac{1}{\boldsymbol{J}} C(\boldsymbol{p}^{(k)}) \tag{7.13}$$

式中,$\boldsymbol{p}^{(k)}$ 为第 k 迭代步对应的参数向量;$\boldsymbol{p}^{(k+1)}$ 为第 $k+1$ 迭代步对应的参数向量。
式(7.13)等效为

$$\boldsymbol{J}(\boldsymbol{p}^{(k+1)} - \boldsymbol{p}^{(k)}) = -C(\boldsymbol{p}^{(k)}) \tag{7.14}$$

$\boldsymbol{p}^{(k+1)} - \boldsymbol{p}^{(k)}$ 为第 $k+1$ 代解相比于第 k 代解的增量,将其作为未知量,则式(7.14)
为一线性方程组,通过求解线性方程组,可以得到 $\boldsymbol{p}^{(k+1)} - \boldsymbol{p}^{(k)}$ 的值。

草图绘制过程中,设计者赋予所有图元一个初始形状,图元的所有参数均有
初始数值,保存于 SKEParameter 类的 m_initValue 变量中。随着草图绘制的不
断完善,草图的形状不断更新,每一步更新中,均将更新后图形中各图元对应的
参数作为初始参数。初始参数为参数化系统的一个良好的初始解。以各变量的
初始数值作为迭代求解初始值 $\boldsymbol{p}^{(0)}$,则 $\boldsymbol{p}^{(k+1)}$($k \geqslant 0$)可由 $\boldsymbol{p}^{(k)}$ 通过式(7.14)迭代
计算得到。

迭代方程(7.14)的收敛条件为

$$| \boldsymbol{p}^{(k+1)} - \boldsymbol{p}^{(k)} | < \varepsilon \tag{7.15}$$

其中,ε 为给定精度。上述牛顿迭代法是变量几何法求解几何约束的基本方法。算
法中,每次迭代均需要计算约束方程的雅可比矩阵,求解一次线性方程组。为提高
求解效率,应尽可能降低自由度的数量。

在求解前,可以根据草图中的约束,采取消除变量、变量替换等方式,将约束
方程组的变量数降至最低。例如,草图中存在大量点的固定约束。对于固定约
束,可以直接将点对应的参数设置为常量,从约束方程中消除对应的自由度。海
洋平台的草图中存在大量水平、竖直约束,对于直线的水平约束,可直接令直线
的参数 θ 为常量,消除一个自由度。对于直线段的水平约束,可以通过变量替换

的方式,用直线段的 ys 变量替换 ye 变量,亦可消除一个自由度。按上述原则可有效降低几何约束方程中的约束度数量,能够显著提高几何约束求解的效率和稳定性。

采用参数化方法,建立 300ft[①] 自升式钻井平台(附录 1[8])的主结构草图,示意图如图 7.2 所示。

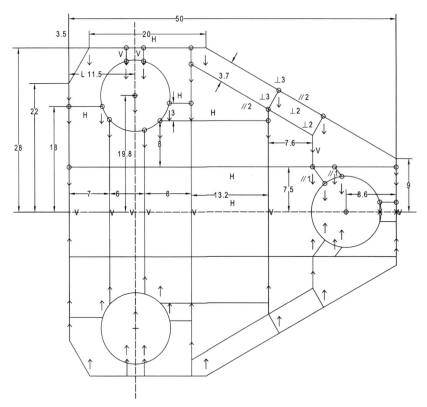

图 7.2　300ft 自升式钻井平台主结构草图(单位:m)

7.2.2　主结构参数化模型

基于二维草图中的几何图元,采用三维特征造型(feature modeling)的方式建立海洋平台主结构三维参数化模型。涉及的特征造型方法包括拉伸特征、填充特征、扫略特征、放样特征、开孔特征、倒角特征等。特征分为两类,一是基本特征,用于构造几何体,如拉伸特征、填充特征、扫掠特征、放样特征等;二是辅助特征,用于

---

① 　1ft＝0.3048m。

对几何体形状进行局部修改,如开孔特征、倒角特征等。

拉伸(extrude)特征是指,通过草图中的直线段、圆、圆弧或者样条曲线 BL,沿方向 v,平行移动距离 H,BL 所经过的路线构成的边界平面或曲面。例如,海洋平台中的各类舱壁通常可以通过拉伸特征建立。

填充(fill)特征是指,以草图中一组首尾闭合的直线段或曲线为边界,建立边界平面对应的几何体。

扫掠(sweep)特征是指,通过草图中的一组线段 BL,沿不在草图平面内的一条三维曲线 SL,从 SL 的首端平行移动至尾端,BL 轨迹构成的边界平面或者曲面。主船体几何外形为方形的海洋平台首端、尾端的消斜结构可以通过扫掠特征建模。

放样(loft)特征是指,给定一组轮廓线,通过曲面的蒙面(skinning)造型法,构造三维曲面。带有线型的平台,如部分半潜式平台的浮体,通过放样特征构造带有线型部分的曲面。

开孔(hole)特征是指,通过草图中的一组首尾封闭的线段 HL,构成边界平面 PH,然后从其所属边界平面 PM 中,通过边界平面布尔运算,扣除 PH。自升式平台甲板与各层平台的桩靴开孔等可以通过开孔特征表达。

通过类 PPlate 表达特征造型板,PPlate 的声明如下。

```
class PPlate:public CObject
{private:
string m_name;                              //板名称
CGeoSurfObject * m_theoreticalPlane         //三维理论面
vector <SKEEntity *>m_skeEntArray;          //草图中图元
vector <CGeoCurve *>m_borderArray;          //板的三维轮廓
public:
virtual void createBorder() = 0;            //创建板的理论面
virtual void show3d()const = 0;             //板的三维显示
…
};
```

从 PPlate 派生出拉伸特征、填充特征、扫掠特征、放样特征、倒角特征和开孔特征类。其中,拉伸特征类为 PPlateExtude,声明如下。

```
class PPlateExtude:public PPlate
{private:
CGeoVector m_offsets;                       //拉伸板的偏移量
CGeoVector m_direction;                     //拉伸方向矢量
double m_extrudeHeight;                     //拉伸高度
public:
```

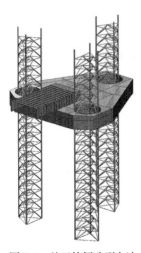

图 7.3　基于特征造型方法
建立 300ft 自升式钻井平台
主结构三维模型

```
virtual void createBorder();          //创建板的三维轮廓
void show3d()const;                   //板的三维显示
…
};
```

填充特征类为 PPlateFill,声明如下。

```
class PPlateFill:public PPlate
{private:
CGeoVector m_offsets;                 //填充板的偏移量
vector <PPlateHole * >m_holeArray;    //填充板的开孔
public:
virtual void createBorder();          //创建板的三维轮廓
void show3d()const;                   //板的三维显示
…
};
```

采用三维特征造型法,构造 300ft 自升式钻井平台主结构三维参数化模型如图 7.3 所示。

7.3　参数化分舱及舱室数据结构定义

传统的船舶与海洋结构设计方法中,通常采用两种方法定义舱室。第一种方法通过定义不同位置处的舱室横截面来定义舱室,舱容要素通过对各截面的积分计算得到。另一种方法通过定义构成舱室的闭合曲面定义舱室,舱容要素通过对曲面的积分实现。第一种方法是一种二维线框模型表达法,算法相对简单易于软件设计,但是输入数据量较大,计算精度取决于所输入的舱室剖面的间距,对于存在复连通剖面的舱室,需要采用其他方式处理,算法相对复杂。第二种方法是一种表面模型,适用于比较规则的舱室。对于边界复杂的舱室,采用表面模型表达的建模工作量较大。

针对上述情况,采用边界表达(B-Rep)三维实体模型表达海洋平台舱室,基于实体的属性查询、剖切及剖面属性查询等功能完成舱容要素计算。由于三维实体模型相比于二维线框模型与表面模型具有更强的表达能力,理论上可以精确表达任意形状的舱室。舱容要素的计算可以归结为 B-Rep 实体的体积、型心位置及剖面的惯性矩计算问题。应用 B-Rep 实体表达舱室,从根本上解决了线框模型与表面模型的计算精度不高,建模复杂,算法实现复杂等问题。

由于海洋平台前期设计中方案修改频繁,可能导致舱室模型需要不断调整。B-Rep 舱室模型的反复建模仍然是提高设计效率的主要障碍。针对该问题,提出一种参数化舱室表达方法,实现舱室的快速建模与参数化修改。

7.3.1　舱室的参数化模型

海洋平台的常规舱室由三类结构围成,即底部边界、顶部边界和四周边界。底部边界与顶部边界为上下两层水平主结构板,如外底板、机械甲板、主甲板等。四周边界为舱壁与外壳板,其中舱壁可以为横舱壁、纵舱壁、斜向舱壁等,外壳板包括首尾封板、左右舷的舷侧外板等。底部边界、顶部边界及四周边界对应的主结构几何范围均可能超过舱室的范围,但是由上述三类结构可以围成一个封闭区域,该封闭区域即为舱室的实体模型。

根据海洋平台舱室的上述特点,将常规舱室通过两层结构定义,第一层为定义层,为一组主结构,用于定义舱室的底部边界、顶部边界及四周边界。第二层为几何层,为舱室的 B-Rep 实体模型。当主结构发生修改,导致舱室形状发生变化时,舱室的定义层数据不变,通过定义层重新构造几何层,得到与新的主结构对应的 B-Rep 实体模型,实现舱室模型的参数驱动。

定义层中的板通常不以舱室为边界,如平台的底板可以定义为一块主结构板,但是海洋平台的大部分舱室均以底板为边界。所以,构造舱室实体模型的第一步应得到构成舱室的精确边界曲面模型。令舱室的顶部边界为 DK,底部边界为 BTM,四周边界为 **BHD**,构造舱室 B-Rep 实体 B 的基本原理如下。

首先,利用曲面的剪裁算法,将 **BHD** 在 DK 与 BTM 之外区域剪裁并删除,得到 $\textbf{BHD}_\text{T}$。$\textbf{BHD}_\text{T}$ 与 BTM 的交线可以围成一个闭合区域 LB,通过 LB 构造底部边界曲面 RB。同理,$\textbf{BHD}_\text{T}$ 与 DK 的交线围成的顶部边界曲面为 RD。则边界曲面 $\textbf{BHD}_\text{T}$,RB 与 RD 为舱室的真实边界,三者并集 $\textbf{R}=\{R_0,R_1,\cdots,R_{nf-1}\}$,其中 nf 为边界曲面数量。$\textbf{R}$ 中所有边界曲面的边线集为 $\textbf{C}=\{C_0,C_1,\cdots,C_{ne-1}\}$,边的所有端点为 $\textbf{P}=\{P_0,P_1,\cdots,P_{nv-1}\}$,其中 ne 与 nv 分别为边线的数量和端点数量。$\textbf{C}$ 中无重复边,此处不考虑边的方向(几何形状相同但是方向相反的边视为相同边),即满足 $C_i \neq C_j (0 \leqslant i \leqslant ne-1, 0 \leqslant j \leqslant ne-1, i \neq j)$。同样,$\textbf{P}$ 中无重复点,即 $P_i \neq P_j (0 \leqslant i \leqslant nv-1, 0 \leqslant j \leqslant nv-1, i \neq j)$。

舱室实体 B 的中心 $CenB$ 取所有顶点的几何平均值,即

$$CenB = \left(\frac{1}{nv}\sum_{j=0}^{nv-1}P_j.x, \frac{1}{nv}\sum_{j=0}^{nv-1}P_j.y, \frac{1}{nv}\sum_{j=0}^{nv-1}P_j.z \right) \tag{7.16}$$

令组成边界曲面 $R_i (i=0,1,\cdots,nf-1)$ 的边为 $\textbf{RCI}=\{RCI_0,RCI_2,\cdots,RCI_{nei-1}\}$,$\textbf{RCI}$ 各边起点为 $\textbf{PSI}=\{PSI_0,PSI_2,\cdots,PSI_{nei-1}\}$,各边终点为 $\textbf{PEI}=\{PEI_0,PEI_2,\cdots,PEI_{nei-1}\}$。$R_i$ 中心 $CenI$ 取起点坐标的代数平均,即

$$CenI = \left(\frac{1}{nei} \left(\sum_{j=0}^{nei-1}PSI_j.x, \sum_{j=0}^{nei-1}PSI_j.y, \sum_{j=0}^{nei-1}PSI_j.z \right) \right) \tag{7.17}$$

RCI 的边可以构成一个封闭区域,但是 **RCI** 中的曲线未必首尾闭合形成一个环路。所以,需要调整 **RCI** 中曲线的方向,使其所有曲线首尾相连组成一个闭合环路,且闭合环路的法向指向实体外侧,实现算法如下。

算法 7.1 依据给定边构造封闭环

　　定义曲线数组 **RO,RL**

　　令 **RL**＝**RCI**,定义尾端点变量 T

　　将 RL_0 添加至 **RO**,删除 **RL** 的首元素,令 T 等于边 RL_0 的终点

　　FOR il 从 1 至 $nei-1$ 循环

　　{**FOR** j 从 0 至 $nei-il-1$ 循环

　　　{**IF** RL_j 起点为 T

　　　　{将 RL_j 添加至 **RO**,将 RL_j 从 **RL** 删除,令 T 等于 RL_j 终点,退出循环

　　　　}

　　　　IF RL_j 终点为 T

　　　　{将 RL_j 曲线转置

　　　　　将 RL_j 添加至 **RO**,将 RL_j 从 **RL** 中删除,令 T 等于 RL_j 终点,退出循环

　　　　}

　　　}

　　}

　　$P0,P1,P2$ 分别为 RO_0,RO_1,RO_2 的起点

　　$vi=(P1-P0) \cdot (P2-P1)$

　　R_i 的中心变量 $CenI=(0,0,0)$,B 的中心变量 $CenB=(0,0,0)$

　　FOR j 从 0 至 $nv-1$ 循环

　　{$CenB=CenB+$点矢量 P_j/nv}

　　FOR j 从 0 至 $nei-1$ 循环

　　{PSI_j 为 **RO** 第 j 边的起点

　　　$CenI=CenI+$点矢量 PSI_j/nei

　　}

　　$vb=CenI-CenB$

　　IF $vi \cdot vb<0$

　　{**FOR** j 从 0 至 $nei-1$ 循环　{将 RO_j 曲线转置}

　　}

　　令 **RCI**＝**RO**,**RCI** 为满足要求曲线

算法结束

对 **RCI** 中曲线经上述方法处理之后,由舱室的边界计算舱室 B-Rep 实体 B 的算法如下。

算法 7.2 依据边界曲面构造舱室 B-Rep

　　定义 Vertex 数组 $\mathbf{V}=\{V_0,V_1,\cdots,V_{nv-1}\}$

　　定义 Edge 数组 $\mathbf{E}=\{E_0,E_1,\cdots E_{ne-1}\}$

FOR i 从 0 至 $nv-1$ 循环

{依据 P_i 创建 V_i

}

FOR i 从 0 至 $ne-1$ 循环

{**FOR** $j=0$ 至 $nv-1$ 循环

　{**IF** C_i 的起点为 P_j{$Is=j$}

　　IF C_i 的终点为 P_j{$Ie=j$}

　}

　依据 Is 与 Ie 创建 E_i

}

建立 Face 的集 $\mathbf{F}=\{F_0,F_1,\cdots,F_{nf-1}\}$

FOR i 从 0 至 $nf-1$ 循环

{R_i 的有序边为 $\mathbf{RCI}=\{RCI_0,RCI_1,\cdots,RCI_{nei-1}\}$

　定义 Coedge 集 $\mathbf{CE}=\{CE_0,CE_1,\cdots,CE_{nei-1}\}$

　FOR $j=0$ 至 $nei-1$ 循环

　{**FOR** $k=0$ 至 $ne-1$ 循环

　　{**IF** RCI_j 与 C_k 相同{退出循环}

　　}

　　$dir=$ FORWARD

　　IF RCI_j 与 C_k 方向相反

　　{$dir=$ REVERSED}

　　根据 dir 与 C_k 给 CE_j 赋值

　}

　根据 $\mathbf{CE}$ 创建环 L

　根据 L 创建 F_i,方向为 FORWARD

}

根据 $\mathbf{F}$ 创建 Shell SL

根据 SL 创建 Lump LU

根据 LU 创建 Solid B

算法结束

　　如图 7.4 所示的实体,由 8 个顶点、12 条边构成 6 个环,每个环与一个面对应,6 个面构成一个壳,由壳构成块,最后构成一个体。其中 Vertex(顶点)、Edge(边)、CoEdge(共边)、Loop(环)、Face(面)、Shell(壳)、Lump(块)和 Body(体)的拓扑关系如图 7.5 所示。

　　图 7.4 为简单实体,所有边均为直线,所有面均为平面。实际上,上述算法具有较强的通用性,同样适用于边是曲线、面为曲面的 B-Rep 实体构造。

　　上述算法可以实现由围成舱室的面构造舱室的实体模型。舱室是通过舱壁参数化定义的,即舱室的全部几何信息均为通过与其相关的舱壁、顶板及底板自动求出,

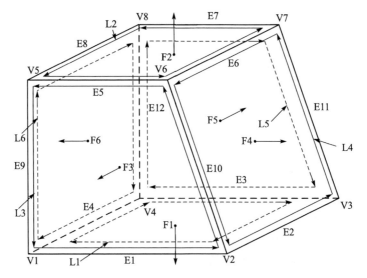

图 7.4　六面体 B-Rep 实体模型示意图

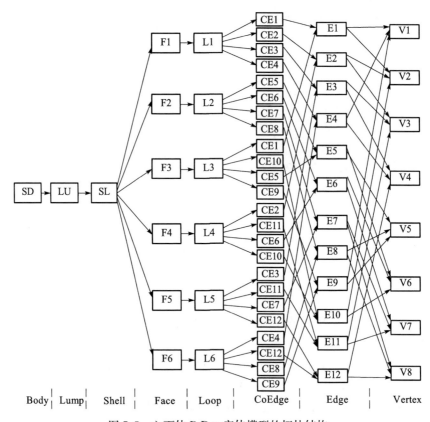

图 7.5　六面体 B-Rep 实体模型的拓扑结构

舱室的创建不需要任何其他的几何数据。这样在修改舱壁位置或者调整甲板高度时,舱室会自动作参数化调整,不需要设计者作任何其他的修改,所以可以有效提高海洋平台的设计效率。同时,该算法中舱室的底部边界与顶部边界可以是底板、甲板或者各层平台,舱室边界可以为纵舱壁、横舱壁、斜向舱壁或者与基面不垂直的倾斜舱壁。所以参数化舱室模型具有较好的通用性,适用于大多数海洋平台舱室的定义。

采用上述参数化舱室定义方法,建立 300ft 自升式钻井平台的参数化舱室模型,如图 7.6 所示。

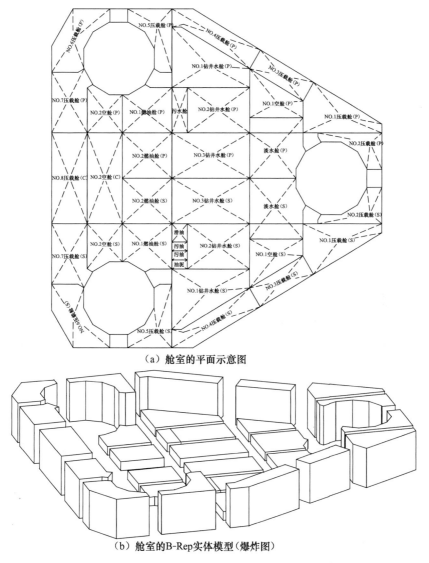

（a）舱室的平面示意图

（b）舱室的 B-Rep 实体模型（爆炸图）

图 7.6 300ft 自升式钻井平台舱室三维参数化模型

7.3.2　特殊舱室的定义

考虑到软件系统的通用性,允许将舱室定义为非参数化模型,即忽略舱室的定义层,直接定义舱室的实体模型。非参数化舱室可以表达任意复杂舱室。例如,图 7.6 中的桩靴模型,可以将其定义为非参数化舱室模型。

海洋平台因其功能性要求,有些舱室几何形状比较特殊,在规则形状的基础上,部分舱室需要扣除或者增加一定形状的体积。如图 7.6 中的预压载舱 NO.6 压载舱(S),内部包含锚链舱,如图 7.7(a)所示。

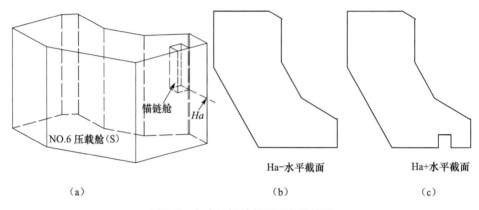

（a）　　　　　　　　　　（b）　　　　　　　　　　（c）

图 7.7　包含锚链舱的预压载舱模型

对这类情况,由于锚链舱底部与舱室底部不在同一平面,所以 7.3.1 节中的方法不适用,即如果将锚链舱的围板及底板作为舱室的边界,通过 7.3.1 节中的算法不能直接建立扣除锚链舱之后的舱室 B-Rep 模型。事实上,锚链舱的形状与大小相对固定,主要取决于锚链的尺寸与长度,所以设计中需要频繁修改的仅是锚链舱在平面内的位置。所以,可以将这类问题简化处理。通过三维造型工具直接建立锚链舱的三维实体模型 TS,并将其定义为 NO.6 压载舱(S)的待扣除实体。NO.6 压载舱(S)仍然通过两层结构的参数化方法定义。当设计修改时,首先通过本节中的舱室实体构造算法得到 NO.6 压载舱(S)主体的实体模型 TM,然后从 TM 中通过实体的布尔减运算扣除 TS,即可得到压载舱的精确 B-Rep 实体模型。虽然 TS 采用非参数化方法定义,但是其位置可以调整,所以仍满足设计中调整锚链舱位置的要求。

7.3.3　舱室模型的数据结构

建立 JUDTank 类表达海洋平台的舱室对象。JUDTank 类的声明如下。

```
class JUDTank:public JUDBaseObject
{private:
double m_penetranceRate;                        //舱室渗透率
double m_volumeCoefRate;                         //舱室的舱容利用系数
vector <PPlate * >m_BHDPlate;                    //舱室的边界定义
PPlate * m_bottomPlate;                          //舱室底部板
PPlate * m_topPlate;                             //舱室顶部板
vector <CGeoSolid * >m_tankSolid;                //舱室实体模型
vector <CGeoSolid * >m_subtractSolid;            //待扣除的实体列表
vector <CGeoCurve * >m_capacity;                 //舱容要素曲线
public:
void createSolidFromPlate();                     //从定义模型创建实体模型
void setSolid(vector <CGeoSolid * >tks);         //直接定义舱室实体模型
void calcTankCapacity(const BOOL &linear)const;  //计算舱容要素曲线
…
};
```

与船舶不同,海洋平台的舱室水平截面可能存在大量突变。例如,图 7.7(a)所示舱室,锚链舱底部高度为 Ha,扣除锚链舱之后,在 $Ha-$ 与 $Ha+$ 处的舱室水平截面分别如图 7.7(b)与(c)所示。对于水平截面存在突变的舱室,当突变值较大时,如果采用样条曲线描述舱容要素,则在突变处将会产生较大的误差。采用折线表达舱容要素可以避免突变位置样条曲线产生的误差,但是要求型值点较多,否则对于存在曲面的舱室,可能导致较大的拟合误差。为解决上述问题,将舱容要素曲线定义为曲线 CGeoCurve 对象。CGeoCurve 为折线 CGeoPolyline 与样条曲线 CGeoSpline 的父类,所以实际中舱容要素曲线可以为样条曲线或者折线类型。在通过函数 calcTankCapacity 创建舱容要素曲线时,首先判断舱室是否存在水平截面的突变,如果存在,则将舱容要素曲线创建为折线;否则,创建为样条曲线。

7.3.4　舱容要素的计算方法

对于舱室实体模型 T,所有顶点集为 $\mathbf{P}=\{P_0,P_1,\cdots,P_{n-1}\}$,装载高度间距 $S=100$,创建舱容要素曲线的算法如下,其中通过参数 $isLinear$ 控制创建折线或者样条曲线。

算法 7.3　基于 B-Rep 实体模型创建舱容要素曲线
　　定义高度浮点数数组 $\mathbf{Z}$
　　FOR i 从 0 至 $n-1$ 循环
　　〈将 $Pi.z$ 添加至 $\mathbf{Z}$〉
　　对 $\mathbf{Z}$ 从小到大排序,并删除重复元素,得到 $\mathbf{Z}=\{Z_0,Z_1,\cdots,Z_{nz-1}\}$
　　建立装载高度数组 $\mathbf{L}$

FOR i 从 0 至 $nz-2$ 循环

{将 Z_i 添加至 **L**

　$Num=(\text{int})((Z_{i+1}-Z_i)/S)+1, dis=(Z_{i+1}-Z_i)/Num$

　FOR $j=1$ 至 $Num-1$

　{$z=Z_i+j \cdot dis/Num$, 将 z 添加至 **L**}

}

将 Z_{nz-1} 添加至 **L**, $\mathbf{L}=\{L_0, L_1, \cdots, L_{nl-1}\}$

定义点数组 paV、$paLCG$、$paTCG$、$paVCG$ 和 paI

FOR i 从 0 至 $nl-1$ 循环

{过 L_i 创建平行于基平面的平面 PZI

　用 PZI 切割 T, 得到上部实体 TU、下部实体 TL 与横截面 RS

　读取 TL 的体积 V_{TL}, 型心的坐标$(LCG_{TL}, TCG_{TL}, VCG_{TL})$

　读取 RS 对 X 轴的惯性矩 IX_{RS}、面积 A_{RS}、型心 Y 坐标 Y_{RS}

　RS 自身惯性矩 $I_X=IX_{RS}-A_{RS} \times Y_{RS}^2$

　令 $l=L_i-Z_0$

　向 **PV**、**PI** 中添加点$(l, V_{TL}, 0)$、$(l, I_X, 0)$

　向 **PLCG**、**PTCG**、**PVCG** 中添加点$(l, LCG_{TL}, 0)$、$(l, TCG_{TL}, 0)$、$(l, VCG_{TL}, 0)$

}

IF $isLinear=1$

{利用 **PV**、**PLCG**、**PI** 创建样条曲线 SV、$SLCG$、SI

　利用 **PTCG**、**PVCG** 创建样条曲线 $STCG$、$SVCG$

}

ELSE

{利用 **PV**、**PLCG**、**PI** 创建折线 SV、$SLCG$、SI

　利用 **PTCG**、**PVCG** 创建折线 $STCG$、$SVCG$

}

SV、$SLCG$、$STCG$、$SVCG$ 和 SI 分别为体积、LCG、TCG、VCG 与惯性矩曲线

算法结束

7.4　三维参数化总布置设计

　　与常规船舶不同,海洋平台上存在大量重量较大的装置在作业时需要移动位置。例如,钻井平台的悬臂梁、钻台,在作业时需要横向、纵向移动。又如,自升式平台的桩腿,在拖航时桩腿升起,作业时下降,不同工况下桩腿的垂向位置可能有较大的差异。所以,海洋平台的设备(软件开发中将桩腿、悬臂梁、钻台等均作为设备处理)不能简单定义,需要考虑到其不同工况下的位置可能需要移动的特点。

　　传统的船舶设计方法中,基于二维线框模型绘制船舶的总布置图,完成船舶的

总布置设计。对于海洋平台,由于其复杂作业功能性的要求,所以总布置中涉及的设备、管路更复杂,采用三维布置能够避免设计中的设备与设备之间、设备与管路之间、设备与结构之间的干涉问题。但是,三维模型的修改难度远大于二维模型,当设计需要频繁修改时,三维模型中大量的夹点(grip point)使得对设备的准确定位变得十分困难。所以基于三维模型完成海洋平台的总布置设计效率较低。尽管通用 CAD 软件均提供对同一模型进行三维显示、线框显示、消隐显示等多种显示模式,但是其提供的线框模式实质上只是三维模型的轮廓线,其仍然为三维模型,包含大量的空间棱边。此外,海洋平台初步设计中通常需要将最终的设计结果表达为二维总布置图,用于送审、后续设计任务或者存档备用。所以即使基于三维模型完成总布置设计,最终也需要将其转化为二维总布置图。理论上可以通过实体模型的投影功能将三维模型转化为二维模型,但是三维图投影得到的二维图中线条过于复杂,难以直接应用。

考虑到上述原因,采用一种混合模型表达设备模型。混合设备模型的几何模型由两部分组成,一是设备在平面内的二维轮廓线,二是设备的三维 B-Rep 实体模型。海洋平台的设备都属于特定的层(floor),如船底板、机械甲板、主甲板、悬臂梁、生活区甲板等。设备的二维轮廓线为设备在其所在层平面内的投影轮廓线。建立二维轮廓线模型与 B-Rep 实体模型之间的关联,使二者中其一位置发生变化时,另外一个随之变化。图形显示中采用一定的机制使二者同时只能显示其一。当视图为二维模式时,显示二维轮廓线模型,可以在二维轮廓图上实现设备的快速布置与准确定位。当视图切换至三维模式时,则显示设备的真实三维实体模型,此时可以检查布置的合理性,生成总布置的三维渲染图等。除几何属性之外,设备具有重量、重心位置等非几何属性。通过类 JUDEquipment 定义海洋平台的设备对象,类的声明如下。

```
class JUDEquipment:public JUDBaseObject
{private:
PPlate * m_floor;                           //设备所在层
double m_weight;                            //设备重量
CGeoPoint m_gravityCenter;                  //设备重量重心位置
vector <CGeoSolid * >m_3dModel;             //设备的三维实体模型
vector < CGeoCurve * >m_2dModel;            //设备的二维轮廓线模型
public:
void onView2d();                            //显示设备二维轮廓线
void onView3d();                            //显示设备三维实体模型
…
}
```

采用上述三维总布置设计方法,定义 300ft 自升式钻井平台机舱总布置如图 7.8 所示。

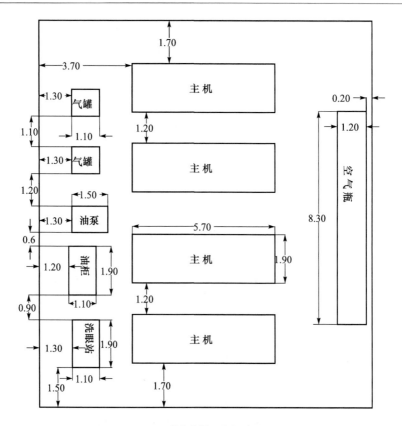

（a）轮廓线图（单位：m）

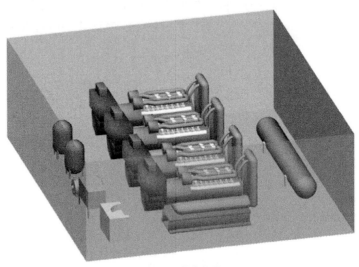

（b）三维实体模型

图 7.8　300ft 自升式钻井平台机舱总布置

7.5　波浪载荷计算

　　海洋平台的环境载荷主要包括海浪、流和风载荷。其中,流载荷与风载荷设计中依据一定的规则简化处理,计算相对简单。海浪载荷涉及波浪理论的选择与应用问题。海洋平台设计中,常用到的波浪理论包括线性波、坦谷波和 Stokes 高阶波浪理论等。不同的波浪理论有不同的适用范围,设计中需要根据波浪理论的算法针对不同的波浪理论开发不同的计算模块。

7.5.1　波浪载荷数据结构

　　所有的波浪理论均有大量的共性。例如,共同的属性(变量)包括波长 L、水深 d、波浪周期 T、波高 H、重力加速度 g、海水密度 ρ 等,共同的方法(函数)包括计算速度矢量、加速度矢量、波面位置等。但是不同的波浪理论因算法不同,速度、加速度与波面等物理量的计算公式通常各不相同。针对波浪理论的上述特点,软件开发中采用面向对象的方式定义波浪的数据结构。将所有波浪理论的基类抽象为 CWave 类,其中包括上述所有波浪理论共有的属性与方法。然后由 CWave 类派生出线性波、Stokes 波等其他波浪理论对应的类。CWave 类的声明如下。

```
class CWave:public CObject
{private:
double m_L;                              //波长
double m_d;                              //水深
double m_T;                              //波浪周期
double m_H;                              //波高
double m_g;                              //重力加速度
double m_rou;                            //海水密度
double m_currentSpeed;                   //海流速度
public:
virtual CGeoVector getUW(const double &t,const double &x,const double &z)const = 0;
                                         //计算速度矢量
virtual CGeoVector getAcelUW(const double t,const double &x,const double &z)const = 0;
                                         //计算加速度矢量
virtual double getProfile(const double &t,const double &x)const = 0;
                                         //计算波面位置
…
};
```

通常,如果设计中需要考虑流载荷,当不考虑二者的干涉时,可以将其线性叠加。此时，可以将流载荷作为波浪载荷的属性，计算速度、压力时可直接求解二者的合速度与合压力。

7.5.2　线性波理论

线性波又称微幅波、Airy 波，由线性化的自由表面边界条件、底部条件、势流理论和无旋理论发展而来。坐标系定义如图 7.9 所示。线性波波幅 η 为位移 x 与时间 t 的函数

$$\zeta = \frac{H}{2}\cos(kx - \omega t) \tag{7.18}$$

式中，H 为波高；k 为波数，$k = 2\pi/L$，L 为波长；ω 为波浪角频率，$\omega = 2\pi/T$，T 为波浪周期。线性波波长可表示为

$$L = \frac{gT^2}{2\pi}\tanh\frac{2\pi d}{L} \tag{7.19}$$

式中，L 出现在等式的两端，无法直接求解。L 的一种简化的公式为

$$L = \frac{gT^2}{2\pi}\sqrt{\tanh\left(\frac{4\pi^2 d}{T^2 g}\right)} \tag{7.20}$$

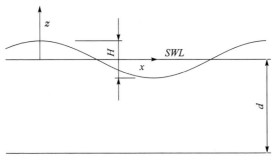

图 7.9　波浪坐标系定义及 $t=0$ 时刻线性波

根据线性化自由表面运动边界条件和动力边界条件，可得出速度势为位移与时间的正弦函数，通过求解 Laplace 方程，可得线性波的速度势为

$$\varphi = \frac{H}{2}\frac{g\cosh[k(z+d)]}{\omega\cosh(kd)}\sin(kx - \omega t) \tag{7.21}$$

式中，g 为重力加速度；z 为质点的垂向位置；d 为水深。水质点的速度可通过速度势的偏导数得到

$$\begin{cases} u = \dfrac{\pi H}{T}\dfrac{\cosh[k(d+z)]}{\sinh(kd)}\cos(kx - \omega t) \\[3mm] w = \dfrac{\pi H}{T}\dfrac{\sinh[k(d+z)]}{\sinh(kd)}\sin(kx - \omega t) \end{cases} \tag{7.22}$$

同理，可得线性波理论中水质点的加速度

$$\begin{cases} \dfrac{\partial u}{\partial t} = \dfrac{2\pi^2 H}{T^2}\dfrac{\cosh[k(d+z)]}{\sinh(kd)}\sin(kx-\omega t) \\[3mm] \dfrac{\partial w}{\partial t} = -\dfrac{2\pi^2 H}{T^2}\dfrac{\sinh[k(d+z)]}{\sinh(kd)}\cos(kx-\omega t) \end{cases} \tag{7.23}$$

根据上述公式,基于 CWave 类,定义线性波类 CLinearWave,根据式(7.22)重写 CWave 类的 getUW 函数,根据式(7.23)重写 getAcelUW 函数,线性波类的声明如下。

```
class CLinearWave:public CWave
{public:
CGeoVector getUW(const double &t,const double & x,const double & z)const;
double getProfile(const double &t,const double &x)const;
CGeoVector getAcelUW(const double & t,const double &x,const double &z)const;
double getL()const;
};
```

式(7.20)为波长的一种近似公式。如果对于波长精度有较高的要求,可以采用迭代算法计算满足精度要求的 L 值,给定波浪周期为 T,精度 $\varepsilon=10^{-3}$,L 迭代算法如下。

算法 7.4　迭代法计算线性波波长

　　根据式(7.20)计算 L 的近似值 L_{approx}

　　令 $l=L_{approx}/2, r=2L_{approx}$

　　WHILE $r-l>\varepsilon$

　　{令 $m=(l+r)/2$

　　　$T_l=\sqrt{2\pi l/[g\tanh(2\pi d/l)]}, T_m=\sqrt{2\pi m/[g\tanh(2\pi d/m)]}$

　　　IF $(T_l-T)(T_m-T)>0$

　　　{$l=m$}

　　　ELSE

　　　{$r=m$}

　　}

　　m 为满足精度的波长

　　算法结束

7.5.3　五阶 Stokes 波理论

　　线性波理论中,假设波高和波长之比(H/L)或者波高与水深之比(H/d)为无限小,则忽略波动的自由表面引起的非线性影响。当 H/L 或者 H/d 较大时,波动的自由水面引起的非线性影响必须考虑,此时自由表面的运动条件和动力条件是非线性的,需要通过非线性波浪理论分析。非线性波浪理论包括 Stokes 波理论、椭圆余弦波和孤立波理论等。其中在海洋平台设计中应用最广泛的为 Stokes 波理论。

Stokes 波理论假定波浪运动基本是与波动特征值有关的无因次常数,最有效的波动特征值在水深较大时为 H/L,在水深较小时为 H/d。因此,在幂级数展开式中所取级数的项数越多,接近于实际的波动特性就越好。根据所选取的级数项数,Stokes 波包括二阶至五阶,其中由 Skjelbreia 在 1961 年提出的 Sotkes 五阶波[3]已被国内外广泛采用。五阶 Stokes 波的速度势表达为[4]

$$\varphi = \frac{C}{k} \sum_{n=1}^{5} F_n \cosh[nk(z+h)]\sin[n(kx-\omega t)]$$

$$= \frac{C}{k}\{(\lambda A_{11}+\lambda^3 A_{13}+\lambda^5 A_{15})\cosh(z+h)\sin(kx-\omega t)$$

$$+ (\lambda^2 A_{22}+\lambda^4 A_{24})\cosh[2(z+h)]\sin[2(kx-\omega t)]$$

$$+ (\lambda^3 A_{33}+\lambda^5 A_{35})\cosh[3(z+h)]\sin[3(kx-\omega t)]$$

$$+ \lambda^4 A_{44}\cosh[4(z+h)]\sin[4(kx-\omega t)]$$

$$+ \lambda^5 A_{55}\cosh[5(z+h)]\sin[5(kx-\omega t)]\} \tag{7.24}$$

式中,C 为波速,$C=L/T$。令 $s=\sinh(kd)$,$c=\cosh(kd)$。系数 A_{ij} 为 s 与 c 的函数,见附录 2。其他符号同上。

五阶 Stokes 的波幅表达为

$$\zeta = \frac{1}{k}[\lambda\cos\theta + (\lambda^2 B_{22}+\lambda^4 B_{44})\cos(2\theta) + (\lambda^3 B_{33}+\lambda^5 B_{55})\cos(3\theta)$$

$$+ \lambda^4 B_{44}\cos(4\theta) + \lambda^5 B_{55}\cos(5\theta)] \tag{7.25}$$

式中,系数 B_{ij} 为 s 与 c 的函数;系数 λ 为待定系数。通过速度势求偏导数,得到水质点的速度为

$$\begin{cases} u = C\sum_{n=1}^{5} nF_n\cosh[nk(z+h)]\cos[n(kx-\omega t)] \\ w = C\sum_{n=1}^{5} nF_n\sinh[nk(z+h)]\sin[n(kx-\omega t)] \end{cases} \tag{7.26}$$

其中,F_n 含义同式(7.24)。水质点加速度为

$$\begin{cases} \frac{\partial u}{\partial t} = kC^2\sum_{n=1}^{5} n^2 F_n\cosh[nk(z+h)]\sin[n(kx-\omega t)] \\ \frac{\partial w}{\partial t} = -kC^2\sum_{n=1}^{5} n^2 F_n\sinh[nk(z+h)]\cos[n(kx-\omega t)] \end{cases} \tag{7.27}$$

上述计算公式中,波高 H、周期 T 和水深 d 为已知量,速度势与待定系数 λ 有关。λ 与 d/L 满足如下关系:

$$\frac{\pi H}{d} = \frac{1}{d/L}[\lambda + \lambda^3 B_{33} + \lambda^5(B_{35}+B_{55})] \tag{7.28}$$

$$\frac{d}{L_0} = \frac{d}{L}\tanh\left[kd\left(\lambda + \lambda^2 C_1 + \lambda^4 C_2\right)\right] \tag{7.29}$$

其中,$L_0 = gT^2/(2\pi)$。理论上,求解式(7.28)与式(7.29)可以得到 λ 与 d/L,但求该方程组的解析解十分困难。尝试采用最优化方法中的多变量函数极值计算方法,如最速下降法、牛顿法、共轭梯度法等求解该问题时,均因目标函数的特殊性而失败。根据方程组的特点,下面给出一种可行的迭代算法,可以计算给定精度下的 λ 与 d/L 值,算法原理如下。

首先要确定 λ 与 d/L 的取值范围。水深 d 为已知量,d/L 的取值取决于波长 L。L 的取值应在由式(7.20)计算得到的波长 L_s 附近。r_1 与 r_2 分别代表 d/L 的下限值与上限值,令 $r_1 = d/(2L_s)$,$r_2 = 2d/L_s$。通常情况下,$[r_1, r_2]$ 区间可以覆盖五阶 Stokes 波的 d/L 取值。当波长取 L_s 时,通过二分迭代法,根据式(7.28)与式(7.29)可以分别计算得到两个系数 λ 的取值 λ_a, λ_b,可以认为 λ 的取值在 λ_a 与 λ_b 附近。λ_1 与 λ_2 分别代表参数 λ 的取值下限与上限,令 $\lambda_1 = \min(\lambda_a, \lambda_b) - 0.1$,$\lambda_2 = \max(\lambda_a, \lambda_b) + 0.1$。正常情况下,$[\lambda_1, \lambda_2]$ 区间可覆盖 λ 的取值范围。为表达方便,令 $r = d/L$。

λ 与 r 要同时满足式(7.28)与式(7.29)。该问题等效于如下优化问题:

$$\begin{aligned}
\min \quad & F(r, \lambda) \\
\text{s.t.} \quad & r_1 \leqslant r \leqslant r_2 \\
& \lambda_1 \leqslant \lambda \leqslant \lambda_2
\end{aligned} \tag{7.30}$$

其中

$$\begin{aligned}
F(r, \lambda) = & \left| \frac{\pi H}{d} - \frac{1}{r}\left[\lambda + \lambda^3 B_{33} + \lambda^5(B_{35} + B_{55})\right] \right| \\
& + \left| \frac{d}{L_0} - r\tanh(kd)(\lambda + \lambda^2 C_1 + \lambda^4 C_2) \right|
\end{aligned} \tag{7.31}$$

将该二维约束最优化问题转变成两次一维约束最优化问题处理。令 $g(k)$ 为给定 $\lambda = k$,r 在取值范围内变化时函数 F 的最小值,即

$$g(k) = \min F(r, \lambda)|_{\lambda=k}, \quad r_1 \leqslant r \leqslant r_2 \tag{7.32}$$

当 r_1 与 r_2 取值合理时,$F(r, \lambda)|_{\lambda=k}$ 在 $[r_1, r_2]$ 区间段有不多于一个极小值。求一维函数的极小值可归结为求函数的导数为零。所以,首先需要计算 $F(r, \lambda)$ 在 $\lambda = k$ 时对 r 的偏导数。采用差分公式近似计算偏导数

$$\left. \frac{\partial F}{\partial r} \right|_{\lambda=k} = \frac{F(r + \Delta r, k) - F(r, k)}{\Delta r} \tag{7.33}$$

根据上述原理,计算 $g(k)$ 算法如下。

算法 7.5 计算给定 λ 时 r 使 F 取最小值

令 $l = r_1, r = r_2, \varepsilon_r = 10^{-10}, \Delta r = 10^{-12}, m = r$

$minr = 0, flag = 0$

$\textbf{WHILE}\ (r-l>\varepsilon_r)$

$\{\textbf{IF}\ flag\neq 0$

　　$\{m=(l+r)/2\}$

　　$F_l=F(l,k),F_{l\Delta}=F(l+\Delta r,k),F_m=F(m,k),F_{m\Delta}=F(m+\Delta r,k)$

　　$f_l=(F_{l\Delta}-F_l)/\Delta r,f_m=(F_{m\Delta}-F_m)/\Delta r$

　　$\textbf{IF}\ flag=0$

　　$\{flag=1$

　　　　$\textbf{IF}\ f_l\cdot f_m>0$

　　　　$\{\textbf{IF}\ F_l<F_m\{minr=l\}$

　　　　　$\textbf{ELSE}\ \{minr=r\}$

　　　　　退出循环

　　　　$\}$

　　$\}$

　　$\textbf{ELSE}$

　　$\{\textbf{IF}\ f_l\cdot f_m>0\ \{l=m\}$

　　　$\textbf{ELSE}\{r=m\}$

　　　$minr=m$

　　$\}$

$\}$

　　$g(k)$值为 $F(minr,k)$,对应最小 r 为 $minr$

算法结束

通过上述算法,可以计算满足给定精度 ε_r 的 $g(k)$,即给定 $\lambda=k$ 时函数 F 的最小值及其最小值对应的 r 值。$g(k)$ 在 $[\lambda_1,\lambda_2]$ 区间段取最小值对应的 k 及对应的 r 值,即为优化问题(7.30)的解,式(7.30)可以等效为

$$\begin{aligned}\min\quad & g(k)\\ \text{s.t.}\quad & \lambda_1\leqslant k\leqslant \lambda_2\end{aligned} \tag{7.34}$$

当 λ_1 与 λ_2 取值合理时,$g(k)$ 在 $[\lambda_1,\lambda_2]$ 区间段有不多于一个极小值,该极小值即 $g(k)$ 在 $[\lambda_1,\lambda_2]$ 区间段的最小值。同样,将求 $g(k)$ 的极小值可归结为求解导数 $g'(\lambda)$ 为零。采用差分公式近似计算 $g'(k)$ 的导数

$$g'(k)=\frac{g(k+\Delta k)-g(k)}{\Delta k} \tag{7.35}$$

其中,Δk 取 10^{-8}。通过二分迭代法计算 $[\lambda_1,\lambda_2]$ 范围内 $\min g(k)$ 对应的变量值,算法如下。

算法 7.6　计算 λ 与 r 使 F 取最小值

　　令 $l=\lambda_1,r=\lambda_2,\varepsilon_\lambda=10^{-7},\Delta\lambda=10^{-8}$

　　$\textbf{WHILE}\ (r-l)>\varepsilon_\lambda$

　　$\{$令 $m=(l+r)/2$

$$F_l = g(l), F_{l\Delta} = g(l+\Delta), F_m = g(m), F_{m\Delta} = g(m+\Delta)$$
$$f_l = (F_{l\Delta} - F_l)/\Delta, f_m = (F_{m\Delta} - F_m)/\Delta$$

IF $f_l \cdot f_m > 0$ {$l=m$}

ELSE {$r=m$}

}

m 为满足精度要求的 λ

算法结束

采用上述算法,可以计算得到满足精度要求的参数 λ 与 d/L。然后计算相关系数,代入式(7.24)可求解速度势,代入式(7.26)与式(7.27)可求得速度与加速度。采用 CWaveStokes5 类定义五阶 Stokes 波,类的声明如下。

```
class CWaveStokes5:public CWave
{private:
double m_lbd;                                              //λ
double m_d1L;                                              //d/L
double m_a11,m_a13,m_a15,m_a22,m_a24,
m_a33,m_a35,m_a44,m_a55;                                   //系数 A11～A55
double m_b22,m_b24,m_b44;                                  //系数 B22,B24,B44
double m_c3,m_c4;                                          //系数 C3,C4
public:
double B33(const double &d1L)const;                        //计算系数 B33
double B35(const double &d1L)const;                        //计算系数 B35
double B55(const double &d1L)const;                        //计算系数 B55
double C1(const double &d1L)const;                         //计算系数 C1
double C2(const double &d1L)const;                         //计算系数 C2
double calcLbdFromEq1(const double &d1L)const;             //通过(7.28)计算 λ
double calcLbdFromEq2(const double &d1L)const;             //通过(7.29)计算 λ
double FObj(const double &d1L,const double &lbd)const;     //函数 F
double partDerivDL(const double &d1L,const double &lbd)const;
                                                           //偏导数 ∂F/∂r
double getD1LForMinFAtLbd(const double &k)const;           //函数 g(k)
double getMinLbd();                                        //计算最小 λ
double getProfile(const double &t,const double &x)const;   //计算波面位置
CGeoVector getUW(const double &t,const double &x,const double &z)const;
CGeoVector getAcelUW(const double &t,const double &x,const double &z)const;
…
};
```

vacWaveStokes5 中,系数采用两种方式定义。λ 与 d/L 为未知量,与 λ 或者 d/L 相关的系数,定义为函数形式,如 B_{33}、B_{35}、B_{55}、C_1、C_2。其他系数均定义为变

量形式。函数 calcLbdFromEq1 与 calcLbdFromEq2 分别用于计算在给定 d/L 的前提下,通过式(7.28)与式(7.29),采用二分迭代法计算 λ。函数 FObj 用于依据式(7.31)计算函数 F 的值。partDerivDL 用于计算 F 在 $\lambda=$ lbd 时 $d/L=$ d1L 对 d/L 的偏导数。getD1LForMinFAtLbd 用于计算给定 $\lambda=$ lbd 时,使得 F 最小对应的 d/L。getMinLbd 函数用于计算使 F 小于给定精度对应的 λ。

图 7.10 为波高 $H=5.5$m,周期 $T=9.4$s,海水密度 $\rho=1.025$t/m³,重力加速度 $g=9.81$m/s²,水深分别为 10m、20m、30m、40m、50m 和 60m,采用 CLinear-Wave 与 CWaveStokes5 类计算得到的线性波与五阶 Stokes 波的波形对比图。实例证明,通过 CWaveStokes5 类可以用于不同参数对应的五阶 Stokes 波的计算问题。

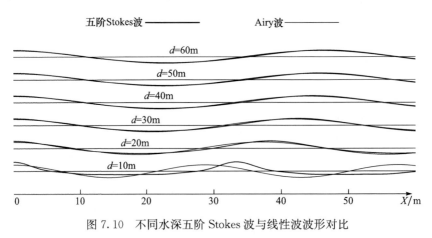

图 7.10　不同水深五阶 Stokes 波与线性波波形对比

7.5.4　基于 Morison 方程的载荷计算

对于直径与波长之比(d/L)小于 0.2 的细长型海洋工程结构物,其置于水中受到的波、流力可以采用 Morison 方程近似计算。自升式钻井平台的桩腿主要分为圆柱形与桁架式两种形式。对于圆柱形桩腿,其桩腿直径与波高之比通常满足 Morison 方程的适用条件。桁架式桩腿由弦杆、水平腹杆和斜腹杆等结构焊接构成。计算波浪载荷时需要对上述三类构件单独计算,每类构件的最大直径与波长之比也在 Morison 方程的适用范围之内。所以,工程上通常采用 Morison 方程计算自升式钻井平台站立于海水中的波浪力与海流力。实际应用中,通常不考虑波浪力与流力的干涉,认为水质点的速度为波浪速度与流速度的矢量和。将波浪力与流力求矢量和,然后将二者速度矢量和与波浪引起的水质点加速度代入 Morison 方程,即可得到作用于细长型海洋工程结构物上的波流力。

采用 Morison 公式计算 300ft 自升式钻井平台桩腿波流力载荷。波浪高度 H 为 5.5m,周期 T 为 9.4s。Morison 方程中的黏性力系数 C_d 与惯性力系数 C_m 统一取 1.2、2.0。流速 C 取 2m/s,水深分别取 60m、40m、20m 和 10m。波向角取 0°~180°,间隔 20°。将各波向角下波浪周期 32 等分,计算相位为各等分点时的结构合力,取 X 方向最大合力为对应波向角下的载荷 Fx。以 Fx 为纵坐标,对应波向角为横坐标,绘制不同水深对应的载荷分布曲线。分别计算基于五阶 Stokes 波与线性波理论的载荷分布曲线,如图 7.11 所示。从图中可以看出,在水深较大时,基于五阶 Stokes 波计算得到的平台所受最大波流力与基于线性波的计算结果基本一致,设计中可以通过相对简单的线性波理论计算波流力。但是,当水深较浅时,两种波浪理论计算得到的波流力有显著差异,基于线性波的计算结果偏于危险。对于水深较浅的情况,必须采用高阶波理论以获得更为精确的计算结果。

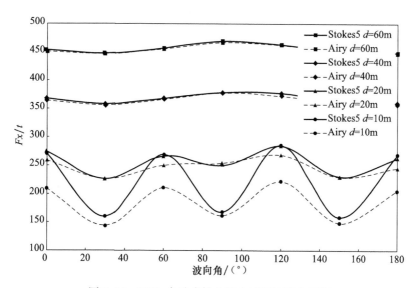

图 7.11　300ft 自升式钻井平台桩腿波流力载荷

本节介绍线性波与五阶 Stokes 波两种波浪理论。如果需要用到更高阶的波浪理论,则通过 CWave 类派生出一个新类,重载并定义其相关的成员函数,需要添加的代码仅与相应的波浪理论相关,然后即可将新的波浪理论模型添加至系统,用于计算海洋平台设计中需要的波浪载荷。

7.6　基于三维浮体模型的静水力特性计算

第 3 章中介绍了一种基于边界平面的船舶静水力特性计算方法,该方法具有良好的通用性,可以用于各类浮式海洋结构物,包括海洋平台。但是,应用边界平面计算海洋平台的静水力特性存在两方面缺点。

　　首先,海洋平台的浮体结构不适合采用切片方式表达。常规单体船舶的浮体是由船体曲面、甲板、外底板和尾封板围成的流线形单体。而多数海洋平台的浮体不是简单的流线形单体,通常浮体中没有复杂的三维曲面,而是由一系列各种形状的几何体组合而成。组成海洋平台浮体的几何体通常为简单几何体,包括长方体、圆柱体、棱柱体、楔形体、棱锥体及圆锥体等,各种简单几何体对浮体的作用可以是增加浮力或者扣除浮力。海洋平台的浮体模型是由所有作用为增加浮力的几何体的并集,扣除所有作用为扣除浮力的几何体得到的实体模型。图 7.12(a)、(b)、(c)和(d)分别为典型的半潜式平台(附录 1[9])、张力腿式平台(附录 1[10])、自升式平台(附录 1[8])和坐底式平台(附录 1[11])的浮体模型。组成半潜式平台的几何体包括棱柱体和长方体,组成张力腿平台浮体的几何体包括圆柱体与长方体,组成自升式平台浮体的几何体包括棱柱体、圆柱体和棱锥体,组成坐底式平台的几何体包括棱柱体、圆柱体和长方体。

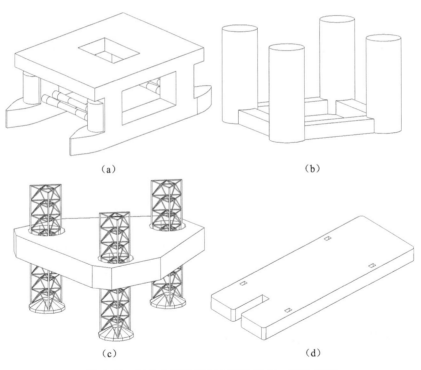

图 7.12　四类典型海洋平台浮体 B-Rep 实体模型

　　采用切片的方式理论上可以描述由简单几何体组合而成的海洋平台浮体,但是切面的定义比较复杂。对于常规船舶,船体型线图中的水线与横剖线即为计算静水力特性切片模型的边线,所以基于型线图可以很容易地建立静水力计算的三维切片模型。海洋平台的浮体通常不采用型线图表达,所以如果采用切片边界平面计算其静水力特性,需要单独定义剖面建立其浮体模型,建模工作量较大。其次,将海洋平台的浮体表达为切片模型,如果切片的间距较大,则会产生较大的误差。对于常规船舶,其浮体为流线形,同一方向相邻剖面的切片属性变化相对均匀,不存在剖面的突变,所以取较大的切片间距(如型线图中水线间距、站线间距),通过样条曲线拟合,可以达到足够的计算精度。对于海洋平台,其剖面属性不满足连续性要求,存在大量的属性突变位置。所以计算静水力特性时不能采用样条曲线,通常采用折线且取较小的切片间距,进一步增加建模的工作量。

海洋平台因具有较小的长宽比,总纵强度通常不必关注,所以设计中通常不需要计算海洋平台的邦戎曲线。海洋平台的静水力特性计算主要包括静水力曲线计算与稳性插值曲线的计算。从数学角度看,计算海洋平台的静水力曲线,可以归结为两类问题的计算问题:一类是浮体在水线面以下排水体积和浮心位置计算问题;另一类是水线面面积、型心、惯性矩等属性计算问题。对于稳性插值曲线,可以归结为两类问题的计算,即浮体在一定横倾、纵倾下水线面以下浮体的体积与体积心计算问题。基于 B-Rep 表达的三维实体模型可以准确、快速计算各种复杂几何体的体积、型心和惯性矩等体属性,同时通过切割算法可以得到实体模型与任意平面的剖面,得到剖面的各种属性。如果采用实体模型表达海洋平台的浮体,则浮性和稳性计算的关键问题均可以通过基于实体模型的算法实现。

B-Rep 实体模型具有强大的表达能力,可以准确描述各类海洋平台的浮体形状。建模时先建立构成海洋平台的简单几何体,然后通过实体的布尔运算,将所有作用为增加浮力的几何体通过布尔加运算得到平台的主体模型,然后从主体模型中通过布尔减运算减去作用为扣除浮力的几何体,得到海洋平台浮体的精确实体模型。基于上述分析,本章介绍一种基于 B-Rep 实体模型表达海洋平台浮体的三维模型,并基于三维 B-Rep 浮体模型完成海洋平台的静水力特性计算方法。

7.6.1　静水力曲线计算

在三维船体坐标系下,海洋平台的浮体 B-Rep 实体模型为 H,基于 H 计算海洋平台静水力曲线方法如下。

(1) 提取 H 的所有顶点的 Z 坐标,并将所有 Z 坐标从小到大排序,删除重复数据,得到 $\mathbf{z}=\{z_0,z_1,\cdots,z_{nz-1}\}$,得到 H 的边线集 $\mathbf{E}$。

(2) 建立吃水数组 $\mathbf{WL}$,将 $z_0+\varepsilon$ 添加至 $\mathbf{WL}$,其中 $\varepsilon=10^{-3}$。令 $i=1$。

(3) 判断 $\mathbf{E}$ 中位于 $[z_{i-1},z_i]$ 范围内的边是否有曲线,包括样条曲线、圆弧、椭圆弧等,如果有,执行步骤(4);否则,执行步骤(5)。

(4) 令 $N=(z_i-z_{i-1})/S$。其中,间距 S 取 500mm。如果 $N<2$ 令 $N=2$。将

$[z_{i-1}, z_i] N$ 等分,得到 $N+1$ 个等分点,将中间 $N-1$ 个等分点由小到大依次存入数组 **WL** 中。

(5) 将 $z_i - \varepsilon$ 添加至 **WL**。

(6) 如果 $i = nz - 1$,将 **WL** 从小到大排序,执行步骤(7);否则,将 $z_i + \varepsilon$ 添加至 **WL**,令 $i = i + 1$,执行步骤(3)。

(7) **WL** $= \{WL_0, WL_1, \cdots, WL_{nwl-1}\}$ 为水线面位置。

(8) 定义点数组 paA、$paLCF$、paV、$paDisp$、$paLCB$、$paTCB$、$paVCB$、$paDCM$、$paZM$、$paZML$、$paMCM$、$paCb$、$paCp$、$paCw$、$paCm$。令 $i = 0$。

(9) 过点 WL_i 创建平行于基平面的平面 P_{WL}。通过实体的切割算法(slice),用平面 P_{WL} 切割实体 H,得到上部实体 H_U 和下部实体 H_L,以及水线面对应的边界平面 R_{WL},如图 7.13 所示。R_{WL} 可能为简单的边界平面,可能是带有开孔的复连通域,或者是由多个边界平面构成的复合边界平面。H_L 即为水线 WL_i 以下的浮体。通过 H_L 可以计算排水量相关的静水力特性。R_{WL} 与水线面形状相同,通过 R_{WL} 可以计算所有水线面相关属性。

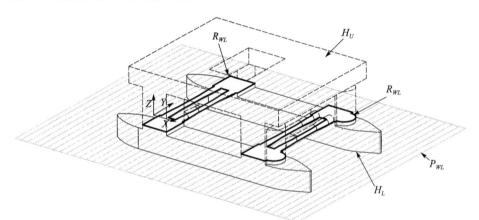

图 7.13　基于三维实体模型计算海洋平台静水力曲线

(10) 提取实体 H_L 的属性,得到体积 V 和型心坐标 (LCG, TCG, VCG)。提取边界平面 R_{WL} 的属性,得到 R_{WL} 对于 X 轴的惯性矩 Ix、相对于 Y 轴的惯性矩 I_{y_0}、面积 A_w 及型心的 X 坐标 X_f。

(11) 向 paA、$paLCF$、paV、$paLCB$、$paTCB$、$paVCB$ 中分别添加点 (WL_i, A_w)、(WL_i, X_f)、(WL_i, V)、(WL_i, LCB)、(WL_i, TCB) 和 (WL_i, VCB)。

(12) 令 $Disp = V \cdot \rho \cdot c$,其中 ρ 为海水密度,c 为附体系数。$DCM = 0.01 A_w \cdot \rho$。$ZM = Ix/V + VCG$,$Iyf = I_{y_0} - A_w \cdot X_f^2$,$ZML = Iyf/V + VCG$,$MCM = Disp \cdot Iyf/(100L \cdot V)$,其中 L 为 H_L 所有顶点中最大 X 坐标与最小 X 坐标之差。$C_b = $

$V/(L \cdot B \cdot WL_i)$,其中 B 为 H_L 所有顶点中最大 Y 坐标与最小 Y 坐标之差。$C_w =$
$A_w/(L \cdot B)$。

(13) 向 $paDisp$、$paDCM$、$paZM$、$paZML$、$paMCM$、$paCb$、$paCw$ 中分别添加
点 $(WL_i, Disp)$、(WL_i, DCM)、(WL_i, ZM)、(WL_i, ZML)、(WL_i, MCM)、(WL_i, C_b)、(WL_i, C_w)。

(14) 过点 $(L/2, 0, 0)$ 作垂直于 X 轴的平面 P_M,通过 P_M 切割 H_L,得到边界平
面 R_M。R_M 为吃水为 WL_i 时的中横剖面。计算边界平面 R_M 的面积 A_m,令 $C_m =$
$A_m/(B \cdot WL_i)$,$C_p = C_b/C_m$。

(15) 向 $paCp$、$paCm$ 添加点 (WL_i, C_p)、(WL_i, C_m)。

(16) 过 15 组点数组创建 15 条折线,即为浮体 H 的静水力曲线。

如果需要计算给定纵倾 φ 下的静水力曲线,则在步骤(1)之前,过 $(0, 0, d)$ 点作
平行于基面的平面 P_d,其中 d 为设计吃水。通过 P_d 切割 H,得到水线面 WL_d。
计算 WL_d 的型心纵向坐标 LCF_d。将 H 绕 $P_1(LCF_d, 0, d)$ 与 $P_2(LCF_d, 1000, d)$
轴构成的旋转轴旋转角度 φ(尾倾为正),得到实体 H_φ。将 H_φ 作为浮体实体,执行
步骤(1)~(16)即可得到纵倾 φ 下的静水力曲线。

7.6.2　稳性插值曲线计算

1. 固定纵倾角下的稳性插值曲线计算

三维船体坐标系下,海洋平台的浮体 B-Rep 实体模型为 H,基于 H 计算海洋
平台稳性插值曲线方法如下。

(1) 假定一组横倾角 $\boldsymbol{\theta} = \{\theta_0, \theta_1, \cdots, \theta_{n-1}\}$,其中 n 为假定横倾角数目。假定一
组吃水 $\mathbf{d} = \{d_0, d_1, \cdots, d_{m-1}\}$,其中 m 为假定的吃水数目。

(2) 通过变量 i 对各横倾角进行循环,令 $i = 0$。

(3) 当前横倾角为 θ_i。定义点数组 $\mathbf{P}$,用于保存稳性插值曲线的型值点。通过
变量 j 对各吃水进行循环,令 $j = 0$。

(4) 当前吃水为 d_j。过点 $(0, 0, d_j)$ 作垂直于 Z 轴的平面 P_j,即当前水线面。

(5) 为表达方便、计算不同横倾角下的回复力臂时,令浮体不动,水线面横
倾。将 P_j 绕点 $P_1(0, 0, d_j)$ 与点 $P_2(1000, 0, d_j)$ 构成的轴旋转 θ_i,得到横倾后的
水线面 $P_{i,j}$。

(6) 利用平面 $P_{i,j}$ 切割实体 H,得到上部实体 H_U 和下部实体 H_L,H_L 为吃水
为 d_j、横倾角为 θ_i 时水线面以下的浮体,如图 7.14 所示。查询 B-Rep 的属性,得
到 H_L 的体积 V 及其体积心 $B(xb, yb, zb)$。

(7) 取假定重心高度为 0,假定重心坐标为 $G(xb, 0, 0)$,则横倾角 θ_i、吃水 d_j
对应的形状稳性臂为

$$l_{i,j} = zb\sin\theta_i + yb\cos\theta_i \qquad (7.36)$$

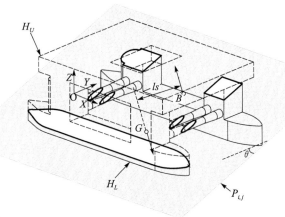

图 7.14　基于三维实体模型计算海洋平台稳性插值曲线

(8) 将三维点 $(V, l_{i,j}, 0)$ 添加至数组 **P**。

(9) 如果 $j = m-1$，执行步骤(10)；否则，令 $j = j+1$，执行步骤(4)。

(10) 以 **P** 为型值点，构造样条曲线 C_i，即为浮体 H 在横倾角为 θ_i 时对应的稳性插值曲线。

(11) 如果 $i = n-1$，执行步骤(12)；否则 $i = i+1$，执行步骤(3)。

(12) 计算结束，$C_0, C_1, \cdots, C_{n-1}$ 即浮体 H 对应的稳性插值曲线。

上述算法用于计算浮体正浮时的稳性插值曲线。如果需要计算给定纵倾 φ 下的稳性插值曲线，采用与 7.6.1 节中相同的处理方式，即在步骤(1)之前，将浮体绕设计吃水下的漂心纵向旋转角度 φ，将得到实体 H_φ 作为浮体，执行步骤(1)~(12) 完成纵倾 φ 下的稳性插值曲线计算。

采用上述方法，分别计算图 7.12(a)、(b)、(c)、(d)对应的半潜式平台、张力腿式平台、自升式平台和坐底式平台固定纵倾角为零时的稳性插值曲线，如图 7.15 (a)、(b)、(c)、(d)所示。

2. 自由浮态下稳性插值曲线计算

文献[1]中给出一种海洋平台自由浮态下稳性直接计算方法，该方法不需要计算稳性插值曲线，对给定的装载量与重心位置，通过二分迭代法确定各横倾角下满足重力浮力平衡、纵向力矩平衡的吃水与纵倾值，然后计算回复力臂。该方法具有较高的计算精度，但海洋平台在营运过程中，通常通过装载手册中的稳性插值曲线计算其在不同装载情况下的稳性，所以基于稳性插值曲线的稳性计算方法虽然精度相对较低，但仍然具有一定的必要性。

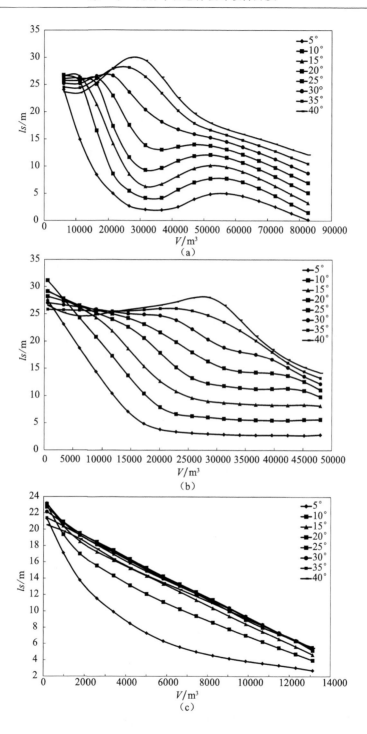

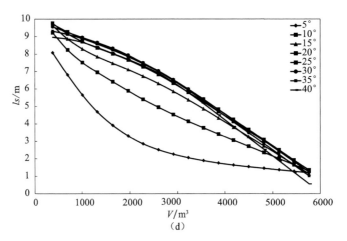

图 7.15　基于三维实体模型计算各类平台稳性插值曲线

本书 3.5.2 节与 7.6.2 节中,分别给出了基于三维切片模型与基于三维实体模型计算计入纵倾的稳性插值曲线计算方法。两类方法计算稳性插值曲线时,均假定纵倾角为恒定值。应用计入纵倾角的稳性插值曲线计算浮体静稳性曲线时,通常采用与 4.1.1 节中类似的方法,利用假定纵倾角下的稳性插值曲线经两次插值完成。对于常规运输船舶,由于较大的长宽比和相对规则的浮体形状,通常情况下横倾对船舶的浮心纵向位置影响较小。所以可以由一组假定纵倾下的稳性插值曲线近似计算自由浮态下的稳性。对于海洋平台,由于浮体首尾水线面可能存在较大的不对称性,尤其是非横倾与纵倾的任意倾斜轴下的稳性计算问题。对于上述情况,海洋平台随着横倾角的变化,浮心纵向位置将发生较大变化,此时通过假定纵倾角下稳性插值曲线计算稳性的方法显然将导致较大的误差。

自由浮态下稳性计算中,关键问题是要保证计算回复力臂时满足纵向力矩平衡方程要求,即 $LCB=LCG$。由于通常情况下浮体的浮心纵向位置随横倾角的变化而变化,所以纵倾角不是定值,而重心纵向位置是固定的,与横倾角无关。所以,更为合理的做法是假定一组重心纵向位置 $LCG_0, LCG_1, \cdots, LCG_{l-1}$,计算重心纵向位置为 $LCG_i (i=0,1,\cdots,l-1)$,满足重力与浮力纵向力矩平衡(即 $LCB=LCG_i$)时的稳性插值曲线 $\mathbf{CC}_0, \mathbf{CC}_1, \cdots, \mathbf{CC}_{l-1}$,其中 $\mathbf{CC}_i$ 为重心位置为 LCG_i 时的稳性插值曲线。实际应用中,根据海洋平台的重心纵向位置 LCG,以 $\mathbf{CC}_0, \mathbf{CC}_1, \cdots, \mathbf{CC}_{l-1}$ 为基础通过插值算法,计算得到 LCG 对应的稳性插值曲线,在其基础上完成自由浮态下的稳性计算。

计算假定重心纵向位置下的稳性插值曲线,可以对 7.6.2 节中的固定纵倾角下的稳性插值曲线计算方法加以改进实现。满足重力与浮力纵向力矩平衡的稳性插值曲线计算的关键是在给定吃水 d 与横倾角 θ 时,找到纵倾角 φ',使得浮心纵向位置与假定重心纵向位置相同。令浮体为 H，漂心纵向位置为 x_f，假定重心纵向位置为 x_g。过点 $(0,0,d)$ 作水平面 P，将 P 绕点 $P_1(0,0,d)$ 与点 $P_2(1000,0,d)$ 构成的轴旋转角度 θ，得到横倾后的水线面 $P_{\theta d}$。迭代计算纵倾角 φ' 的算法如下。

算法 7.7　迭代计算满足重力与浮力纵向力矩平衡的纵倾角

　　令 $\varphi_l=-10,\varphi_r=10$

　　令 $l=\varphi_l,r=\varphi_r,\varepsilon=10^{-2}$

　　令实体 $H_{d\theta}=\text{NULL}$

　　WHILE $r-l>\varepsilon$

　　$\{m=(l+r)/2$

　　　　将浮体 H 绕 $(x_f,0,d)$，在 XZ 面内旋转角度 l，得到浮体 H_l

　　　　通过 P 切割 H_l，得到上部实体 H_{lU} 与下部实体 H_{lL}

　　　　计算 H_{lL} 的型心 X 坐标 x_l

　　　　将浮体 H 绕 $(x_f,0,d)$，在 XZ 面内旋转角度 m，得到浮体 H_m

　　　　通过 P 切割 H_m，得到上部实体 H_{mU} 与下部实体 H_{mL}

　　　　计算 H_{mL} 的型心 X 坐标 x_m

　　　　IF $(x_l-x_g)\cdot(x_m-x_g)>0$

　　　　$\{$令 $l=m\}$

　　　　ELSE

　　　　$\{$令 $r=m\}$

　　　　令 $H_{d\theta}=H_{mL}$

　　$\}$

　　m 为满足重力与浮力纵向力矩平衡方程的纵倾角 φ'

　　算法结束

在 7.6.2 节中计算固定纵倾角下的稳性插值曲线方法中，假定初始纵倾角为 0。在第(5)步之前，采用算法 7.7 计算横倾角为 θ_i、吃水为 d_j 时的纵倾角 φ'。将浮体 H 绕 $(x_f,0,d)$ 点在 XZ 面内旋转角度 φ' 得到浮体 H'，以 H' 为浮体模型完成后续的计算得到的即为重心纵向位置为 x_g 时的稳性插值曲线。

采用上述方法计算如图 7.12(a)所示的 3000m 深水半潜式钻井平台的重心纵向居中距离分别为 $-1\mathrm{m}$、$-0.5\mathrm{m}$、$0.5\mathrm{m}$、$1\mathrm{m}$ 对应的稳性插值曲线，分别如图 7.16 (a)、(b)、(c)和(d)所示。

3. 稳性插值曲面计算

海洋平台的稳性插值曲线数量较多，存储与应用相对较困难。实际应用中，可以通过更为直观的稳性插值曲面代替稳性插值曲线。稳性插值曲面是在给定风力矩方向角的情况下，形状稳性臂 ls 随排水体积 V 与重心纵向位置 LCG 变化的曲面，即

$$ls=f(V,LCG) \tag{7.37}$$

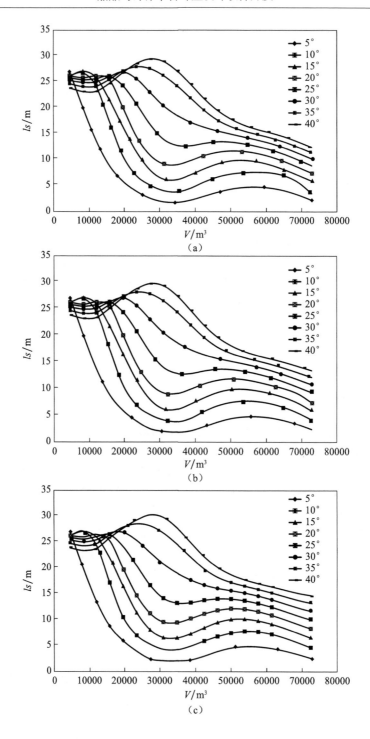

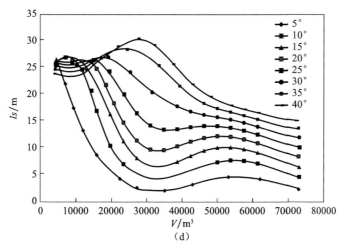

图 7.16　3000m 深水半潜式平台假定重心纵向位置下的稳性插值曲线

计算稳性插值曲面时,首先假定一组重心纵向位置 LCG_0, LCG_1, $\cdots$, LCG_{l-1}, 然后计算各重心纵向位置下的稳性插值曲线 $\mathbf{CC}_0$, $\mathbf{CC}_1$, $\cdots$, $\mathbf{CC}_{l-1}$。$\mathbf{CC}_j$($j=0,1,\cdots$, $l-1$)中包括 n 条曲线,即 $\mathbf{CC}_j = \{CC_{j,0}, CC_{j,1}, \cdots, CC_{j,n-1}\}$。稳性插值曲面为 n 张曲面 SC_0, SC_1, $\cdots$, SC_{n-1}。将 $CC_{j,i}$($i=0,1,\cdots,n-1,j=0,1,\cdots,l-1$)沿 $(0,1,0)$ 方向移动距离 LCG_j。以移动后的曲线 $CC_{0,i}$, $CC_{1,i}$, $\cdots$, $CC_{l-1,i}$ 为轮廓线,通过 NURBS 曲面的蒙面法构造稳性插值曲面 SC_i。3000m 深水半潜式钻井平台稳性插值曲面如图 7.17 所示。

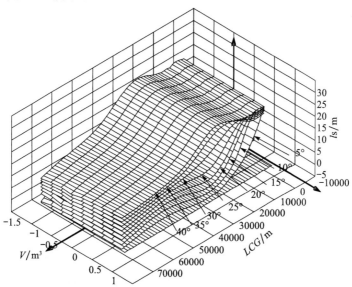

图 7.17　3000m 深水半潜式钻井平台稳性插值曲面

利用稳性插值曲面计算海洋平台的静稳性曲线时，首先计算船舶的重心纵向位置 LCG，过点 $(0,LCG,0)$ 作垂直于 Y 轴的平面 PL，通过 PL 依次与 SC_0，SC_1，…，SC_{n-1} 求交，得到曲线 CL_0，CL_1，…，CL_{n-1}，并将其作为稳性插值曲线，计算静稳性曲线 ST_F，则 ST_F 即为平台自由浮态下的静稳性曲线。

4. 不同风力矩方向角下的稳性插值曲线计算

海洋平台需要计算不同风力矩作用下的稳性。风力矩作用轴与 X 轴夹角为 ψ。计算海洋平台在方向角为 ψ 的风力矩作用下稳性有两种处理方式。第一种处理方法为，平台不变，直接计算方向角为 ψ 的风力矩作用下的稳性。第二种处理方式为，假定风力矩作用轴线方向始终为 X 轴。平台的倾斜轴过漂心 LCF。在 XY 平面内，将平台的浮体、平台重心绕 $(LCF,0)$ 点旋转角度 ψ，然后按照常规的计算横倾时稳性的计算方法，计算旋转后平台的稳性，如图 7.18 所示。

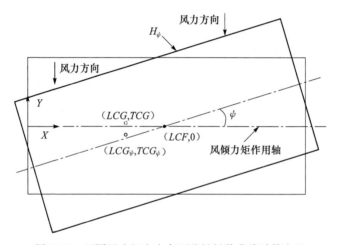

图 7.18　不同风力矩方向角下稳性插值曲线计算方法

两种方法计算得到的稳性值相同，但是后者更利于程序设计，所以本章中采用假设风力矩方向为 X 方向，用旋转平台的方式计算平台在不同倾斜轴下的稳性。本章后续的进水角曲线计算、稳性校核均采用该原则。

风力矩方向与 X 轴夹角为 ψ 时的稳性插值曲线通过两步完成。首先，将平台的浮体模型 H 在 XY 面内，绕点 $(LCF,0)$ 旋转角度 ψ，得到浮体模型 H_ψ。然后，以 H_ψ 为浮体，采用 7.6.2 节中方法，计算假定重心纵向位置下的稳性插值曲线，即为风力矩方向与 X 轴夹角为 ψ 时的稳性插值曲线。

采用上述方法，计算 55m 自升式工作平台（附录 1[12]）在风力矩方向角 ψ 为 $0°$、$30°$、$60°$ 和 $90°$，假定重心居中距离为 0 时的稳性插值曲线，分别如图 7.19(a)、(b)、(c)和(d)所示。

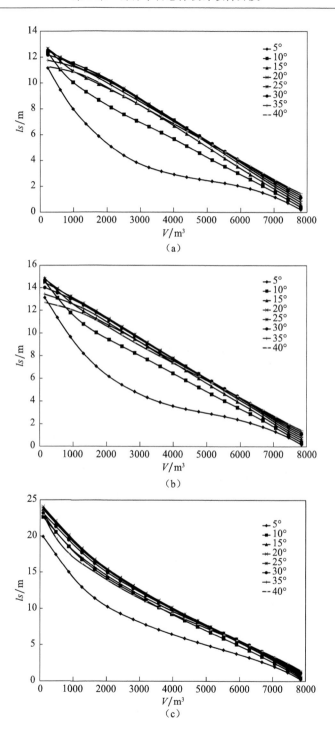

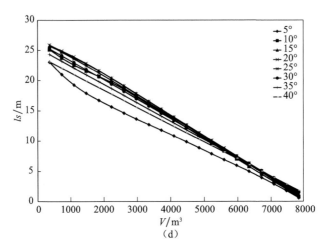

图 7.19　55m 自升式工作平台不同倾斜轴下稳性插值曲线

7.6.3　进水角曲线计算

对于常规船舶,由于仅需要校核横稳性,且通常不考虑纵倾对进水角的影响,所以进水角曲线仅有一条。海洋平台需要校核不同方向风力矩作用方向下的稳性,所以需要计算不同横倾轴下的进水角曲线。海洋平台的进水点数量较多且分布规律性较差。当倾斜轴固定时,决定进水角曲线的进水点是将平台横倾角从 0 开始逐渐变大,第一个入水的进水点。不同倾斜轴下,第一个入水的点可能是不同的。所以,计算海洋平台进水角曲线时,应考虑所有进水点,并从其中找到第一个进水点。

海洋平台的进水点可以分为两类,第一类为非风雨密进水点,包括机舱的排烟管及一些在设备运行时需要保持为打开状态的通风孔等;第二类为非水密进水点,包括第一类进水点,以及航行时能够关闭、可以达到风雨密但不能达到水密的进水点,如带有关闭装置的液舱、生活舱室的空气管等。计算海洋平台的完整稳性时,仅考虑第一类进水点。计算海洋平台的破舱稳性时,需要考虑第一类、第二类进水点。所以,海洋平台的进水角曲线包括两组,一组是用于完整稳性计算的进水角曲线,另一组是用于破舱稳性计算的进水角曲线。表 7.1 为 55m 自升式工作平台的非水密进水点与非风雨密进水点列表。

表 7.1　55m 自升式工作平台进水点列表

进水点名称	进水点类型	垂向位置/mm	纵向位置/mm	横向位置/mm
NO.1 压载舱(P/S)空气管	非水密	5260	21600	±400
NO.1 压载舱(P/S)空气管	非水密	5260	24500	±7400
NO.2 压载舱(P/S)空气管	非水密	5260	−21023	±900

续表

进水点名称	进水点类型	垂向位置/mm	纵向位置/mm	横向位置/mm
NO.2 压载舱(P/S)空气管	非水密	5260	−19823	±6900
NO.1 空舱(P/S)空气管	非水密	5260	26100	±2100
NO.1 空舱(P/S)空气管	非水密	5260	26100	±12300
NO.2 空舱(P/S)空气管	非水密	5260	19000	±12400
NO.2 空舱(C)空气管	非水密	5260	15100	±7500
NO.3 空舱(P)空气管	非水密	5260	13800	−7500
NO.3 空舱(P)空气管	非水密	5260	15100	−9200
NO.3 空舱(S)空气管	非水密	5260	13400	9200
NO.3 空舱(S)空气管	非水密	5260	3100	14600
NO.3 空舱(C)空气管	非水密	5260	13800	7500
NO.4 空舱(P/S)空气管	非水密	5260	−5900	±12900
NO.4 空舱(P/S)空气管	非水密	5260	−5900	±8200
NO.4 空舱(C)空气管	非水密	5260	−5900	−8700
NO.4 空舱(C)空气管	非水密	5260	−5400	7500
NO.5 空舱(P/S)空气管	非水密	5260	−13900	±12400
NO.5 空舱(C)空气管	非水密	5260	−16100	3300
NO.6 空舱(P/S)空气管	非水密	5260	−26000	±9900
NO.6 空舱(P/S)空气管	非水密	5260	−26000	±3300
NO.1 液泵舱双层底空气管	非水密	5260	15600	−8100
NO.2 液泵舱双层底空气管	非水密	5260	15600	8100
NO.3 液泵舱双层底空气管	非水密	5260	−13900	−9300
NO.4 液泵舱双层底空气管	非水密	5260	−13900	9400
生活淡水舱空气管	非水密	5260	14650	−9200
消防水舱空气管	非水密	5260	14650	−7500
消防水舱空气管	非水密	5260	19200	−400
燃油舱空气管	非水密	5260	14650	7500
污油水舱空气管	非水密	5260	−5900	−7500
缓冲水舱空气管	非水密	5260	−13900	400
缓冲水舱空气管	非水密	5260	−16110	900
机泵舱双层底空气管	非风雨密	5260	−5900	7500
机泵舱双层底空气管	非风雨密	5260	−11400	−7500
停泊发电机舱双层底空气管	非风雨密	5260	−17400	−6900
停泊发电机舱双层底空气管	非风雨密	5260	−13900	−400
燃油溢流舱双层底空气管	非风雨密	5260	−6600	−7500
污油舱双层底空气管	非风雨密	5260	−7100	−7500

进水点名称	进水点类型	垂向位置/mm	纵向位置/mm	横向位置/mm
主机烟囱	非风雨密	14800	−12760	±6000
停泊发电机排烟管	非风雨密	6550	−28976	−1550
燃油热水锅炉排烟管	非风雨密	16150	−20700	−7000

1. 横倾时进水角曲线计算

如图 7.20 所示,海洋平台的进水点 $E_0, E_1, \cdots, E_{m-1}$,其中 m 为进水点总数。假定一组横倾角 $\theta_0, \theta_1, \cdots, \theta_{n-1}$,其中 n 为横倾角的个数,d_m 为平均吃水,浮体为 H,进水角曲线的计算算法如下。

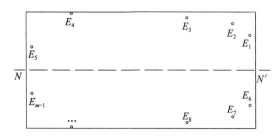

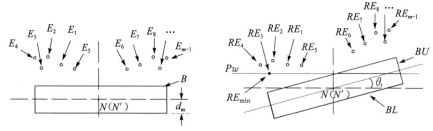

图 7.20　海洋平台进水角计算示意图

算法 7.8　基于三维浮体模型计算海洋平台进水角曲线

定义三维点数组 **P**

FOR i 从 0 至 $n-1$ 循环

〔过点 $(0,0,d_m)$ 作平行于 X 轴的直线 NN'

　定义点数组 **RE**

　FOR j 从 0 至 $m-1$ 循环

　〔以 NN' 为旋转轴,将 E_j 旋转角度 θ_i,将得到的点添加至 **RE**

　〕

　$minId = 0$

　FOR j 从 1 至 $m-1$ 循环

$\{\textbf{IF } RE_j. z < RE_{minId}. z\{minId = j\}$

$\}$

将浮体 H 绕 NN' 旋转 θ_i，得到 H_θ

过点 RE_{minId} 作平行于 XY 面的平面 Pw

通过 Pw 切割实体 H_θ，得到上部实体 BU 与下部实体 BL

计算 BL 的体积 V_{BL}

向数组 $\mathbf{P}$ 中添加点 $(V_{BL}, \theta_i, 0)$

$\}$

过点数组 $\mathbf{P}$ 作样条曲线 EC，即为平台横倾时的进水角曲线

算法结束

2. 任意方向风力矩方向角下进水角曲线计算

如图 7.21 所示，海洋平台在与 X 轴夹角为 ψ 的风力矩 M 作用下倾斜时，倾斜轴过设计吃水 d_m 对应的漂心 LCF，则风力矩方向角为 ψ 时进水角曲线计算方法如下。

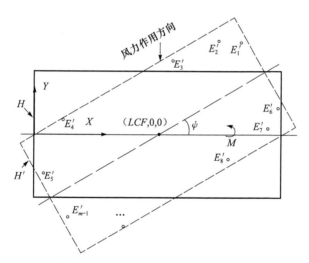

图 7.21　海洋平台在任意方向风力矩作用下的进水角计算

在水平面内，将浮体 H 绕点 $(LCF, 0, 0)$ 旋转角度 ψ，得到实体 H'；将进水点 $E_0, E_1, \cdots, E_{m-1}$ 绕点 $(LCF, 0, 0)$ 旋转角度 ψ，得到点 $E_0', E_1', \cdots, E_{m-1}'$；然后以 H' 为平台浮体模型，$E_0', E_1', \cdots, E_{m-1}'$ 为进水点，采用算法 7.8 计算进水角曲线 EC'，EC' 即为风力矩方向角为 ψ 时的进水角曲线。

3. 纵倾对进水角的影响

计算海洋平台的进水角时，如果第一个入水的进水点靠近平台的首端或者尾

端,则当平台带有一定纵倾时,第一个进水点相对于水线面的垂向位置将有显著变化,此时如果忽略纵倾对进水角的作用将导致较大的计算误差。因此,计算海洋平台的进水角曲线时,应当考虑纵倾的影响。

令平台的浮体模型为 H,设计平均吃水为 d_m,进水点为 $E_0,E_1,\cdots,E_{m-1}$,纵倾角为 φ,则考虑纵倾的进水角曲线计算方法如下。

首先,绕点 $(LCF,0,d_m)$,在 XZ 面内将 H 与进水点 $E_0,E_1,\cdots,E_{m-1}$ 旋转角度 φ,得到带有纵倾的浮体模型 TH,以及带有纵倾的进水点 $TE_0,TE_1,\cdots,TE_{m-1}$,如图 7.22 所示。然后以 TH 为平台浮体模型,以 $TE_0,TE_1,\cdots,TE_{m-1}$ 为进水点,采用算法 7.8 计算进水角曲线 TEC,即为纵倾角为 φ 时的进水角曲线。将浮体 TH 与进水点 $TE_0,TE_1,\cdots,TE_{m-1}$ 代入 7.6.3 节中的算法,则可以得到任意风力矩方向角、考虑纵倾的进水角曲线。

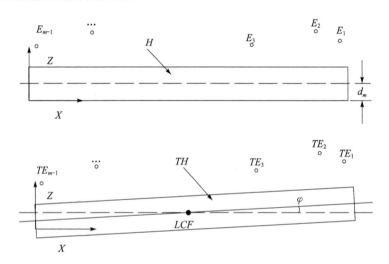

图 7.22 不同纵倾角下进水角曲线计算

决定进水角曲线的因素包括纵倾角与风力矩方向角,曲线的存储与应用均较复杂。海洋平台设计中,稳性校核通常仅校核特定几个方向的稳性,如从 0° 至 360° 间隔 30°。对应地,进水角曲线仅需要针对上述离散的几个方向角。对于给定的风力矩方向角,可以将进水角曲线表达为进水角曲面。

进水角曲面是在给定风力矩方向角的情况下,进水角 E 随着排水体积 V 与纵倾角 φ 变化的曲面,即

$$E=f(V,\varphi) \tag{7.38}$$

进水角曲面由进水角曲线创建。假定一组纵倾角 $\varphi_0,\varphi_1,\cdots,\varphi_{nT-1}$,计算 φ_i $(i=0,1,\cdots,nT-1)$ 对应的进水角曲线 E_i。将 E_i 沿 $(0,1,0)$ 方向移动距离 φ_i,然后依次以 $E_0,E_1,\cdots,E_{nT-1}$ 为轮廓线,通过 NURBS 曲面的蒙面算法构造三维曲面,

即为对应风力矩方向角下的进水角曲面。通过上述算法,计算 55m 自升式工作平台在风力矩方向角为 0°、30°、60°和 90°的进水角曲面分别如图 7.23(a)、(b)、(c)和(d)所示。

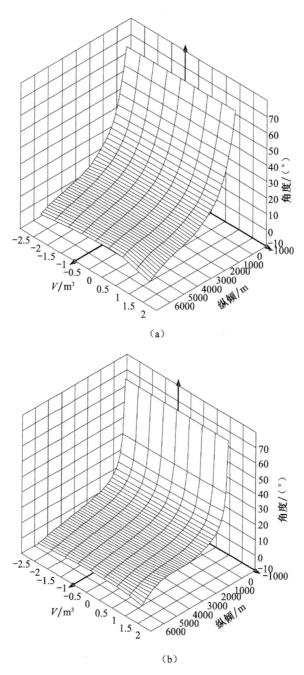

(a)

(b)

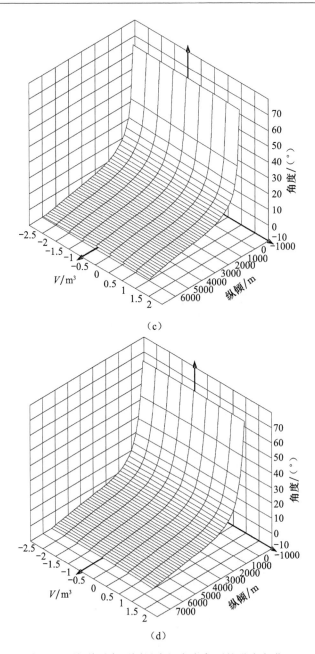

图 7.23　海洋平台不同风力矩方向角下的进水角曲面

7.6.4　浮体参数化模型

与舱室参数化模型相同,采用定义层、B-Rep 实体层双层结构定义浮体的参数化模型。定义层中,定义构成浮体边界的所有主结构;实体层为浮体的 B-Rep 实体。浮体的 B-Rep 实体模型可以由定义模型,根据 ACIS 构造实体模型的算法,自动创建浮体 B-Rep 模型,具体方法可参考算法 7.1 与算法 7.2。为平衡软件专业性与通用性之间的矛盾,允许忽略浮体的定义模型,直接指定现有的 B-Rep 实体作为浮体模型。后续的静水力计算、稳性插值曲线/曲面计算、进水角曲线/曲面计算、完整稳性与破舱稳性计算等与浮体相关的设计任务,均基于 B-Rep 实体模型完成。

为提高软件的运行效率,将海洋平台的静水力特性相关结果作为浮体模型的属性。浮体模型类的声明如下。

```
class JUDFloatingBody:public JUDBaseObject
{private:
double m_appCoef;                                    //浮体系数
vector <PPlate * >m_plateArray;                       //浮体的边界定义
CGeoSolid * m_hullSolid;                               //浮体实体模型
vector <CGeoSurface * >m_crossSurfaceArray;           //稳性插值曲面
vector <CGeoSurface * >m_entranceSurfaceArray;        //进水角曲面
vector <double >m_windAngleArray;                     //风倾角数组
public:
void createSolidFromPlate();                          //从定义模型建立浮体实体模型
void setSolid(CGeoSolid * sd);                         //直接定义浮体实体模型
void calcHys();                                        //计算静水力曲线
void calcCross();                                      //计算稳性插值曲线
void calcEntrance();                                   //计算进水角曲线
…
};
```

7.7　海洋平台自由浮态计算方法

浮体漂浮于静水中,达到平衡位置时,满足浮态平衡方程

$$\begin{cases} W = Disp \\ LCG = LCB \\ TCG = TCB \end{cases} \tag{7.39}$$

式中,W 为浮体的总重力;$Disp$ 为排水量;LCG 与 LCB 分别为重心纵向位置与浮心纵向位置;TCG 与 TCB 分别为重心横向位置与浮心横向位置。浮体的浮态计算目的是计算吃水 d、横倾角 θ 和纵倾角 φ 三个参数,使得浮态平衡方程成立。

船舶设计中,通常基于静水力公式计算船舶的浮态。即给定 W,LCG 与 TCG,首先通过排水量曲线根据 W 插值得到吃水 d,然后通过 d 对静水力曲线插值得到

初稳心高 ZM、每厘米纵倾力矩 MCM 和浮心垂向位置 VCB。然后计算初稳性高 h，通过初稳性公式计算横倾角 θ，通过 MCM 计算纵倾角 φ，完成浮态计算。

通过静水力公式计算浮体的浮态是一种简化计算方法，当 θ 与 φ 相对较小时，该简化方法通常能得到满足工程精度要求的浮态参数。但是当浮体形状特殊且横倾角或者纵倾角较大时，基于静水力公式的浮态计算方法可能存在较大误差。为提高浮态计算结果的精度，国内外学者提出大量基于优化算法的船舶浮态计算方法。例如，赵晓非等[5]采用矩阵方法通过逐次线性优化求解。马坤等[6]利用非线性规划中的罚函数方法求解。林焰等[7]利用格林公式，通过牛顿迭代法计算求解。陆丛红等[8]采用遗传算法进行求解。上述各算法对于常规船型通常很有效，但是对于不规则的浮式海洋结构物，容易因为收敛性问题导致算法不稳定或收敛速度慢。针对上述问题，本节中给出一种基于共轭梯度算法的海洋平台自由浮态计算方法。

7.7.1　目标函数

首先讨论优化数学模型的建立。海洋平台自由浮态计算的优化变量为 d、θ 和 φ 三个变量，优化目标是满足浮态方程(7.39)。浮态方程中包含三个方程，所以该优化问题为多目标优化问题。由于直接求解多目标优化问题相对困难，所以将多目标问题转化为单目标优化问题。建立求解自由浮态问题的目标函数 $F(d,\theta,\varphi)$

$$F(d,\theta,\varphi) = \sqrt{\left(\frac{Disp - W}{Lpp \cdot B}\right)^2 + \left(\frac{LCB - LCG_r}{Lpp}\right)^2 + \left(\frac{TCB - TCG_r}{B}\right)^2}$$

$$(7.40)$$

式中，Lpp、B 分别为海洋平台的型长与型宽；$Disp$、LCB、TCB 分别为平台的排水量、浮心纵向位置与浮心横向位置，三者均为 d、θ 与 φ 的函数；LCG_r 与 TCG_r 为平台发生横倾角 θ 与纵倾角 φ 之后的重心纵向位置与重心横向位置，二者取决于平台当前载况下的重心纵向位置 LCG、重心横向位置 TCG、重心垂向位置 VCG，以及 θ 与 φ 两个浮态参数。

1. 目标函数的计算方法

$Disp$、LCB、TCB 的计算方法如下。假设 H 为浮体的三维模型，设计吃水为 d_m，设计吃水下漂心纵向位置为 LCF。以点 $PF(LCF,0,d_m)$ 为旋转点，在 YZ 面内，将 H 旋转角度 θ 得到实体 H_θ，然后在 XZ 面内，将 H_θ 绕 PF 点旋转角度 φ，得到实体 $H_{\theta,\varphi}$。过点 $(0,0,d)$ 作平行于 XY 面的平面 Pd。用 Pd 切割实体 $H_{\theta,\varphi}$，得到上部实体 B_U 和下部实体 B_L，则 B_L 的体积 V 即为浮态参数 d、θ 与 φ 对应的排水体积，B_L 的型心 X 坐标与型心 Y 坐标分别为 LCB 和 TCB。

LCG_r 与 TCG_r 由 LCG、TCG 与 TCG 通过坐标变换得到。令 $Pg=(LCG,$ $TCG,VCG)$，发生横倾角 θ 与纵倾角 φ 之后的重心位置 $Pg_r=(LCG_r,TCG_r,$ $VCG_r)$：

$$Pg_r=(Pg-Rot)\times \boldsymbol{M}_\varphi \times \boldsymbol{M}_\theta +(Pg-Rot) \tag{7.41}$$

式中，Rot 为旋转点，$Rot=PF$；$\boldsymbol{M}_\theta$ 与 $\boldsymbol{M}_\varphi$ 分别为横倾变换矩阵与纵倾变换矩阵：

$$\boldsymbol{M}_\theta=\begin{bmatrix}1 & 0 & 0 & 0\\0 & \cos\theta & \sin\theta & 0\\0 & -\sin\theta & \cos\theta & 0\\0 & 0 & 0 & 1\end{bmatrix} \tag{7.42}$$

$$\boldsymbol{M}_\varphi=\begin{bmatrix}\cos\varphi & 0 & -\sin\varphi & 0\\0 & 1 & 0 & 0\\\sin\varphi & 0 & \cos\varphi & 0\\0 & 0 & 0 & 1\end{bmatrix} \tag{7.43}$$

2. 目标函数的偏导数计算方法

优化求解中，需要用到目标函数的偏导数。目标函数(7.40)与海洋平台浮体的形状密切相关，难以给出统一的数学表达式，所以不能给出偏导数的解析解，需要通过数值方法计算。采用中心差分法计算目标函数 F 的偏导数，即

$$\frac{\partial F}{\partial d}=\frac{F(d+\Delta d,\theta,\varphi)-F(d-\Delta d,\theta,\varphi)}{2\Delta d} \tag{7.44}$$

$$\frac{\partial F}{\partial \theta}=\frac{F(d,\theta+\Delta \theta,\varphi)-F(d,\theta-\Delta \theta,\varphi)}{2\Delta \theta} \tag{7.45}$$

$$\frac{\partial F}{\partial \varphi}=\frac{F(d,\theta,\varphi+\Delta \varphi)-F(d,\theta,\varphi-\Delta \varphi)}{2\Delta \varphi} \tag{7.46}$$

F 在 (d,θ,φ) 位置的梯度为

$$\nabla F(d,\theta,\varphi)=\left(\frac{\partial F}{\partial d},\frac{\partial F}{\partial \theta},\frac{\partial F}{\partial \varphi}\right) \tag{7.47}$$

7.7.2　优化策略

优化模型(7.40)为多变量无约束优化问题。可以近似认为目标函数满足 C_1 连续，采用基于梯度的算法能够完成问题的求解。本例中采用搜索效率相对较高的共轭梯度法求解，具体算法如下。

算法 7.9　基于共轭梯度法求解海洋平台的自由浮态

d、θ、φ 初始值分别为 d_0、θ_0、φ_0

$\varepsilon = 10^{-6}$

FOR k 从 0 至 10 循环

$\{gk = \nabla F(d, \theta, \varphi)$

    $sk = -gk$

    FOR i 从 0 至 2 循环

    $\{$计算搜索方向 sk 下的最优解 d_i、θ_i、φ_i

        令 $d = d_i, \theta = \theta_i, \varphi = \varphi_i$

        $gk_1 = \nabla F(d, \theta, \varphi)$

        $uk_1 = |gk_1|^2 / |gk|^2$

        $sk = -gk_1 + uk_1 \cdot sk$

    $\}$

    $FC = F(d, \theta, \varphi)$

    IF $FC < \varepsilon$

    $\{$求解结束,退出循环$\}$

$\}$

d、θ、φ 为满足浮态方程的浮体参数

算法结束

上述算法中,涉及在给定位置 $xk = (d_0, \theta_0, \varphi_0)$ 处,对给定搜索方向 sk,计算方向 sk 对应的最优解问题。该问题中,将沿 sk 方向的搜索步长 λk 作为变量,可转化为一维无约束问题,即

$$\begin{aligned} \min \quad & F(xk + \lambda k \cdot sk) \\ \text{s. t.} \quad & \lambda > 0 \end{aligned} \tag{7.48}$$

上述问题可以采用成功失败法求解[9],算法如下。

算法 7.10 求解浮态计算中给定搜索方向的最优步长

    令精度 $\varepsilon = 10^{-5}$

    搜索步长 $h = 10^{-2}$

    令矢量 $X_0 = xk, F_0 = F(xk)$

    WHILE $|h| > \varepsilon$

    $\{$令 $X_1 = X_0 + s^{(k)} \cdot h$

      $F_1 = F(X_1)$

      IF $F_1 < F_0$

      $\{$令 $F_0 = F_1, h = h \cdot 2, X_0 = X_1\}$

      ELSE

      $\{h = h/2\}$

    $\}$

    迭代结束,X_1 为方向为 $s^{(k)}$ 时最优解

算法结束

　　海洋平台的自由浮态目标函数(7.40)通常并非为单极值问题。上述基于共轭梯度的迭代算法仅能够得到目标函数的一个极小值,未必是最小值。该极小值是目标函数众多极小值中的哪一个,取决于迭代初始解的选取。如果初始解落在最小解附近,则通过上述算法可以得到浮态的正确解;否则,将导致因落入局部最优解而得到错误解。

　　通常情况下,通过海洋平台静水力公式计算得到的浮态,接近于平台的真实浮态。所以,利用静水力公式计算平台的浮态参数 d_0、θ_0、φ_0,并将其作为平台自由浮态迭代算法的初始解。

7.7.3　算例分析

　　采用上述算法,计算 3000m 深水半潜式钻井平台在不同装载情况下的自由浮态。如表 7.2 所示,分别计算排水量为 11000t、12000t、13000t 和 14000t,重心纵向位置与重心横向位置取不同数值对应工况下的自由浮态,各变量及目标函数迭代过程依次如图 7.24(a)、(b)、(c)和(d)所示,计算结果见表 7.2。通过该实例证明,本节中提出的自由浮态计算算法具有良好的收敛性和计算精度。

表 7.2　3000m 深水半潜式钻井平台自由浮态计算参数表

$Disp$/t	LCG/m	TCG/m	VCG/m	d_0/m	θ_0/(°)	φ_0/(°)	d/m	θ/(°)	φ/(°)
11000	39	−1	33	4.382	0.34	−0.52	4.383	0.46	−0.63
12000	43	−3	32	4.781	1.55	0.92	4.781	1.49	1.15
13000	37	3	31	5.18	−1.60	−1.38	5.181	−1.66	−1.72
14000	38	2	30	5.579	−1.32	−1.03	5.58	−1.20	−1.32

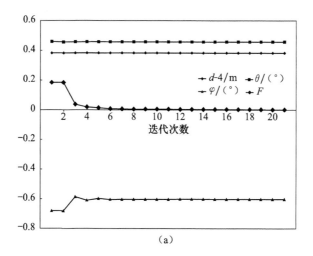

(a)

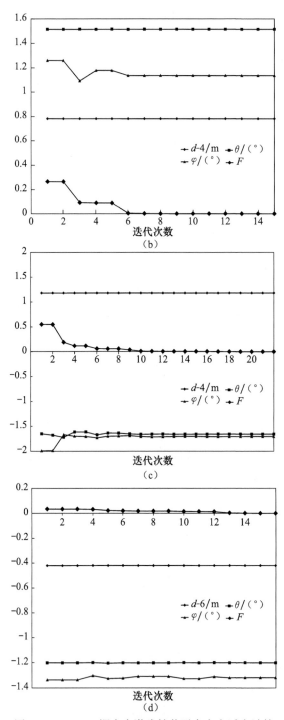

图 7.24　3000m 深水半潜式钻井平台自由浮态计算

7.8　海洋平台完整稳性计算

与船舶的完整稳性计算流程类似,海洋平台完整稳性计算首先计算静稳性曲线和进水角曲线,然后计算风倾力矩曲线,最后选择相应的稳性衡准校核稳性。如本章开篇所述,海洋平台需要校核不同风倾力矩方向下的稳性。本节介绍一种基于稳性插值曲面的静稳性曲线计算方法。相比于文献[1]中的直接迭代算法,本节中介绍的算法计算量小,同时具有足够的计算精度。

对于不同风力矩方向角下的稳性计算问题,可先假定一组风力矩方向角,然后计算给定风力矩方向角下的稳性插值曲线。对于假定倾斜轴下的稳性计算问题,可以直接基于相应倾斜轴角度下的稳性插值曲面计算静稳性曲线。对于假定倾斜轴以外的其他区域,可以先构造稳性曲面,通过稳性曲面插值得到静稳性曲线并完成稳性校核。

7.8.1　假定风力矩方向角下静稳性曲线计算

假定风力矩方向为角 ψ,平台总重量为 W,重心纵向位置、横向位置与垂向位置分别为 LCG、TCG 与 VCG。基于稳性插值曲面的静稳性曲线计算方法如下。

（1）通过静水力曲线,计算当前工况下的吃水 d、漂心纵向位置 LCF、排水体积 V。

（2）在 XY 面内,以 $(LCF,0)$ 为旋转点,将点 (LCG,TCG) 旋转角度 ψ,得到旋转后的重心 (LCG_ψ,TCG_ψ)。

（3）采用 7.6.2 节中的方法计算风力矩方向角为 ψ 时的稳性插值曲面。采用 7.6.3 节中方法计算风力矩方向角为 ψ 时的进水角曲面。

（4）分别以 LCG_ψ 和 TCG_ψ 为重心纵向位置、重心横向位置,采用倾斜角 ψ 下的静水力曲线计算纵倾角 φ_ψ、横倾角 θ_ψ。

（5）通过平面 $Y=LCG_\psi$ 对风力矩方向角为 ψ 对应的稳性插值曲面进行插值,得到一组曲线,即为风力矩方向角为 ψ 对应的稳性插值曲线。以 V 为横坐标依次对稳性插值曲线插值计算形状稳性臂 ls,然后根据 ls、VCG_ψ 计算回复力臂

$$l=ls-VCG_\psi\sin\theta-\Delta h \tag{7.49}$$

式中,Δh 为自由液面修正量。按照式(7.49)计算不同横倾角下的回复力臂 l,并构造静稳性曲线 Sc'_ψ。

（6）如果横倾角 $\theta_\psi>0$,则通过横倾角 θ_ψ 修正静稳性曲线。如图 7.25(a)所示,计算静稳性曲线 Sc'_ψ 在 $X=\boldsymbol{\theta}_\psi$ 时的 Y 值 dl。静横倾角为横倾的平衡位置,即回复力臂为零。所以将静稳性曲线向下整体平移 dl,得到的曲线 Sc_ψ 为修正横倾角之后的静稳性曲线,如图 7.25(b)所示。

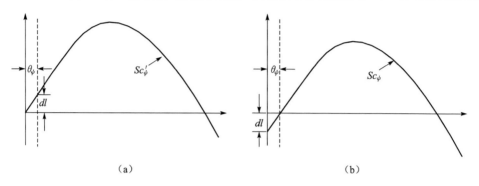

（a）　　　　　　　　　　　（b）

图 7.25　横倾角对静稳性曲线的修正

（7）对 Sc_ψ 修正自由液面，得到风力矩方向角为 ψ 时的静稳性曲线。

通过上述方法，计算 55m 自升式工作平台假定风力矩方向角为 0°、30°、60°和 90°时的静稳性曲线，如图 7.26 所示。

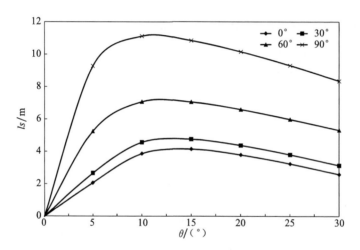

图 7.26　55m 自升式工作平台假定风力矩作用方向下的静稳性曲线

7.8.2　任意风力矩方向角静稳性校核

可以采用稳性曲面完成海洋平台在任意风力矩方向下的静稳性校核。首先，假定一组风力矩方向角 $\psi_0,\psi_1,\cdots,\psi_{m-1}$；然后，计算在假定倾斜轴下的静水力曲线、稳性插值曲面与进水角曲线，将其作为浮态与稳性计算的基础。对于给定载况，先计算各假定倾斜轴下的静稳性曲线 $Sc_0,Sc_1,\cdots,Sc_{m-1}$ 与进水角 $E_0,E_1,\cdots,E_{m-1}$。通过 $Sc_0,Sc_1,\cdots,Sc_{m-1}$ 构造稳性曲面。

稳性曲面是在给定排水量和重心位置的情况下，复原力臂随着风力矩方向角 ψ 和横倾角 θ 变化的曲面，即

$$l = f(\theta, \psi) \tag{7.50}$$

稳性曲面采用极坐标形式定义,极角为风力矩方向角 ψ,极径为横倾角 θ。将 $Sc_i(i=0,1,\cdots,m-1)$ 绕坐标原点逆时针旋转角度 ψ_i,然后依次以 $Sc_0, Sc_1, \cdots, Sc_{m-1}$ 为轮廓线,通过 NURBS 曲面的蒙面算法建立稳性曲面。55m 自升式工作平台满载拖航工况下的稳性曲面如图 7.27 所示。

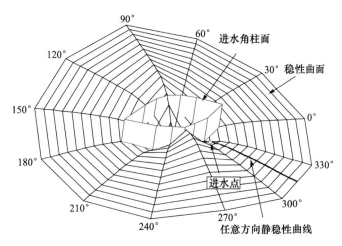

图 7.27　55m 自升式工作平台满载拖航工况下稳性曲面

建立进水角柱面。连接极坐标系下的点 $(\psi_0, E_0, 0)$,$(\psi_1, E_1, 0)$,$\cdots$,$(\psi_{m-1}, E_{m-1}, 0)$ 绘制样条曲线 EC。通过 EC,沿法向 $(0,0,1)$ 拉伸高度 H 得到柱面 EP,其中 H 大于稳性曲面中最大 Z 值,则柱面 EP 为进水角柱面。根据稳性曲面与进水角柱面可以校核平台在任意风力矩方向下的稳性。

任给风力矩方向角 ψ',计算稳性曲面与极坐标系下平面 $\psi = \psi'$ 的交线 $L_{\psi'}$,则 $L_{\psi'}$ 为对应风力矩方向角的静稳性曲线。计算 $L_{\psi'}$ 与进水角柱面的交点 $E_{\psi'}$,则点 $E_{\psi'}$ 对应的 $\theta_{\psi'}$ 即为进水角。得到静稳性曲线与进水角之后,依据相应的稳性衡准,校核海洋平台在风力矩方向角为 ψ' 时的稳性。

7.9　海洋平台破舱稳性计算关键问题

船舶与海洋平台的破舱稳性计算中,舱室分为三类[10]。第一类舱室,舱室完全位于平衡水线面以下,舱室破损后灌满水,舱室进水量与舱室进水的重量重心不随浮态变化而改变。第二类舱室破损后,舱室进水但未灌满,舱室水与舷外水不连通,有自由液面,舱室水量不随浮态变化而变化。第三类舱室为舱室顶处于平衡水线之上,舱室底处于平衡水线之下,舱室进水但未灌满,舱室水线面与舷外水线面一致,舱室进水量随浮态变化而变化。

　　三类破损舱室中,第一类舱室可以直接按照增加重量法,等效于未破损的舱室装满海水。第二类舱室是考虑船体破损后进水,但是未灌满水时将破损区域修复,这类舱室同样可以等效为完整舱室装入一定量的海水,但是稳性计算时需要考虑舱室进水的自由液面影响。第三类舱室是海洋平台中最常见的舱室,也是破舱稳性程序开发的重点。本节主要讨论第三类舱室破损后的破舱稳性计算关键问题。

　　舱室破损以后,如果不考虑舱室的构件与设备的影响,即认为舱室的渗透率为100%,则基于三维实体模型的静水力曲线计算中,可以将舱室对应的实体模型从浮体实体模型中扣除,不考虑舱室对应区域的浮力与进水的重力,基于扣除破损舱室后的浮体模型,采用与完整浮体相同的算法计算平台的浮态。但实际上,舱室中设备、管系、结构构件等设施对进水量有影响。所以破损舱室对平台的浮性仍然有一定作用,直接从浮体中将其扣除的方法计算静水力特性,将低估平台的浮性,浮态与稳性计算结果往往偏于保守。

　　本章前面介绍的完整平台静水力特性与自由浮态计算中,采用单一实体模型表达平台的浮体。考虑到破损舱室对浮力的贡献取决于舱室的渗透率,采用组合实体模型表达破损后浮态计算的浮体模型。通过 $n+1$ 个实体 $TD_0,TD_1,\cdots,TD_n$ 描述浮体,其中 n 为假定同时破损舱室数量,$TD_i(i=1,2,\cdots,n)$ 为第 i 个破损舱室的浮体模型。TD_0 为从完整的浮体中扣除破损后浮体 $TD_1,TD_2,\cdots,TD_n$ 之后的浮体模型。定义一组实常数 $k_0,k_1,\cdots,k_n$,用于表达 $TD_0,TD_1,\cdots,TD_n$ 对舱室破损后平台浮力的贡献

$$k_i = \begin{cases} 1, & i=0 \\ 1-\lambda_i, & 1 \leqslant i \leqslant n \end{cases} \tag{7.51}$$

其中,λ_i 为第 i 个破损舱室的渗透率。根据上述模型,计算破损平台在吃水为 d、横倾角为 θ、纵倾角为 φ 时的排水体积与浮心位置的方法如下。

　　过点 $(0,0,d)$ 作平行于 XY 面的平面 P_W。在 XZ 面内将浮体 $TD_i(i=0,1,\cdots,n)$ 绕点 $(LCF,0,d)$ 旋转角度 φ 得到浮体 $TD_{\varphi,i}$,其中 LCF 为平台在设计吃水下漂心纵向位置。然后在 YZ 面内将 $TD_{\varphi,i}$ 绕点 $(LCF,0,d)$ 旋转角度 θ,得到浮体 $TD_{\varphi\theta,i}$。采用实体的切割算法通过 P_W 切割 $TD_{\varphi\theta,0},TD_{\varphi\theta,1},\cdots,TD_{\varphi\theta,n}$,得到水线以下实体 $TDL_0,TDL_1,\cdots,TDL_n$ 及横截面 $RD_0,RD_1,\cdots,RD_n$。计算 $TDL_0,TDL_1,\cdots,TDL_n$ 的体积 $VL_0,VL_1,\cdots,VL_n$,型心纵向坐标 $XL_0,XL_1,\cdots,XL_n$,型心横向坐标 $YL_0,YL_1,\cdots,YL_n$,型心垂向坐标 $ZL_0,ZL_1,\cdots,ZL_n$。舱室破损后,在吃水为 d、横倾角为 θ、纵倾角为 φ 时,排水体积为

$$V_{d,\theta,\varphi} = \sum_{i=0}^{n} k_i VL_i \tag{7.52}$$

浮心的纵向位置、横向位置与垂向位置分别为

$$LCB_{d,\theta,\varphi} = \frac{\sum\limits_{i=0}^{n} k_i VL_i \cdot XL_i}{\sum\limits_{i=0}^{n} k_i VL_i} \qquad (7.53)$$

$$TCB_{d,\theta,\varphi} = \frac{\sum\limits_{i=0}^{n} k_i VL_i \cdot YL_i}{\sum\limits_{i=0}^{n} k_i VL_i} \qquad (7.54)$$

$$VCB_{d,\theta,\varphi} = \frac{\sum\limits_{i=0}^{n} k_i VL_i \cdot ZL_i}{\sum\limits_{i=0}^{n} k_i VL_i} \qquad (7.55)$$

吃水为 d 时,每厘米吃水吨数计算公式如下:

$$DCM_{d,\theta,\varphi} = \frac{\rho}{100} \sum\limits_{i=0}^{n} k_i RD_i \qquad (7.56)$$

静水力曲线中初横稳心高、初纵稳心高和每厘米纵倾力矩均与水线面惯性矩相关。舱室破损后,水线面对 X 轴自身惯性矩与对 Y 轴自身惯性矩分别为

$$Ixd_{d,\theta,\varphi} = Ix - \sum\limits_{i=1}^{n} (IXD_i - AD_i \cdot YD_i^2) \qquad (7.57)$$

$$Iyd_{d,\theta,\varphi} = Iy - \sum\limits_{i=1}^{n} (IYD_i - AD_i \cdot XD_i^2) \qquad (7.58)$$

式中,AD_i、XD_i、YD_i、IXD_i、IYD_i 分别为 RD_i 的面积、型心 X 坐标、型心 Y 坐标、对 X 轴惯性矩和对 Y 轴惯性矩。Ix 与 Iy 分别为吃水为 d、横倾角为 θ、纵倾角为 φ 时舱室未破损的浮体水线面对 X 轴与对 Y 轴自身惯性矩。

7.10　海洋平台的载况与工况

常规船舶的一种装载状态在稳性与强度计算中,通常仅考虑最不利的环境载荷进行校核,所以设计中一般认为载况与工况等同。对于海洋平台,一种装载情况下需要考虑多种环境载荷值。如稳性计算中,同一载况需要考虑不同风力矩方向,自升式平台作业中需要考虑不同水深、不同波浪方向等。此外,海洋平台同一载况可能对应不同的工作状态,如钻井平台悬臂梁与钻台所处的位置、自升式平台船体与桩腿不同的相对位置等。所以,对于海洋平台,载况与工况为两个概念,软件开发中载况与工况的数据结构应合理反映二者之间的区别与联系。

7.10.1　舱室状态与设备状态定义

建立 JUDTankStatus 存储各舱室的装载状态,包括舱室的装载高度、装载重

量、货物密度等与装载货物相关的数据。JUDTankStatus 类的声明如下。

```
class JUDTankStatus:public JUDBaseObject
{private:
JTDTank * m_pTank;                          //所属舱室指针
double m_level;                             //舱室装载高度
double m_weight;                            //舱室装载量
double m_cargoDensity;                      //货物密度
…
};
```

建立 JUDEquipStatus 存储设备的状态,包括设备相对于原始位置的偏移量、设备中的可变载荷等。JUDEquipStatus 类的声明如下。

```
class JUDEquipStatus:public JUDBaseObject
{private:
JTDEquipment * m_pEquipment;                //所属设备指针
CGeoVector m_offsets;                       //设备的位移量
double m_variableLoad;                      //设备的可变载荷
…
};
```

7.10.2　载况与工况定义

定义海洋平台的载况类 JUDLoadCondition 与工况类 JUDWorkCondition。载况类中仅保存舱室的装载状态。一个载况可以对应一个或者多个工况,一个工况仅对应一个载况。在工况类中,设置载况指针,指向工况对应的载况,建立二者之间的联系。将设备状态、环境载荷参数等均定义为工况的属性。载况类 JUD-LoadCondition 声明如下。

```
class JUDLoadCondition:public JUDBaseObject
{private:
    vector <JUDTankStatus * >m_tankSatasArray;    //舱室配载列表
…
}
```

工况类 JUDWorkCondition 声明如下。

```
class JUDWorkCondition:public JUDBaseObject
{private:
    double m_axisAngle;                        //风力矩方向角
    double m_windSpeed;                        //设计风速
    double m_waveHeight;                       //设计波高
    double m_wavePeriod;                       //设计波浪周期
```

```
double m_waterDepth;                          //作业水深
double m_currentSpeed;                        //设计流速
JUDLoadCondition * m_pLoadCondition;          //载况指针
vector <JUDEquipStatus * >m_equipSatasArray;  //设备状态列表
...
}
```

7.11　海洋平台参数化总体设计模型

海洋平台参数化总体设计模型是实现海洋平台参数化设计的核心。合理的参数化模型是保证软件的可维护性、可扩展性的前提,同时也是实现高效的参数化驱动机制的基础。

7.11.1　参数化模型的构成

海洋平台参数化模型由草图、主结构模型、静水力模型、总布置模型、舱室模型、结构模型和工况与载况模型等组成,如图 7.28 所示。

(1)草图模型中包括参数数组、图元数组、约束数组和约束方程数组,负责草图的建立、修改与几何约束求解等。主结构模型为一组由特征造型方式建立的主结构,其中各主结构模型分别为由三维特征造型方法定义的三维特征对象。

(2)静水力模型包括浮体模型、一组静水力曲线、一组稳性插值曲面和一组进水角曲面。其中,静水力曲线、稳性插值曲面与进水角曲面三者一一对应,代表不同风力矩方向角下的海洋平台静水力特性。静水力模型用于管理浮体模型,完成静水力相关计算,通过对曲线、曲面插值得到浮态与稳性计算中需要的相关数值与曲线等。浮体模型用于定义浮体参数化模型、建立浮体 B-Rep、基于 B-Rep 计算给定水线下的排水体积与体积心等功能。

(3)总布置模型用于表达设备在各层甲板的详细布置,由设备对象数组构成。

(4)舱室模型由一组舱室对象数组构成,用于建立与修改舱室模型,计算舱容要素曲线等。

(5)结构模型中包括结构对象数组、材料对象数组等。结构的定义模型采用第 6 章中相同的加筋板结构定义模型,将型材定义为板材的内嵌对象,便于对结构模型的管理。

(6)工况模型中由一组工况对象构成。工况对象中记录各工况对应的风力矩作用轴方向、作业水深、风载荷与波流力载荷、对应的载况与各设备所处的状态等。

(7)载况模型中包含所有舱室的装载情况。载况模型、工况模型二者与平台

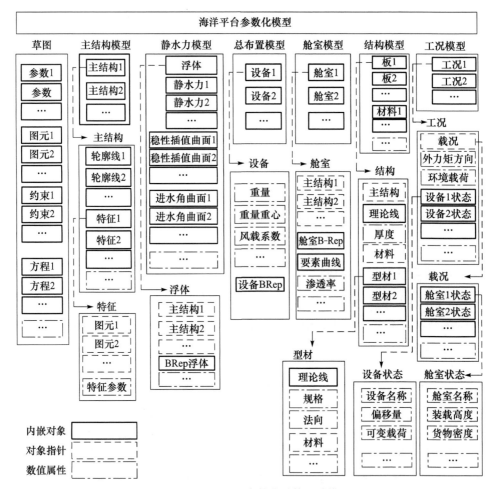

图 7.28　海洋平台参数化总体设计模型

的几何模型相对独立,不随参数的修改而改变,同时工况与载况模型的变化不影响平台的几何模型。

7.11.2　参数化模型的参数驱动机制

海洋平台参数化模型中,几何相关的模型包括主结构模型、总布置模型、舱室模型、浮体模型与结构模型均采用参数化方式定义,模型的参数化驱动机制如图 7.29 所示。

主结构模型是海洋平台参数化模型的核心。主结构模型依据主结构草图采用特征造型的方式建立。基于几何约束求解的主结构草图为全尺度驱动模型,其中所有参数均可在合理的范围内修改。主结构模型可以由草图参数与特征参数驱

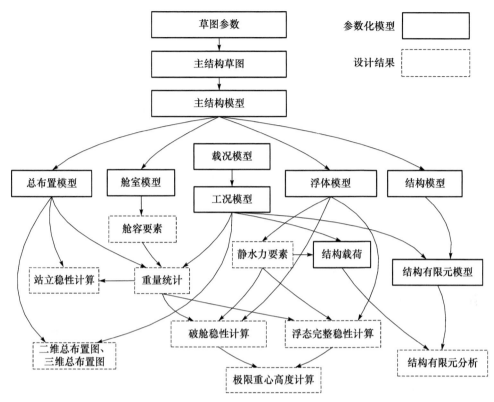

图 7.29　海洋平台参数化模型的参数化驱动机制

动,两类参数通常包含了海洋平台的主要几何参数,包括型长、型宽、型深、纵舱壁与横舱壁的位置、舷侧外板折角点位置、钻井平台悬臂梁的宽度与高度、自升式平台桩腿的位置与外形尺寸等。总布置模型、舱室模型、浮体模型与结构模型等子模型均依据主结构模型建立。当参数发生变化时,系统首先更新主结构模型,接着更新各子模型,随后计算静水力相关曲线、曲面、舱容要素曲线等与工况无关的设计要素;然后根据工况,更新二维与三维布置图,计算各工况下的重量分布与重量重心,生成有限元模型,计算有限元模型的载荷等;最后,根据软件中设置的衡准,校核平台在各工况下的完整稳性、破舱稳性、站立稳性(如果适用)、极限重心高度、结构有限元强度等,并通过 OLE 技术调用 Word 或者 PDF 生成分析报告,实现文档自动化。

7.11.3　总体设计软件的核心数据结构

本章研究的海洋平台参数化设计软件系统中,主要类的层次结构图如图 7.30 所示。充分利用面向对象软件开发的继承性特性,避免属性与方法的重复定义,降低软件开发的工作量,同时也使得软件架构更为合理,具有更好的可维护性与可扩展性。

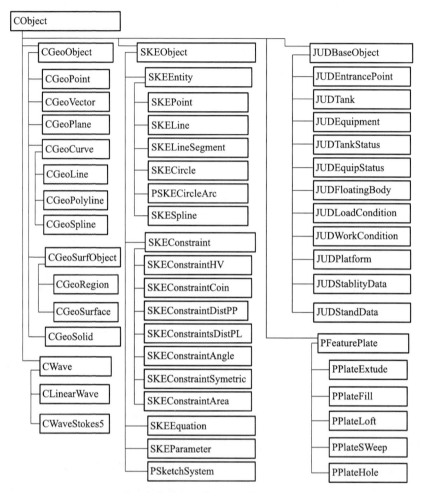

图 7.30　海洋平台参数化总体设计软件系统主要类的结构图

7.12　小　　结

　　本章系统介绍了一种海洋平台参数化总体设计软件开发技术；根据海洋平台几何特点，依据海洋平台主要结构在水平面内的投影线建立主结构草图，采用变量几何法求解主结构草图的几何约束问题；以主结构为核心建立海洋平台的参数化模型；根据海洋平台浮体、舱室的几何特点，采用 B-Rep 实体模型表达浮体与舱室模型，并基于 B-Rep 算法实现静水力特性与舱容要素曲线计算；采用稳性插值曲面、进水角曲面计算计入纵倾的浮态与稳性计算方法，通过稳性曲面校核平台在不同风倾角下的完整稳性与破舱稳性。在破舱稳性计算中，采用一种组合浮体模型，可以准确计算考虑各破损舱室渗透率的浮态与稳性。本章中论述的海洋平台参数化总体设计软件开发技术有以下优点。

第一,计算精度高,算法简单。相比于二维线框模型与三维切片模型,三维实体模型由于能够准确描述各种复杂浮体的几何形状,通过计算实体模型的体积相关属性、截面相关属性可以准确计算平台的各项性能指标,包括静水力要素、舱容要素等。基于三维实体模型的海洋平台性能计算算法简单,易于程序实现。

第二,软件专业性强,建模简单,模型可变性好。海洋平台参数化模型具有较高的专业化程度。通过修改设计参数,参数化驱动机制可以实现各子模型的更新,同时基于子模型的性能计算不需要设计者干预,可以随子模型一起更新。该特点为海洋平台的优化设计提供有力支持,同时可以有效降低设计者的工作量,提高设计效率。

第三,海洋平台参数化总体设计软件具有较强的通用性和较高的算法稳定性。软件中采用的算法为通用算法,适用于各类海洋平台,并且可以用于浮船坞、下水工作船、风力安装船、大型海洋浮体等特殊海洋工程结构物的静水力、舱容、浮态及稳性计算等任务。

参 考 文 献

[1]　于雁云,林焰,纪卓尚.海洋平台拖航稳性三维通用计算方法.中国造船,2009,50(3):9-17.

[2]　Yu Y Y,Chen M,Lin Y,et al. A new method for platform design based on parametric technology. Ocean Engineering,2010,37(5-6):473-482.

[3]　Skjelbreia L,Henderson J A. Fifth order gravity wave theory. Proceedings of the 7th Conference on Coastal Engineering,1961:1-5.

[4]　竺艳蓉.海洋工程波浪力学.天津:天津大学出版社,1991.

[5]　赵晓非,林焰.关于解船舶浮态问题的矩阵方法.中国造船,1985,3:55-61.

[6]　马坤,张明霞,纪卓尚.基于非线性规划法的船舶浮态计算.大连理工大学学报,2003,43(3):329-331.

[7]　林焰,李铁骊,纪卓尚.破损船舶自由浮态计算.大连理工大学学报,2001,41(1):85-89.

[8]　陆丛红,林焰,纪卓尚.遗传算法在船舶自由浮态计算中的应用.上海交通大学学报,2005,39(5):701-710.

[9]　唐焕文,秦学志.实用最优化方法.大连:大连理工大学出版社,2001.

[10]　盛振邦,杨尚荣,陈雪深.船舶静力学.上海:上海交通大学出版社,1992.

第8章　船舶浮态与船体变形耦合分析及其软件开发

传统的船舶与海洋结构物总体设计方法中,认为船体为刚体,通过吃水、纵倾角和横倾角三个参数描述浮体在水中的浮态,采用静水力公式、迭代算法[1,2]或者最优化方法[3-5]计算满足平衡状态的浮态参数。实际上,船体结构具有一定的柔性,在不均衡的浮力与重力载荷作用下,将发生一定的弹性变形。结构变形又将引起船体相对于水线面垂向位置的变化,水线面变化导致浮力分布的变化,进一步引起浮态的变化。浮态与结构变形相互影响达到平衡,所以全浮状态下船舶的结构变形,本质上是一种流固耦合现象。准确计算船体变形,必须准确考虑浮态和船体变形二者的耦合作用。

本章研究船舶浮态与船体变形耦合分析的求解方法,提出一种迭代解法与一种有限元直接求解方法,并证明两种方法的实用性与必要性。船舶浮态与船体变形耦合分析方法可以广泛应用于各类船舶在静水中的浮态与船体变形的精确分析问题,如可以在新船型开发、结构优化设计、船舶轴系校中、浮箱载船下水计算、舰船精密武器基座反变形设计等领域广泛应用。

8.1　船体结构变形与浮态精确计算的意义与必要性

通常情况下,船体的结构变形相对较小,当前船舶设计中,通常通过取较大安全系数的方法消除船舶结构变形对船舶安全性或其他总体性能的影响。这种保守做法可以满足船舶功能性要求,但却常常以损失船舶的建造、营运经济性为前提。准确计算船舶浮态与船体变形耦合作用下的船舶平衡状态,可以提高船舶设计精度,对工程实践具有重要意义。

第一,准确计算浮态与船体变形耦合作用下的船体结构变形是改善船舶能效设计指数(EEDI)的有效途径。常规运输船正常航行过程中,船体纵向变形引起的浮力分布变化对总纵强度的影响通常可以忽略。但在个别载况下,船体梁挠度对浮力分布产生明显的影响,而这些载况通常是总纵弯矩最大的载况。例如,VLCC在压载航行时,中拱挠度最大可超过300mm,由此引起的船体梁最大总纵弯矩值减少量可超过5%。又如,对于60000t举力的浮船坞,工作时的中垂变形可达540mm[6],计入弹性变形的船舶水线与忽略变形计算得到的船舶水线存在显著差异。而540mm的中垂变形,导致船中处的浮力增加,首尾浮力降低,船体梁所承受的纵向载荷(浮力与重力之和)显著降低,所以此时船体梁的最大剪力与弯矩均显著低于将船体视为刚体计算得到的值。当前的船舶结构设计方法不能准确计算船体梁在自由浮态下的结构变形,所以不能准确计算因浮力变化引起的总纵弯矩降低值,结构设计时不考虑结构变形引起的最大静水弯矩降低。这种保守方法在保证船体结构安全性的同时,也会因设计载荷估算偏大而过高要求构件尺寸,不仅增加建造成本,并且影响船舶的 EEDI[7]。研究船体变形精确算法,对船舶结构设计和船舶营运经济性均具有重要意义。

第二,准确计算浮态与船体变形耦合作用下船舶平衡状态是精确计算船舶稳性的前提。船舶的首部和尾部型线较瘦,所以船体梁变形对水线面惯性矩有一定影响。当船体梁发生中垂变形时,首尾吃水减小,船中吃水增加。因吃水变化引起的首尾水线面面积减小量显著大于船中水线面面积的增加量,这种状态下船舶的实际稳性小于未计入船体变形时的计算结果[8]。对于稳性余量较大的船舶,因中垂变形引起的稳性降低通常可以忽略,但是对于稳性较差的船舶,稳性计算时忽略船体变形对船舶安全性不利。此时考虑浮态与船体变形耦合作用计算船舶稳性,可以有效保障船舶的安全性。

第三,准确计算浮态与船体变形耦合作用下的船体变形对船舶轴系校中具有重要意义。对于大型船舶,船舶的轴系校中必须计入船体结构变形的影响[9]。船舶的轴系安装通常在船舶下水前进行,船舶下水后船体梁的变形导致轴系的轴承不在一个平面内,船体尾部的纵向变形直接影响到轴系校中结果的可靠性。准确预报船体变形,通过反变形原理设置轴承位置,能够有效提高轴承的寿命和轴系安全性,降低轴系振动,提高轴系效率[10,11]。但是现有的结构变形有限元方法中,计算结果与载荷的施加方式及边界约束紧密相关。针对轴系校中的有限元计算问题,迄今为止还没有公认的加载和约束条件[12]。研究浮态与船体变形耦合作用下的船体变形计算方法,可以解决载荷的准确性和边界约束合理性问题,是提高轴系校中精度的有效方法。

第四,船舶浮态与船体变形耦合平衡状态的准确计算是浮箱载船下水安全性的重要保障。通过浮箱、浮船坞和半潜驳等驳船载船下水是一种常用的船舶下水方式,在中小型船厂及特殊船舶建造中有广泛的应用。驳船具有较大的船长型深比,在待下水船舶、浮力和自身重力的作用下驳船将产生显著的纵向变形和排水特性变化[13,14]。首先,纵向变形将导致墩和移船轨道与船底接触状态发生变化,对驳船甲板或者待下水船舶的底部局部结构强度有影响。其次,驳船的长度吃水比较大,因变形导致静水压力分布的变化对浮箱总纵强度有显著影响。准确计算浮箱的结构变形,可以准确对下水方案进行优化,不仅能确保下水过程的安全性,同时可有效降低下水的工艺成本。

第五,准确计算船舶浮态与船体变形耦合作用下的船体变形,是保证舰船武器装备安装精度的重要前提。对于舰船,武器装备通常对水平度有严格的要求,准确计算船体变形是保证装备精度的重要基础[15]。通常武器装备的基座在下水前安装，下水后船体弯曲变形将影响武器装备基座的平行度。如果安装时不考虑船体变形，可能导致武器装备的水平度不满足武器精度要求。准确预测舰船下水后的船体总体变形，根据装备所在位置的挠度和转角为基座设置补偿量，能够有效保证舰船武器装备的安装精度要求。

综上所述，准确计算浮态和变形，对船舶与海洋结构物的设计、建造及营运等领域均具有重要意义。

传统的船体结构变形分析主要包括两大类，即二维有限元分析法和三维有限元分析法。二维有限元分析法采用梁模型表达船体梁，通过有限元求解得到船体梁挠曲变形。二维有限元分析法主要用于船舶的整体变形，如浮箱下水中浮箱的变形与应力分析[16]，其缺点是无法准确计算结构局部变形及船舶的横向变形、扭转变形等其他变形模式。三维有限元分析法采用三维板单元和梁单元建立全船或者部分舱段模型，通过有限元求解得到船体结构构件应力和变形，是船体结构强度与刚度计算常用的方法[16]。相比于二维有限元分析法，三维有限元分析法结构模型更为精确，不仅适用于船体结构整体变形分析，同时也适用于局部变形、横向变形及扭转变形等复杂变形模式，适用于建造精度控制[17]、船舶的轴系校中[18]等问题。常规的三维有限元法在船体结构变形分析中仍有三个问题未能有效解决。第一，在结构有限元法中，需要对模型端部节点施加垂向固定约束以防止结构发生刚性位移。事实上，固定点处垂向变形未必为零，所以固定垂向约束影响到模型首尾两端的船体变形计算精度。第二，有限元计算中的压力载荷通常采用其他软件计算，由于有限元模型与载荷计算软件模型不一致，所以加载至有限元模型中的浮力与重力载荷难以保证完全平衡，造成约束点处存在额外的剪力与弯矩，对结构变形与应力分析结果均有较大影响。第三，在结构有限元求解中不能考虑船体变形引起的浮力动态变化，不能准确表达变形与浮态的耦合关系，导致结构物的浮态与船体变形计算结果均不准确。

所以，现有的简化设计方法对相对柔性较大的船舶与海洋结构物，在浮态计算、船体变形分析、船体梁总纵强度计算、船体结构局部强度计算中精度不高，不利于提高船舶的安全性与经济性。

准确计算船体结构变形，需要准确考虑船舶浮态与船体变形的耦合关系，即舷外水和结构的耦合作用。现有的文献中，对船体结构与舷外水耦合作用分析研究可以分为两大类：一类是忽略船体结构变形的方法；另一类是考虑船体结构变形的分析方法。前者主要集中于波浪与船体的耦合作用，分析中将船体视为刚体，考虑流体对船体的动载荷引起的船舶运动，以及船体运动引起的流场变化，如波浪引起的船舶运动响应预报[19,20]等。考虑船体结构变形的流固耦合分析方法主要解决流体水动压力和船体结构弹性系统的耦合问题，即水弹性问题[21]。水弹性问题把流体和船体结构弹性系统作为一个统一的动力系统加以考虑,流体的动压力是作用于船体结构的外载荷,动压力的大小取决于船体结构振动的位移、速度和加速度。船体结构水弹性计算方法可分为频域分析法[22]和时域分析法[23]两大类,主要用于船体结构整体振动频域接近于波浪遭遇频域的集装箱船[22,23]、超大型浮体[24]等。水弹性方法虽然能够处理流体与结构变形的耦合问题,但是不能准确求解结构物浮态与船体变形的耦合问题。首先,水弹性用于分析船体流固耦合的结构动响应,通常将忽略船体变形的浮态作为求解的初始状态,而不能准确计算船舶的初始平衡状态。其次,现有的船舶水弹性分析方法中,包括频域分析法与时域分析法,船体结构模型与水动力模型为两个独立的模型,通过基于几何坐标的映射关系实现水动压力由水动力模型传递至结构模型,或者将船体结构模型的运动传递至水动力模型。

综上,现有的方法不能准确求解船舶浮态与船体变形的耦合分析问题。针对该问题,本章提出两种求解方法:第一种方法为迭代求解法;第二种方法为流固耦合有限元求解法。迭代求解法相对易于实施,但是效率相对较低且适用范围有限;流固耦合有限元法是一种高效的船舶浮态与船体变形耦合求解方法,适用于各种类型船舶的浮态与结构变形精确计算。本章以两种典型船舶为例,探讨浮态与船体变形耦合分析对提高船舶总体设计精度的必要性。

8.2　浮态与船体变形耦合迭代求解方法

船舶自由漂浮于水中,受船体、压载、货物等重力作用和舷外水对船体的浮力作用。当船舶达到平衡状态时,重力与浮力满足浮态方程

$$\begin{cases} Disp = G \\ LCB = LCG \\ TCB = TCG \end{cases} \tag{8.1}$$

式中,$Disp$ 与 G 分别为船舶的排水量与重力;LCB 与 LCG 分别为浮心纵向位置与重心纵向位置;TCB 与 TCG 分别为浮心横向位置与重心横向位置。除极特殊情况以外,船舶的重力分布与浮力分布是不同的,重力与浮力对于整船满足平衡方程,但在局部重力与浮力不相等,二者的差即为船体在静水中承受的载荷。船体结构在重力与浮力合力的作用下将发生一定的弹性变形。船体结构变形的发生将引起外板相对于水线面位置的变化,进一步引起浮力分布的变化。可以认为船舶最终的平衡状态是一个逐渐发展的过程。假定初始时刻船体变形量为零,并且浮态达到平衡,此时船舶满足重力浮力平衡条件,但是船体梁内力平衡方程不成立,所以船体将发生一定的弹性变形,以达到内力的平衡状态。结构变形的发生,又将导致浮力分布的改变,改变船舶的浮态。重复上述过程,船舶浮态与船体变形交替变

化,最终达到平衡状态。通过迭代方法模拟船舶浮态调整与船体变形发生的逐步近似过程,可以得到浮态与船体变形耦合作用的平衡状态。

8.2.1　迭代求解方法基本流程

浮态与船体变形迭代求解涉及两个主要问题,即固定船体变形前提下船舶浮态的计算问题和固定浮态前提下的船体结构变形计算问题。本节中采用一种包含双层结构的迭代策略求解,其中内层为固定船体变形前提下的船舶浮态计算,外层为固定浮态前提下的船体结构变形计算,算法流程如图 8.1 所示。

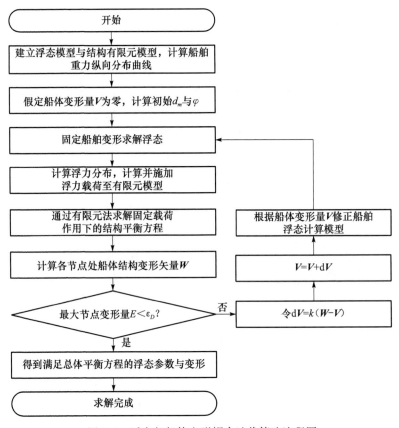

图 8.1　浮态与船体变形耦合迭代算法流程图

（1）建立船体结构有限元模型,施加模型端部约束,施加除浮力载荷之外的所有其他载荷。

（2）首先假定船体结构无变形,即船体结构变形矢量 $\mathbf{V}$ 为零。

（3）以结构变形 $\mathbf{V}$ 修正浮态计算模型,基于修正后的浮态计算模型计算平均吃水 d_m 和纵倾角 φ。

（4）依据平均吃水 d_m、纵倾角 φ，以及变形矢量 $\boldsymbol{V}$ 计算浮力载荷，并将浮力载荷施加至有限元模型。

（5）采用常规有限元静态求解器，求解固定浮力载荷下的静态结构有限元问题。

（6）从有限元计算结果中提取结构变形矢量 $\boldsymbol{W}$。计算 $\boldsymbol{W}$ 与 $\boldsymbol{V}$ 中最大变形误差 E。将 $E<\varepsilon_D$ 作为迭代求解的收敛性条件，其中 ε_D 为变形精度。

（7）如果 $E<\varepsilon_D$，则执行步骤（11）；否则，执行步骤（8）。

（8）计算 $\boldsymbol{W}$ 与 $\boldsymbol{V}$ 的差向量 $d\boldsymbol{V}$，$d\boldsymbol{V}=k(\boldsymbol{W}-\boldsymbol{V})$，其中 k 为变形增量系数。

（9）令 $\boldsymbol{V}=\boldsymbol{V}+d\boldsymbol{V}$。

（10）依据变形矢量 $\boldsymbol{V}$ 修正浮态计算模型，然后执行步骤（3）。

（11）$\boldsymbol{W}$ 即为满足精度要求的计入浮态与结构变形耦合作用的船体结构变形。

（12）迭代求解结束。

上述流程中有以下三项关键问题。

（1）结构有限元模型的选用问题。上述迭代方法中，有限元模型可以采用二维梁模型或者三维结构有限元模型。如果采用梁模型，需要计入剪力对变形的影响。若采用 Euler 梁，则计算得到的结构变形将会有显著误差。工程中常用的计入剪切变形的梁为 Timoshenko 梁。

（2）浮体模型。浮体模型主要用于确定计入结构变形的浮态，以及计算计入结构变形的浮力在船体外板上的分布。采用二维梁理论建立结构模型时，浮体模型可以采用三维切片模型表达，如图 8.2 所示，将浮体表达为一系列横剖面。根据有限元梁模型各节点的变形量，计算浮体切片模型中各横剖面位置处的变形量，并依据变形量修正各横剖面的垂向位置，得到计入船体梁变形的浮体模型。切片浮体模型可以相对准确地计算浮体在发生一定纵向变形与扭转变形前提下的浮态参数，同时可以计算不同吃水，发生一定纵倾与横倾，船体梁带有一定的纵向变形和扭转变形的浮力分布。采用三维有限元模型建立船体结构模型时，三维切片浮体模型同样适用，但是更为准确且通用性更强的方式为将有限元模型中的船体曲面单元作为浮力模型。基于曲面单元的浮力模型，通过对各单元的积分，得到浮力分布，可以更准确地计算结构发生变形之后的浮态参数，同时可用于计算浮体在一定吃水、横倾角与纵倾角，船体结构发生纵向变形、横向、扭转或者局部变形时的浮力分布。

图 8.2　计入变形影响的浮体切片模型

（3）计入结构变形后浮态参数的确定问题。该问题与不计入变形的船舶浮态计算没有本质区别，实质上属于浮体的自由浮态计算问题。对于形状复杂的浮体或者结构相对变形较大的浮体,采用静水力公式计算船舶浮态会产生较大的误差。本例中采用一种基于变形后浮体模型的自由浮态迭代计算方法,如图 8.3 所示。

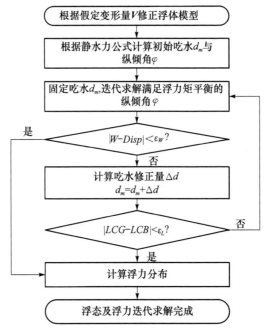

图 8.3 固定变形下船舶自由浮态求解算法流程图

固定变形下船舶自由浮态求解算法采取一种迭代的方法求解船舶的平均吃水 d_m 与纵倾角 φ。迭代的开始状态取依据静力学公式计算得到的船舶浮态。首先固定船舶的吃水,通过二分迭代法或者其他搜索算法,计算满足重力与浮力矩平衡方程的 φ,即找到 φ 满足

$$|\ LCG - LCB\ | < \varepsilon_L \tag{8.2}$$

其中,LCG、LCB 分别为重心纵向位置与浮心纵向位置;$\varepsilon_L > 0$ 为距离误差。然后判断 d_m 与 φ 是否满足重力浮力平衡方程

$$|\ Disp - W\ | < \varepsilon_W \tag{8.3}$$

其中,$Disp$、W 分别为船舶的排水量与总重量;ε_W 为重量误差。如果重力浮力平衡方程成立,则浮态求解结束;否则,根据重力与浮力之差计算船舶的吃水增量,并判断此时重力与浮力矩平衡方程是否满足。如果满足,则浮态求解结束;否则,再次固定吃水求满足力矩平衡方程的纵倾角。重复上述过程直至两个收敛性条件均得以满足。

对于常规船舶,无论是浮态还是结构变形均具有唯一性。即当载荷一定、固定变形时,船舶的浮态是唯一的;当浮力和重力分布一定时,船体梁的变形状态是唯

一的。浮态和结构变形的唯一性是上述算法收敛的重要前提条件。

8.2.2　迭代求解方法数值算例

以 15000t 下水工作船(附录 1[4])和 75000DWT 原油船(附录 1[13])为例,验证浮态与船体变形迭代求解方法的正确性。

1. 15000t 下水工作船

选择 15000t 下水工作船典型中拱载况、典型中垂载况两个载况进行分析。两载况装载情况如下。

(1) 典型中拱载况。典型中拱载况下,下水工作船甲板上 FR0 和 FR40 之间施加 3136t 压力载荷,FR160 和 FR250 之间施加 3136t 压力载荷。

(2) 典型中垂载况。典型中垂载况下,下水工作船甲板 FR110 至 FR142 之间施加 6248t 压力载荷。

采用图 8.3 所示流程,重量误差 ε_W、长度误差 ε_L 和变形误差 ε_D 分别取 0.1t、10^{-4}m 和 10^{-4}m,k 取 1。采用迭代方法分别计算典型中拱、中垂两个载况下的浮态与船体变形耦合问题。典型中拱、中垂载况下,分别经 7 次、8 次迭代后满足收敛性条件。取各横剖面中性轴位置处的变形量(船体梁垂向变形量)为分析对象,以剖面纵向位置为横坐标,以中性轴位置处的变形量为纵坐标绘制船体梁变形曲线,如图 8.4 所示。图中变形量为船体梁的相对弹性变形量,取首垂线和尾垂线处变形量为零。

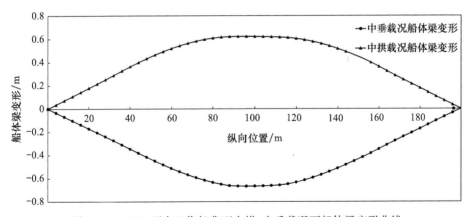

图 8.4　15000t 下水工作船典型中拱、中垂载况下船体梁变形曲线

2. 75000DWT 原油船

选择 75000DWT 原油船压载出港、满载出港两个典型载况进行分析。两载况装载情况如表 8.1 所示。

表 8.1　75000DWT 原油船压载出港、满载出港载况基本信息

载况	平均吃水/m	重心纵向位置/m	载重量/t	最大静水弯矩/(t·m)	最大静水剪力/t
压载出港	7.286	115.947	26471	213821	4623
满载出港	14.362	114.161	72448	−168995	−4273

重量误差 ε_W、长度误差 ε_L 和变形误差 ε_D 分别取 0.2t、10^{-4}m 和 10^{-4}m、k 取 1。采用图 8.3 所示流程分别求解压载出港和满载出港两个载况下的浮态与船体变形耦合问题。两种载况下均经 4 次迭代后满足收敛性条件,绘制船体梁变形曲线如图 8.5 所示。

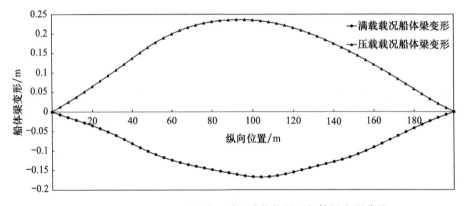

图 8.5　75000DWT 原油船压载、满载载况下船体梁变形曲线

8.2.3　迭代求解方法的收敛性与效率分析

浮态变形迭代计算分析方法类似于一个过程仿真算法,其收敛性和迭代的速度主要取决于变形增量系数 k。k 取较小值时,每次迭代变形增量较小,可以保证算法的收敛性。但是较小的 k 将导致较慢的迭代收敛速度。变形增量总小于固定载荷下的变形增量,所以 k 取值不应大于 1。当然,这并不意味着当 $k>1$ 时迭代不收敛,但 $k>1$ 时的迭代收敛速度通常小于 $k\leqslant 1$ 时。

对于 15000t 下水工作船,取变形增量系数 $k=0.3,0.4,\cdots,0.9,1.0$,分别计算上述 8 种方案下平衡状态。对于每个 k 取值,以各迭代步下的变形误差为纵坐标,以相应的迭代次数为横坐标绘制误差分析曲线,如图 8.6 所示。该例中,k 取值从 0.3 到 1.0,算法均具有良好的收敛性。随着 k 值的增大,收敛速度先加快,至 $k=0.7$ 附近时收敛速度达到最大值,然后随着 k 值的增大收敛速度减慢。当 $k=0.7$ 时经过 4 次迭代即可达到平衡。k 取值的不同,迭代过程中所经历的路径是不同的,但是最终的平衡状态相同,在一定程度上可以说明该问题具有唯一解,且采用的迭代方法是收敛的。

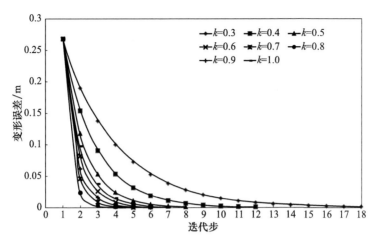

图 8.6　15000t 下水工作船不同增量系数对应误差分析曲线

采用同样的方法,绘制 75000DWT 原油船不同增量系数 k 对应的误差分析曲线,如图 8.7 所示。对于 75000DWT 原油船,随着 k 值从 0.3 增加至 1.0,所需要的迭代步逐渐减少,当 $k=1.0$ 时经过 4 个迭代步后满足收敛性条件。

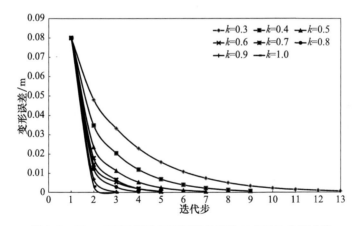

图 8.7　75000DWT 原油船不同增量系数对应误差分析曲线

上述两例可以证明,浮态与船体变形迭代求解算法具有较好的收敛性。通过调整增量系数 k 可以改善算法的收敛速度。最佳的 k 取值取决于船体梁相对刚度。如果船体为绝对刚性,则迭代算法在第一步迭代后即满足收敛性条件。对于相对刚度较大的船,取较大的 k 值有助于加快算法收敛。对于相对刚度较小的船,k 应取相对较小的值,较大的 k 值将降低收敛速度,甚至可能导致迭代的不收敛。

8.3 浮态与船体变形耦合有限元分析法

8.2 节中介绍的船舶浮态与船体变形迭代计算方法,可以在常规的有限元软件平台上,通过开发浮态计算与迭代求解相关代码完成,其算法相对简单,易于软件实现。但是该算法也存在一定的不足。

首先,浮态与船体变形迭代计算方法中涉及两层迭代计算,即内层的浮态迭代计算与外层的变形迭代计算。迭代求解的计算量相对较大,虽然可以通过设置适当的变形增量系数 k 提高迭代算法的效率,但是不同的船舶最佳 k 值是不同的,确定最佳 k 取值本身需要进行大量的运算。其次,8.2 节中介绍的算法主要适用于船体梁的纵向变形分析,涉及两个浮态参数,即平均吃水和纵倾角。对于下水工作船、浮船坞等长宽比相对较大的浮体,横向变形相对于纵向变形可以忽略,此时采用迭代求解法能够取得较高精度的解。但是对于一些宽度型深比相对较大的海洋结构物(浮式海上机场),其横向变形、扭转变形等均不能忽略。此时,浮态参数应当包括横倾角,相应的浮态求解算法相比于图 8.3 更为复杂,而且算法的收敛性将显著低于仅考虑纵向变形的情况。所以,浮态与船体变形迭代计算方法通用性相对较低,难以通过统一的算法解决不同类型海洋结构物浮态与船体变形准确计算问题。此外,浮态与船体变形的耦合求解算法仅适用于浮体静力学问题,难以扩展至动力学问题,算法不具备良好的可扩展性。

针对浮态与船体变形迭代求解方法的上述缺点,本节中研究一种流固耦合有限元法,即浮态变形耦合有限元法(FEM based buoyancy coupling with deformation analysis,F-BCDA),通过有限元求解完成船舶浮态与船体变形的耦合求解。

8.3.1 计入结构变形的浮态平衡方程及其离散化

船舶所受浮力可由船体曲面积分得到。考虑到浮态与船体结构变形耦合作用,船舶浮态平衡方程的一般形式为

$$\begin{cases} \rho g \iint\limits_{S} (z_s + w_s) \sin\theta_s \mathrm{d}s = G \\ \dfrac{\rho g}{G} \iint\limits_{S} x_s (z_s + w_s) \sin\theta_s \mathrm{d}s = LCG \\ \dfrac{\rho g}{G} \iint\limits_{S} y_s (z_s + w_s) \sin\theta_s \mathrm{d}s = TCG \end{cases} \tag{8.4}$$

式中,ρ 为舷外水密度;S 为水线以下的船体曲面;z_s 为船体坐标系下 s 位置距水线面的垂直距离;θ_s 为 s 位置处船体曲面法向方向与 Z 轴的夹角;w_s 为 s 位置处船体

结构垂向变形量；G、LCG 及 TCG 含义同式(8.1)。式(8.4)中三个等式由上至下依次为重力浮力平衡方程、纵向重力矩与浮力矩平衡方程，以及横向重力矩与浮力矩平衡方程。式(8.4)中结构变形量 w_s 由两部分组成，即因浮态变化引起的垂向位置变化量 w_b 和因弹性变形引起的垂向位置变化量 w_e。

$$w_s = w_b + w_e \tag{8.5}$$

其中，w_e 为船舶的结构力学响应，满足弹性力学基本方程，取决于船体结构形式、构件尺寸、材料属性和载荷分布等诸多因素。式(8.4)为浮态平衡方程的连续形式。三维船体结构有限元分析中，将船体曲面离散为一系列线性的或者二次的四边形或者三角形单元，四边形单元可以为 4 节点线性单元或者 8 节点二次单元，三角形单元可以为 3 节点线性单元或者 6 节点二次单元。对于船体曲面上的单元，单元所受静水浮力可以通过对单元的形函数积分得到，船舶总浮力可近似为各单元的浮力之和。将有限元模型中船体曲面壳单元作为浮态计算模型，则浮态平衡方程的离散化形式为

$$\begin{cases} \rho g \displaystyle\sum_{e=1}^{m} \iint_{S_e} (z_s + w_s) \sin\theta_s \, \mathrm{d}s = G \\[2mm] \dfrac{\rho g}{G} \displaystyle\sum_{e=1}^{m} \iint_{S_e} x_s (z_s + w_s) \sin\theta_s \, \mathrm{d}s = LCG \\[2mm] \dfrac{\rho g}{G} \displaystyle\sum_{e=1}^{m} \iint_{S_e} y_s (z_s + w_s) \sin\theta_s \, \mathrm{d}s = TCG \end{cases} \tag{8.6}$$

式中，m 为有限元模型中水线以下外板面单元的总数；S_e 为第 e（$1 \leqslant e \leqslant m$）个单元对应的曲面片，曲面的几何方程由对应单元的形函数确定。

8.3.2 计入浮力的单元刚度矩阵

有限元法中，将船体结构离散为一系列单元，包括壳单元、膜单元、梁单元和杆单元等。对于每一类单元，根据结构几何方程、材料本构关系、力的平衡方程和变形协调方程四类弹性力学基本方程，采用变分原理推导单元刚度矩阵 $\boldsymbol{K}^e$ 和外力向量 $\boldsymbol{F}^e$，$\boldsymbol{K}^e$、$\boldsymbol{F}^e$ 与节点变形量 $\boldsymbol{\delta}^e$ 之间满足单元刚度方程

$$\boldsymbol{K}^e \boldsymbol{\delta}^e = \boldsymbol{F}^e \tag{8.7}$$

其中，$\boldsymbol{\delta}^e$ 为单元 n 个节点的弹性变形向量：

$$\boldsymbol{\delta}^e = \{\boldsymbol{\delta}_1^e, \boldsymbol{\delta}_2^e, \cdots, \boldsymbol{\delta}_n^e\}^\mathrm{T} \tag{8.8}$$

式中，$\boldsymbol{\delta}_i^e$（$1 \leqslant i \leqslant n$）为第 i 个节点的变形量。在三维船体结构有限元分析中，通常采用三维壳单元和梁单元分别模拟板和扶强材。对于壳单元和梁单元，每个节点包括 6 个自由度分量，即三个线位移和三个角位移。第 i（$1 \leqslant i \leqslant n$）个节点的位移向量记为

$$\boldsymbol{\delta}_i^e = \{u_i, v_i, w_i, \theta_i, \varphi_i, \xi_i\}^T \tag{8.9}$$

其中，u_i、v_i、w_i、θ_i、φ_i 和 ξ_i 分别为第 i 个节点的 X 方向线位移、Y 方向线位移、Z 方向线位移、绕 X 轴转角位移、绕 Y 轴转角位移和绕 Z 轴的转角位移。船舶结构有限元分析中，结构所受外力向量包括体积力、面压力和集中力。体积力主要为重力载荷，面压力包括舷外水压力、舱室水压力、甲板载荷等，集中力包括各类设备集中载荷等。有限元方法中，将上述载荷通过单元积分转化为单元的等效节点力 $\boldsymbol{F}^e$。考虑到浮力的特殊性，将由浮力引起的等效节点力从总的载荷向量中分离出来，单元平衡方程(8.7)可以表示为

$$\boldsymbol{K}^e \boldsymbol{\delta}^e = \boldsymbol{F}_O^e + \boldsymbol{F}_B^e \tag{8.10}$$

其中，$\boldsymbol{F}_O^e$ 为除浮力以外的外力矢量；$\boldsymbol{F}_B^e$ 为浮力等效节点力。$\boldsymbol{F}_B^e$ 为作用在单元上的浮力转化至单元节点上的等效节点力。作用于单元上的浮力可以通过对单元的积分得到

$$\boldsymbol{B} = \rho \iint_{S^e} z_s \vec{n}_s \mathrm{d}s \tag{8.11}$$

其中，S^e 为单元对应的几何曲面；$\vec{n}_s$ 为曲面在 s 位置的法向，其余变量含义同上。$\boldsymbol{B}$ 为作用于单元上的总浮力，单元平衡方程需要将作用于单元上的浮力转化至节点上得到等效节点力。对于线性壳单元，如 4 节点四边形壳单元或者 3 节点三角形壳单元，每个节点均承担一部分浮力载荷。对于非线性壳单元，如 8 节点四边形壳单元或者 6 节点三角形壳单元，节点中除了单元的顶点以外还包括中间节点。船舶结构有限元分析中，非线性壳单元的顶点通常为结构的强节点，中间节点仅用于构造单元的形函数，所以可以认为浮力的等效节点力仅作用于单元边的顶点之上，各边的中间节点无等效节点力。所以，线性、非线性四边形单元的等效节点力作用于四边形的 4 个顶点，三角形单元作用于其 3 个顶点。

如图 8.8 所示，假设 $M_i (1 \leqslant i \leqslant n)$ 为各边中点，C 为单元的型心，其坐标表达为

$$\begin{cases} X_c = \dfrac{1}{n} \sum_{i=1}^{n} X_i \\[2mm] Y_c = \dfrac{1}{n} \sum_{i=1}^{n} Y_i \\[2mm] Z_c = \dfrac{1}{n} \sum_{i=1}^{n} Z_i \end{cases} \tag{8.12}$$

其中，X_i、Y_i 与 Z_i 分别为第 $i (1 \leqslant i \leqslant n)$ 节点的 X、Y 与 Z 方向位置。需要注意的是，此处"位置"是指节点的实际空间位置，其含义为节点坐标与因浮态与结构变形引起的位移之和。连接 C 与 M_i 建立 n 条直线，则单元被划分为 n 个曲面片 S_i，各曲面片包含且仅包含一个非中间节点。可以近似认为，第 i 个节点的等效应力 B_i 为 S_i 上作用的浮力。

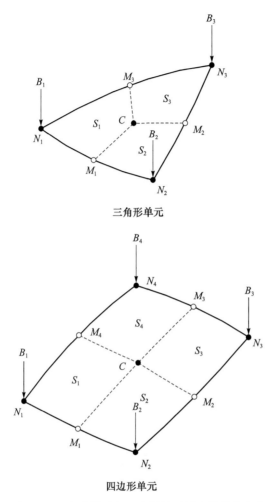

三角形单元

四边形单元

图 8.8　三角形单元与四边形单元浮力等效节点力

将单元的几何型心与 n 条边的中点连线,得到 n 条辅助线。n 条辅助线将单元分为 n 个曲面片,每个曲面片 $S_i(1 \leqslant i \leqslant n)$ 包含一个节点。船体结构有限元模型中,如果不考虑单元所受压力对各节点的局部弯矩,可以近似认为单元各节点分配的节点力即为各曲面片上作用的浮力,则各节点所承受的节点力近似为

$$\boldsymbol{B}_i = \rho g \iint\limits_{S_i} z_s \vec{n}_s \mathrm{d}s \tag{8.13}$$

对于第 i 个曲面片 S_i,其包含四个顶点,记做 I, J, K 和 L,如图 8.9 所示。S_i 四个顶点的 Z 方向位置记做

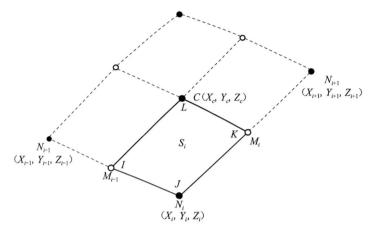

图 8.9　各曲面片的浮力载荷表达为以节点位置为变量的表达式

$$\begin{cases} z_I = \dfrac{Z_{i-1} + Z_i}{2} \\[2mm] z_J = Z_i \\[2mm] z_K = \dfrac{Z_i + Z_{i+1}}{2} \\[2mm] z_L = \dfrac{1}{n}\sum_{j=1}^{n} Z_j \end{cases} \tag{8.14}$$

其中,令 Z_{-1} 含义为 Z_n。四个顶点 Z 向位置的平均值为

$$\bar{z}_i = \frac{1}{8}(Z_{i-1} + 4Z_i + Z_{i+1}) + \frac{1}{4n}\sum_{j=1}^{n} Z_j \tag{8.15}$$

对于形状为长方形的四边形单元,曲面片 S_i 为长方形,此时 $\bar{z}_i$ 等于曲面片 S_i 的型心 Z 向坐标。这时,作用于 S_i 上的浮力载荷(即第 i 个节点的等效节点力)表达为

$$\boldsymbol{B}_i = \{\rho g A_i \bar{z}_i \vec{n}_i \boldsymbol{v}_x, \rho g A_i \bar{z}_i \vec{n}_i \boldsymbol{v}_y, \rho g A_i \bar{z}_i \vec{n}_i \boldsymbol{v}_z, 0, 0, 0\}^{\mathrm{T}} \tag{8.16}$$

式中,A_i 为曲面片 S_i 的面积;$\vec{n}_i$ 为 S_i 的法向方向;$\boldsymbol{v}_x$、$\boldsymbol{v}_y$ 和 $\boldsymbol{v}_z$ 分别为 X、Y 和 Z 轴坐标矢量方向

$$\begin{cases} \boldsymbol{v}_x = (1,0,0) \\ \boldsymbol{v}_y = (0,1,0) \\ \boldsymbol{v}_z = (0,0,1) \end{cases} \tag{8.17}$$

式(8.16)的推导中假设单元为长方形。对于三角形单元或者非长方形的四边形单元,采用式(8.16)计算等效节点力存在一定的误差,因为此时 $\bar{z}_i$ 不严格等于 S_i 型心的垂向坐标。但是,上述误差对于传统船体结构有限元分析是可以接受的。

首先,船体结构有限元分析前处理中,优先将结构划分为长方形单元以提高计算精度,所以非长方形单元仅占有限元模型中较小的比例。其次,上述误差正比于单元的尺寸。通常情况下,船体结构有限元分析中的粗网格模型即可以得到足够的计算精度。即使个别情况下精度不足,也可以通过减小网格尺寸的方式将误差控制在可接受的范围内。

根据上述假设,对于四边形单元与三角形单元,浮力向量可以表达为

$$\boldsymbol{F}_B^e = \{\boldsymbol{B}_1, \boldsymbol{B}_2, \cdots, \boldsymbol{B}_n\}^{\mathrm{T}} \tag{8.18}$$

将式(8.16)代入式(8.18),$\boldsymbol{F}_B^e$ 可以表达为矩阵的形式,即

$$\boldsymbol{F}_B^e = \boldsymbol{K}_B^e \boldsymbol{Z}^e \tag{8.19}$$

其中,$\boldsymbol{K}_B^e$ 为单元的浮力矩阵;$\boldsymbol{Z}^e$ 为节点的 Z 方向位置,表达为

$$\boldsymbol{Z}^e = \{0, 0, Z_1, 0, 0, 0, 0, 0, Z_2, 0, 0, 0, \cdots, 0, 0, Z_n, 0, 0, 0\}^{\mathrm{T}} \tag{8.20}$$

依据式(8.15)、式(8.16)及式(8.19),对于三角形单元,浮力矩阵表达为

$$\boldsymbol{K}_{B,T}^e = \frac{\rho g}{24}
\begin{bmatrix}
0 & 0 & 14A_1\vec{n}_1\boldsymbol{v}_x & 0 & 0 & 0 & 0 & 0 & 5A_1\vec{n}_1\boldsymbol{v}_x & 0 & 0 & 0 & 0 & 0 & 5A_1\vec{n}_1\boldsymbol{v}_x & 0 & 0 & 0 \\
0 & 0 & 14A_1\vec{n}_1\boldsymbol{v}_y & 0 & 0 & 0 & 0 & 0 & 5A_1\vec{n}_1\boldsymbol{v}_y & 0 & 0 & 0 & 0 & 0 & 5A_1\vec{n}_1\boldsymbol{v}_y & 0 & 0 & 0 \\
0 & 0 & 14A_1\vec{n}_1\boldsymbol{v}_z & 0 & 0 & 0 & 0 & 0 & 5A_1\vec{n}_1\boldsymbol{v}_z & 0 & 0 & 0 & 0 & 0 & 5A_1\vec{n}_1\boldsymbol{v}_z & 0 & 0 & 0 \\
0 & 0 & 0 & 0 & 0 & 0 & 0 & 0 & 0 & 0 & 0 & 0 & 0 & 0 & 0 & 0 & 0 & 0 \\
0 & 0 & 0 & 0 & 0 & 0 & 0 & 0 & 0 & 0 & 0 & 0 & 0 & 0 & 0 & 0 & 0 & 0 \\
0 & 0 & 0 & 0 & 0 & 0 & 0 & 0 & 0 & 0 & 0 & 0 & 0 & 0 & 0 & 0 & 0 & 0 \\
0 & 0 & 5A_2\vec{n}_2\boldsymbol{v}_x & 0 & 0 & 0 & 0 & 0 & 14A_2\vec{n}_2\boldsymbol{v}_x & 0 & 0 & 0 & 0 & 0 & 5A_2\vec{n}_2\boldsymbol{v}_x & 0 & 0 & 0 \\
0 & 0 & 5A_2\vec{n}_2\boldsymbol{v}_y & 0 & 0 & 0 & 0 & 0 & 14A_2\vec{n}_2\boldsymbol{v}_y & 0 & 0 & 0 & 0 & 0 & 5A_2\vec{n}_2\boldsymbol{v}_y & 0 & 0 & 0 \\
0 & 0 & 5A_2\vec{n}_2\boldsymbol{v}_z & 0 & 0 & 0 & 0 & 0 & 14A_2\vec{n}_2\boldsymbol{v}_z & 0 & 0 & 0 & 0 & 0 & 5A_2\vec{n}_2\boldsymbol{v}_z & 0 & 0 & 0 \\
0 & 0 & 0 & 0 & 0 & 0 & 0 & 0 & 0 & 0 & 0 & 0 & 0 & 0 & 0 & 0 & 0 & 0 \\
0 & 0 & 0 & 0 & 0 & 0 & 0 & 0 & 0 & 0 & 0 & 0 & 0 & 0 & 0 & 0 & 0 & 0 \\
0 & 0 & 0 & 0 & 0 & 0 & 0 & 0 & 0 & 0 & 0 & 0 & 0 & 0 & 0 & 0 & 0 & 0 \\
0 & 0 & 5A_3\vec{n}_3\boldsymbol{v}_x & 0 & 0 & 0 & 0 & 0 & 5A_3\vec{n}_3\boldsymbol{v}_x & 0 & 0 & 0 & 0 & 0 & 14A_3\vec{n}_3\boldsymbol{v}_x & 0 & 0 & 0 \\
0 & 0 & 5A_3\vec{n}_3\boldsymbol{v}_y & 0 & 0 & 0 & 0 & 0 & 5A_3\vec{n}_3\boldsymbol{v}_y & 0 & 0 & 0 & 0 & 0 & 14A_3\vec{n}_3\boldsymbol{v}_y & 0 & 0 & 0 \\
0 & 0 & 5A_3\vec{n}_3\boldsymbol{v}_z & 0 & 0 & 0 & 0 & 0 & 5A_3\vec{n}_3\boldsymbol{v}_z & 0 & 0 & 0 & 0 & 0 & 14A_3\vec{n}_3\boldsymbol{v}_z & 0 & 0 & 0 \\
0 & 0 & 0 & 0 & 0 & 0 & 0 & 0 & 0 & 0 & 0 & 0 & 0 & 0 & 0 & 0 & 0 & 0 \\
0 & 0 & 0 & 0 & 0 & 0 & 0 & 0 & 0 & 0 & 0 & 0 & 0 & 0 & 0 & 0 & 0 & 0 \\
0 & 0 & 0 & 0 & 0 & 0 & 0 & 0 & 0 & 0 & 0 & 0 & 0 & 0 & 0 & 0 & 0 & 0
\end{bmatrix} \tag{8.21}$$

同理,对于四边形单元,浮力矩阵为

$$
\mathbf{K}_{B,Q}^{e}=\frac{\rho g}{16}
\begin{bmatrix}
0 & 0 & 9A_1\vec{n}_1\bm{v}_x & 0\,0\,0\,0\,0 & 3A_1\vec{n}_1\bm{v}_x & 0\,0\,0\,0\,0 & A_1\vec{n}_1\bm{v}_x & 0\,0\,0\,0\,0 & 3A_1\vec{n}_1\bm{v}_x & 0\,0\,0 \\
0 & 0 & 9A_1\vec{n}_1\bm{v}_y & 0\,0\,0\,0\,0 & 3A_1\vec{n}_1\bm{v}_y & 0\,0\,0\,0\,0 & A_1\vec{n}_1\bm{v}_y & 0\,0\,0\,0\,0 & 3A_1\vec{n}_1\bm{v}_y & 0\,0\,0 \\
0 & 0 & 9A_1\vec{n}_1\bm{v}_z & 0\,0\,0\,0\,0 & 3A_1\vec{n}_1\bm{v}_z & 0\,0\,0\,0\,0 & A_1\vec{n}_1\bm{v}_z & 0\,0\,0\,0\,0 & 3A_1\vec{n}_1\bm{v}_z & 0\,0\,0 \\
0\,0 & & 0 & 0\,0\,0\,0\,0 & 0 & 0\,0\,0\,0\,0 & 0 & 0\,0\,0\,0\,0 & 0 & 0\,0\,0 \\
0\,0 & & 0 & 0\,0\,0\,0\,0 & 0 & 0\,0\,0\,0\,0 & 0 & 0\,0\,0\,0\,0 & 0 & 0\,0\,0 \\
0\,0 & & 0 & 0\,0\,0\,0\,0 & 0 & 0\,0\,0\,0\,0 & 0 & 0\,0\,0\,0\,0 & 0 & 0\,0\,0 \\
0\,0 & & 3A_2\vec{n}_2\bm{v}_x & 0\,0\,0\,0\,0 & 9A_2\vec{n}_2\bm{v}_x & 0\,0\,0\,0\,0 & 3A_2\vec{n}_2\bm{v}_x & 0\,0\,0\,0\,0 & A_2\vec{n}_2\bm{v}_x & 0\,0\,0 \\
0\,0 & & 3A_2\vec{n}_2\bm{v}_y & 0\,0\,0\,0\,0 & 9A_2\vec{n}_2\bm{v}_y & 0\,0\,0\,0\,0 & 3A_2\vec{n}_2\bm{v}_y & 0\,0\,0\,0\,0 & A_2\vec{n}_2\bm{v}_y & 0\,0\,0 \\
0\,0 & & 3A_2\vec{n}_2\bm{v}_z & 0\,0\,0\,0\,0 & 9A_2\vec{n}_2\bm{v}_z & 0\,0\,0\,0\,0 & 3A_2\vec{n}_2\bm{v}_z & 0\,0\,0\,0\,0 & A_2\vec{n}_2\bm{v}_z & 0\,0\,0 \\
0\,0 & & 0 & 0\,0\,0\,0\,0 & 0 & 0\,0\,0\,0\,0 & 0 & 0\,0\,0\,0\,0 & 0 & 0\,0\,0 \\
0\,0 & & 0 & 0\,0\,0\,0\,0 & 0 & 0\,0\,0\,0\,0 & 0 & 0\,0\,0\,0\,0 & 0 & 0\,0\,0 \\
0\,0 & & 0 & 0\,0\,0\,0\,0 & 0 & 0\,0\,0\,0\,0 & 0 & 0\,0\,0\,0\,0 & 0 & 0\,0\,0 \\
0\,0 & & A_3\vec{n}_3\bm{v}_x & 0\,0\,0\,0\,0 & 3A_3\vec{n}_3\bm{v}_x & 0\,0\,0\,0\,0 & 9A_3\vec{n}_3\bm{v}_x & 0\,0\,0\,0\,0 & 3A_3\vec{n}_3\bm{v}_x & 0\,0\,0 \\
0\,0 & & A_3\vec{n}_3\bm{v}_y & 0\,0\,0\,0\,0 & 3A_3\vec{n}_3\bm{v}_y & 0\,0\,0\,0\,0 & 9A_3\vec{n}_3\bm{v}_y & 0\,0\,0\,0\,0 & 3A_3\vec{n}_3\bm{v}_y & 0\,0\,0 \\
0\,0 & & A_3\vec{n}_3\bm{v}_z & 0\,0\,0\,0\,0 & 3A_3\vec{n}_3\bm{v}_z & 0\,0\,0\,0\,0 & 9A_3\vec{n}_3\bm{v}_z & 0\,0\,0\,0\,0 & 3A_3\vec{n}_3\bm{v}_z & 0\,0\,0 \\
0\,0 & & 0 & 0\,0\,0\,0\,0 & 0 & 0\,0\,0\,0\,0 & 0 & 0\,0\,0\,0\,0 & 0 & 0\,0\,0 \\
0\,0 & & 0 & 0\,0\,0\,0\,0 & 0 & 0\,0\,0\,0\,0 & 0 & 0\,0\,0\,0\,0 & 0 & 0\,0\,0 \\
0\,0 & & 0 & 0\,0\,0\,0\,0 & 0 & 0\,0\,0\,0\,0 & 0 & 0\,0\,0\,0\,0 & 0 & 0\,0\,0 \\
0\,0 & & 3A_4\vec{n}_4\bm{v}_x & 0\,0\,0\,0\,0 & A_4\vec{n}_4\bm{v}_x & 0\,0\,0\,0\,0 & 3A_4\vec{n}_4\bm{v}_x & 0\,0\,0\,0\,0 & 9A_4\vec{n}_4\bm{v}_x & 0\,0\,0 \\
0\,0 & & 3A_4\vec{n}_4\bm{v}_y & 0\,0\,0\,0\,0 & A_4\vec{n}_4\bm{v}_y & 0\,0\,0\,0\,0 & 3A_4\vec{n}_4\bm{v}_y & 0\,0\,0\,0\,0 & 9A_4\vec{n}_4\bm{v}_y & 0\,0\,0 \\
0\,0 & & 3A_4\vec{n}_4\bm{v}_z & 0\,0\,0\,0\,0 & A_4\vec{n}_4\bm{v}_z & 0\,0\,0\,0\,0 & 3A_4\vec{n}_4\bm{v}_z & 0\,0\,0\,0\,0 & 9A_4\vec{n}_4\bm{v}_z & 0\,0\,0 \\
0\,0 & & 0 & 0\,0\,0\,0\,0 & 0 & 0\,0\,0\,0\,0 & 0 & 0\,0\,0\,0\,0 & 0 & 0\,0\,0 \\
0\,0 & & 0 & 0\,0\,0\,0\,0 & 0 & 0\,0\,0\,0\,0 & 0 & 0\,0\,0\,0\,0 & 0 & 0\,0\,0 \\
0\,0 & & 0 & 0\,0\,0\,0\,0 & 0 & 0\,0\,0\,0\,0 & 0 & 0\,0\,0\,0\,0 & 0 & 0\,0\,0
\end{bmatrix}
\tag{8.22}
$$

$\mathbf{Z}^{e}$ 为节点的 Z 坐标与 Z 方向位移之和, $\mathbf{Z}^{e}$ 表达为

$$
\mathbf{Z}^{e}=\mathbf{Z}_{C}^{e}+\bm{w}^{e} \tag{8.23}
$$

$\mathbf{Z}_{C}^{e}$ 为节点的 Z 坐标

$$
\mathbf{Z}_{C}^{e}=\{0,0,Zc_1 0,0,0,0,0,Zc_2 0,0,0,\cdots,0,0,Zc_n 0,0,0\}^{\mathrm{T}} \tag{8.24}
$$

$Zc_i(1\leqslant i\leqslant n)$ 为第 i 个节点的 Z 坐标, $\bm{w}^{e}$ 为 Z 方向的位移向量

$$
\bm{w}^{e}=\{0,0,w_1 0,0,0,0,0,w_2 0,0,0,\cdots,0,0,w_n 0,0,0\}^{\mathrm{T}} \tag{8.25}
$$

将式(8.23)代入式(8.19),则 $\mathbf{F}_{B}^{e}$ 可表达为

$$F_B^e = K_B^e (w^e + Z_C^e) \tag{8.26}$$

对于四边形单元,在 w^e 中除了第 3、9、15 和 21 行以外的其他元素为零。同时,在浮力矩阵中,除了第 3、9、15 和 21 列以外的其他列为零。所以 F_B^e 可以修改为

$$F_B^e = K_B^e (\delta^e + Z_C^e) \tag{8.27}$$

将式(8.27)代入式(8.10),并将与 δ^e 相关的浮力分项移动至方程的左端,则浮力单元的刚度方程记做

$$(K^e - K_B^e)\delta^e = F_O^e + K_B^e Z_C^e \tag{8.28}$$

其中,$K^e - K_B^e$ 为 $6n \times 6n$ 矩阵,可将其视为浮力单元的刚度属性;$K_B^e Z_C^e$ 为坐标修正分项,对于处于 XY 面上的单元,该项为零;$F_O^e + K_B^e Z_C^e$ 可被视为广义载荷向量。根据上述假设,浮力单元的刚度方程具有常规有限元单元相似的表达形式。

8.3.3　总体刚度矩阵及总体平衡方程

船体结构有限元模型中,单元可以分为两大类,即浮力单元与非浮力单元。浮力单元为船体湿表面上的壳单元,其刚度方程通过式(8.28)确定。除了浮力单元以外的其他单元为非浮力单元。非浮力单元可以为壳单元、板单元、膜单元、杆单元、梁单元及体单元等各种类型。通过组装所有单元的单元刚度矩阵,包括浮力单元与非浮力单元,得到总体刚度矩阵。然后组装单元等效节点力向量得到总体等效节点力向量。总体平衡方程表达为

$$K^G \delta^G = F^G \tag{8.29}$$

式中,K^G 为计入浮力属性的总体刚度矩阵;δ^G 为广义位移向量,由因结构变形与因浮态变化引起的节点位移两部分构成;F^G 为总体等效节点力向量,由除浮力以外的其他外力与浮力单元的坐标修正分项两部分构成。

平衡方程(8.29)不能直接求解,因为 K^G 为奇异矩阵,其逆矩阵不存在。在方程(8.29)中,整个有限元模型没有边界约束,所以整个模型可以沿着 X 轴、Y 轴平动,或者绕着 Z 轴自由转动。因此,该方程有无数解。与常规有限元法类似,需要对模型施加适当的边界约束,消除方程(8.29)中总体刚度矩阵的奇异性,才能进行数值求解。各节点的 Z 向位置通过求解隐含的重力浮力平衡方程得到,所以不应当在任何节点施加 Z 方向自由度约束及绕 X 轴与绕 Y 轴的转角自由度约束。仅需要对模型施加适当的 X、Y 方向线位移约束,以及绕 Z 轴方向的转动位移约束。施加上述边界约束后,最终的总体平衡方程为

$$K^{G'} \delta^{G'} = F^{G'} \tag{8.30}$$

式中,$K^{G'}$、$\delta^{G'}$ 和 $F^{G'}$ 分别为总体刚度矩阵、总体广义位移向量和总体等效节点力向量。$K^{G'}$ 为大型非对称稀疏矩阵,且 $K^{G'}$ 无奇异性,方程(8.30)有唯一解,可以通过大型稀疏矩阵求解算法得到。

相比于传统的船舶结构有限元分析方法,F-BCDA 有以下三个特点。

(1) F-BCDA 通过求解方程一次完成船舶的浮态与船体变形两个问题的耦合求解,计算结果不仅满足浮态平衡方程,同时满足结构力学平衡方程。

(2) F-BCDA 中的浮力不是固定值,而是由单元各节点的垂向变形量确定,F-BCDA 数值模型满足浮力基本方程,可相对准确地描述船体浮力随船舶浮态及结构变形变化的特点。

(3) F-BCDA 中的边界约束更为简单,也更为合理。传统的有限元法中,需要对模型施加 Z 向的固定约束、绕 X 轴的转动位移约束及绕 Y 轴的转动位移约束,以防止模型的刚性位移。否则总体刚度阵是奇异的,无法完成总体平衡方程的求解。有限元求解前需要准确计算浮力,如果载荷计算不准确,则在约束点处会产生较大的变形与应力,影响计算结果的精度。F-BCDA 中,各节点的垂向位置由求解方程得到,所以模型的边界约束中不需要施加 Z 向自由度、绕 X 轴及绕 Y 轴转角自由度的约束,一方面减少计算量,另一方面计算结果具有更高的计算精度。

8.3.4　应用及程序设计基本流程

F-BCDA 的基本流程如图 8.10 所示。F-BCDA 是对传统有限元法的功能拓展,本质上仍然是一种有限元法。与常规有限元法相同,F-BCDA 的应用过程包括建模、加载、约束、求解和后处理几个典型过程。F-BCDA 应用的基本流程如下。

(1) 建立船体结构三维有限元模型。采用线性或者二次壳单元模拟板单元,采用线性或者二次梁单元模拟扶强材,建立船体结构三维有限元模型。结构离散化规则、网格尺寸及质量要求等与传统有限元法一致。

(2) 选择浮力单元。浮力单元由水线面以下围成浮体外表面的所有单元构成,包括外底、舷侧外板、首尾封板等。根据单元的几何尺寸、水的密度、重力加速度等参数,计算各浮力单元的浮力系数,并建立浮力矩阵。将单元的浮力矩阵与单元刚度矩阵叠加,得到包含浮力属性的单元刚度矩阵。计算浮力单元的坐标修正分项,并修正等效节点力向量。

(3) 通过组装单元刚度矩阵,得到浮态与船体变形耦合分析有限元总体刚度矩阵。组装等效节点力向量,得到总体外力向量,构造计入浮力平衡的有限元总体平衡方程。

(4) 施加边界约束,构造有限元总体平衡方程。边界约束的目的是防止模型沿 X 方向、Y 方向刚性平移或者绕 Z 轴转动。如果利用船舶的对称性采用半船模型,则对 $Y=0$ 处的所有节点施加对称约束。

(5) 采用大型稀疏矩阵求解算法求解总体平衡方程,得到所有节点的位移向量。位移向量由两部分构成,一是与浮态变化相关的船舶整体位移,包括吃水、横

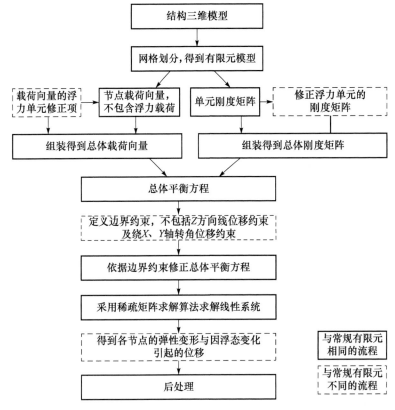

图 8.10　F-BCDA 基本流程示意图

倾、纵倾等引起的整体位移。二是结构相对变形位移,即结构在重力、浮力载荷作用下发生的弹性变形。各节点的弹性变形位移包括三个线位移和三个转角位移。

（6）分析整体位移和局部位移,绘制结构变形图和应力云图,完成计入浮力与变形耦合作用的船体结构有限元分析。

8.3.5　浮力单元的确定及修正算法

浮体在静水中平衡位置的计算中,由于浮态与结构变形的变化,导致浮力单元的数量可能与初始假定不同。此外,可能存在部分单元跨水线面。在上述情况下,按照初始假定浮力单元的计算方法将会产生一定的误差。针对该问题,本节提出一种浮力单元确定方法,用于准确确定船舶的浮力单元并对跨水线面的单元进行修正。

通过一种迭代平衡求解策略,准确确定模型中的浮力单元,流程如图 8.11 所示,并给出一种针对横跨水线面浮力单元的浮力矩阵修正算法。

（1）指定初始的浮力单元。初始的浮力单元可以定义为船体外板上的所有单

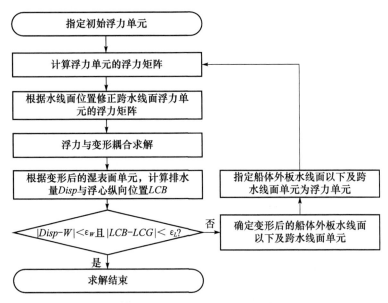

图 8.11　确定浮力单元及修正浮力矩阵基本流程

元,但是精确指定初始浮力单元可以显著减少迭代的次数,提高求解效率。所以,先假定船体结构为刚性,依据经典的静力学公式计算浮态,将位于对应浮态下水线面以下及跨水线面的所有单元定义为初始浮力单元。

（2）修正跨水线面单元的浮力方程。对于一个跨水线面的单元,假定式(8.16)、式(8.21)和式(8.22)中的 $A_i(1{\leqslant}i{\leqslant}n)$ 为单元位于水线面以下的面积。然后,跨水线面单元的刚度方程可由式(8.28)计算得到。

（3）采用式(8.30)求解浮力与变形耦合问题,得到各节点的位移。

（4）船舶的排水量 $Disp$、浮心纵向位置 LCB 及浮心横向位置 TCB 可分别表达为

$$\begin{cases} Disp = \rho g \sum_{e=1}^{m} \iint_{S_{UWLe}} (z_s + w_s)\sin\theta_s \mathrm{d}s \\ LCB = \dfrac{\rho g}{B} \sum_{e=1}^{m} \iint_{S_{UWLe}} x_s(z_s + w_s)\sin\theta_s \mathrm{d}s \\ TCB = \dfrac{\rho g}{B} \sum_{e=1}^{m} \iint_{S_{UWLe}} y_s(z_s + w_s)\sin\theta_s \mathrm{d}s \end{cases} \quad (8.31)$$

式中,m 为浮体外板上单元总数;S_{UWLe} 含义为第 $e(1{\leqslant}e{\leqslant}m)$ 个单元处于水线以下的区域。

（5）如果浮态参数满足重量精度 ε_W 与长度精度 ε_L 对应的重力浮力平衡方程,

则迭代求解结束;否则,依据当前结构变形计算结果,将水线面以下及跨水线面的所有单元定义为浮力单元,执行步骤(2)。

8.3.6　应用数值算例

F-BCDA 适用于各类船舶与浮式海洋结构物的浮性、结构强度和结构变形准确分析。以 15000t 下水工作船(附录 1[4])为例对其实用性及精确性加以验证。15000t 下水工作船的主船体为方形浮箱,纵向设置两道水密纵舱壁,横向设置 7 道水密横舱壁。在首尾和中间左右两舷设置 6 个箱型立柱,用于下潜工况下提供一定的浮力和稳性。除下潜工况以外,吃水小于浮箱的型深,浮箱甲板位于水线面以上。

采用 F-BCDA 分别求解该船的中拱载况、中垂载况、尾倾载况和扭转载况下的浮态及变形耦合问题。

1. 分析载况及载荷

选择四种典型载况,分别为典型中拱、中垂、尾倾和扭转载况。各载况下的载荷描述如下。

(1) 典型中拱载况,下水工作船甲板上 FR0 至 FR40 之间施加 3136t 压力载荷,FR160 至 FR250 之间施加 3136t 压力载荷。

(2) 典型中垂载况,下水工作船甲板 FR110 至 FR142 之间施加 6248t 压力载荷。

(3) 典型尾倾载况,下水工作船甲板 FR0 至 FR40 之间施加 15680t 压力载荷。

(4) 典型扭转载况,下水工作船甲板上 FR0 至 FR82 之间左舷施加 11244t 压力载荷,FR174 至 FR250 之间右舷施加 10534t 压力载荷。

上述各载况下,船舶所受到的载荷包括重力载荷、甲板货物压力载荷以及静水压力载荷。

2. 有限元模型及浮力单元定义

15000t 下水工作船有限元模型中包括该船的主要承载构件,其中主甲板、外底板、横舱壁、首尾封板、舷侧外板、纵舱壁、安全甲板、顶甲板等结构采用壳单元模拟,上述结构的扶强材采用梁单元模拟。该船所有板均为平面结构,不存在曲面,所有单元均为平面单元,不存在翘曲。所以有限元模型中的所有壳单元采用 4 节点线性壳单元,梁单元采用 2 节点线性梁单元。有限元模型的壳单元总数为 45650,梁单元总数为 50068,节点总数为 93966。采用粗网格模型,网格尺寸取肋骨间距,有限元模型如图 8.12 所示。

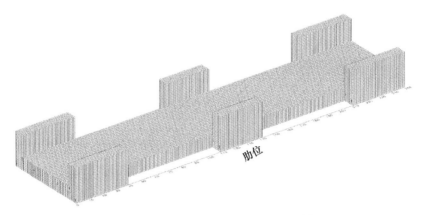

图 8.12　15000t 下水工作船三维有限元模型

对于该下水工作船,初始的浮力单元定义为外底板单元,甲板以下的舷侧外板、首尾封板单元。在所有载况下,甲板均未入水,所以甲板单元不定义为浮力单元。选择两个约束点 NA 与 NB。NA(0,0,0)位于尾封板、外底板及船体中心线的交点,NB(Lpp,0,0)位于外底板、首封板和船体中心线的交点。施加于两个约束点的约束如表 8.2 所示。施加于 NA 点的 X、Y 方向的线自由度固定约束用于避免模型在 XY 面内的刚性位移。施加于 NB 点的 Y 方向约束用于限制模型绕 Z 轴发生刚性旋转运动。

表 8.2　施加于 F-BCDA 模型中的端部约束

约束点	自由度					
	X 方向线位移	Y 方向线位移	Z 方向线位移	绕 X 轴旋转角位移	绕 Y 轴旋转角位移	绕 Z 轴旋转角位移
NA	0(固定)	0(固定)	自由	自由	自由	自由
NB	自由	0(固定)	自由	自由	自由	自由

3. 计算结果分析

分别按照 15000t 下水工作船四种典型载况对有限元模型施加船体重力载荷及货物压力载荷。采用浮态与船体变形耦合有限元法求解船体在静水中的平衡状态,如图 8.13(a)~(d)所示。图中,结构变形量的显示比例为 1∶1,即图中模型与水线面的相对位置即为真实结果的相对位置。与传统的船舶结构有限元分析方法不同,F-BCDA 不需要对模型节点的 Z 方向自由度施加约束,通过有限元求解直接计算船舶在静水中的浮态,其中中拱、中垂、尾倾、扭转载况下的变形图均符合预期。

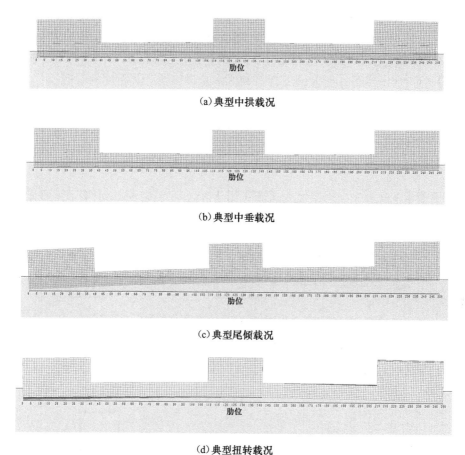

(a) 典型中拱载况

(b) 典型中垂载况

(c) 典型尾倾载况

(d) 典型扭转载况

图 8.13　15000t 下水工作船不同载况下静水中平衡状态示意图(右视图)

8.3.7　算法的正确性验证

　　F-BCDA 为一种新的数值方法,所以需要对其正确性及计算精度进行验证。F-BCDA 最终给出了浮体的平衡状态。如果依据 F-BCDA 计算得到的结构变形建立静水力模型,依据该静水力模型计算得到的浮力分布应当与 F-BCDA 的计算结果相同。在 F-BCDA 计算得到的平衡状态下,船体结构承受浮力载荷与外力载荷。如果采用常规有限元法,建立与 F-BCDA 结构模型完全相同的有限元模型(无浮力单元),然后将 F-BCDA 计算得到的浮力载荷及施加于 F-BCDA 模型的外力载荷施加至常规法建立的有限元模型,则其计算得到的船体结构变形应当与 F-BCDA 相同。如果 F-BCDA 的浮力分布和结构变形与上述两种传统软件计算结果均相同,则可证明浮体处于真实的平衡状态,验证 F-BCDA 计算结果的正确性。因此,对 F-BCDA 的正确性及计算精度验证包括两部分内容:一部分是对浮态计算结果的验证;另一部分是对船体结构变形计算结果的验证。

浮态计算结果采用中国船级社的船舶入级校核软件 COMPASS 进行,该软件可以完成船舶的浮态、稳性等性能计算。船体结构变形结果采用 ANSYS 软件验证。以 15000t 下水工作船为例进行 F-BCDA 正确性及计算精度的验证。

1. 浮态计算结果正确性验证

在 COMPASS 软件中,浮态计算模型通过若干典型横截面定义。本例中采用 36 个典型横剖面建立 15000t 下水工作船的浮态计算模型,如图 8.14 所示。

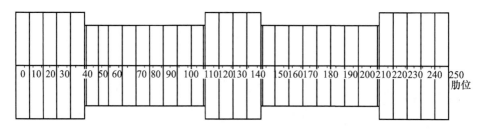

图 8.14　COPASS 中建立 15000t 下水工作船浮态计算模型

对每个纵向位置,取外底板、舷侧外板、甲板等强结构的交点作为特征点。依据特征点连线后得到的横剖面,在 COMPASS 中建立浮体的横剖面模型,如图 8.15 所示。

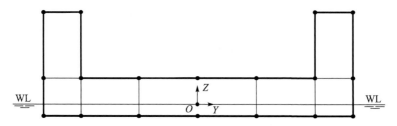

图 8.15　用于创建 COMPASS 浮体横剖面模型的结构特征点

本例中需要分析发生变形后的结构浮态参数,所以 COMPASS 中定义的结构横剖面应为变形后的横剖面。横剖面各点的位置为对应点坐标与依据 F-BCDA 计算得到的结构变形之和。根据上述原则,建立典型中拱载况的浮态计算模型如图 8.16 所示。

各载况下 F-BCDA 与 COMPASS 软件浮态参数误差分析结果如表 8.3 所示。表中,Lpp 为船舶的两柱间长,B 为船舶型宽。误差取相对误差,即重力 G 与浮力 B 误差取绝对误差与重力的百分比,重心纵向位置 LCG 与浮心纵向位置 LCB 的误差取绝对误差与 Lpp 的百分比,重心横向位置 TCG 与浮心横向位置 TCB 的误差取绝对误差与 B 的百分比。四个载况下,G 与 B 的最大相对误差为 0.08%,

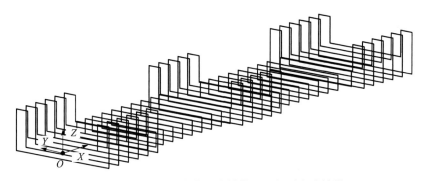

图 8.16　COMPASS 中典型中拱载况下的浮态计算模型

LCG 与 LCB 的最大相对误差为 0.08%，TCG 与 TCB 的相对误差均为 0。三类误差均在合理范围内，证明 F-BCDA 浮态计算结果正确且具有较高的精度。

2. 变形计算结果正确性验证

应用 ANSYS 软件，依据与 8.3.6 节相同的离散化原则，采用相同的单元类型建立 15000t 下水工作船有限元模型。

表 8.3　F-BCDA 与 COMPASS 浮态计算结果的误差对比分析

	载况	中拱载况	中垂载况	尾倾载况	扭转载况
重力	G/t	19227	19227	22362	34733
	LCG/m	99.766	99.953	64.395	99.062
	TCG/m	0.000	0.000	0.000	0.189
浮力	$Disp$/t	19242	19241	22378	34747
	LCB/m	99.695	99.952	64.439	98.905
	TCB/m	0.000	0.000	0.000	0.182
相对误差	$\|G-Disp\|/G$	0.08%	0.07%	0.07%	0.04%
	$\|LCG-LCB\|/Lpp$	0.04%	0.00%	0.02%	0.08%
	$\|TCG-TCB\|/B$	0.00%	0.00%	0.00%	0.01%

在 ANSYS 模型中施加载荷。除浮力以外的其他载荷，包括重力载荷、甲板压力载荷等，其大小、位置、节点分配等与 F-BCDA 模型完全一致。采用传统的有限元法无法准确求解变形与浮力的耦合问题，所以无法得到准确的浮力分布。8.3.7 节中已证明 F-BCDA 得到的浮力满足浮态基本方程，所以，对 ANSYS 模型的浮力载荷采用 F-BCDA 计算得到的浮力载荷施加，即从 F-BCDA 模型中提取各外底板单元中心的垂向位移 z，根据 z 计算单元中心的静水压力，采用均布面载荷命令施加至对应的单元。

F-BCDA 浮力载荷是位移的函数，模型的垂向位置通过有限元求解确定，所以不需要施加防止垂向刚性位移的垂向约束。与传统的有限元法不同，如果不固定

至少一个点的 Z 方向位移,即使施加的垂向载荷满足重力浮力平衡,仍然会发生整体刚性位移导致求解失败。所以,需要对 ANSYS 模型施加 Z 方向的位移约束。选择尾部外底中心点 $NA(0,0,0)$、首部外底中心点 $NB(Lpp,0,0)$ 和首部甲板中心点 $NC(Lpp,0,D)$ 为约束点,其中 Lpp 与 B 含义同上文,D 为浮箱的型深。对各点施加约束如表 8.4 所示。表中,"取自 F-BCDA"含义为节点对应的自由度施加强制位移约束,位移的值为由 F-BCDA 计算得到的位移。实际上,强制位移的值影响的是模型的整体位置,并不影响模型的结构弹性变形。取 F-BCDA 计算得到的位移,是为了使 ANSYS 计算结果与 F-BCDA 的计算结果具有相同的整体位移,这样二者计算得到的位移之差即为结构弹性位移之差。

表 8.4　施加于 ANSYS 模型中的边界约束

约束点	约束点的自由度					
	X 方向 线位移	Y 方向 线位移	Z 方向 线位移	绕 X 轴 转角位移	绕 Y 轴 转角位移	绕 Z 轴 转角位移
NA	0(固定)	0(固定)	取自 F-BCDA	自由	自由	自由
NB	自由	0(固定)	取自 F-BCDA	自由	自由	自由
NC	自由	取自 F-BCDA	自由	自由	自由	自由

　　按照上述方式完成 ANSYS 中的建模、加载与约束,调用静态求解器求解,得到各载况下的有限元计算结果,绘制结构变形图。按照载况分组,将 F-BCDA 计算得到的结构变形图与 ANSYS 计算得到的结构变形图对比,如图 8.17 所示。图 8.17(a)、(b)、(c)和(d)分别为典型中垂载况、典型中拱载况、典型尾倾载况和典型扭转载况的对比结果。各组图片中上面为 F-BCDA 计算结果,下面为 ANSYS 计算结果。为便于查看,将变形量进行适当放大,其中图 8.17(a)和(b)变形放大系数为 10,图 8.17(c)和(d)变形放大系数为 5。从图中可以看出,F-BCDA 计算结果与 ANSYS 计算结果具有相同的变形规律。

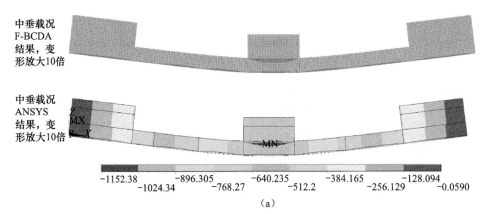

(a)

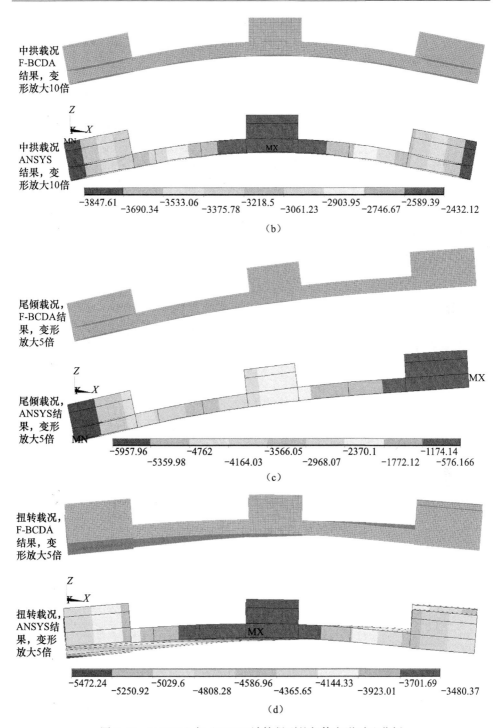

图 8.17　F-BCDA 与 ANSYS 计算得到的船体变形对比分析

为定量分析 F-BCDA 计算变形量的精确性,在有限元模型中取 12 个观察节点,如图 8.18 所示。对每个载况,分别提取 F-BCDA 计算结果和 ANSYS 计算结果在上述观察点处的位移,计算二者位移的差,分析结果如表 8.5 所示。

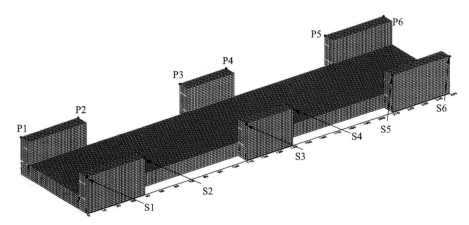

图 8.18　F-BCDA 与 ANSYS 变形误差分析观察点选择

表 8.5　观察点处 F-BCDA 计算结果与 ANSYS 计算结果的误差

项目	中垂载况变形/mm			中拱载况变形/mm		
方法 点	F-BCDA	ANSYS	误差	F-BCDA	ANSYS	误差
P1	−1967.6	−1967.6	0.0	−2732.2	−2732.2	0.0
P2	−2178.7	−2178.7	0.0	−2386.4	−2386.3	0.1
P3	−2508.3	−2508.3	0.0	−1991.3	−1991.2	0.1
P4	−2505.3	−2505.4	0.1	−1990.0	−1989.9	0.1
P5	−2174.1	−2174.1	0.0	−2358.7	−2358.7	0.0
P6	−1955.2	−1955.2	0.0	−2690.7	−2690.7	0.0
S1	−1967.6	−1967.6	0.0	−2732.2	−2732.2	0.0
S2	−2178.7	−2178.7	0.0	−2386.4	−2386.3	0.1
S3	−2508.3	−2508.3	0.0	−1991.3	−1991.2	0.1
S4	−2505.3	−2505.4	0.1	−1990.0	−1989.9	0.1
S5	−2174.1	−2174.1	0.0	−2358.7	−2358.7	0.0
S6	−1955.2	−1955.2	0.0	−2690.7	−2690.7	0.0
项目	纵倾载况变形/mm			扭转载况变形/mm		
方法 点	F-BCDA	ANSYS	误差	F-BCDA	ANSYS	误差
P1	−5957.9	−5957.9	0.0	−5469.7	−5469.9	0.2
P2	−4567.1	−4567.1	0.0	−4874.9	−4875.0	0.1
P3	−2535.1	−2535.1	0.0	−3788.2	−3788.2	0.0

项目	纵倾载况变形/mm			扭转载况变形/mm		
方法 点	F-BCDA	ANSYS	误差	F-BCDA	ANSYS	误差
P4	−1906.4	−1906.3	0.1	−3656.2	−3656.2	0.0
P5	−1006.9	−1006.9	0.0	−3938.0	−3938.0	0.0
P6	−580.6	−580.6	0.0	−4391.7	−4391.8	0.1
S1	−5957.9	−5957.9	0.0	−4352.3	−4352.1	0.2
S2	−4567.1	−4567.1	0.0	−3850.2	−3850.1	0.1
S3	−2535.1	−2535.1	0.0	−3448.9	−3448.7	0.2
S4	−1906.4	−1906.3	0.1	−3526.7	−3526.5	0.2
S5	−1006.9	−1006.9	0.0	−4485.6	−4485.6	0.0
S6	−580.6	−580.6	0.0	−5030.0	−5030.0	0.0

4 个典型载况下,12 个观察点处,F-BCDA 的计算结果与 ANSYS 的计算结果最大变形误差不超过 0.1mm,证明 F-BCDA 计算得到的结构变形的正确性。

15000t 下水工作船算例证明,F-BCDA 适用于船体结构各种复杂浮态及结构变形分析,如中拱变形、中垂变形、扭转变形及上述变形的组合变形等。F-BCDA 不仅能够分析船体结构的整体变形,同时能够分析结构的局部变形,实例证明该方法具有较高的计算精度,满足工程分析要求。

8.4　浮态与船体变形耦合作用对船舶设计的影响

本节以 15000t 下水工作船及 75000DWT 原油船为例,研究计入浮态与船体变形耦合作用对船舶总体设计的影响,进而论证浮态与船体变形耦合分析的必要性。

8.4.1　15000t 下水工作船

以 15000t 下水工作船为例,分析浮态与船体变形耦合分析对船体总纵剪力与弯矩、船体整体变形的影响。

1. 对剪力与弯矩的影响

根据 F-BCDA 可以得到浮力的纵向分布,将该浮力载荷与重力载荷叠加得到总的载荷,沿纵向积分得到静水剪力曲线和弯矩曲线。将采用不考虑船体结构变形的常规算法得到的静水剪力弯矩曲线,与 F-BCDA 计算得到的曲线绘制在一起对比分析。分别计算中拱与中垂两种载况下上述 4 条曲线,并绘制剪力弯矩图如图 8.19 所示。计入浮态与船体变形耦合作用后,该船的静水剪力与弯矩均有显著变化。

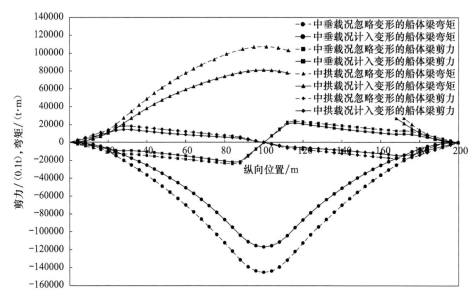

图 8.19　F-BCDA 与常规方法计算得到的静水剪力与弯矩曲线对比

对于中垂载况,采用常规方法计算得到的最大静水剪力为 2403t,计入浮态与船体变形耦合作用的计算结果为 2196t。忽略浮态与船体变形的耦合作用,最大静水剪力的计算误差为 8.6%。采用常规方法计算得到的船中处的最大静水弯矩为 -145413t·m,计入浮态与船体变形耦合作用的计算结果为 -116995t·m。忽略浮态与船体变形的耦合作用,最大静水弯矩的计算误差为 20.0%。

对于中拱载况,采用常规方法计算得到的最大静水剪力为 1817t,计入浮态与船体变形耦合作用的计算结果为 1453t。忽略浮态与船体变形的耦合作用,最大静水剪力的计算误差为 20.0%。采用常规方法计算得到的最大静水弯矩为 107429t·m,计入浮态与船体变形耦合作用的计算结果为 80975t·m。忽略浮态与船体变形的耦合作用,最大静水弯矩的计算误差为 24.6%。

2. 对船体梁变形的影响

将采用常规的忽略浮态与船体变形耦合作用的方法计算得到的船舶结构变形,与 F-BCDA 计算得到的船体结构变形对比分析。分别绘制中拱与中垂两种载况下船体梁变形曲线,如图 8.20 所示。计入浮态与船体变形耦合作用后,船舶的结构变形显著降低。对于中垂载况,采用常规方法计算得到的船中处的最大变形为 -0.877m,计入浮态与船体变形耦合作用的计算结果为 -0.666m。忽略浮态与船体变形的耦合作用,变形量的计算误差为 24.1%。对于中拱载况,采用常规方法计算得到的船中处的最大变形为 0.821m,计入浮态与船体变形耦合作用的计算结果为 0.623m。忽略浮态与船体变形的耦合作用,变形量的计算误差为 24.1%。

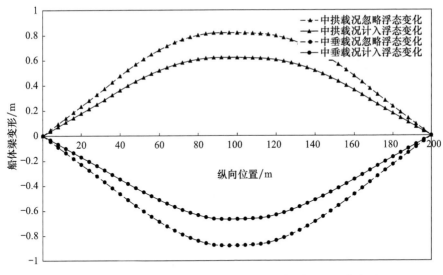

图 8.20　F-BCDA 与常规方法计算得到的船体结构变形曲线对比

8.4.2　75000DWT 原油船

1. 对剪力弯矩的影响

分别采用 F-BCDA 与常规船舶设计方法计算 75000DWT 原油船在压载载况与满载载况下的剪力与弯矩曲线,如图 8.21 所示。

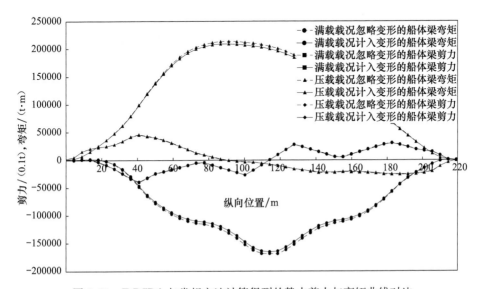

图 8.21　F-BCDA 与常规方法计算得到的静水剪力与弯矩曲线对比

对于压载载况,采用常规方法计算得到的最大静水剪力为4606t,计入浮态与船体变形耦合作用的计算结果为4537t。忽略浮态与船体变形的耦合作用,最大静水剪力的计算误差为1.5%。采用常规方法计算得到的船体梁最大静水弯矩为213790t·m,计入浮态与船体变形耦合作用的计算结果为209076t·m。忽略浮态与船体变形的耦合作用,最大静水弯矩的计算误差为2.2%。

对于满载载况,采用常规方法计算得到的最大静水剪力为−3999t,计入浮态与船体变形耦合作用的计算结果为−3929t。忽略浮态与船体变形的耦合作用,最大静水剪力的计算误差为1.7%。采用常规方法计算得到的最大静水弯矩为−168949t·m,计入浮态与船体变形耦合作用的计算结果为−164135t·m。忽略浮态与船体变形的耦合作用,最大静水弯矩的计算误差为2.9%。

2. 对船体梁变形的影响

采用常规方法与F-BCDA,分别计算75000DWT原油船在压载与满载两种载况下的变形曲线,如图8.22所示。对于压载载况,采用常规方法计算得到的最大变形为0.242m,计入浮态与船体变形耦合作用的计算结果为0.237m。忽略浮态与船体变形的耦合作用,变形量的计算误差为3.0%。对于满载载况,采用常规方法计算得到的最大变形为−0.173m,计入浮态与船体变形耦合作用的计算结果为−0.168m。忽略浮态与船体变形的耦合作用,变形量的计算误差为2.1%。

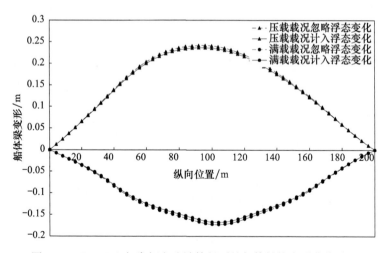

图8.22　F-BCDA与常规方法计算得到的船体结构变形曲线对比

8.4.3　浮态与船体变形耦合作用对船舶设计的影响分析

本节通过对15000t下水工作船、75000DWT原油船在典型的中拱、中垂载况下船体梁剪力与弯矩分析及船体梁变形分析,证明考虑浮态与船体变形耦合作用对准确计算船舶的浮力分布、总纵强度和结构变形等问题的重要性。

对于 15000t 下水工作船,浮态与船体变形耦合作用十分显著,忽略二者的耦合作用时,船舶的浮态、总纵强度、船体变形计算结果将产生较大的误差。对于 75000DWT 原油船,浮态与船体变形耦合现象相对较弱,但是计入二者的耦合作用对提高分析精度仍然具有一定的意义。

浮态与船体变形耦合作用与船体结构的相对刚度关系密切。对于船体结构刚度相对较低的船舶,如船长型深比较大的浮箱、下水工作船、浮船坞及超大型浮体,以及材料刚性较小的玻璃钢等复合材料船舶,忽略浮态与船体变形的耦合作用将给设计结果带来显著的误差,F-BCDA 是提高这类船舶设计精度的有效途径。

8.5　小　　结

本章提出的船舶浮态与船体变形耦合分析方法是一种全新的船舶总体及结构性能分析数值方法。该方法利用有限元的基本思想和船舶自由漂浮的浮力特性,将浮力作为单元的一种固有属性,并体现在单元刚度矩阵中。船舶的总体性能包括静水力特性、装载稳性和总纵强度等。传统的船舶设计方法中,总体性能基于静力学模型完成,不考虑结构变形对总体性能的影响。可以将 F-BCDA 扩展,基于有限元模型完成静水力、稳性及总纵剪力与弯矩的计算,其中浮力相关属性通过有限元单元积分得到,完成精确考虑船体结构变形前提下的船舶总体性能计算,实现总体性能计算与结构强度分析二者的统一。

随着计算机技术及先进计算方法的发展,以及适应低碳经济的客观需要,设计的精确化是船舶设计发展的必然趋势。F-BCDA 能够准确计算浮态与船体变形耦合作用下的船舶平衡状态,通过有限元求解直接得到船舶自由浮态和船体变形的精确计算结果。该方法对改进船舶设计的精度具有重要意义,是提高船舶安全性,降低船舶建造成本与营运成本的有效途径。

参 考 文 献

[1]　Yu Y Y,Chen M,Lin Y. A new method for platform design based on parametric technology. Ocean Engineering,2010,37:473-482.

[2]　于雁云,林焰,纪卓尚.海洋平台拖航稳性三维通用计算方法.中国造船,2009,50(3):9-17.

[3]　Lu C H,Lin Y,Ji Z S. Free trim calculation using genetic algorithm based on NURBS shipform. International Shipbuilding Progress,2007,54(1):45-62.

[4] 孙承猛,刘寅东. 一种船舶最小稳性和自由浮态计算的改进算法. 中国造船,2007,48(3):1-4.

[5] 陆丛红,林焰,纪卓尚. 遗传算法在船舶自由浮态计算中的应用. 上海交通大学学报,2005,39(5):701-710.

[6] Zhang H H,Li Y,Wu Z,et al. Calculation of structure strength of a 300000 DWT floating dock by FEM. Shipbuilding of China,2014,55(2):140-146.

[7] The Marime Environment Protection Committee. Amendments to the Annex of the Protocol of 1997 to Amend the International Convention for the Prevention of Pollution from Ships 1973. London:IMO,2011.

[8] Alexander D P. On the method of calculation of ship's transverse stability in regular waves. Ships and Offshore Structures,2009,4(1):9-18.

[9] 董恒建,张建军. 对轴系校中影响的船体变形研究. 船舶工程,2009,31:8-11.

[10] Lech M. Shaft line alignment analysis taking ship construction flexibility and deformations into consideration. Marine Structures,2005,18:62-84.

[11] 肖建昆,周海港,陆金铭,等. 船体变形对主轴承负荷的影响. 江苏科技大学学报,2010,24(4):319-322.

[12] 石磊,薛冬新,宋希庚. 计入船体变形影响的轴系动态校中研究. 大连理工大学学报,2011,1(3):375-380.

[13] 孙晓凌,张世联. 浮箱载船下水总强度的简化分析方法. 船舶工程,2008,4:15-19.

[14] 杨义益,谢云平,张瑞瑞. 基于 NAPA 的甲板货船总纵变形的分析与计算. 造船技术,2010,5:11-41.

[15] 张伟,王东涛,陈斌. 船体变形对武器装备基座安装精度的影响分析. 造船技术,2010,3:12-14.

[16] Zhang X B,Lin Y,Ji Z S,et al. Finite element analysis for pontoon structural strength during ship launching. Journal of Ship Mechanics,2004,8(6):113-122.

[17] Murakawa H,Serizawa H,Uesugi T,et al. Prediction of longitudinal bending deformation of ship produced by block assembly. Proceedings of the International Offshore and Polar Engineering Conference,2011,132-137.

[18] Lei S,Xue D X,Song X G. Research on shafting alignment considering ship hull deformations. Marine Structures,2010,23:103-104.

[19] Yu P Y,Feng G Q,Ren H L,et al. Deformation analysis and reliability assessment of the ship hull in irregular waves. Proceedings of the International Conference on Offshore Mechanics and Arctic Engineering,2013,2:1-8.

[20] Rajendran S,Fonseca N,Soares C G . Effect of surge motion on the vertical responses of ships in waves. Ocean Engineering,2015,96(1):125-138.

[21] Bishop R E D,Price W G. Hydroelasticity of Ships. Cambridge:Cambridge University Press 1979.

[22] Senjanovic I,Malenica S,Tomasevic S. Hydroelasticity of large container ships. Marine Structures,2009,22(2):287-314.

[23]　Kim K H, Bang J S, Kim J H, et al. Fully coupled BEM-FEM analysis for ship hydroelasticity in waves. Marine Structures, 2013, 33:71-99.

[24]　Cheng Y, Zhai G J, Ou J P. Numerical and experimental analysis of hydroelastic response on a very large floating structure edged with a pair of submerged horizontal plates. Journal of Marine Science and Technology, 2015, 20(1):127-141.

第9章 船舶与海洋平台结构优化设计方法与软件开发

结构优化设计是船舶与海洋平台结构设计中的一项重要内容,对提高结构安全性、降低建造成本以及改善总体性能等方面均有显著作用。首先,结构优化设计可以改善结构应力分布,降低高应力区域的应力水平,增强结构抵御极端海况的能力。结构优化设计能够有效地防止因高应力产生的腐蚀,同时优化后的结构由于能够承受更大的载荷,可降低因腐蚀带来的构件失效的风险。对于运输船舶,从提高营运经济性的角度应尽可能地降低空船重量以提高载重量,而降低空船重量最有效的方法就是通过结构优化设计降低结构重量。通过对内壳结构的优化设计可以有效提高运输船舶的舱容,提高船舶的营运经济性。此外,钢料成本是船舶与海洋平台建造成本的重要组成部分,通过结构优化设计降低钢料重量能够显著降低其建造成本。结构优化设计通常可以分为三个层次,即尺寸优化、形状优化和拓扑优化,其中对于船舶与海洋平台结构设计,结构优化主要涉及形状优化和尺寸优化。本章介绍船舶与海洋平台结构尺寸优化与形状优化设计的基本思想、方法与软件开发。

9.1 结构尺寸优化设计方法及程序实现

尺寸优化以构件的截面属性为优化对象,如杆件截面积,梁的截面尺寸,膜、板、壳的厚度,复合材料铺层厚度等。尺寸优化是最早采用,也是应用最广泛的船舶与海洋平台结构优化设计方法,通过结构尺寸优化设计可显著降低结构重量[1-4]。尺寸优化中,设计变量与刚度矩阵一般呈线性关系,可以采用数学规划法或者准则法进行求解。数学规划法具有完善的理论基础,解具有较高的精度。但是数学规划法只适用于小规模优化问题,对于大规模优化问题,数学规划法因收敛性等问题难以得到最优解。准则法是从力学角度出发,提出结构达到优化设计时应满足的准则,然后用迭代的方法求出满足这些准则的解。准则法收敛快,分析次数与设计变量数目无直接关系,计算量小,适用于大多数尺寸优化问题的求解。文献[4]中提出一种结构尺寸优化的迭代法,该方法利用设计变量与刚度矩阵的线性关系特性,提出一种迭代策略,以满足结构的屈服强度与屈曲强度为约束条件,实现结构轻量化设计。本节将该方法应用于空间杆梁结构优化中,给出具体优化过程及其程序实现。

9.1.1　空间杆梁结构尺寸优化设计基本原理

　　船舶与海洋平台结构的结构构件存在大量的规格,导致在结构尺寸优化中,优化变量数量庞大,从而使结构优化设计困难。但是船体结构强度有一定规律性,即结构应力通常会随着构件尺寸的增加而降低。根据结构这一特点,采取一种逐步近似的结构优化策略,即首先按照结构原始尺寸计算结构强度,包括屈服强度与屈曲强度;然后,通过屈服应力与屈曲因子修正结构尺寸。修正原则为,如果屈服强度或者屈曲强度不满足要求,则根据实际应力与许用应力的比值,通过一定规则增加构件尺寸。相反,如果结构屈服强度、屈曲强度满足强度要求,根据实际应力与许用应力的比值通过一定规则降低构件尺寸。船舶与海洋平台的结构通常有最小厚度的要求,降低构件尺寸时不应小于最小厚度。采用上述思想迭代求解,直至满足收敛性条件,优化结束。

9.1.2　空间杆梁结构尺寸优化模型

　　研究第 5 章提出的空间杆梁结构的结构尺寸优化问题。以结构重量最轻为空间杆梁结构尺寸优化的目标函数,以管结构的厚度为优化变量,以满足屈服强度、屈曲强度及结构最小厚度为约束条件,建立优化模型如下:

$$\min \quad \sum_{i=0}^{n-1} W(P_i)$$
$$\text{s. t} \quad t_i \geqslant \min[minT(P_i), Yield(P_i), Buckling(P_i)], \quad 0 \leqslant i \leqslant n-1 \tag{9.1}$$

式中,P_i 为第 i 个管单元;n 为管单元的总数;$minT(P_i)$ 为管单元 P_i 的最小厚度;$Yield(P_i)$ 为依据屈服强度计算构件 P_i 的厚度;$Buckling(P_i)$ 为依据屈曲强度计算得到的 P_i 的厚度。$Yield(P_i)$ 与 $Buckling(P_i)$ 分别为

$$Yield(P_i) = tc_i \left(k \frac{\sigma_i}{[\sigma_i]} + 1 - k \right) \tag{9.2}$$

$$Buckling(P_i) = tc_i \left(k \frac{\sigma_i}{[\sigma_{bi}]} + 1 - k \right) \tag{9.3}$$

其中,tc_i 为 P_i 当前厚度;σ_i 为 P_i 应力;$0 < k < 1$ 为收敛速度控制系数;$[\sigma_i]$ 为 P_i 依据屈服强度的许用应力;$[\sigma_{bi}]$ 为 P_i 依据屈曲强度的许用应力。本例中均依据海上移动平台入级与建造规范[5]中相关衡准计算屈服强度与屈曲强度许用应力,其中许用屈曲应力 $[\sigma_{bi}]$ 按照式(5.7)计算,许用屈服应力

$$[\sigma_i] = \frac{\sigma_{si}}{S_u} \tag{9.4}$$

其中,σ_{si} 为 P_i 材料屈服极限;S_u 为安全系数,组合工况取 1.25,静载工况取 1.67。

9.1.3　空间杆梁结构尺寸优化模型的求解过程

空间杆梁结构尺寸优化模型的求解过程如图 9.1 所示,具体过程如下。

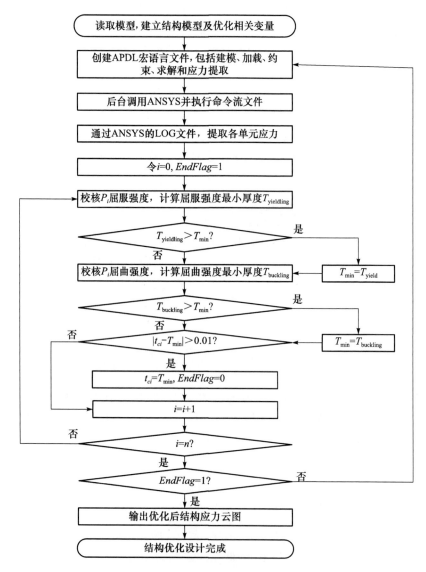

图 9.1　基于规则法的空间杆梁结构优化设计流程图

(1) 读取模型,建立结构模型,包括几何模型、单元截面属性及单元最小厚度等优化相关变量。

(2) 根据当前结构及属性,创建 APDL 宏语言文件,包括建立网格模型、单元赋属性、模型加载、端部约束、进入求解器有限元求解、进入后处理模块提取应力等。

（3）调用 ANSYS 求解。ANSYS 运行结束之后，读取 ANSYS 的计算 LOG 文件，从文件中提取各单元的应力，赋给单元厚度变量。

（4）令 $i=0$，通过符号变量 $EndFlag$ 控制迭代是否结束。令 $EndFlag=1$。

（5）根据式（9.2）计算依据屈服强度单元厚度 $T_{\text{yield},i}$。

（6）将 P_i 最小厚度赋给变量 $T_{\min}$。如果 $T_{\text{yield},i}>T_{\min}$，令 $T_{\min}=T_{\text{yield},i}$。

（7）根据式（9.3）计算依据屈曲强度单元厚度 $T_{\text{buckling},i}$。

（8）如果 $T_{\text{buckling},i}>T_{\min}$，令 $T_{\min}=T_{\text{buckling},i}$。

（9）t_{ci} 为 P_i 厚度。如果 $|t_c-T_{\min}|>0.01$，令 $t_{ci}=T_{\min}$，$EndFlag=0$。

（10）$i=i+1$。如果 $i\neq n$，则执行步骤（5）；否则，执行步骤（11）。

（11）如果 $EndFlag=0$，执行步骤（12）；否则，执行步骤（2）。

（12）优化结束，输出各单元厚度，绘制优化后应力云图。

上述算法的程序实现可参考附录 3 e[9]。

9.1.4　结构尺寸优化算例分析

以图 5.3 所示自升式钻井平台桩腿结构为例，验证本节中提出的空间杆梁结构优化设计方法的实用性。结构模型的约束与载荷如图 5.4(a)所示。构件属性及最小厚度如表 9.1 所示。采用上述结构尺寸优化方法，收敛速度控制系数 k 取 1。经过 8 次迭代，满足收敛性条件，优化前与优化后应力云图分布如图 9.2(a)、(b)所示。优化前，结构模型总重量为 805t，优化后重量为 782t。优化前，结构最大应力为 498MPa，优化后最大应力为 455MPa。通过结构尺寸优化，可以有效降低结构重量并提高结构安全性。

表 9.1　自升式钻井平台桩腿结构构件属性表

类别	屈服极限/MPa	直径/mm	厚度/mm	最小厚度/mm
弦杆	790	700	70	60
斜腹杆	360	400	30	25
外水平腹杆	240	400	25	20
内水平腹杆	240	300	20	15

本例仅为结构尺寸优化的一个简单数值算例，其中屈服应力与屈曲应力仅为一假定工况下的计算结果。实际工程中，应用上述计算优化方法时，尺寸优化应考虑所有设计工况，屈服应力、屈曲因子应选择所有工况中最大值代入计算。如果工况考虑不全面，则可能得出偏于危险的优化结果。

在结构尺寸优化设计的结果中，构件的规格数量庞大，难以直接用于结构设计。通常需要在尺寸优化的基础上对结构属性分布再次优化，比如对板缝位置的优化等，使尺寸优化结果满足建造经济性等要求。

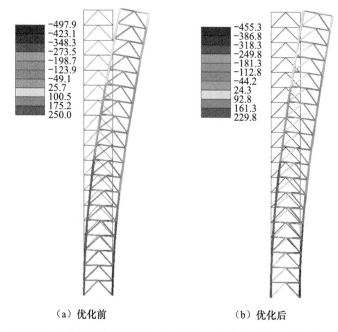

（a）优化前　　　　　　　　（b）优化后

图 9.2　自升式平台桩腿结构优化前后结构应力云图（单位：MPa）

9.2　船体结构形状优化设计方法

　　结构形状优化以连续体结构的边界形状或者内部形状作为优化对象，如桁架节点的坐标、板材的外形尺寸、开孔形状、零件倒角尺寸等。与结构尺寸优化相比，结构形状优化更为复杂。首先，结构尺寸优化不改变几何体的外形尺寸，因此在优化过程中有限元模型的网格是不变的。结构形状优化的目标是通过修改结构的内部和外部形状以达到优化其性能的目的，因此涉及网格变换问题。其次，结构尺寸优化中因网格是不变的，因此边界条件与载荷在优化中是不变的。边界条件和载荷一般与产品的几何外形密切相关，形状参数的改变通常需要修正边界条件和载荷，所以结构形状优化中涉及载荷与边界条件的重新计算问题。此外，结构形状优化中设计变量与刚度矩阵之间不满足简单的线性关系，所以不能采用结构尺寸优化中的数学规划法或者规则法求解。

　　本节研究一种基于网格变换法的结构形状优化设计方法，重点阐述满足连续性的有限元网格变换原理与方法。

9.2.1 船体结构形状优化设计方法概述

参数化设计方法因其尺度驱动的优良特征,是结构形状优化设计最有效的方法之一。文献[6]中提出一种基于参数化技术的船舶与海洋平台结构形状优化设计方法,采用的算法基本流程如图9.3所示,具体如下。

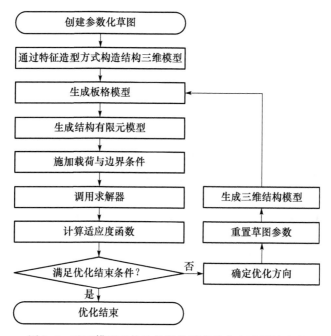

图 9.3 基于模型重构法的结构形状优化方法设计流程

（1）参数化建模。根据船舶或者海洋平台的几何特征构造二维草图,通过三维特征造型的方法建立三维参数化结构模型。从草图中提取待优化的尺寸作为优化变量。

（2）选择优化设计方法。根据所选用的优化方法,构造一组初始参数或者初始参数种群。

（3）根据草图参数,通过几何约束求解更新草图,得到初始的船体结构三维模型。

（4）处理三维船体结构模型中构件之间的拓扑关系,将结构模型转化为板格模型。

（5）利用板格模型,通过有限元网格划分算法得到结构有限元模型。

（6）依据三维结构模型中定义的载荷和约束对结构有限元模型施加载荷和边界条件。

（7）调用有限元求解器，进行有限元求解，得到各构件的应力和应变值。

（8）分析有限元计算结果，根据设定的收敛性准则判断优化设计结果是否满足终止条件。如果是，执行步骤（10）；否则，执行步骤（9）。

（9）根据构件的应力、应变值，按照一定的规则重新计算草图参数，根据草图参数更新结构模型，执行步骤（5）。

（10）结构优化设计结束。

上述结构形状优化设计方法中，优化过程中参数变化后，均需要重新对结构进行网格划分构造有限元模型，所以称该方法为基于模型重构法的结构形状优化方法。

基于模型重构法的结构形状优化方法是一种有效的船舶与海洋平台结构形状优化设计方法，但是该方法存在以下三方面缺点。

首先，结构形状优化设计需要得到大量的不同尺度的结构方案，并得到各方案下的结构相关性能。每次方案的获得，都涉及有限元网格的重新划分，所以上述方法中涉及大量的网格划分。虽然当前有限元软件可实现网格的自动划分，且计算机硬件也使得网格划分耗费的时间在可接受的范围内，但是网格划分耗时问题仍然是结构形状优化设计的瓶颈，严重影响结构形状优化设计的效率，特别是对于大型的船舶与海洋平台结构优化设计问题。

其次，上述方法中，网格划分必须由软件自动划分，设计者不能对优化过程中的网格划分进行控制。尽管当前有限元软件中提供各种先进的网格划分算法，但是船舶与海洋平台结构有限元分析中，网格划分的人工干预仍然具有一定的必要性，尤其是对于结构应力集中区域，通常需要根据结构的具体特点对网格尺寸及形状进行控制，以得到高质量的网格，提高有限元分析的精度。

此外，网格的重新划分可能导致网格拓扑的变化。将三维结构模型网格划分得到有限元模型时，通常将有限元模型的边长作为限制条件进行网格划分。当参数变化引起三维结构模型的边长发生微小变化时，可能导致单个边上的网格数发生变化。网格的变化会引起有限元计算结果中应力与应变值的突变。

如图9.4所示结构，由两块厚度为10mm的板垂直焊接而成。其中，水平板为$L \times L$的正方形，垂直板为$L \times L/2$的长方形。水平板四个角点施加固定约束，并在水平板上施加0.01MPa压力。在ANSYS软件中建立该结构的几何模型，采用自动网格划分，边长取400mm。当L为1600mm时，得到有限元模型及应力如图9.5（a）所示，总计24个单元，最大应力为430MPa。当边长取1601mm时，有限元模型及应力如图9.5（b）所示，网格划分为45个单元，最大应力为567MPa。

上述实例说明，结构形状的微变可能引起网格拓扑结构的变化，网格拓扑结构的变化，将导致结构应力值发生突变。上述算例仅为说明问题，船舶与海洋平台结构有限元分析中，由于对网格尺寸、网格形状、边界条件等有严格的限制，应力分析

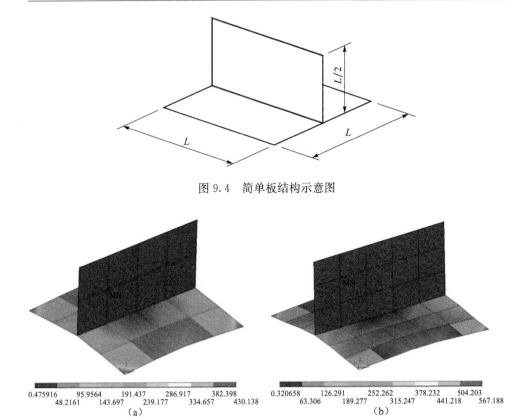

图 9.4　简单板结构示意图

图 9.5　结构形状微变引起的应力突变(单位:MPa)

中通常不以单元内节点的最大应力作为强度标准,而是采用如中面应力、平均应力等强度指标,所以,网格突变引起的误差没有上述算例中的显著。对于实际工程分析问题,因网格突变引起的误差通常在可以接受的范围内。但是对于结构优化设计,各类优化方法的目标函数通常与应力、应变直接或者间接相关,应力突变将导致目标函数的不可微,进而使得基于梯度的优化方法均不适用,并严重影响其他可选优化算法的收敛性。

　　针对基于模型重构法的船舶与海洋平台结构形状优化设计方法的上述问题,本节提出一种基于网格变换的船舶与海洋平台结构形状优化设计方法,流程如图 9.6 所示。与基于模型重构法的优化方法相比,基于网格变换法的形状优化算法具有两个显著区别。第一,形状优化过程中有限元网格划分仅在结构形状优化设计开始之前调用一次,并且初始网格可以采用有限元软件自动划分,同时允许设计者人工干预以提高网格的质量。第二,在优化过程之中,当形状参数变化时,与之相对应的网格不是通过对几何模型的网格划分得到,而是通过一种网格变换算法由初始网格变换而得。很明显,这种新的结构形状优化设计方法的核心问题在

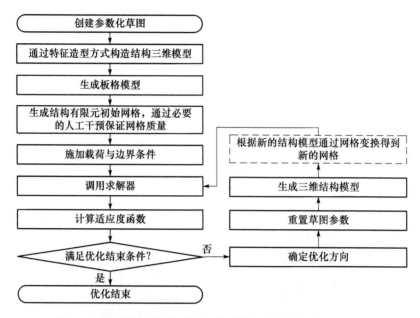

图 9.6　基于网格变换的船舶与海洋结构物形状优化设计方法

于,当结构参数发生变化时,如何由初始网格得到满足有效性、光滑性和连续性要求的新网格,即图 9.6 中加粗虚线所示矩形。

　　本节介绍一种参数化网格变换算法(parametric mesh transformation method,PMTM),并在其基础上实现基于网格变换的船舶与海洋平台结构形状优化设计。

9.2.2　网格变换的基本原理

　　网格变换的目标是将参数化结构模型草图的尺度变化映射至有限元模型。为保证变换后的有限元模型的有效性,并且满足结构优化设计的要求,网格变换需要满足以下三条基本原则。

　　(1)网格变换的协调性,即同一构件中,不同单元之间相同节点坐标转换应满足唯一性。网格的协调性是有限元模型的基本要求之一,相邻单元在公共节点处的网格转换映射函数值必须相同。

　　(2)网格的有效性。有限元模型中采用的是无自相交的结构化网格。变换前的有限元模型中所有单元均无自相交,要求变换后的有限元模型同样无自相交的单元。同时,同一构件中,单元不应有相交(重叠)的情况。

　　(3)网格变换映射函数的连续性。有限元方法中,网格的形状变化对求解得到的应力值有较大影响。如果网格转换映射函数不连续,将导致网格变化量与结构形状参数变化量之间的关系函数不可微,由此将可能引起有限元计算结果的不连续。有限元计算结果的不连续会降低结构形状优化求解的效率,甚至导致因迭代不收敛等问题引起求解失败。

1. 变换坐标点

基于网格变换的船舶与海洋平台参数化结构优化方法中,优化仅改变构件的尺度,不会改变构件的拓扑关系,优化前与优化后,构件的边的数量,边与边之间的关系均保持不变。在船舶与海洋平台的结构有限元模型中,单元的几何形状取决于构成单元的各节点的几何坐标。所以,网格变换的关键问题是节点坐标的变换。节点坐标变换基本原理如下。

Q 为一四边形板。首先,建立投影变换函数 T,T 取决于 Q,并且可以将 Q 的边界及 Q 内的所有点转化为无因次坐标。T 为双向唯一变换函数,即通过 T 建立的几何坐标与无因次变换中,每个几何点唯一对应一个无因次坐标,且每一个无因次坐标唯一对应一个几何点。P 为 Q 上的任一点,计算 P 对应的无因次坐标 (u, w)。当板的边界由 Q 变化至 Q' 时,变化的是几何点,而无因次坐标 u 和 w 保持不变。由于投影变换函数与板的几何形状相关,所以此时投影变换函数 T 变为 Tn。然后计算 Tn 的逆变换函数 Tn^*。由 Tn^*,可以得到任意无因次坐标在 Q' 中对应的几何点。利用变换函数 Tn^* 变换无因次坐标 (u,w),此时可以得到一个新的几何点 P',则 P' 即为 P 点经坐标变换后得到的在 Q' 中的几何点。按照上述方法,对 Q 中所有几何点进行投影变换并更新所有网格,完成有限元模型的网格变换。

船舶与海洋平台的结构中,板的形状可以是三角形、四边形或者边数多于 5 边的多边形。板的边界包含直线段、圆、圆弧和样条曲线。本节中,首先讨论四边形板的网格变换方法。多边形板的网格变换问题可以转换至四边形板的问题。

2. 变换网格

四边形板的网格变换算法原理如图 9.7 所示,其中 $ABCD$ 为一四边形板,E 为 $ABCD$ 中任意单元,由 I,J,K 和 L 四个节点构成。

$ABCD$ 的几何轮廓变化至 $A'B'C'D'$。首先,依据 $ABCD$ 的几何轮廓,构造变换函数 T,并通过 T 变换 E 中的每个节点,得到各节点的无因次坐标 I_0,J_0,K_0,L_0。然后构造几何形状为 $A'B'C'D'$ 对应的坐标变换函数 Tn,并计算 Tn 的逆变换函数 Tn^*。然后将 Tn^* 应用于无因次坐标 I_0,J_0,K_0,L_0,得到新的几何坐标点 I', J',K',L'。则 I',J',K',L' 为 I,J,K,L 对应的坐标变换后的节点。由节点 I',J',K',L' 构成的单元 E' 即为坐标变换后的新单元。

上述网格坐标变换方法可以实现当板的轮廓发生变化时,通过网格的坐标变换得到新的轮廓对应的网格。该算法的核心问题是如何构造满足有效性、连续性、光顺性等要求的投影变换函数 T 及其逆变换函数 T^* 。

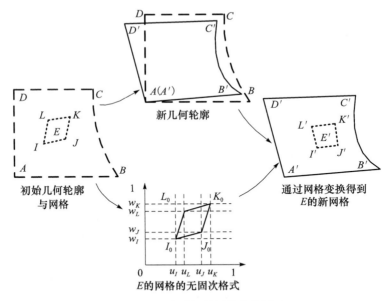

图 9.7　四边形板的网格变换原理

3. 曲面的参数化表达及其插值算法

对于插值参数曲面,曲面上的点 (x,y,z) 可以表示为双参数 u 和 w 的函数

$$P(u,w) = [x(u,w), y(u,w), z(u,w)], \quad u,w \in [0,1] \tag{9.5}$$

其中,$x(u,w)$,$y(u,w)$ 和 $z(u,w)$ 为曲面上给定坐标位置对应点的三个坐标函数式,不同的插值参数曲面具有不同的坐标函数式,但是都需要满足 $P(u,w)$ 插值于曲面的边界线。

插值参数曲面中,每一组无因次化坐标 (u,w) 均与一个坐标点相对应,同时,每一个坐标点唯一对应一组无因次化坐标。$x(u,w)$,$y(u,w)$ 和 $z(u,w)$ 三个坐标函数式插值于曲面的边界,是插值曲面边界的函数。

令曲面 S_0 为一个插值参数曲面,保证 S_0 的拓扑关系不变,改变曲面轮廓线以后,采用与 S_0 相同的构造函数构造曲面 S_1 。给定 S_0 中的一个坐标点 $P_0(x,y,z)$,令 P_0 在 S_0 中对应的参数为 (u_0,w_0) 。则在 S_1 中,通过参数 (u_0,w_0) 能够得到点 $P_1(x,y,z)$ 。可以证明,P_0 至 P_1 的映射关系,满足网格变换的三条基本原则。

通过以上分析可知,利用插值参数曲面的基本思想可以解决网格变换的问题。插值参数曲面有插值于边界、插值于轮廓线等多种,本问题中研究的插值参数曲面为插值于边界的参数曲面。现有的常用插值于边界的参数曲面有 Ferguson 曲面、Coons 曲面、NURBS 曲面等。上述参数化曲面中,Coons 曲面满足网格变换的所有要求。所以借助于 Coons 曲面算法实现 PMTM 的网格变换。对应于不同的插值边界条件，Coons 曲面有多种形式。PMTM 的网格变换算法中用到其中的插值于四顶点和插值于四边线的两种 Coons 曲面算法。

根据 Coons 曲面理论中的公式，给定一个无因次参数坐标，可以得到 Coons 曲面上的一个几何点。用于 PMTM 中的网格变换，该问题实质上是网格变换函数的逆变换函数 T^*。为实现网格变换，我们同样需要其反问题，即给定 Coons 曲面上的一个几何点，如何得到其对应的无因次化坐标。该问题即所谓的曲面反算算法。

4. 插值于四顶点的 Coons 曲面及其反算算法

Coons 曲面片坐标系及参数定义如图 9.8 所示。对于四边线均为直线段的四边形，其几何轮廓可由四个顶点 $P(0,0)$，$P(1,0)$，$P(1,1)$ 和 $P(0,1)$ 描述。根据 Coons 曲面造型理论，插值于四顶点的 Coons 曲面表达为

$$P(u,w) = P(0,0)(1-u)(1-w) + P(0,1)(1-u)w + P(1,0)u(1-w)$$
$$+ P(1,1)uw, \quad u,w \in [0,1] \tag{9.6}$$

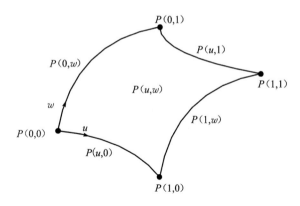

图 9.8　Coons 曲面的表达

通过式(9.6)可以得到任意一对无因次参数 (u,w) $(u,w \in [0,1])$ 在曲面上对应的几何点。令 (x_0,y_0)，(x_1,y_1)，(x_2,y_2) 和 (x_3,y_3) 分别为 $P(0,0)$，$P(1,0)$，$P(1,1)$ 和 $P(0,1)$ 四个顶点的几何位置。(x,y) 为曲面上的任意一点。曲面反算问题的目标是计算点 (x,y) 对应的无因次坐标 (u,w)。下面推导插值于四顶点 Coons 曲面反算算法的解析解。

将 x 和 y 代入式(9.6)，可以得到二次方程组

$$\begin{cases} x = x_0(1-u)(1-w) + x_3(1-u)w + x_1u(1-w) + x_2uw \\ y = y_0(1-u)(1-w) + y_3(1-u)w + y_1u(1-w) + y_2uw \end{cases} \tag{9.7}$$

方程组(9.7)可以写成如下格式：

$$\begin{cases} k_1 uw + k_2 u + k_3 w + k_4 = 0 & (9.8a) \\ s_1 uw + s_2 u + s_3 w + s_4 = 0 & (9.8b) \end{cases}$$

其中

$$\begin{cases} k_1 = x_0 - x_3 - x_1 + x_2 \\ k_2 = x_1 - x_0 \\ k_3 = x_3 - x_0 \\ k_2 = x_0 - x \end{cases} \tag{9.9}$$

$$\begin{cases} s_1 = y_0 - y_3 - y_1 + y_2 \\ s_2 = y_1 - y_0 \\ s_3 = y_3 - y_0 \\ s_2 = y_0 - y \end{cases} \tag{9.10}$$

将式(9.8b)乘以 $\dfrac{k_1}{s_1}$，并与式(9.8a)相减，则可以消除方程中的二次项，u 可以表达为 w 的显示函数表达式

$$u = \frac{(k_3 s_1 - k_1 s_3) w + k_4 s_1 - k_1 s_4}{k_1 s_2 - k_2 s_1} \tag{9.11}$$

令

$$\begin{cases} \alpha = \dfrac{k_4 s_1 - k_1 s_4}{k_1 s_2 - s_1 k_2} \\ \beta = \dfrac{(k_3 s_1 - k_1 s_3)}{k_1 s_2 - s_1 k_2} \end{cases} \tag{9.12}$$

将式(9.11)代入式(9.12)，可得

$$u = \beta w + \alpha \tag{9.13}$$

将式(9.12)和式(9.13)代入式(9.8a)，消除未知量 u，则可得到一个关于 w 的一元二次方程：

$$k_1 \beta w^2 + (k_1 \alpha + k_2 \beta + k_3) w + k_2 \alpha + k_4 = 0 \tag{9.14}$$

求解式(9.14)可得到参数 w

$$w = \frac{-(k_1 \alpha + k_2 \beta + k_3) \pm \sqrt{(k_1 \alpha + k_2 \beta + k_3)^2 - 4 k_1 \beta (k_2 \alpha + k_4)}}{2 k_1 \beta} \tag{9.15}$$

式(9.15)包含两个解，其中位于 $[0, 1]$ 区间的解为该问题的真解。将 w 代入式(9.13)，得到参数 u，解决插值于四顶点的 Coons 曲面反算问题。

5. 插值于四边界的 Coons 曲面及其反算算法

对于边界中包含一条或者多条如圆弧、样条曲线等非直线段的曲面，假设其四条边界分别为 $P(u,0)$，$P(u,1)$，$P(0,w)$ 和 $P(1,w)$，如图 9.9 所示。根据 Coons

曲面造型理论,插值于边界时任意曲线类型的 Coons 曲面表达为

$$P(u,w) = P_1(u,w) + P_2(u,w) - P_3(u,w), \quad u,w \in [0,1] \quad (9.16)$$

其中

$$P_1(u,w) = P(u,0)(1-w) + P(u,1)w$$

$$P_2(u,w) = P(0,w)(1-u) + P(1,w)u$$

$$P_3(u,w) = [P(0,0)(1-u) + P(1,0)u](1-w) + [P(0,1)(1-u) + P(1,1)u]w$$

对于式(9.16)中的曲面,因 $P(u,0),P(u,1),P(0,w)$ 和 $P(1,w)$ 为任意曲线,没有固定的解析表达式,所以对于这类插值于曲线边界的曲面的反算问题没有固定解析解。

针对上述问题,本节中给出一种基于二分法的迭代算法,用于解决插值于曲线边界的 Coons 曲面的反算问题,算法流程如下。

(1) 如图 9.9 所示,假设 (x,y) 为插值于任意四边界曲面上的任意一点。曲面反算问题的目标为计算 (x,y) 对应的无因次坐标 $(u,w \in [0,1])$。

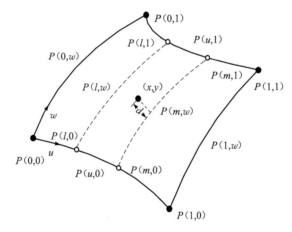

图 9.9　插值于四边界的 Coons 曲面

(2) u 和 w 为两个未知量。首先,通过二分法迭代求解参数 u,在其基础之上计算 w。

(3) 令 l 和 r 为二分法迭代变量,首先令 $l=0,r=1$。

(4) m 为二分法的中间变量,令 $m=(l+r)/2$。

(5) 根据式(9.16),计算 Coons 曲面中 U 方向参数固定为 l 对应的曲线 $P(l,w)$,然后计算 U 方向参数固定为 m 对应的曲线 $P(m,w)$。通过上述计算,得到 l 与 m 参数对应的 Coons 曲面上的两条曲线。

(6) 判断点 (x,y) 是否位于曲线 $P(l,w)$ 与曲线 $P(m,w)$ 之间。如果是,则令 $r=m$;否则,令 $l=m$。

（7）计算 (x,y) 至曲线 $P(m,w)$ 之间的最小距离 d。取精度 $\varepsilon=10^{-7}$，如果 $d<\varepsilon$，则执行步骤（8）；否则，执行步骤（4）。

（8）m 为点 (x,y) 对应的 U 向参数的一个满足给定精度 ε 的数值解。计算曲线 $P(m,w)$ 上 (x,y) 与点 $P(m,0)$ 之间的距离 d_{u0}，以及 $P(m,w)$ 曲线上点 (x,y) 和点 $P(m,1)$ 之间的距离 d_{u1}。(x,y) 点对应的参数 w 由下式确定：

$$w=\frac{d_{u0}}{d_{u0}+d_{u1}} \tag{9.17}$$

（9）迭代求解完成。u 与 w 为满足精度要求的参数。

上述迭代反算算法具有良好的通用性，可以完成各种插值于曲线边界的 Coons 曲面插值问题。很明显该算法也适用于插值于四角点的 Coons 曲面问题。但是因为迭代算法计算量较大，因而相对效率较低。所以实际应用中，对于四边均为直线的 Coons 曲面，应用式（9.15）和式（9.13）完成曲面的反算。仅对无法通过插值于四角点的曲面问题采用插值于四边线的曲面表达，并采用迭代算法完成插值运算。

6. 多边形板的网格变换问题

采用 N 边域（N-sided region）算法，如 Pieglin 和 Tiller 于 1999 年提出的 N 边域造型技术[7]，可以将边数为 $n(n\geqslant 5)$ 的多边形曲面片划分为 n 个四边形曲面片。则对于多边形，网格变换问题可以归结为四边形的网格变换问题，算法如下。

假设 $n(n\geqslant 5)$ 为多边形的边数，$V_i(1\leqslant i\leqslant n)$ 为多边形的第 i 个顶点，M_i 为第 i 个边的中点。O 为多边形的几何中心，O 的坐标为

$$O(x_c,y_c,z_c)=\left(\frac{1}{n}\sum_{i=1}^{n}x_i,\frac{1}{n}\sum_{i=1}^{n}y_i,\frac{1}{n}\sum_{i=1}^{n}z_i\right) \tag{9.18}$$

其中，x_i,y_i,z_i 分别为第 i 个顶点的 x,y 和 z 坐标。通过第 i 个中点 M_i 将第 i 条

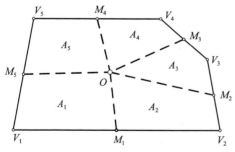

边分为两部分。然后连接 M_i 与多边形的中心点 O。此时多边形被 OM_i 分割为 n 个曲面片 $V_iM_iOM_{i-1}$（$1\leqslant i\leqslant n$，令 M_{-1} 为 M_n）。每个四边形曲面片可表达为前面介绍的插值于四顶点或者插值于四边界的 Coons 曲面片。采用上述方法，将五边形划分为 5 个四边形曲面片，如图 9.10 所示。

图 9.10　五边形划分为 5 个四边形曲面片

9.2.3　网格变换的基本流程

基于 N 边域与 Coons 曲面造型技术的 PMTM 参数化网格变化方法基本流程

如下。

　　首先,创建尺度驱动的草图,然后基于草图建立参数化结构模型。利用 N 边域概念,将所有板划分为四边形曲面片,并将各曲面片建立为一个 Coons 曲面。建立结构初始有限元网格。初始有限元网格可以通过采取自动网格方式建立,可以根据分析任务的特点人工干预,如在结构重点关注区域设置细网格,高应力区域采取映射网格,通过设置硬点控制网格质量等。建立 Coons 曲面片与单元之间的所属关系,即所有单元必须属于一个 Coons 曲面片,通过单元与 Coons 曲面片的几何关系可以建立二者之间的所属关系。通过前面所述的 Coons 曲面的反算算法,计算每个节点在其所属的 Coons 曲面片中的无因次坐标 u 和 w。

　　当参数化结构模型的参数发生变化时,通过几何约束求解计算草图图元变量并更新草图,依据草图更新三维结构模型。然后通过结构模型更新 Coons 曲面片,得到与新参数相对应的 Coons 曲面。最后,将各节点的无因次坐标 u 和 w 代入新的 Coons 曲面中,得到新的节点位置,由新节点更新网格,完成有限元网格的参数化变换。

　　上述过程可由图 9.11 详细说明。图 9.11(a) 为参数化模型中的一块板,与之对应的结构有限元网格如图 9.11(b) 所示。当参数化模型中的参数发生变化时,如图 9.11(c) 所示,板的几何轮廓由参数化系统驱动自动调整以满足所有几何约束的要求。然后依据新的轮廓线和原网格对所有单元节点进行坐标变换,得到新轮廓对应的有限元网格,如图 9.11(d) 所示。

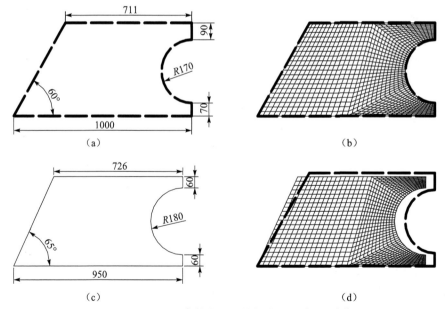

图 9.11　通过 PMTM 参数化更新结构有限元模型(单位:mm)

结构模型中,有相当数量的节点落在 Coons 曲面片的公共边之上,其中部分公共边为板的边线,其余的公共边为 N 边域法将多边形划分为四边形的中间辅助线对应的边。假设 A 和 B 为结构中的两个具有公共边 E 的 Coons 曲面片,P 为公共边 E 上的任意一点。当 A 与 B 发生变化时,P 将随着 A 和 B 分别进行坐标变换,假设坐标变换后的点分别为 P_A 和 P_B。根据式(9.6)和式(9.16),可以得出结论 P_A 和 P_B 的几何位置完全相同。因为无论对于曲面 A 或者 B,P 在边 E 上的参数仅取决于 P 至 E 两个端点距离的比值,与曲面的其余边无关。所以基于 Coons 曲面的网格变换算法具备唯一性,即相同位置的节点,即使属于不同的 Coons 曲面片或者属于不同的板,坐标变换完之后得到的新位置仍然相同。

上述唯一性特点对有限元模型至关重要,该性质可以使得坐标变换完成之后,具有邻边的结构在共边上的节点分布完全一致,保证有限元模型中两个相邻构件连接关系的正确性。

9.2.4　结构应力变化连续性分析

PMTM 法的主要优势在于当形状参数发生连续变化时,有限元网格的变化是连续的,从而确保结构响应变化的连续性。本节以一艘 300ft 自升式钻井平台为例,分析 PMTM 法相比于网格重构方法的优势。

1. 参数化结构模型及初始有限元模型

根据自升式钻井平台的结构特点,选择主要结构构件在平面内的投影线为几何图元,将平台构件的几何特点(如水平关系、竖直关系),以及构件之间的拓扑关系(如相连关系、平行关系、垂直关系、等长关系)等转化为几何约束条件,将平台的主要尺度(如型长、型宽、桩靴开孔直径、舱壁位置、折角点的位置)等转化为尺度约束。在此基础上,建立平台的结构草图如图 9.12 所示。

基于草图,采用特征造型的方法,建立自升式钻井平台的三维结构模型。三维结构模型中,仅建立与总体强度相关的主要构件,如外底板,内底板,横舱壁,纵舱壁,舷侧外板,首、尾封板,主甲板,悬臂梁,桩靴围板,桩腿等。对参数化结构模型进行网格划分,得到结构有限元模型,并将其作为结构形状优化设计的初始网格,如图 9.13 所示。优化设计中,设计工况考虑平台的自身重力、大钩载荷、风载荷和平台作业的可变载荷。载荷以结构构件属性的方式定义在三维结构模型中。

2. 参数化结构模型中的设计变量

为比较 PMTM 方法与基于模型重构的参数化优化设计方法之间的区别,选择桩靴开孔直径 C_1 和桩腿横向间距 C_2 两个特殊参数作为变量,如图 9.12 所示。分析当 C_1 或 C_2 变化时,PMTM 法与传统的基于模型重构法得到的有限元模型中的结构力学响应变化之间的差异。

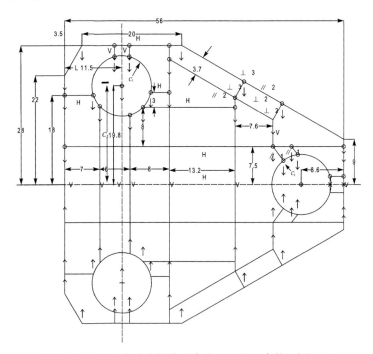

图 9.12　300ft 自升式钻井平台草图及优化参数(单位:m)

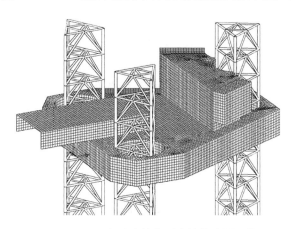

图 9.13　300ft 自升式钻井平台结构有限元模型

3. 用于观察力学响应变化的变量

结构应力是结构形状优化设计中最重要的指标之一。所以选取重点关注区域的结构等效应力作为观察变量,如表 9.2 和图 9.14 所示。

表 9.2　应力观察变量的描述

符号	描述
S_1	外底板在与桩井围板交界区域的应力值
S_2	主甲板在与桩井围板交界区域的应力值
S_3	悬臂梁在与尾封板连接处的应力值
S_4	首桩处的桩井结构应力
S_5	左后桩处的桩井结构应力
S_6	右后桩处的桩井结构应力

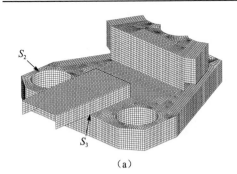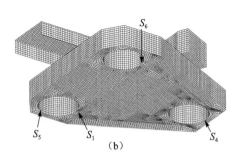

图 9.14　应力观察变量示意图

4. 两种方法应力变化响应的差异

　　将参数 C_1 由 6.8m 增加至 7.2m，步长 0.01m。分别通过 PMPM 方法与基于网格变换方法建立结构有限元模型，并计算两个模型中的应力观察变量 $S_1 \sim S_6$ 的值。基于模型重构法，C_1 变化对应应力曲线如图 9.15 所示，基于 PMPM 法 C_1 变化对应应力曲线如图 9.16 所示。

　　当 C_1 取不同值时，两种方案的主要差别在于生成有限元网格的方式不同，前者由网格划分工具自动划分生成，后者由初始有限元网格经网格变换得到。从计算结果不难看出，两种方案下的应力变化总体趋势类似，但是局部存在一定的差异。对于模型重构方法，参数 C_1 由 6.8m 增加至 7.2m 时，S_1，S_2，S_5，S_6 对应的应力曲线在 6.86m 附近存在突变，S_4 对应应力曲线在 6.98m 附近存在突变。实际上，如果其他条件不变时，当结构尺寸连续变化时，结构的应力变化应该是连续变化的。在基于模型重构法的形状优化中，每次结构参数变化均伴随着一次网格重新划分。当结构参数的变化量超过一定的极限时，网格的拓扑结构将发生变化。由于有限元的计算结果与网格拓扑结构密切相关，所以基于模型重构的方法中，当网格拓扑发生变化时，应力等结构响应会突变，上述问题是导致图 9.15 中应力突变的主要原因。

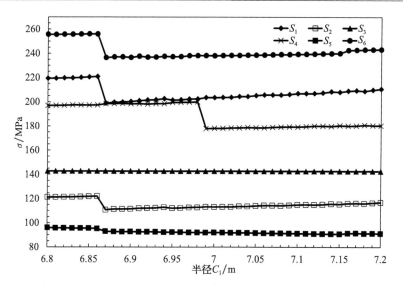

图 9.15　基于模型重构法方案下不同 C_1 值对应的应力变量

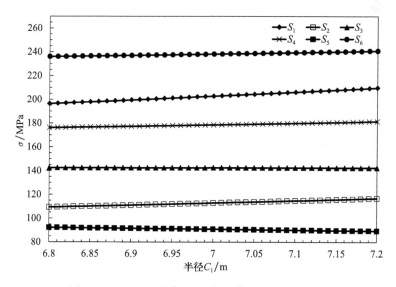

图 9.16　PMTM 方案下不同 C_1 值对应的应力变量

　　PMTM 可以有效克服上述问题。从图 9.16 中可以看出,当 C_1 同样由 6.8m 至 7.2m 逐渐增加时,$S_1 \sim S_6$ 这 6 个变量变化曲线非常光顺。与基于模型重构方法相比,PMTM 结果中不存在应力的突变。

　　将参数 C_2 由 19.8m 增加至 20.2m,步长 0.01m。基于模型重构法计算得到 $S_1 \sim S_6$ 这 6 个变量随 C_2 变化曲线如图 9.17 所示,基于 PMTM 法的结果如图 9.18 所示。与 C_1 变量类似,基于模型重构法得到的应力变量随 C_2 变化曲线不满足连续性要求,部分应力曲线在特定位置将发生应力的突变。而对于 PMTM,所有应力曲线仍然是光顺的,不存在不合理的波动。

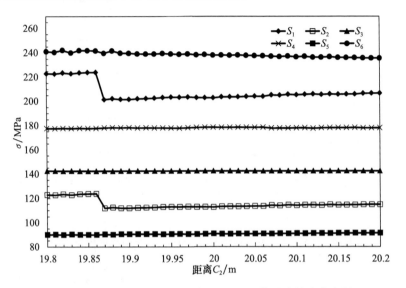

图 9.17　基于模型重构法方案下不同 C_2 值对应的应力变量

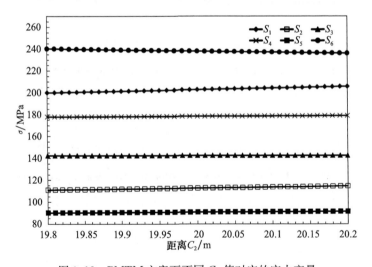

图 9.18　PMTM 方案下不同 C_2 值对应的应力变量

9.2.5　基于网格变换法的结构形状优化设计

将 PMTM 应用于 300ft 自升式钻井平台船体结构形状优化设计。平台的主结构草图、初始网格如图 9.12 和图 9.13 所示,优化变量取图 9.12 中所示的桩靴

开孔直径 C_1 与尾部桩腿居中距离 C_2。

本例仅为说明基于 PMTM 的船体结构形状优化设计方法的基本原理,所以优化目标简单地取平台结构中最大结构应力最小。优化目标函数为

$$\begin{aligned}
\min \quad & f(C_1, C_2) \\
\text{s. t.} \quad & R_0 \leqslant C_1 \leqslant R_1 \\
& D_0 \leqslant C_2 \leqslant D_1
\end{aligned} \tag{9.19}$$

式中,R_0,R_1 分别为 C_1 取值的下限与上限;D_0,D_1 分别为 C_2 取值的下限与上限;$f(C_1, C_2)$ 表示 C_1 与 C_2 参数对应结构的最大应力,即

$$f(C_1, C_2) = \max[\sigma_0(C_1, C_2), \sigma_1(C_1, C_2), \cdots, \sigma_{n-1}(C_1, C_2)] \tag{9.20}$$

其中,n 为有限元模型中单元总数;$\sigma_i(C_1, C_2)$ 表示第 i 个单元与参数 C_1,C_2 相对应的单元平均等效应力值($i = 0, 1, \cdots, n-1$)。

式(9.19)为约束最优化问题,采用惩罚函数法将其转化为无约束最优化问题求解。令

$$F(C_1, C_2) = f(C_1, C_2) + F_1(C_1, C_2) + F_2(C_1, C_2) \tag{9.21}$$

其中函数 $F_1(C_1, C_2)$ 为 C_1 的惩罚项,函数 $F_2(C_1, C_2)$ 为 C_2 的惩罚项

$$F_1(C_1, C_2) = \begin{cases} 0, & R_0 \leqslant C_1 \leqslant R_1 \\ S_1(C_1 - R_0)^2, & C_1 < R_0 \\ S_1(C_1 - R_1)^2, & C_1 > R_1 \end{cases} \tag{9.22}$$

$$F_2(C_1, C_2) = \begin{cases} 0, & D_0 \leqslant C_2 \leqslant D_1 \\ S_2(C_2 - D_0)^2, & C_2 < D_0 \\ S_2(C_2 - D_1)^2, & C_2 > D_1 \end{cases} \tag{9.23}$$

式中,S_1 为 C_1 惩罚系数;S_2 为 C_2 惩罚系数;S_1 与 S_2 随着迭代次数递增。经上述转换之后,式(9.19)约束最优化问题转化为式(9.21)无约束问题。采用共轭梯度法求解该无约束问题,算法实现可参照算法 7.9。收敛性条件取

$$|F_{k+1} - F_k| \leqslant 0.01 \tag{9.24}$$

其中,F_k 表示第 k 次迭代对应的 F 函数值。

将上述方法应用于 300ft 自升式钻井平台结构优化中。C_1 取值的下限与上限分别为 $R_0 = 6.8$,$R_1 = 7.2$,C_2 取值的下限与上限分别为 $D_0 = 19.8$,$D_1 = 20.2$。惩罚系数 S_1,S_2 初始值取 10^3,迭代中增量系数取 1.5。优化前方案中,C_1 值为 7.0m,C_2 值为 20.0m,结构等效应力云图如图 9.19 所示。

采用共轭梯度法,经过 8 次迭代,满足收敛性条件,对应最优解 C_1 为 6.82,C_2 为 20.18,对应等效应力云图如图 9.20 所示。通过结构形状优化,可以通过微调桩靴开孔直径与桩腿居中距离,使结构最大应力由 256MPa 降低至 246MPa。

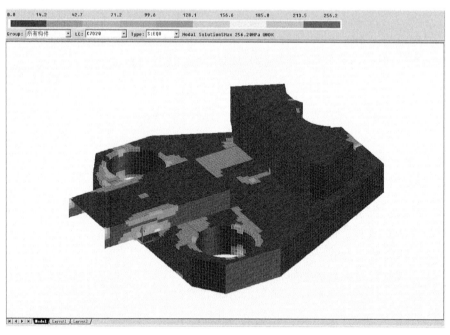

图 9.19　300ft 自升式钻井平台结构形状优化前应力分布

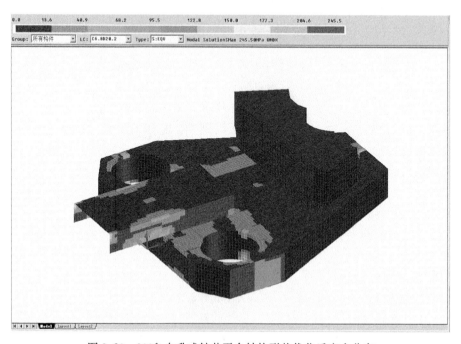

图 9.20　300ft 自升式钻井平台结构形状优化后应力分布

9.2.6　基于网格变换法结构形状优化的特点

与基于模型重构法的结构形状优化设计方法相比,基于 PMTM 的船体结构形状优化设计具有以下优点。

首先,PMTM 具有较高的效率。结构形状优化设计中,每次结构参数的变化均伴随着一次网格的重新生成。基于模型重构的算法中,网格划分占据优化设计的大部分时间,网格的重新生成效率是提高结构形状优化设计效率的瓶颈问题。PMTM 所采用的网格变换算法中,对于插值于四顶点的板,时间复杂度为 $O(n)$,n 为有限元模型的顶点数。虽然 PMTM 对存在非线性边的板的效率相对较低,但是海洋平台结构中,边界为直线的板占大多数。所以,PMTM 可以有效改善船体结构形状优化设计的效率。

其次,PMTM 具有良好的连续性。基于 PMTM 的结构形状优化设计中,有限元模型的拓扑结构在整个优化设计中是不变的,这可以有效避免优化中因结构形状变化超过一定极限后,因网格拓扑结构发生变化引起的应力突变。从 Coons 曲面的表达式可以推导出,当形状参数连续变化时,基于相同无因次参数的点的位置变化也满足连续性要求。所以,PMTM 满足节点变化的连续性,这一特点使得类似于共轭梯度法等基于梯度法的高效率优化策略可以用于船体结构形状优化之中。

此外,基于 PMTM 的结构形状优化设计可以保证优化过程中的网格质量。基于模型重构的结构形状优化中,优化过程中的网格重构因难以进行人工干预,导致难以控制网格的质量,特别是应力集中区域,可能因网格的质量较差而影响有限元分析结果的精度。基于 PMTM 的结构形状优化设计中,网格的生成仅在形状优化之前执行一次,设计者可以采用各种手段对网格质量进行控制,保证用于结构优化的有限元网格具有较高的质量。通常,船舶与海洋平台的结构形状优化设计仅在较小的范围内调整结构形状参数,即形状优化前与优化后板的形状不会有较大的差异。同时,从 Coons 曲面理论可知,曲面内部点的坐标为边界曲线的线性插值函数。很显然,如果有限元模型具有较高的初始网格质量,在小范围内修改结构形状参数,形状优化设计的每一步中得到的有限元网格同样具有较高的质量。

9.3　船舶内壳板形状优化设计方法

船体结构形状优化是一种有效的降低应力集中、改善应力场分布的途径。通过结构形状优化,可降低结构构件屈服、屈曲失效的风险,提高结构疲劳强度,延长船体结构寿命。对于常规运输船,内底板、内壳板等结构不仅具有普通结构构件的属性,同时也是舱室的边界,通过对这类结构的形状优化设计,可以改变舱室容积的纵向分布,实现对船舶的总纵强度等总体性能的优化。本节研究一种船舶内壳板优化方法(ship inner shell optimization method,SISOM),通过微调内壳板的形状实现优化船舶总纵强度的目标。

9.3.1　船舶内壳板形状优化的意义

船舶漂浮在水中,由于重量分布不均匀,导致船舶承受纵向静水弯矩的作用。静水弯矩与由波浪产生的弯矩叠加得到总弯矩,总弯矩的交替作用是导致船舶结构破坏的重要原因,如使船舶结构产生疲劳裂纹,局部结构变形,甚至导致灾难性事故。根据 MMSR[8] 提供的数据,1989～2005 年间全世界因浸水与天气原因全损的船舶总数为 661 条,其中 51.4% 为散货船和油船。通常散货船和油船的稳性都较好,因而在这些船舶当中很大一部分是由于结构腐蚀后总强度不足而导致船舶在恶劣海况下直接灭失的。1989～2005 年间全损散货船和油船当中,船龄为 10 年以下的仅占总数的 11%,大部分的全损船舶均为船龄大于 15 年的老旧船。从这一数字可以看出,大多数的全损事故并非是由船员操作引起的,而是与船体腐蚀后的强度密切相关。

要提高船舶的安全性,一方面在营运阶段应当注意船舶的维护和保养;另一方面,如果在设计阶段能够通过分舱布置降低船舶营运过程中的最大静水弯矩,以增强船舶抵御极端海况的能力,对提高船舶的安全性同样具有重要意义。

船舶的总纵强度包括弯曲强度、剪切强度以及因二者带来的屈曲强度和疲劳强度等。对于油船和散货船,弯曲强度尤为关键。在船舶的设计过程中,如果总纵强度不足,通常采用两种方法弥补,一是通过调整装载以降低最大静水弯矩,降低弯曲应力;二是加大甲板构件的尺寸。上述两种弥补方式中,第一种方法不增加船舶的空船重量和建造成本,通常首先被设计者考虑。但是船舶要满足载重量和各种装载状态下的浮态要求,调整配载可以降低船舶的最大弯曲应力,但是同时也会使载重量和浮态不满足设计要求。所以第一种方式对总纵强度的调节能力有限,如果通过调整装载无法使得船舶的总纵强度满足设计要求,通常采用第二种方式,最常用的办法为加大甲板板厚或者甲板纵骨尺度。第二种方式虽然总能够使总纵强度满足规范的要求,但是却增加了结构重量。这不仅增加建造成本,同时因增加了空船的重量而影响船舶的载重量,对营运经济性不利。此外,第二种方式虽然通过增加剖面模数使得船舶的弯曲应力小于许用值,但是船舶的最大静水弯矩没有变小,随着船舶营运年限的增长,船舶结构构件因腐蚀逐渐变薄,可能导致弯曲应力超过许用值而引起结构屈服、屈曲或者疲劳破坏。

如果假定船舶的重量分布和静水浮力分布不变,船舶的最大静水弯矩与货物沿船长的分布密切相关。通过改变舱容在船长方向上的分布,能够有效地降低船舶的最大静水弯矩。大型油船和散货船通常设置为双层底、双舷侧(或者单壳,较大底边舱、顶边舱结构)。这样,大型海船大体上由两层结构构成,即由外底板、舷侧外板和甲板构成的外壳,以及由内底板、底边舱斜板、顶边舱斜板和双层壳板(如果存在)构成的内壳,我们统称这些内壳结构为 ISP(inner shell plate)。ISP 以内为货舱,ISP 和外壳板之间通常为压载水舱。货舱与压载水舱容积之和近似等于货油区船舶外板围成的封闭体积之和。如果船舶的型线、型深和甲板形状不改变,则二者之和近似为定值。这样,货油舱和压载舱的分配情况主要由内壳折角点的位置和横舱壁的位置决定。通过调整内壳折角点或者横舱壁,可以改变各货油舱和压载舱的容量、型心的位置,进而改变货物或者压载水沿船长方向的分布,降低船舶的最大静水弯矩。

　　对于常规的散货船和油船,应当设置足够容量的货舱和压载舱。为保证营运经济性,货舱的容积必须满足要求,同时要满足满载时浮态的要求。在空载工况下,船舶要保证一定的尾吃水,以避免螺旋桨出水导致螺旋桨效率降低。船舶空载过程中通常有一定的尾倾,但是尾倾的值不能过大,以避免驾驶视线受到影响,所以在保证尾部吃水的同时还应有足够的首吃水[9,10]。此外,首部吃水还应保证满足首部波浪拍击的要求。所以,这类船舶的压载舱舱容也有要求,一是压载舱舱容不能小于下限值,二是压载舱的舱容型心位置应在合理的范围内。油船的内壳布置应满足 SOLAS[11]关于检验通道的要求和 73/78 MARPOL[12]对双壳宽度和双层底高度的最低要求。此外,船舶内壳的布置还应当满足建造工艺以及结构强度等特殊要求。通过调整 ISP 形状降低船舶的静水弯矩时,上述各限制条件均应当满足。考虑到上述因素以后,以降低总纵弯矩为目标的船舶内壳结构优化问题成为带有复杂非线性约束的非线性多元优化问题。

　　本节研究一种基于梯度算法的船舶内壳板优化方法(ship inner shell optimization method,SISOM)。SISOM 以船舶在各载况下的最大静水弯矩最小为优化目标,以内壳在各剖面处的面积为优化变量,以满足各项性能指标为约束条件,构造优化数学模型。采用惩罚函数法将约束问题转化为无约束问题,并采用最速下降法求解该无约束问题,得到最优的 ISP 横剖面面积。优化 ISP 的形状实质上也是改变重量在各舱室内的分布,所以 SISOM 在一定程度上也能实现分舱布置优化的效果。

9.3.2　船舶内壳板形状优化设计模型

　　对于多数油船与散货船,通常存在一个典型载况,该载况下船体梁最大静水弯矩显著大于其余载况。本节中称该载况为最大弯矩载况。例如,2 万～5 万吨级的油船最大弯矩载况通常为压载出港工况,7 万～8 万吨级散货船最大弯矩载况通常为重货隔舱装载工况等。对于这类船舶,只要在一定范围内降低最大弯矩载况的最大静水弯矩值,则可以降低该船在营运过程中的最大静水弯矩值。因此,SISOM

以最大弯矩载况的最大静水弯矩最小作为优化目标。

通常情况下,船舶的 ISP 均设计成平面板以降低建造难度。ISP 沿船长方向设计有几个折角点位置,在折角点位置处,ISP 中至少有一块板存在横向折角线。假定船舶的舱壁与折角点的纵向位置保持不变,则船舶所有货舱与压载舱的舱容分布取决于 ISP 在各折角点处的横剖面面积。最大弯矩载况下的静水弯矩与货舱、压载舱的舱容分布相关,所以最大弯矩载况同样取决于 ISP 的横剖面面积。因此,SISOM 以 ISP 在各折角点处的横剖面面积为优化变量,其优化设计模型如下:

$$\min \quad \max\left(f(x,\boldsymbol{A})=\left|\int_a^x\int_a^y B(t,\boldsymbol{A})-LW(t)-DWT(t)\mathrm{d}t\mathrm{d}y\right|\right)$$

s. t. 　a. $\displaystyle\int_a^f [B(x,\boldsymbol{A})-LW(x)-DWT(x)]\mathrm{d}x=0$

　　　b. $\displaystyle\int_a^f [B(x,\boldsymbol{A})-LW(x)-DWT(x)]x\mathrm{d}x=0$

　　　c. $\displaystyle\sum_1^{n-1}\left[\frac{A_i+A_{i+1}}{2}\cdot(X_{i+1}-X_i)\right]=C_c$

　　　d. $XB_{\min}\leqslant\dfrac{\displaystyle\sum_{i=1}^{n-1}[(2S_i-A_i-A_{i+1})\cdot(X_{i+1}^2-X_i^2)]}{2\displaystyle\sum_{i=1}^{n-1}[(2S_i-A_i-A_{i+1})\cdot(X_{i+1}-X_i)]}\leqslant XB_{\max}$

　　　e. $XC_{\min}\leqslant\dfrac{\displaystyle\sum_{i=1}^{n-1}[(A_i+A_{i+1})\cdot(X_{i+1}^2-X_i^2)]}{2\displaystyle\sum_{i=1}^{n-1}[(A_i+A_{i+1})\cdot(X_{i+1}-X_i)]}\leqslant XC_{\max}$ 　　(9.25)

　　　f. $\displaystyle\sum_{i=1}^{\frac{m+1}{2}}V_{c2i}=C_h$

　　　g. $XH_{\min}\leqslant\dfrac{\displaystyle\sum_{i=1}^{\frac{m+1}{2}}(V_{c2i}\cdot X_{c2i})}{\displaystyle\sum_{i=1}^{\frac{m+1}{2}}V_{c2i}}\leqslant XH_{\max}$

　　　h. $0<A_i<A_{i\max}$

　　　i. $A_{pa}=A_{pa+1}$

式中,$\boldsymbol{A}=(A_1,A_2,\cdots,A_n)$ 为纵向折角点所在剖面处的内壳剖面位置;n 为纵向折角点位置总数;m 为货舱数量;$\boldsymbol{X}=(X_1,X_2,\cdots,X_n)$ 为纵向折角点所在位置的 X 坐标,即沿船长方向的坐标;$\boldsymbol{S}=(S_1,S_2,\cdots,S_n)$ 为各纵向折角点位置的船舶横剖面面积;a 与 f 分别为船舶的首垂线与尾垂线位置;$LW(x)$ 为空船重力分布曲线;

$DWT(x)$ 为载重量分布曲线,载重量由装载的货物、可变载荷和压载水等构成; $B(x,A)$ 为浮力沿船长分布曲线; XB_{min} 和 XB_{max} 分别为压载吃水时压载水允许的重心最大纵向位置和最小纵向位置; XC_{min} 和 XC_{max} 分别为满载吃水时货物允许的重心最大纵向位置和最小纵向位置; V_{ci} 和 X_{ci} 分别为第 i 个舱室的容积和型心纵向位置; C_h 为重货舱容积之和; XH_{min} 和 XH_{max} 分别为编号为奇数的舱室舱容型心位置的下限和上限; $pa(0<pa<n-1)$ 为平行中体尾端对应的位置标号,即 X_{pa} 和 X_{pa+1} 分别为平行中体尾端与首端的位置。

优化模型(9.25)目标函数的含义为,在最大弯矩载况静水弯矩曲线的所有极值中,绝对值最大者最小。约束条件的具体含义为:

a. 船舶的重力浮力平衡。

b. 船舶的重力矩与浮力矩平衡。

c. 货油舱的总容量和压载舱的容积保持不变。优化中船体曲面及货舱首尾端舱壁位置不变,所以货油舱的总容量和压载舱的容积保持不变。

d. 压载工况下,尾吃水应保证螺旋桨不出水的要求,所以要求压载水对应的重心纵向位置不大于 XB_{max}。同时,压载工况下应满足驾驶视线和首部波浪拍击的要求,所以要求压载工况下的压载水重心位置不小于 XB_{min} 以保证最小首吃水的要求。

e. 与压载工况类似,典型的轻货满载工况下,船舶要保证纵倾在合理的范围内,所以要求轻货满载工况下的货物的重心位置不小于下限值 XC_{min} 且不大于上限值 XC_{max}。

f. 当船舶有重货隔舱满载工况时,要求重货舱的舱容不变。如果无重货隔舱工况,则该约束条件无效。

g. 当船舶有重货隔舱满载工况时,要求所有重货舱舱容型心位置不小于下限值 XH_{min} 且不大于上限值 XH_{max}。

h. 折角点的布置应当满足船舶防污染公约和破舱稳性的要求,所以当船舶的型线不变时,各剖面处的 ISP 距外板的最小距离不能小于最小值。通常情况下船舶的 ISP 均为平面板,所以各剖面内壳的面积 A_i 均有上限制 $A_{imax}(1\leqslant i\leqslant n)$,即要求 $A_i\leqslant A_{imax}$。

i. 平行中体两端的横剖面面积应相同,确保平行中体内部 ISP 横剖面保持不变。

优化模型(9.25)以最大弯矩最小为优化目标,以各折角点所在位置处 ISP 剖面面积为优化变量。保证排水量、货油舱容积不变,满足破舱稳性和防污染公约对内壳布置的最低要求,满足压载工况下最小尾吃水和驾驶视线对首吃水的要求,同时保证满载工况下具有良好的浮态。模型(9.25)的最优解为满足常规设计要求且最大静水弯矩最小的船舶内壳板设计方案。

9.3.3 船舶内壳板形状优化模型求解

优化模型(9.25)中,约束条件 a 和 b 中含有浮力函数 $B(x, \boldsymbol{A})$。浮力函数与船舶的线型相关,在优化过程中排水量、浮态均是变化的。船体曲面为不规则三维曲面,所以浮力分布曲线不能采用简单数学函数式表达,进而导致式(9.25)直接求解较为困难。因此,改变式(9.25)的格式,将满足浮力方程与重力矩方程的最大弯矩最小作为优化目标,即令目标函数

$$g(\boldsymbol{A}) = \max\left(f(x) = \left|\int_a^x \int_a^y [B(t, \boldsymbol{A}) - LW(t) - DWT(t)]\mathrm{d}t\mathrm{d}y\right|\right) \quad (9.26)$$

其中

$$\begin{cases} \int\int_a^f [B(x, \boldsymbol{A}) - LW(x) - DWT(x)]\mathrm{d}x = 0 \\ \int\int_a^f \{[B(x, \boldsymbol{A}) - LW(x) - DWT(x)]x\}\mathrm{d}x = 0 \end{cases}$$

采用罚函数法,将式(9.25)转化为无约束的优化问题,即令

$$M(\boldsymbol{A}) = g(\boldsymbol{A}) + M_1 C(\boldsymbol{A}) + M_2 L(\boldsymbol{A}) + M_3 R(\boldsymbol{A}) \quad (9.27)$$

式(9.27)中包含的函数的含义如下:

(1) $C(\boldsymbol{A})$ 为货舱容积惩罚项,包括货舱舱容惩罚项和重货舱舱容惩罚项两部分,即

$$C(\boldsymbol{A}) = \left|\sum_{i=1}^{n-1}(A_i + A_{i+1}) \cdot (x_{i+1} - x_i) - C_c\right| + f \cdot \left|\sum_{i=1}^{\frac{n+1}{2}} V_{c2i} - C_h\right| \quad (9.28)$$

如果当前优化的船舶有重货隔舱满载工况,则系数 $f = 1$,否则 $f = 0$。货舱的舱容和舱容型心的位置,根据舱室的起始肋位,由舱室范围内的货舱横剖面沿 X 方向积分得到。

(2) $L(\boldsymbol{A})$ 为重心纵向位置惩罚项:

$$\begin{aligned} L(\boldsymbol{A}) =& s(x_b(\boldsymbol{A}) - XB_{\max}) + s(XB_{\min} - x_b(\boldsymbol{A})) + s(x_c(\boldsymbol{A}) - XC_{\max}) \\ &+ s(XC_{\min} - x_c(\boldsymbol{A})) + f \cdot s(x_h(\boldsymbol{A}) - XH_{\max}) \\ &+ f \cdot s(XH_{\min} - x_h(\boldsymbol{A})) \end{aligned} \quad (9.29)$$

其中,符号系数 f 的取值同上;$s(x)$ 为符号函数;$x_c(\boldsymbol{A})$、$x_b(\boldsymbol{A})$ 和 $x_h(\boldsymbol{A})$ 分别为货舱、压载舱与重货舱型心纵向位置惩罚项:

$$s(x) = \begin{cases} 0, & x < 0 \\ x^2, & x \geqslant 0 \end{cases} \quad (9.30)$$

$$x_b(\boldsymbol{A}) = \frac{\sum_{i=1}^{n-1}[(2S_i - A_i - A_{i+1}) \cdot (X_{i+1}^2 - X_i^2)]}{2\sum_{i=1}^{n-1}[(2S_i - A_i - A_{i+1}) \cdot (X_{i+1} - X_i)]} \quad (9.31)$$

$$x_h(\boldsymbol{A}) = \frac{\sum_{i=1}^{\frac{m+1}{2}}(V_{c2i} \cdot X_{c2i})}{\sum_{i=1}^{\frac{m+1}{2}}V_{c2i}} \tag{9.32}$$

$$x_c(\boldsymbol{A}) = \frac{\sum_{i=1}^{n-1}\left[(A_i + A_{i+1}) \cdot (x_{i+1} - x_i) \cdot (x_{i+1} + x_i)\right]}{2\sum_{i=1}^{n-1}\left[(A_i + A_{i+1}) \cdot (x_{i+1} - x_i)\right]} \tag{9.33}$$

（3）$R(\boldsymbol{A})$ 为剖面面积惩罚项：

$$R(\boldsymbol{A}) = \sum_{i=1}^{n-1}s(A_i - A_{i+1}) \tag{9.34}$$

M_1, M_2, M_3 为罚函数项，随着迭代次数的增加，三个值逐渐增大，即令

$$M_i^{k+1} = cM_i^k, \quad 1 \leqslant i \leqslant 3 \tag{9.35}$$

系数 c 根据经验选择，且系数 $c > 1$。M_1^0, M_2^0, M_3^0 用于控制当各类舱室容积、型心纵向位置和剖面面积不满足约束要求时惩罚函数增加量的分配情况。通常取 $M_1^0 = 1$，M_2^0 和 M_3^0 的取值如下：

$$\begin{cases} M_2^0 = M_1^0 \cdot Disp \\ M_3^0 = M_1^0 \cdot Lpp \end{cases} \tag{9.36}$$

式中，$Disp$ 为船舶的载重量；Lpp 为船舶的垂线间长。

可以近似认为船体的水线面面积随吃水变化函数是一阶连续的，这样，可以证明 $M(\boldsymbol{A})$ 梯度在其定义域内存在并连续，但是其二阶梯度并不连续。因此，可以通过基于梯度的最速下降法求解该优化问题，即令

$$\boldsymbol{A}^{k+1} = \boldsymbol{A}^k + \lambda \nabla M(\boldsymbol{A}^k) \tag{9.37}$$

其中，$\nabla M(\boldsymbol{A}^k)$ 为 $M(\boldsymbol{A})$ 在 $\boldsymbol{A}^k$ 处的梯度；$\lambda > 0$ 为最佳步长。原船的折角线位置的内壳面积 $\boldsymbol{A}^0$ 满足所有约束条件的要求，所以取 $\boldsymbol{A}^0$ 为该优化问题迭代的初始值。因为 $M(\boldsymbol{A}^k)$ 中存在与船体曲面相关的项，所以不能通过数学函数计算 $\nabla M(\boldsymbol{A}^k)$。采用差分法计算 $\nabla M(\boldsymbol{A}^k)$，即

$$\nabla M(\boldsymbol{A}^k) = \left(\frac{\partial M}{\partial A_1}, \frac{\partial M}{\partial A_2}, \cdots, \frac{\partial M}{\partial A_n}\right) \tag{9.38}$$

其中，M 对 A_i 的偏导数通过中间差分法计算求得，即

$$\frac{\partial M}{\partial A_i} = \frac{M(A_i + \Delta A) - M(A_i - \Delta A)}{2\Delta A}, \quad 1 \leqslant i \leqslant n \tag{9.39}$$

$\nabla M(\boldsymbol{A}^k)$ 为 $M(\boldsymbol{A})$ 在 $\boldsymbol{A}^k$ 处的最速下降方向。方向确定以后，需要确定沿着最速下降的方向移动的步长，以使得 M 下降得最多。确定步长的问题可以转化为一个单变量无约束优化问题，即

$$\min \varphi(\lambda) = M(A^k + \lambda \nabla M(A^k)) \tag{9.40}$$

其中，A^k 和 $\nabla M(A^k)$ 均为已知向量。通过二分法求解优化问题（9.40），即可确定 $M(A)$ 在 A^k 点沿着 $\nabla M(A^k)$ 下降最多的步长 λ。然后通过（9.37）计算 A^{k+1}，进入下一次迭代。迭代收敛性函数取为

$$|A^{k+1} - A^k| < \varepsilon \tag{9.41}$$

ε 为精度误差，取 $\varepsilon = 0.001$。上述优化流程如图 9.21 所示。

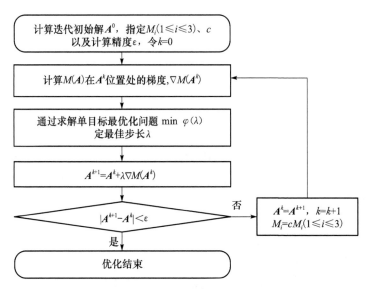

图 9.21　SISOM 优化设计模型求解流程

迭代求解过程中，逐渐增加舱容容积、型心位置和横剖面面积不满足约束要求时的惩罚项系数，以使得优化结果满足设计要求；当所有约束条件均满足时则惩罚项为零，优化向着总纵弯矩最小方向进行。当式（9.41）成立时，迭代结束，A^{k+1} 即为最优解。

得到优化后的横剖面面积以后，在满足破舱稳性和防污染公约的最低要求的前提下，通过特定的规则调整各横剖面内折角点的位置，使得调整后的舱室货舱横截面与优化后的值相同，进而完成船舶内壳板形状优化设计。

该优化问题中，系数 c 的取值对算法的收敛性有较大影响。c 取值太小，则收敛速度缓慢，c 取值过大，则可能导致算法不收敛。根据经验，c 的取值范围为 $[1.5, 4]$。

9.3.4　船舶内壳板形状优化设计工程算例

1. 26000DWT 成品油船

首先，以一条 26000DWT 成品油船（附录 1[14]）为例，说明本算法在双壳油船

内壳板形状优化设计中的应用。

26000DWT 成品油船在货油区设有 6 对货油舱和 6 对压载舱,典型工况下的最大静水弯矩如表 9.3 所示。航行工况下,最大静水弯矩发生在压载出港工况,最大静水弯矩值为 81028t·m,所以取压载出港工况为最大弯矩载况。该船货舱区的折角线数目为 6,以这 6 个位置的内壳剖面面积为优化变量。优化模型中,惩罚项系数 $c=2, M_1^0=1, M_2^0=M_3^0=1000$。

表 9.3　26000DWT 成品油船各工况最大静水弯矩汇总表

工况	压载出港	压载到港	满载到港	轻货装载出港	重货隔舱出港
最大静水弯矩/(t·m)	81028	72026	−13268	55118	69473

经过 25 次迭代,满足收敛性条件,优化后的各剖面面积如表 9.4 所示。

表 9.4　26000DWT 成品油船内壳板形状优化各参数优化结果

变量	A_1	A_2	A_3	A_4	A_5	A_6
初始面积/m²	117.354	150.284	150.284	133.355	99.339	55.896
优化面积/m²	120.347	148.803	148.803	135.356	103.144	58.490

各剖面面积的迭代变化过程如图 9.22 所示。在该优化问题中,整个迭代过程中,压载舱与货油舱的重心位置以及剖面的面积均未超过要求值的范围,所以重心纵向位置和最大剖面面积惩罚项始终为零。

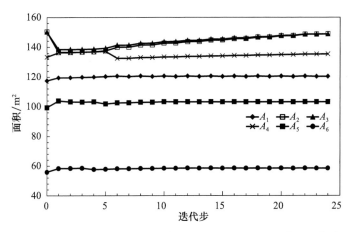

图 9.22　26000DWT 成品油船内壳板形状优化变量迭代历程曲线

通过优化得到各折角线处的剖面面积以后,假定各剖面处的内底高度不变,通过改变内壳的宽度,使得各剖面处的剖面面积与优化值相同,完成 26000DWT 成品油船的内壳板形状优化设计,如图 9.23 所示。

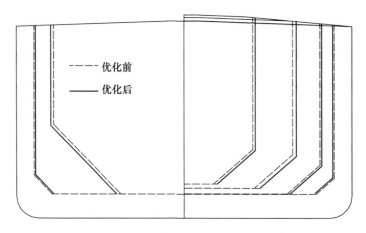

图 9.23　26000DWT 成品油船内壳板形状优化前后内壳变化

优化前与优化后的剪力弯矩分布曲线如图 9.24 所示。优化前的最大静水弯矩为 81028t·m,优化后的最大静水弯矩为 77136t·m,通过内壳结构优化使得最大静水弯矩降低 5%。同时,最大剪力由 1717t 降低为 1646t,降低 4%。

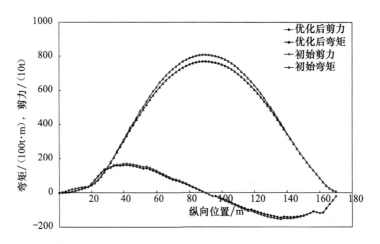

图 9.24　26000DWT 成品油船内壳板形状优化剪力弯矩优化结果

2. 69000DWT 散货船

以 69000DWT 单壳散货船(附录 1[6])为例,说明内壳板形状优化方法在单壳船中的应用。69000DWT 单壳散货船有 7 个货舱和 14 对压载舱,货舱区域范围内内壳板有 10 个折角线位置。以这 10 个折角线所在位置货舱横截面面积为优化变量建立优化模型。该船的典型载况下的最大静水弯矩值如表 9.5 所示。

表 9.5　69000DWT 散货船各工况最大静水弯矩汇总表

工况	轻压载出港	重压载出港	满载到港	轻货装载出港	重货隔舱出港	重货隔舱到港
最大静水弯矩/(t·m)	103116	95240	−24772	55118	128160	116113

69000DWT 单壳散货船最大静水弯矩出现在重货隔舱出港工况下,其他工况的静水弯矩均显著小于该工况。因此,选择重货隔舱出港工况为该船的最大弯矩载况,建立该船的优化模型并求解,迭代过程中变量的取值如图 9.25 所示。经过 12 次迭代,收敛至最优解。优化前与优化后的各剖面面积如表 9.6 所示。

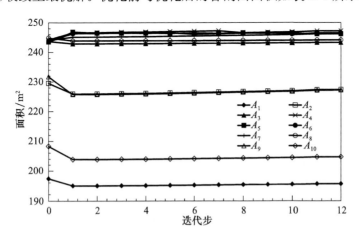

图 9.25　69000DWT 散货船内壳板形状优化变量迭代曲线

表 9.6　69000DWT 散货船内壳板形状优化参数优化结果

变量	A_1	A_2	A_3	A_4	A_5, A_6	A_7	A_8	A_9	A_{10}
初始面积/m²	197.3	229.6	243.6	244.19	243.5	244.0	244.8	231.8	158.3
优化面积/m²	195.6	227.4	243.3	247.2	246.4	246.2	244.1	227.2	154.7

该船为单壳船型,所以货舱横剖面的变化量可以分为底边舱变化量和顶边舱变化量两部分。假定双层底的高度不变,则货舱横剖面可以通过将顶边舱斜板或者底边舱斜板垂直于其自身向上或向下平移实现。为保证不使结构产生较大的变化,将面积的变化量在顶边舱和底边舱平均分布,即底边舱斜板和顶边舱斜板的变化量由下式确定:

$$\begin{cases} d_{Hi} = \dfrac{d_{Ai} \cdot L_{Hi}}{L_{Hi} + L_{Wi}}, & 1 \leqslant i \leqslant n \\ d_{Wi} = \dfrac{d_{Ai} \cdot L_{Wi}}{L_{Hi} + L_{Wi}} \end{cases} \tag{9.42}$$

式中,d_{Ai} 为第 i 个剖面的变化量;L_{Wi} 和 L_{Hi} 为第 i 个剖面内顶边舱斜板和底边舱斜板的长度。将优化后的剖面根据式(9.42)调整的折角线图和优化前的折角线图如图 9.26 所示。

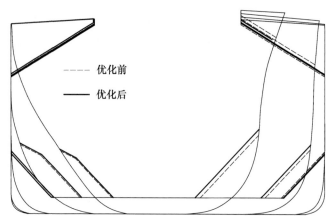

图 9.26　69000DWT 散货船内壳板形状优化前后内壳变化

优化前与优化后的剪力弯矩分布曲线如图 9.27 所示。优化前的最大静水弯矩为 128160t・m,优化后的最大静水弯矩为 119223t・m。校核该船舶内壳板形状优化后方案下所有工况的静水弯矩,均不大于最大静水弯矩载况优化后的最大值。因此,通过内壳板形状优化使得该船最大静水弯矩降低 7%,最大剪力由 5280t 降低为 5083t,降低 4%。

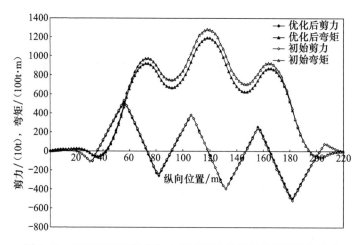

图 9.27　69000DWT 散货船内壳板形状优化剪力弯矩优化结果

9.3.5　船舶内壳板形状优化特点与适用范围分析

SISOM 通过对船舶内壳结构形状优化设计,能够显著降低常规油船、散货船的最大静水弯矩,同时保证不降低船舶的最大载重量,满足螺旋桨浸没、驾驶视线、典型载况下浮态、建造工艺、破舱稳性及防污染的最低要求。

SISOM 对舱容以及结构的影响是少量的,但是对降低最大总纵弯矩效果却十分显著。在船舶的设计中,当通过调整载况无法满足船舶总纵强度要求时,采用SISOM 是一种有效的弥补方式,不仅不增加建造成本,而且不降低船舶的载重量,同时能保证船舶的各项性能均满足相关的设计要求。

本节算例中,SISOM 可以将 26000DWT 成品油船的最大静水弯矩降低 5%,静水弯矩约占该船总弯矩的 42%,所以 SISOM 可将总弯矩降低 2%。如果根据SISOM 优化结果优化船舶的结构,船中 0.4L 范围内的甲板厚度可以减薄 1mm,69000DWT 散货船甲板可减薄 1.5mm。这一方面可以降低建造成本,另一方面还可以增加船舶的载货量。如果构件尺寸不变,最大静水弯矩降低以后能够有效降低航行过程中结构损坏的风险,特别是船龄超过 10 年以后。船舶通常每个航运周期均要承受满载、空载两种载况,船体梁相应地承受中垂、中拱两种交变载荷,容易引起船体的结构疲劳[13]。降低最大静水弯矩,相当于减小船体梁中拱-中垂交变运动的幅值,这对减轻船体结构的疲劳破坏也有显著作用。

SISOM 采用的是基于梯度的优化方法,与非梯度的算法如遗传算法、神经网络法等相比,具有计算量小、精度高、收敛速度快等优点,通常情况下 SISOM 能够在 50 步以内求得满足工程精度要求的最优解。此外,SISOM 具有较强的通用性,适用于大多数散货船和油船。

9.4 小 结

本节研究结构尺寸优化、结构形状优化设计方法在船舶与海洋平台设计中的应用,提出船体结构尺寸优化、船舶内壳板形状优化和基于网格变换法的结构形状优化三种优化方法。

船体结构尺寸优化方法以结构重量最轻为优化目标,以满足构件最小厚度、屈服强度和屈曲强度为约束条件。针对船体尺寸优化中变量数量多、约束条件复杂等特点,采用一种基于规则的迭代方式求解。这种结构尺寸优化方法原理简单,易于软件实现,同时具有较强的工程实用性,适用于各类船舶与海洋平台的结构尺寸优化问题。

基于网格变换的参数化结构优化设计方法中,针对基于模型重构法结构形状优化设计的缺点,提出一种新的结构形状优化设计流程。该优化方法中,仅在优化求解的初始化阶段进行一次三维结构建模和结构有限元网格划分,求解过程中实质上是通过草图直接更新有限元模型,避免了三维结构重构和有限元网格划分两个过程,所以能够显著提高优化设计的效率。由于网格划分仅在优化前执行一次,一方面避免了耗费 CUP 资源的网格划分操作,同时允许用户对网格划分进行手工控制,保证形状优化中的网格质量,可有效提高结构优化设计结果的精度。通过草图驱动有限元模型变换时,保证网格拓扑不变,且网格的移动控制函数二阶可微,从而保证优化目标函数的连续可微,使得基于梯度的算法,如文中采用的共轭梯度法能够适用于船体结构形状优化设计。

船舶内壳板形状优化方法是一种适用于散货船、油船等运输船舶的内壳结构优化设计的优化方法。该方法通过微调船舶内壳板的形状降低船舶的最大静水弯矩,从而达到提高船舶的安全性能,或者降低船舶造价并提高船舶载重量等目标。该方法以船舶的货舱在各折角位置的横剖面面积为优化变量,以船舶营运过程中最大静水弯矩最小为优化目标,约束条件包括满足船舶的载重量要求,满足破舱稳性和防污染公约对内壳宽度的最低要求,满足螺旋桨埋没要求,满足驾驶视线的要求等。采用惩罚函数法将约束非线性优化问题转化为无约束非线性优化问题,然后采用最速下降法完成优化问题的求解,得到优化后的各剖面面积,实现内壳折角点位置的优化设计。以一条双壳成品油船和一条散货船为例,详细阐述该方法的工程应用。通过实例证明,该方法具有较高的效率,能显著降低船舶的最大静水弯矩,具有较高的工程实用价值。

参 考 文 献

[1] Jang C D,Song H C,Hwang I S,et al. Design optimization of a ship hull block based on finite element analysis. Proceedings of the International Conference on Offshore Mechanics and Arctic Engineering,2005,1:399-403.

[2] Rahman M K. Optimization of panel forms for improvement in ship structures. Structural Optimization,1996,11(3):195-212.

[3] Xu C W,Yu M H. On multi-objective fuzzy optimization of ship structures. International Shipbuilding Progress,1995,42(432):325-341.

[4] Yu Y Y,Jin C G,Lin Y,et al. A practical method for ship structural optimization. Proceedings of the International Offshore and Polar Engineering Conference,2010:797-802.

[5] 中国船级社. 海上移动平台入级与建造规范. 北京:人民交通出版社,2012.

[6] Yu Y Y,Lin Y,Ji Z S. A parametric structure optimization method for the Jack-up rig. Proceedings of the International Conference on Offshore Mechanics and Arctic Engineering,2012,2:463-468.

[7] Piegl L A,Tiller W. Filling N-sided regions with NURBS patches. Visual Computer,1999,15(2):77-89.

[8] Institute of Shipping Economics and Logistics. 1994-2005 Shipping Statistics and Market Review (SSMR). Bremerhaven:ISL,2006.

[9] Chen J,Lin Y,Huo J Z,et al. Optimization of ship's subdivision arrangement for offshore sequential ballast water exchange using a non-dominated sorting genetic algorithm. Ocean Engineering,2010,37(11-12):978-988.

［10］　Chen J,Lin Y,Huo J Z,et al. Optimal ballast water exchange sequence design using sym-metrical multitank strategy. Journal of Marine Science and Technology,2010,15:280-293.

［11］　IMO. International Convention for the Safety of Life at Sea (SOLAS). London:IMO, 2001.

［12］　IMO. International Convention for the Prevention of Pollution from Ships (MARPOL 73/ 78). London:IMO,2002.

［13］　田雨,纪卓尚.船舶结构低周疲劳强度分析方法.哈尔滨工程大学学报,2011,32(2): 153-158.

第 10 章　总结与展望

本书介绍了船舶与海洋平台总体设计软件开发的基本原理、关键算法与软件开发技术,主要内容涵盖船舶的型线设计、静水力特性相关计算、装载稳性与总纵强度计算、空间杆梁结构有限元分析、空间板壳结构有限元分析、海洋平台参数化设计和结构优化设计等七个方面的设计专业问题。

型线设计部分重点介绍船体型线的样条曲线表达,船体曲面与任意平面交线的计算,三维横剖线、纵剖线与肋骨型线图的绘制,带有复杂折角线的型线处理问题,基于二维、三维型线图的船体型线变换,以及船体曲面的表达与创建等。针对采用二维型线图设计常规运输船型线问题,给出一种具体的软件开发实例。

在静水力特性计算部分,阐述基于三维切片模型计算船舶静水力特性的基本原理,推导出基于格林公式计算封闭平面域的面积、面积矩及惯性矩的计算公式;介绍船舶三维切片浮体模型的建立方法,应用三维切片模型,完成船舶的静水力曲线计算、邦戎曲线计算和稳性插值曲线计算,将该方法分别用于常规运输船、小水线面双体船和下水工作船,通过不同算例证明算法的实用性与通用性;针对基于二维型线图计算船舶静水力计算问题,给出一种具体的程序设计实例。

在装载稳性与总纵强度计算部分,主要介绍船舶装载稳性与总纵强度的计算方法,包括船舶装载模型的设计、配载图的绘制、计入纵倾影响的装载稳性校核、载荷分布曲线与浮力分布曲线的计算方法、剪力分布曲线与弯矩分布曲线的计算方法、船体结构横剖面属性计算方法、以及弯曲应力的云图显示等,并给出一种船舶装载稳性与总纵强度计算程序设计实例。

在空间杆梁结构有限元分析部分,提出一种基于 CAD 软件与有限元软件平台,采用二次开发的模式开发船舶与海洋平台专业有限元分析软件的软件设计方法,空间杆梁结构有限元分析为该方法的一个简单应用。空间杆梁结构有限元分析包括三维结构建模、有限元接口文件的建立、有限元计算应力与变形等结果的提取,以及绘制屈服应力云图、屈曲因子图与材料利用系数图等相关内容,并给出一种基于 AutoCAD 软件与 ANSYS 软件的开发实例。

在空间板壳结构有限元分析部分,根据船体加筋板结构有限元分析问题的具体特点,提出一种基于参数化技术的船体结构有限元分析软件开发方法,包括有限元前处理与有限元后处理两个专业模块。在有限元前处理模块中,提出一种基于构造历史的船体结构参数化模型,可用于船体结构的快速建模与参数驱动修改。通过初次网格划分、二次网格划分的离散化方式解决船体结构中的平板、曲面板的网格划分问题,建立高质量结构有限元模型。在有限元后处理模块中,解决应力与变形的提取与存储,根据专业习惯对结构应力与变形的分类显示,组合工况的建立与应用,不同工况下材料利用系数图的建立与应用,用于屈曲强度计算的三维板格模型的建立,基于有限元计算结果校核屈曲强度,以及屈曲因子图的绘制等。

在海洋平台参数化设计部分,提出一套海洋平台参数化总体设计理论与方法。针对海洋平台的几何特点,基于变量几何法构造海洋平台的主要结构草图,采用特征造型的方法建立平台的主结构三维参数化模型。基于主结构,定义分舱与浮态的参数化模型,给出一种通过表面模型构造 B-Rep 实体模型的算法,实现由舱室与浮体的定义模型生成实体模型。基于 B-Rep 实体模型准确表达舱室与浮体模型,并基于 B-Rep 实体运算完成舱容要素曲线、静水力曲线、邦戎曲线与进水角曲线的计算,介绍一种基于面向对象技术的波浪理论模型,给出线性波与 5 阶 Stokes 波的算法实现,并将其与 Morison 方程结合,应用于自升式钻井平台桩腿波流力载荷计算问题中,提出一种基于最优化方法的海洋平台自由浮态计算方法,可用于各类海洋平台在结构完整与舱室破损工况下的自由浮态计算。此外,详细介绍了海洋平台参数化设计模型的构成与数据结构,以及参数化驱动机制的原理与实现方法等。

在结构优化设计部分,介绍三种船舶与海洋平台结构优化设计的优化方法,分别为结构尺寸优化方法、基于网格变换的结构形状优化方法与船舶内壳板形状优化设计方法。其中结构尺寸优化方法是一种具有较强的通用性与工程实用性的优化方法,可以在保证规范对结构最小尺寸的要求、不同工况下的结构屈服强度与结构屈曲强度的前提下,完成对结构属性的优化,实现降低结构重量,提高结构安全性的优化设计目标。基于网格变换的结构形状优化设计方法提出一种基于 N 边域技术与 Coons 曲面造型技术的有限元网格参数化变换方法,避免了基于模型重构法的结构形状优化方法中每次迭代均需要重新划分网格的问题,可有效提高结构形状优化设计的效率,同时能够保障优化中网格的质量,提高设计精度,此外还能够保证网格变化的连续性,使得基于梯度的高效率优化设计方法适用于结构形状优化设计问题。船舶内壳结构形状优化设计方法是以船舶的内壳板结构形状为优化对象,通过微调内壳板折角点的位置,优化货舱与压载舱舱容沿船长方向的分布,在保证船舶的载重量要求、满足破舱稳性和防污染公约对内壳宽度的最低要求、满足螺旋桨埋没要求、满足驾驶视线等要求的前提下,实现降低船舶的最大静水弯矩值,以达到提高船舶的安全性,或者降低结构重量、提高船舶建造经济性与营运经济性的优化目标。

上述七项内容是船舶与海洋平台总体设计的重要组成部分。本书通过对上述设计问题的软件开发原理、算法与程序设计方法的讨论,阐述船舶与海洋平台软件开发的关键技术。对于船舶与海洋平台总体设计软件开发问题,从提高软件的稳定性、精确性、专业性与通用性,以及提高代码的开发效率、可维护性与可扩展性角度应当注意以下五方面问题。

第一,根据设计问题的特点,选择合适的 CAD 造型技术。

CAD 造型技术包括二维线框模型、三维线框模型、三维表面模型、三维实体模型与参数化模型等。总体而言,上述 CAD 造型技术从前往后技术先进性逐渐提高。但是,船舶与海洋平台的设计中具有大量特殊性,选择先进的技术并非一定取得好的效果。因此应当根据具体的设计问题选择最适用的 CAD 造型技术,而不是最先进的技术。

例如,第 3 章与第 7 章中,针对船舶与海洋平台分别提出了两种静水力特性计算方法,即第 3 章中基于三维切片模型的计算方法与第 7 章中的基于三维实体模型的静水力特性计算方法。很明显,基于三维实体模型的静水力计算方法从算法的计算精度、适用性等方面显著优于基于边界曲面的算法。但是如果采用前者计算船舶的静水力特性问题,需要构造船舶浮体的 B-Rep 实体模型。采用第 7 章中构造浮体 B-Rep 实体模型类似的方法理论上可以构造任意一组曲面围成几何体的实体模型,但是其中涉及三维曲面的求交、切割、缝合等算法,对所基于三维的造型引擎有非常高的要求,所以准确构造船体的 B-Rep 实体模型需要耗费设计者大量的时间与精力。而构造船体的边界曲面,无论是水线面或者是横剖面,直接基于相应的型线通过简单的算法即可实现,所以建模工作量相比于实体模型反而更小,对设计者建模能力要求较低。对于静水力特性计算结果的计算精度问题,采用切片模型可以通过加密水线面与横剖面边界平面的方式解决。所以,基于边界平面模型计算船舶的静水力特性虽然技术并不先进,但却能够充分考虑软件的通用性、实用性和计算精度。在当前的技术条件下,三维切片模型更适合于带有复杂曲面的船舶静水力特性计算问题。对于海洋平台,其特点是浮体的线型简单,无复杂曲面。但是浮体形状不规则,包含大量离散结构与开孔结构。采用实体造型技术可以准确、快速地构造各类海洋平台的浮体模型,所以静水力特性计算中采用三维实体模型表达浮体具有显著的优势。

第二,根据关键问题的特点,选择适用的算法。

在船舶与海洋平台软件开发中,涉及大量软件算法,包括搜索算法、排序算法、曲线积分算法、求解非线性方程组算法、最优化问题求解算法等。选择合适的算法,可以提高软件的开发效率与软件的稳定性,同时可以使软件具有良好的通用性与较高的计算精度。算法的选择一定要充分考虑船舶与海洋平台软件的具体特点,对适用的各类算法的优缺点有充分了解,选择最适用的算法,而不是单纯效率最优或者最稳定的算法。

例如,书中多个章节中涉及大量排序问题,多数情况下,书中推荐采用的是最简单的冒泡排序法。从效率角度看,冒泡法是所有排序算法中效率最低的一类。

但是,对于船舶与海洋平台设计中常遇到的数个或者数十个数据的排序问题,冒泡法排序问题所占用的 CPU 时间处于微秒级,对设计软件而言完全可以忽略。而冒泡排序法代码的简洁性与算法的稳定性,一方面可以降低软件开发的难度,提高软件的可维护性,另一方面有利于提高软件整体运行的稳定性。但是,在有限元后处理软件模块开发中,涉及对有限元节点与单元的排序问题。有限元模型中的节点与单元数量可达数万、数十万甚至数百万,此时如果仍然采用冒泡排序法,排序算法要等待的时间达到秒、分的级别,排序问题将会使软件的运行效率显著降低。对于此类问题,应当选择效率较高的排序算法,如快速排序法等。

书中大量用到二分迭代法,如型线设计中计算 1-Cp 法经验公式中的 k 值,总纵强度计算中满足端部弯矩精度的船舶浮态计算,五阶 Stokes 波系数 d/L 与 λ 的计算,以及插值于四边界的 Coons 曲面反算问题等。从算法的效率来说,二分迭代法的时间复杂度高于牛顿迭代法等基于导数的算法,但是对于船舶与海洋平台的设计问题,二分迭代法通常能够满足软件效率的要求。而二分法具有良好的适用性,通过二分法计算最小值时不需要待求问题的二阶可导。通过二分法计算 $f(x) = y$ 的插值问题时,只要 $f(x)$ 在定义域 $[x_0, x_1]$ 连续,则可以得到满足精度要求的解。所以,二分迭代法适用于船舶与海洋平台设计软件开发中所涉及的绝大多数的求极值、插值等问题。此外,二分法算法简单,易于编程,可以降低软件开发量,提高软件的可维护性。

第三,采用合适的程序设计模式,兼顾软件的专业性与通用性。

软件的专业性与通用性之间矛盾的平衡,是船舶与海洋平台设计软件开发的一项重要任务。开发专业软件的一个重要目的是提高设计效率,所以专业软件需要提供简洁的途径实现用户与计算机的交互,将专业知识固化在代码内部,代替设计者完成烦琐的计算任务并输出符合各类标准的计算结果,使软件达到一定的智能性与专业性水平。但是,船舶与海洋平台种类繁多,不同的船型、不同的设计问题具有不同的特点。例如,船舶从浮体数量可分为单体船、双体船与三体船,从尾鳍形式分为单尾鳍与双尾鳍,从首部形式可分为带有球首和无球首,从结构形式可分为横骨架与纵骨架,从舱壁形式可分为平板舱壁与槽型舱壁等。海洋平台之间的差异性更为显著,自升式平台、半潜式平台、张力腿式平台、坐底式平台不同类型的海洋平台,在工作原理、几何外形、主要装备等方面均具有较大差异性。

为实现设计软件的专业化,理想的方式是根据不同种类的船舶与海洋平台选择不同的技术与方法,开发不同的设计软件。但是这样会使得软件开发的工作量增加数倍甚至数十倍。而实际上,这种做法也并非必要,因为软件的用户可能主要以一类结构物的设计为主,偶尔会涉及其他类型结构物的设计或者性能校核工作。所以,可取的做法为,软件开发中,选择能够解决大多数设计问题的先进技术与方法,使软件在处理主要设计问题时具有较高的智能化与专业化程度。在软件中,针对特殊问题留有适当的专业化较低的接口,使得软件对于特殊的问题仍然有一定的适用性。

例如,第 3 章中船舶静水力特性计算部分,采用基于边界平面切片模型的通用方法计算船舶与海洋平台的静水力曲线、邦戎曲线与稳性插值曲线。对于常规单体单尾鳍船舶,可以通过型线模型,直接得到水线面与横剖面边界平面并完成静水力特性计算,软件达到较高的智能化与专业化水平。水线面与横剖面边界平面可以由程序根据型线自动生成,同时留有接口允许用户采用其他任何方法直接创建。这样,对于其他类型的浮式海洋结构物,如双体船或者海洋平台,用户只要能得到其水线面与横剖面三维切片模型,通过该软件仍然可以完成其静水力特性计算。又如,在第 7 章海洋平台参数化设计软件开发部分,采用 B-Rep 实体模型表达海洋平台的舱室模型。舱室由舱室的底部与顶部板以及四周边界板参数化定义,当舱室的上下与四周边界板几何形状发生变化时,软件可通过 B-Rep 算法重新计算舱室实体模型,所以具有较高的智能化程度。但是,海洋平台中可能存在少量的舱室,通过底部与顶部板以及四周边界板无法准确描述。针对此类问题,允许将舱室定义为非参数化形式,即舱室实体模型与主结构板相对独立,由用户直接指定舱室的实体模型。该问题的处理原则是将船舶与海洋平台的设计模型表达为两层或者多层模型,第一层为定义模型,最后一层为计算模型。由上层模型可以自动生成下层模型,解决软件的专业化与智能化问题。同时,可以由用户直接指定中间层或者最后一层数据,解决软件在处理特殊问题中的通用性问题。第 6 章中船体结构参数化模型中同样采取这种多层结构的参数化模型。

第四,合理地利用参数化设计方法,提高软件的整体效率。

参数化设计方法包括程序参数化设计方法、基于构造历史的参数化设计方法和基于几何约束求解的参数化设计方法三大类。参数化设计方法在机械设计、航空航天和汽车制造等工业领域中已得到广泛的应用,是提高设计质量、缩短设计周期、降低设计成本的有效方法。应用于船舶与海洋平台设计问题中,应当根据设计任务的特点选择合适的参数化设计方法。

三类参数化设计方法中,基于几何约束求解的参数化设计方法在理论的完整性、参数化驱动机制的完善性等方面具有显著的优势,也是当前商业 CAD 软件中应用最广泛的参数化设计方法。但是,对于常规运输船,船体外板为复杂曲率的曲面,结构中存在大量与三个坐标平面均不平行的空间结构,结构构件之间的连接关系错综复杂。由于船体结构的复杂性,基于几何约束求解的参数化设计方法难以解决船体结构中的三维空间约束问题。所以,第 6 章中针对船体结构的特殊性,采用一种简单的基于构造历史的参数化设计方法,解决船体结构参数化建模问题。该方法虽然不能定义复杂的几何约束,但是仍然满足船体结构的快速建模与快速修改的要求,且算法效率较高,适合于大规模船体结构的建模问题。对于海洋平台,纵舱壁、横舱壁数量相比于常规运输船通常更多,且可能存在大量与中纵剖面既不平行也不垂直的斜向布置的舱壁。但是,海洋平台主船体结构中的板结构通常仅包含两大类,即平行于基平面的板或者垂直于基平面的板,结构中很少存在与基平面倾斜布置的板结构。所以,海洋平台的俯视图可以表达海洋平台的主体结构的布置与几何尺度。根据海洋平台结构的这一特点,采用基于几何约束求解的参数化设计方法建立海洋平台的主结构草图,基于主结构草图采用特征造型的方式定义主结构参数化模型,依据主结构模型定义分舱、浮体与结构参数化模型,实现海洋平台的参数化设计。基于几何约束求解的参数化设计方法中,允许定义各类复杂约束,包括对称约束、面积约束、相切约束等,同时支持循环约束。基于几何约束求解的海洋平台参数化模型具有易于建模与修改,参数化驱动机制完善,采用统一的算法实现各类参数的尺度驱动等优势。基于几何约束求解的参数化设计方法的应用,可以显著提高海洋平台设计软件的效率,同时为海洋平台的结构形状优化设计提供有效的工具。

第五,根据软件的具体要求,选择合适的开发模式与开发环境。

解决同一船舶与海洋平台专业软件开发问题,可以选择多种开发模式。例如,可以选择底层开发,也可以选择二次开发。可以采用面向过程的开发模式,也可以选择面向对象的开发模式等。

目前,船舶与海洋平台专业软件开发中,可供选择的开发语言较多。书中,通过多个实例介绍面向过程的开发模式与面向对象开发模式的具体应用。面向过程的开发模式符合人们与计算机解决问题的基本逻辑,计算机处理的效率也相对较高,但是程序设计中将密切相关、相互依赖的数据与对数据的操作相互分离,使得大型程序不但难以编写,而且难以调试和修改,程序的可维护性差,且代码不具备良好的可重用性。面向对象的软件开发模式通过封装性、继承性与多态性三大特征,有效解决面向过程软件开发模式的缺点。封装性使得程序模块间的关系更为简单,程序模块的独立性、数据的安全性有了良好的保障。继承性与多态性可以提高代码的可重用性,使得软件的开发和维护都更为方便,并且软件具有良好的可扩展性。对于船舶与海洋平台专业软件开发,总体而言面向过程的开发模式主要适用于功能相对简单的小型专业程序开发,对于中、大型软件开发问题,通常优先选择面向对象的软件开发模式。

对于底层开发或者二次开发的选择问题,主要取决于所研究的问题、开发的目的及用户的具体要求。如果软件需要解决的问题不涉及复杂的几何造型技术或者数值分析技术,且对软件的独立性要求相对较高,则可以采取底层开发的模式,如仅包含船体型线设计、静水力特性、装载稳性计算及总纵强度计算等功能的软件开发问题。如果软件涉及复杂的曲面造型、实体运算,则可以采用二次开发的开发模式,对于涉及复杂用户交互问题时,可以直接基于商业 CAD 软件开发;如果不涉及过多的人机交互问题,基于 ACIS、Parasolid 等几何造型引擎开发,可使软件具有较高的独立性。如果设计问题中涉及有限元、计算流体力学等数值分析问题,对于简单数值分析的问题,可以采取底层开发模式。对于复杂的数值分析问题,采用二次开发模式,以商业有限元、计算流体力学软件作为求解器的开发模式通常具有更高的可行性。

未来,船舶与海洋平台专业设计软件将朝着集成化、智能化、网络化等方向进一步发展。

如绪论中所述,船舶与海洋平台当前的设计软件集成度不高,设计工作通常采用多套设计软件完成,大量的重复建模严重制约设计效率。集成化是船舶与海洋平台设计软件的一个重要发展趋势。大型专业设计软件系统的功能将不断扩展,单一软件能够独立解决的问题越来越多,甚至能够独立完成一条船的全部设计任务。船舶与海洋平台设计软件目前已经在一些设计任务中实现 CAD/CAE 一体化,并将进一步发展,实现设计软件与水动力分析软件、结构分析软件的高度集成。在 CAD/CAE 高度集成化的基础上,解决 CAE 数据的反馈并驱动 CAD 模型等关键技术问题,最终实现船舶与海洋平台的闭环设计。

智能化是船舶与海洋平台专业软件发展的另外一个主要方向。设计软件的功能将逐渐专业化,针对不同的船型,采用不同的解决方案并开发相应的专业化设计软件模块。充分利用参数化、变量化技术,实现模型的尺度驱动,提高设计效率。开发专业优化设计软件与功能模块,充分利用各类智能优化算法,实现设计方案的单目标、多目标及多学科优化设计。针对船舶与海洋平台设计具有较强经验性的特点,将专家系统引入到设计软件中,通过专家系统知识库辅助设计者完成方案设计,以提高产品的设计效率与设计质量。

目前,船舶与海洋平台设计软件中,已有部分大型系统采取并行工程与协同设计。网络协同设计仍有大量难题有待解决,包括基于异构 CAD 系统的协同设计方法,复杂 CAD 模型的实时数据传输,同步协同设计中高效响应与并行控制算法,以及不同专业之间的冲突检测与协同策略等。随着网络技术的成熟与计算机软、硬件技术的发展,上述问题将逐渐得以解决。并行工程与协同设计将在船舶与海洋平台设计中进一步普及,借助于网络技术,跨越空间限制进行协作与交流,大幅提高设计效率。

在船舶与海洋平台专业软件开发方面,我国开展研究的起步较早,但是目前明显落后,国际上现有的著名专业设计软件均为国外公司的产品。船舶与海洋平台专业设计软件在选用的 CAD 技术、基本算法、开发模式等方面具有鲜明的专业特点,根据国外经验,成熟的船舶与海洋平台设计软件主要是由船舶与海洋工程专业人员开发完成。所以,开发专业设计软件,提高中国的设计能力与创造能力,从中国制造转变为中国创造,从造船大国转变为造船强国,是船舶与海洋工程专业人员的使命。我们的劣势很明显,即软件开发的基础相对薄弱,国外先进设计软件已先入为主占领国内外市场等。我们的优势同样明显,中国在未来很长一段时间内均是世界最大的造船市场;国产软件应用于国内在语言、标准、行业习惯、后期维护等方面具有天然的优势;船舶与海洋工程装备制造业是我国的支柱产业之一;我国拥有世界上规模最大的船舶与海洋工程设计、建造与科研力量。上述因素是发展国产船舶与海洋平台专业设计软件的重要前提。相信经过船舶与海洋工程专业人的不懈努力,我国的国产专业设计软件将随造船业一同蓬勃发展,未来一定能够取得成功并跻身于世界前列。

附录1 本书中相关工程实例资料

[1] 50000 DWT 成品油船

50000 DWT 成品油船主尺度表

总长/m	垂线间长/m	型宽/m	型深/m	设计吃水/m	排水量/t	梁拱/m
195.00	186.00	34.00	18.00	11.50	61069	0.60

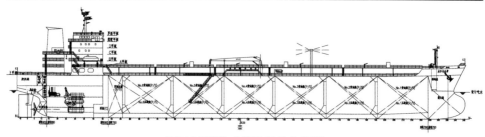

50000 DWT 成品油船总布置图

[2] 42m 海域看护船

42m 海域看护船尺度表

总长/m	垂线间长/m	型宽/m	型深/m	设计吃水/m	排水量/t	梁拱/m
45.00	42.00	7.00	3.6.00	2.30	339	0.15

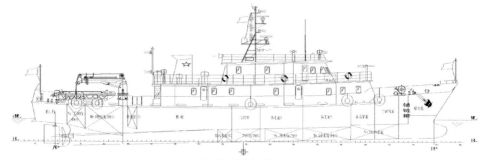

42m 海域看护船总布置图

[3] 40m 小水线面双体船

40m 小水线面双体船主要尺度表

总长/m	垂线间长/m	型宽/m	型深/m	设计吃水/m	排水量/t	片体间距/m
40.00	32.50	15.00	6.6.00	3.80	439	11.50

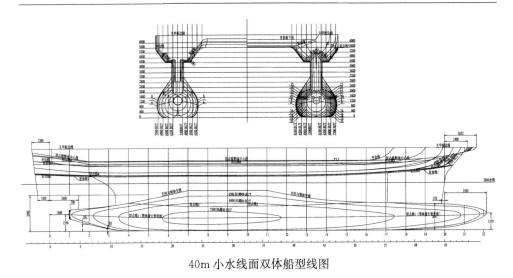

40m 小水线面双体船型线图

[4] 15000t 下水工作船

15000t 下水工作船主要尺度表

总长/m	垂线间长/m	总宽/m	浮体宽/m	型深/m	设计吃水/m	排水量/t
200.00	220.00	49.00	37.00	6.70	5.70	48813

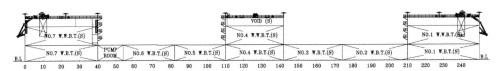

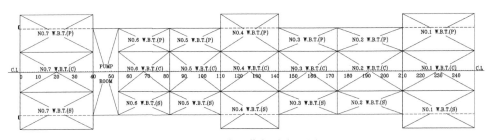

15000t 下水工作船总布置图

[5] 35000 DWT 成品油船

35000 DWT 成品油船主尺度表

总长/m	垂线间长/m	型宽/m	型深/m	设计吃水/m	排水量/t	梁拱/m
172.00	163.00	27.40	17.30	9.65	42300	0.50

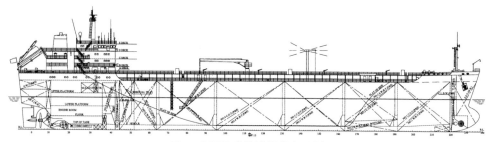

35000 DWT 成品油船总布置图

[6] 69000DWT 散货船

69000DWT 散货船主尺度表

垂线间长/m	型宽/m	型深/m	设计吃水/m	排水量/t	空船重量/t	LCG/m
217.00	32.26	18.30	13.20	78700	9220	119.76

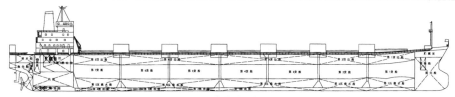

69000DWT 散货船分舱布置图

[7] 27400 DWT 散货船

27400 DWT 散货船主尺度表

总长/m	垂线间长/m	型宽/m	型深/m	设计吃水/m	载重量/t	结构形式/m
189.90	180.00	32.20	16.60	10.7	47698	单舷侧散货船

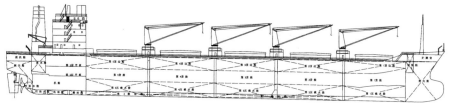

27400 DWT 散货船总布置图

[8] 300ft 自升式钻井平台

300ft 自升式钻井平台主尺度表

型长/m	型宽/m	型深/m	吃水/m	作业水深/m	钻深/m	可变载荷/t	桩靴直径/m	排水量/t	大钩载荷/t
56.00	54.00	7.50	4.30	91.40	7000	2200	12.00	9000	450

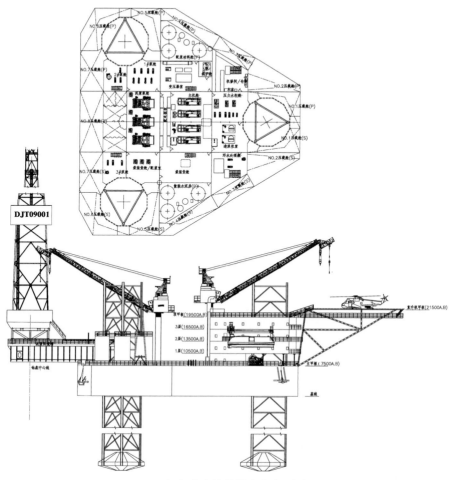

300ft 自升式钻井平台总布置图

[9] 3000m 深水半潜式钻井平台

3000m 深水半潜式钻井平台主尺度表

总长/m	型宽/m	型深/m	浮体宽度/m	浮体高度/m	立柱宽度/m	最大可变载荷/t	钻深/m
106.00	65.00	35.85	13.00	9.75	13.00	4000	10000

[10] 深水张力腿式平台

深水张力腿式平台主尺度表

型长/m	型宽/m	型深/m	立柱直径/m	立柱间距/m	Potoon 高度/m	排水量/t
72.30	72.30	46.20	54.5	54.5	7.00	27000

[11] 9000m 钻深坐底式钻井平台

9000m 钻深坐底式钻井平台主尺度表

型长/m	型宽/m	沉垫高/m	作业水深/m	钻深/m	定员/人	拖航吃水/m
63.86	24.00	4.27	1.80~4.40	9144	92	2.90

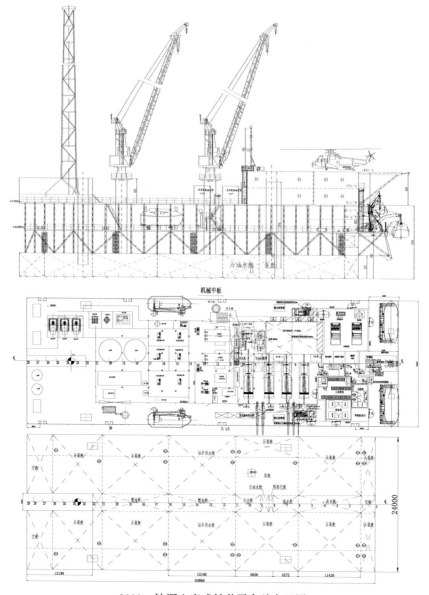

9000m 钻深坐底式钻井平台总布置图

[12] 55m 自升式作业平台

55m 自升式作业平台主尺度表

型长/m	型宽/m	型深/m	桩腿纵向间距/m	桩腿横向间距/m	设计吃水/m	排水量/t
60.60	30.00	4.50	45.0	21.6	2.5	4520

55m 自升式作业平台总布置图

[13] 75000DWT 原油船

75000DWT 原油船主尺度表

垂线间长/m	型宽/m	型深/m	设计吃水/m	结构吃水/t	空船重量/t	空船 LCG/m
217.00	32.26	21.10	12.50	14.40	15400	93.21

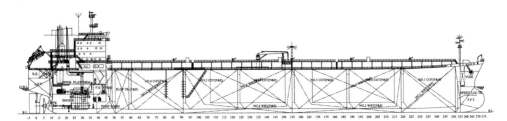

75000DWT 原油船分舱布置图

[14] 26000DWT 成品油船

26000DWT 成品油船主尺度表

垂线间长/m	型宽/m	型深/m	设计吃水/m	排水量/t	空船重量/t	重心纵向位置/m
164.00	27.40	14.50	9.50	35300	8600	70.60

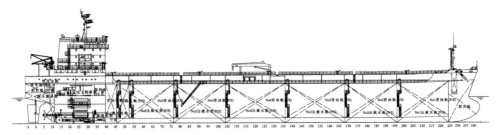

26000DWT 成品油船总布置图

附录 2　五阶 Stokes 波理论相关公式

$$C_0^2 = g[\tanh(bd)]$$

$$A_{11} = \frac{1}{s}$$

$$A_{13} = \frac{-c^2(5c^2+1)}{8s^5}$$

$$A_{15} = \frac{-(1184c^{10}-1440c^8-1992c^6+2641c^4-249c^2+18)}{1536s^{11}}$$

$$A_{12} = \frac{3}{8s^4}$$

$$A_{24} = \frac{192c^8-424c^6-312c^4+480c^2-17}{768s^{10}}$$

$$A_{33} = \frac{13-4c^2}{64s^7}$$

$$A_{35} = \frac{512c^{12}+4224c^{10}-6800c^8-12808c^6+16704c^4-3154c^2+107}{4096s^{13}(6c^2-1)}$$

$$A_{44} = \frac{80c^6-816c^4+1338c^2-197}{1536s^{10}(6c^2-1)}$$

$$A_{55} = \frac{-(2880c^{10}-72480c^8+324000c^6-432000c^4+163470c^2-16245)}{61440s^{11}(6c^2-1)(8c^4-11c^2+3)}$$

$$B_{22} = \frac{2c^2+1}{4s^3}c$$

$$B_{24} = \frac{c(272c^8-504c^6-192c^4+322c^2+21)}{384s^9}$$

$$B_{33} = \frac{3(8c^6+1)}{64s^6}$$

$$B_{35} = \frac{88128c^{14}-208224c^{12}+70848c^{10}+54000c^8-21816c^6+6264c^4-54c^2-81}{12288s^{12}(6c^2-1)}$$

$$B_{44} = \frac{c(768c^{10}-448c^8-48c^6+48c^4+106c^2-21)}{384s^9(6c^2-1)}$$

$$B_{55} = \frac{192000c^{16}-262720c^{14}+83680c^{12}+20160c^{10}-7280c^8}{12288s^{10}(6c^2-1)(8c^4-11c^2+3)}$$
$$+ \frac{7160c^6-1800c^4-1050c^2+225}{12288s^{10}(6c^2-1)(8c^4-11c^2+3)}$$

$$C_1 = \frac{8c^4 - 8c^2 + 9}{8s^4}$$

$$C_2 = \frac{3840c^{12} - 4096c^{10} + 2592c^8 - 1008c^6 + 5944c^4 - 1830c^2 + 147}{512s^{10}(6c^2 - 1)}$$

$$C_3 = -\frac{1}{4sc}$$

$$C_4 = \frac{12c^8 + 36c^6 - 162c^4 + 141c^2 - 27}{192cs^9}$$

其中,$s = \sinh(kd)$,$c = \cosh(kd)$。

附录 3　程序函数定义及说明

a. 型线设计程序函数声明及定义

a[1]　插值生成三维纵剖线与横剖线函数

```
Sub LINECMD_create3dLine()
 readPrinDimFromFile "d:\prindim.txt"
 readStFromFile "d:\stdata.txt"
 getShipLine
 createBodyLine 0
 createSheerLine 1
End Sub
```

a[2]　插值生成三维船体曲面网格面主函数

```
Sub LINECMD_createSurface()
 Dim sac0 As AcadSpline
 Dim sacN As AcadSpline
 readPrinDimFromFile "d:\prindim.txt"
 readStFromFile "d:\stdata.txt"
 getShipLine
 createHullSurface 50
 createBottom 50
End Sub
```

a[3]　船体曲面与垂直于 XY 面的任意平面求交主函数

```
Sub LINECMD_hullIntersectWithPlane()
 readPrinDimFromFile "d:\prindim.txt"
 readStFromFile "d:\stdata.txt"
 getShipLine
 Dim ln As AcadLine
 ThisDrawing.Utility.GetEntity ln, pp, "sel a line object"
 Set sp = hullIntersectWithPlan(ln)
End Sub
```

a[4]　1-Cp 法型线变换主函数

```
Sub LINECMD_transform1_Cp()
 Dim sac0 As AcadSpline:Dim sacN As AcadSpline
```

```
readPrinDimFromFile "d:\prindim. txt"
readStFromFile "d:\stdata. txt"
getShipLine
createBodyLine 1
Set sac0 = SACCurve( )
Set sacN = getSACBy1_Cp(sac0, 0. 8, 0. 03)
Call transformLineFromSac(sac0, sacN)
End Sub
```

a[5]　插值生成横剖线子过程

```
Private Sub createBodyLine(Cur2d As Integer)
For I = 0 To e_nSt - 1
  x = e_stArr(I)/20 * e_Lpp
  Dim p0(2) As Double:Dim p1(2) As Double
  p0(0) = x:p1(0) = x:p1(1) = 100
  Dim ln As AcadLine
  Set ln = ThisDrawing. ModelSpace. AddLine(p0, p1)
  Set e_bdArr(I) = hullIntersectWithPlan(ln)
  ln. Delete
  If Cur2d = 1 Then
    ReDim pa(e_bdArr(I). NumberOfFitPoints * 3 - 1) As Double
    For J = 0 To e_bdArr(I). NumberOfFitPoints - 1
      pa(J * 3) = e_bdArr(I). FitPoints(J * 3 + 1):
      pa(J * 3 + 1) = e_bdArr(I). FitPoints(J * 3 + 2)
    Next J
    e_bdArr(I). FitPoints = pa
  End If
Next I
End Sub
```

a[6]　插值生成船底曲面子函数

```
Private Sub createBottomSurface(npt As Integer)
ReDim pta(npt * 2 * 3 - 1) As Double
Dim btm As AcadLWPolyline:Dim mesh As AcadPolygonMesh
Set btm = e_hbArr(0)
ptnum = (UBound(btm. Coordinates) + 1)/2
Dim x0 As Double:Dim x1 As Double
x0 = btm. Coordinates(0):x1 = btm. Coordinates(ptnum * 2 - 2):dis = (x1 - x0)/(npt - 1)
For J = 0 To npt - 1 Step 1
  xPos = x0 + dis * J:yPos = findY(btm, xPos, 0)
```

```
  pta(1 * npt * 3 + J * 3) = xPos:pta(1 * npt * 3 + J * 3 + 1) = yPos:
  pta(0 * npt * 3 + J * 3) = xPos:pta(0 * npt * 3 + J * 3 + 1) = 0
Next J
Set mesh = ThisDrawing. ModelSpace. Add3DMesh(2, npt, pta)
End Sub
```

a[7]　插值生成舷侧曲面子函数

```
Private Sub createHullSurface(npt As Integer)
ReDim pta(npt * e_nWL * 3 - 1) As Double
Dim mesh As AcadPolygonMesh:Dim pl As AcadLWPolyline
For I = 0 To e_nWL - 1
  Set pl = e_hbArr(I)
  ptnum = (UBound(pl. Coordinates) + 1)/2
  Dim x0 As Double: Dim x1 As Double
  x0 = pl. Coordinates(0):x1 = pl. Coordinates(ptnum * 2 - 2):dis = (x1 - x0)/(npt - 1)
  For J = 0 To npt - 1 Step 1
    xPos = x0 + dis * J:yPos = findY(pl, xPos, 0)
    pta((I * npt + J) * 3) = xPos:pta((I * npt + J) * 3 + 1) = yPos:
    pta((I * npt + J) * 3 + 2) = pl. LinetypeScale
  Next J
Next I
Set mesh = ThisDrawing. ModelSpace. Add3DMesh(e_nWL, npt, pta)
End Sub
```

a[8]　插值生成纵剖线子过程

```
Private Sub createSheerLine(ss As Double)
For y = ss To e_B/2 - ss Step ss
  Dim p0(2) As Double:Dim p1(2) As Double:Dim ln As AcadLine
  p0(1) = y:p1(1) = y:p0(0) = - 100:p1(0) = e_Lpp/2
  Set ln = ThisDrawing. ModelSpace. AddLine(p0, p1)
  Set sr = hullIntersectWithPlan(ln)
  ln. Delete
  p0(1) = y:p1(1) = y:p1(0) = 1000:p0(0) = e_Lpp/2
  Set ln = ThisDrawing. ModelSpace. AddLine(p0, p1)
  Set sr = hullIntersectWithPlan(ln)
  ln. Delete
Next y
End Sub
```

a[9]　曲线插值计算给定 y 位置 X 子函数

```
Function findX(ByVal obj As AcadEntity, ByVal y As Double, ext As Integer) As Double
```

```
Dim pt0(0 To 2) As Double :Dim pt1(0 To 2) As Double
pt0(1) = y:pt1(1) = y:pt1(0) = 1
Set xl = ThisDrawing. ModelSpace. AddXline(pt0,pt1)
If ext = 0 Then
    ipa = xl. IntersectWith(obj,acExtendNone)
Else
    ipa = xl. IntersectWith(obj,acExtendOtherEntity)
End If
If UBound(ipa)>=2 Then
    findX = ipa(0)
Else
    findX = NoVal
End If
xl. Delete
End Function
```

a[10]　曲线插值计算给定 *x* 位置 *Y* 子函数

```
Function find Y(ByVal obj As AcadEntity, ByVal x As Double, ext As Integer) As Double
Dim pt0(0 To 2) As Double:Dim pt1(0 To 2) As Double
pt0(0) = x:pt1(0) = x:pt1(1) = 1
Set xl = ThisDrawing. ModelSpace. AddXline(pt0,pt1)
Dim ipa As Variant
If ext = 0 Then
    ipa = xl. IntersectWith(obj,acExtendNone)
Else
    ipa = xl. IntersectWith(obj,acExtendOtherEntity)
End If
    If UBound(ipa)>=2 Then
    findY = ipa(1)
Else
    findY = NoVal
End If
xl. Delete
End Function
```

a[11]　计算曲线给定范围内与 *X* 轴之间区域面积子函数

```
Private Function curveAreaX(sp As AcadEntity, a As Double, b As Double, pow As Integer)
As Double
curveAreaX = 0
If a>=b Then Exit Function
```

```
Dim y(MAX_LEN) As Double
q = 0:h = b - a
y(0) = h * (a^pow * findY(sp, a, 0) + b^pow * findY(sp, b, 0))/2
M = 1:n = 1:esp = y(0)/1000000:error1 = esp + 1
While (error1 > = esp And M<10)
  p = 0
  For I = 0 To n - 1
    x = a + (I + 0.5) * h:p = p + x^pow * findY(sp, x, 0)
  Next I
  p = (y(0) + h * p)/2:s = 1
  For I = 1 To M
    s = 4 * s:q = (s * p - y(I - 1))/(s - 1):y(I - 1) = p:p = q
  Next I
  error1 = Abs(q - y(M - 1)):M = M + 1:y(M - 1) = q:n = n * 2:h = h/2
Wend
curveAreaX = q
End Function
```

a[12]　计算曲线给定范围内与 *Y* 轴之间区域面积子函数

```
Private Function curveAreaY(ByVal sp As AcadEntity, a As Double, b As Double,
pow As Integer)As Double
curveAreaY = 0
If a > = b Then Exit Function
Dim y(MAX_LEN) As Double
q = 0:h = b - a:y(0) = h * (a^pow * findX(sp, a, 0) + b^pow * findX(sp, b, 0))/2
M = 1:n = 1:esp = y(0)/1000000:error1 = esp + 1:Count = 0
While (error1 > = esp And Count<16)
  p = 0
  For I = 0 To n - 1
    x = a + (I + 0.5) * h:p = p + x^pow * findX(sp, x, 0)
  Next I
  p = (y(0) + h * p)/2:s = 1
  For I = 1 To M
    s = 4 * s:q = (s * p - y(I - 1))/(s - 1):y(I - 1) = p:p = q
  Next I
  error1 = Abs(q - y(M - 1)):M = M + 1:y(M - 1) = q:n = n * 2:h = h/2:Count = Count + 1
Wend
curveAreaY = q
End Function
```

a[13]　根据 1-*Cp* 法计算设计船 SAC 曲线子函数

```
Private Function getSACBy1_Cp(sac0 As AcadSpline,Cp As Double,Xb As Double)
As AcadSpline
x0 = sac0.FitPoints(0):x1 = sac0.FitPoints(sac0.NumberOfFitPoints * 3 - 3)
cp0 = curveAreaX(sac0,x0,x1,0):cpa0 = curveAreaX(sac0,x0,0,0)
cpf0 = curveAreaX(sac0,0,x1,0):xb0 = curveAreaX(sac0,x0,x1,1)/(cpf0 + cpa0)
dtCpf = Cp + 2.25 * Xb - cpf0:dtCpa = Cp - 2.25 * Xb - cpa0
ReDim newPt(sac0.NumberOfFitPoints * 3 - 1) As Double
For I = 0 To sac0.NumberOfFitPoints - 1
  x = sac0.FitPoints(I * 3):dx = - dtCpa/(1 - cpa0) * (1 + x)
  If x>0 Then
    dx = dtCpf/(1 - cpf0) * (1 - x)
  End If
  newPt(I * 3) = x + dx:newPt(I * 3 + 1) = sac0.FitPoints(I * 3 + 1)
Next I
Call sortPoint3dBy(newPt,0)
Dim t(2) As Double:Dim sac1 As AcadSpline:Dim sacM As AcadSpline:
Set sac1 = ThisDrawing.ModelSpace.AddSpline(newPt,t,t):sac1.color = 7
x0 = sac1.FitPoints(0):x1 = sac1.FitPoints(sac1.NumberOfFitPoints * 3 - 3)
A1 = curveAreaX(sac1,x0,x1,0):xb1 = curveAreaX(sac1,x0,x1,1)/A1/2:dtxb = Xb - xb1
  If Abs(dtxb)>0.0001 Then
  ReDim newPt1(sac1.NumberOfFitPoints * 3 - 1) As Double
  For I = 0 To sac1.NumberOfFitPoints - 1
    dtx1 = (1 + Cp)/Cp * dtxb * sac1.FitPoints(I * 3 + 1) * 2
    newPt1(I*3) = sac1.FitPoints(I*3) + dtx1:newPt1(I*3 + 1) = sac1.FitPoints(I*3 + 1)
  Next I
  Set sacM = ThisDrawing.ModelSpace.AddSpline(newPt1,t,t):sacM.color = acBlue
Else
  Set sacM = sac1
End If
x0 = sacM.FitPoints(0):x1 = sacM.FitPoints(sacM.NumberOfFitPoints * 3 - 3)
Am = curveAreaX(sacM,x0,x1,0):xbm = curveAreaX(sacM,x0,x1,1)/Am/2
ThisDrawing.Utility.Prompt "Cp0 " & Format((cpf0 + cpa0)/2,"0.0000") & vbCrLf
ThisDrawing.Utility.Prompt "Xb0 " & Format(xb0/2,"0.0000") & vbCrLf
ThisDrawing.Utility.Prompt "Cp after 1 - cp " & Format(A1/2,"0.0000") & vbCrLf
ThisDrawing.Utility.Prompt "Xb after 1 - cp " & Format(xb1,"0.0000") & vbCrLf
ThisDrawing.Utility.Prompt "Cp after migrate " & Format(Am/2,"0.0000") & vbCrLf
ThisDrawing.Utility.Prompt "Xb after migrate " & Format(xbm,"0.0000") & vbCrLf
```

```
Set getSACBy1_Cp = sacM
End Function
```

a〔14〕　读取型线设计模型子过程

```
Private Sub getShipLine()
e_nWL = 0:e_nPr = 0
For Each pl In ThisDrawing.ModelSpace
    If pl.color = acRed And TypeOf pl Is AcadLWPolyline Then
        If pl.LinetypeScale = 1001 Then Set e_dlHB = pl
        If pl.LinetypeScale = 1002 Then Set e_dlSR = pl
        If pl.LinetypeScale = 1003 Then Set e_dlCN = pl
        If pl.LinetypeScale = 1004 Then
            Set e_prArr(e_nPr) = pl:e_nPr = e_nPr + 1
        End If
        If pl.LinetypeScale<100 Then
            Set e_hbArr(e_nWL) = pl:e_nWL = e_nWL + 1
        End If
    End If
Next
For I = 0 To e_nWL - 1 Step 1
    For J = I + 1 To e_nWL - 1 Step 1
        wlI = e_hbArr(I).LinetypeScale:wlJ = e_hbArr(J).LinetypeScale
        If wlI>wlJ Then
            Set tem = e_hbArr(I):Set e_hbArr(I) = e_hbArr(J):Set e_hbArr(J) = tem
        End If
    Next J
Next I
For I = 0 To e_nWL - 1 Step 1
    e_wlArr(I) = e_hbArr(I).LinetypeScale
    Next I
    End Sub
```

a〔15〕　计算船体曲面与平面求交子函数

```
Private Function hullIntersectWithPlan(ln As AcadEntity) As AcadSpline
ReDim pa(MAX_LEN) As Double
np = 0
For I = 0 To e_nWL - 1
    ipa = e_hbArr(I).IntersectWith(ln,acExtendNone)
    If UBound(ipa)>1 Then
        pa(np * 3) = ipa(0):pa(np * 3 + 1) = ipa(1):
```

```
        pa(np * 3 + 2) = e_hbArr(I).LinetypeScale:np = np + 1
    End If
Next I
ipa = e_dlHB.IntersectWith(ln, acExtendNone)
If UBound(ipa)>1 Then
    pa(np * 3) = ipa(0):pa(np * 3 + 1) = ipa(1):pa(np * 3 + 2) = findY(e_dlSR, pa(np * 3), 0):
    np = np + 1
End If
x = findX(ln, 0, 0)
If x <> NoVal Then
    Dim pt0(2) As Double:Dim pt1(2) As Double:pt0(0) = x:pt1(0) = x:pt1(1) = 100
    Set ln1 = ThisDrawing.ModelSpace.AddXline(pt0, pt1)
    For I = 0 To e_nPr - 1
        ipa = e_prArr(I).IntersectWith(ln1, acExtendNone)
        Dim ptCount As Integer
        ptCount = (UBound(ipa) + 1)/3
        For J = 0 To ptCount - 1
            pa(np * 3) = x:pa(np * 3 + 1) = 0:pa(np * 3 + 2) = ipa(J * 3 + 1):np = np + 1
        Next J
    Next I
    ln1.Delete
End If
If np>1 Then
    ReDim Preserve pa(np * 3 - 1) As Double
    Call sortPoint3dBy(pa, 2)
    Dim t(2) As Double
    Set hullIntersectWithPlan = ThisDrawing.ModelSpace.AddSpline(pa, t, t)
End If
End Function
```

a[16]　计算多义线与 *X* 轴围成面积与型心子过程

```
Public Sub polylineArea(pl As AcadLWPolyline, a As Double, LCB As Double)
a = 0:My = 0
num = (UBound(pl.Coordinates) + 1)/2
For I = 1 To num - 1 Step 1
    x1 = pl.Coordinates((I - 1) * 2):y1 = pl.Coordinates((I - 1) * 2 + 1):
    x2 = pl.Coordinates(I * 2):y2 = pl.Coordinates(I * 2 + 1)
    xc = x1 + (y1 + y2 * 2)/3/(y1 + y2) * (x2 - x1):darea = (y1 + y2) * (x2 - x1)/2
    a = a + darea:My = My + darea * xc
```

```
Next I
LCB = My/a
End Sub
```

a[17]　从文件中读取船舶主要参数子过程

```
Sub readPrinDimFromFile(fn As String)
Open fn For Input As #1
Do While Not EOF(1)
  Line Input #1, ss:ssa = Split(ss, " ")
  sname = LCase(ssa(0))
  If sname = "end" Then Exit Do
  If sname = "lpp" Then e_Lpp = ssa(1)
  If sname = "d" Then e_d = ssa(1)
  If sname = "b" Then e_B = ssa(1)
  If sname = "rou" Then e_rou = ssa(1)
  If sname = "coef" Then e_appCoef = ssa(1)
  If sname = "lvcg" Then e_liVCG = ssa(1)
Loop
Close #1
End Sub
```

a[18]　从文件中读取站的定义子过程

```
Private Sub readStFromFile(fn As String)
Dim num As Integer
Open fn For Input As #1
Input #1, num
For I = 0 To num - 1
  Input #1, e_stArr(I)
Next I
Close #1
e_nSt = num
End Sub
```

a[19]　计算母型船舶 SAC 曲线子函数

```
Function SACCurve() As AcadSpline
ReDim areaArray(e_nSt * 3 - 1) As Double
maxA = 0
For I = 0 To e_nSt - 1
  Dim bd As AcadSpline
  Set bd = e_bdArr(I):y0 = bd. FitPoints(1)
  area = curveAreaY(e_bdArr(I), y0, e_d, 0):areaArray(I * 3) = (e_stArr(I) - 10)/10:
```

```
  areaArray(I * 3 + 1) = area
  If area>maxA Then maxA = area
Next I
For I = 0 To e_nSt - 1
  areaArray(I * 3 + 1) = areaArray(I * 3 + 1)/maxA
Next I
Dim t(2) As Double
Set SACCurve = ThisDrawing.ModelSpace.AddSpline(areaArray, t, t)
End Function
```

a[20]　型线整体变换子过程

```
Private Sub scaleTransform(sx As Double, sy As Double, sz As Double)
For I = 0 To e_nWL - 1
  Dim pl As AcadLWPolyline
  Set pl = e_hbArr(I)
  ReDim pta(0 To UBound(pl.Coordinates)) As Double
  num = (UBound(pl.Coordinates) + 1)/2
  pta = pl.Coordinates
  For J = 0 To num - 1
    pta(J * 2) = pl.Coordinates(J * 2) * sx:pta(J * 2 + 1) = pl.Coordinates(J * 2 + 1) * sy
  Next J
  pl.Coordinates = pta:pl.LinetypeScale = pl.LinetypeScale * sz
Next I
End Sub
```

a[21]　依据 X,Y 或者 Z 坐标对点从小到大排序子过程

```
Private Sub sortPoint3dBy(pta() As Double, x0y1z2 As Integer)
ptnum = (UBound(pta) - LBound(pta) + 1)/3
For I = 0 To ptnum - 1 Step 1
  For J = I + 1 To ptnum - 1 Step 1
    If pta(I * 3 + x0y1z2)>pta(J * 3 + x0y1z2) Then
      xx = pta(I * 3):yy = pta(I * 3 + 1):zz = pta(I * 3 + 2):pta(I * 3) = pta(J * 3):
      pta(I * 3 + 1) = pta(J * 3 + 1)
      pta(I * 3 + 2) = pta(J * 3 + 2):pta(J * 3) = xx:pta(J * 3 + 1) = yy:pta(J * 3 + 2) = zz
    End If
  Next J
Next I
End Sub
```

a[22]　根据 SAC 曲线变换型线子过程

```
Private Sub transformLineFromSac(sac0 As AcadSpline, sacN As AcadSpline)
```

```
ReDim pta(sac0. NumberOfFitPoints * 2 - 1) As Double
For I = 0 To sac0. NumberOfFitPoints - 1
    pta(I * 2) = sac0. FitPoints(I * 3) * e_Lpp/2 + e_Lpp/2:
    pta(I * 2 + 1) = (sacN. FitPoints(I * 3) - sac0. FitPoints(I * 3))/2 * e_Lpp
Next I
Set dxPl = ThisDrawing. ModelSpace. AddLightWeightPolyline(pta)
For I = 0 To e_nWL - 1
    Dim pl As AcadLWPolyline
    Set pl = e_hbArr(I):ptCount = (UBound(pl. Coordinates) + 1)/2
    ReDim pta(ptCount * 2 - 1) As Double
    For J = 0 To ptCount - 1
        pta(J * 2) = pl. Coordinates(J * 2) + findY(dxPl, pl. Coordinates(J * 2), 1):
        pta(J * 2 + 1) = pl. Coordinates(J * 2 + 1)
    Next J
    Set nwl = ThisDrawing. ModelSpace. AddLightWeightPolyline(pta)
    nwl. LinetypeScale = pl. LinetypeScale:nwl. color = acYellow
Next I
End Sub
```

b. 静水力特性计算程序函数声明及定义

b[1]　通过二维型线计算邦戎曲线子过程

```
Private Sub bonjeanFromCurve()
d0 = 0:d1 = e_wlArr(e_nWL - 1):dis = 0.5
Open "d:\bonjean. bon" For Output As #1
Print #1, Format(e_nSt, "0") & Format(e_nWL, "0")
For Ist = 0 To e_nSt - 1
    Print #1, Format(e_stArr(Ist), "0.00") & Space(20 - Len(Format(e_stArr(Ist),
    "0.00")));
Next Ist
Print #1, ""
For wl = d0 To d1 - dis Step dis
    Print #1, Format(wl, "0.00") & Space(10 - Len(Format(wl, "0.00")));
    For Ist = 0 To e_nSt - 1
        Dim area As Double
        y0 = e_bdArr(Ist). FitPoints(1)
        If y0<wl Then
            area = curveAreaY(e_bdArr(Ist), y0, wl, 0) * 2 * e_rou * e_appCoef
        Else
```

```
       area = 0
     End If
     Print #1,Format(area,"0.000") & Space(20 - Len(Format(area,"0.000")));
   Next Ist
   Print #1,""
Next wl
Print #1, -1
Close #1
End Sub
```

b[2]　通过三维切片计算邦戎曲线子过程

```
Private Sub bonjeanFromRegion()
d0 = 0:d1 = e_wlArr(e_nWL - 1):dis = 0.5
Open "d:\bonjean.bon" For Output As #1
Print #1,Format(e_nSt,"0") & Format(e_nWL,"0")
For Ist = 0 To e_nSt - 1
   Print #1,Format(e_stArr(Ist),"0.00") & Space(20 - Len(Format(e_stArr(Ist),
   "0.00")));
Next Ist
Print #1,""
For wl = d0 To d1 - dis Step dis
   Print #1,Format(wl,"0.00") & Space(10 - Len(Format(wl,"0.00")));
   For Ist = 0 To e_nSt - 1
     xPos = e_stArr(Ist) * e_Lpp/20
     Dim pta(4 * 3 - 1) As Double
     pta(0 * 3) = xPos:pta(1 * 3) = xPos:pta(2 * 3) = xPos:pta(3 * 3) = xPos:
     pta(0 * 3 + 1) = -100:pta(1 * 3 + 1) = 100:pta(2 * 3 + 1) = 100:pta(3 * 3 + 1) = -100
     pta(0 * 3 + 2) = wl:pta(1 * 3 + 2) = wl:pta(2 * 3 + 2) = wl + 100:pta(3 * 3 + 2) = wl + 100
     Dim regB As AcadRegion
     Set regTop = regFromPointArray(pta):Set regB = e_bdRegArr(Ist).Copy
     Call regB.Boolean(acSubtraction,regTop)
     area = regB.area * e_rou * e_appCoef
     Print #1,Format(area,"0.000") & Space(20 - Len(Format(area,"0.000")));
   Next Ist
   Print #1,""
Next wl
Print #1, -1
Close #1
End Sub
```

b[3]　通过水线面三维切片计算静水力曲线子过程

```
Private Sub hsyFromRegion ()
ReDim ptArea(e_nWL * 2 - 1) As Double:ReDim ptLCF(e_nWL * 2 - 1) As Double
ReDim ptIx(e_nWL * 2 - 1) As Double:ReDim ptIy(e_nWL * 2 - 1) As Double
ReDim ptMx(e_nWL * 2 - 1) As Double:ReDim ptMz(e_nWL * 2 - 1) As Double
Dim vecx(2) As Double:Dim vecy(2) As Double
vecx(0) = 1:vecy(1) = 1
Dim ucsCen(2) As Double
Set ucsObj = ThisDrawing.UserCoordinateSystems.Add(ucsCen, vecx, vecy, "New_UCS")
ThisDrawing.ActiveUCS = ucsObj
For I = 0 To e_nWL - 1
    ucsCen(2) = e_wlArr(I):ThisDrawing.ActiveUCS.Origin = ucsCen
    a = e_hbRegArr(I).area:xc = e_hbRegArr(I).Centroid(0)
    InerX = e_hbRegArr(I).MomentOfInertia(0):InerY = e_hbRegArr(I).MomentOfInertia(1)
    ptArea(I * 2) = e_wlArr(I):ptArea(I * 2 + 1) = a
    ptLCF(I * 2) = e_wlArr(I):ptLCF(I * 2 + 1) = xc
    ptIx(I * 2) = e_wlArr(I):ptIx(I * 2 + 1) = InerX
    ptIy(I * 2) = e_wlArr(I):ptIy(I * 2 + 1) = InerY - a * xc * xc
    ptMx(I * 2) = e_wlArr(I):ptMx(I * 2 + 1) = a * xc/1000
    ptMz(I * 2) = e_wlArr(I):ptMz(I * 2 + 1) = a * e_wlArr(I)
Next I
Dim t(2) As Double
Set e_hysArr(H_A) = ThisDrawing.ModelSpace.AddLightWeightPolyline(ptArea)
Set e_hysArr(H_LCF) = ThisDrawing.ModelSpace.AddLightWeightPolyline(ptLCF)
Set spIx = ThisDrawing.ModelSpace.AddLightWeightPolyline(ptIx)
Set spIY = ThisDrawing.ModelSpace.AddLightWeightPolyline(ptIy)
Set spMx = ThisDrawing.ModelSpace.AddLightWeightPolyline(ptMx)
Set spMz = ThisDrawing.ModelSpace.AddLightWeightPolyline(ptMz)
ReDim ptVCB(e_nWL * 2 - 1) As Double:ReDim ptLCB(e_nWL * 2 - 1) As Double
ReDim ptVol(e_nWL * 2 - 1) As Double:ReDim ptDisp(e_nWL * 2 - 1) As Double
ReDim ptZM(e_nWL * 2 - 1) As Double:ReDim ptZml(e_nWL * 2 - 1) As Double
ReDim ptMCM(e_nWL * 2 - 1) As Double
For I = 0 To e_nWL - 1
    wl = e_wlArr(I):Volume = curveAreaX(e_hysArr(H_A), 0, wl, 0) + 0.0000001
    ptVol(I * 2) = wl:ptVol(I * 2 + 1) = Volume
    ptDisp(I * 2) = wl:ptDisp(I * 2 + 1) = Volume * e_rou * e_appCoef
    Mx = curveAreaX(spMx, 0, wl, 0):Mz = curveAreaX(spMz, 0, wl, 0)
    ptVCB(I * 2) = wl:ptVCB(I * 2 + 1) = Mz/Volume
```

```
ptLCB(I * 2) = wl:ptLCB(I * 2 + 1) = Mx/Volume * 1000
ptZM(I * 2) = wl:ptZM(I * 2 + 1) = ptIx(I * 2 + 1)/Volume + Mz/Volume
ptZml(I * 2) = wl:ptZml(I * 2 + 1) = ptIy(I * 2 + 1)/Volume + Mz/Volume
ptMCM(I * 2) = wl:ptMCM(I * 2 + 1) = e_rou * ptIy(I * 2 + 1)/100/e_Lpp
Next I
ptZM(1) = ptZM(4):ptZml(1) = ptZml(4):
Set e_hysArr(h_v) = ThisDrawing.ModelSpace.AddLightWeightPolyline(ptVol)
Set e_hysArr(h_d) = ThisDrawing.ModelSpace.AddLightWeightPolyline(ptDisp)
Set e_hysArr(H_LCB) = ThisDrawing.ModelSpace.AddLightWeightPolyline(ptLCB)
Set e_hysArr(H_VCB) = ThisDrawing.ModelSpace.AddLightWeightPolyline(ptVCB)
Set e_hysArr(H_ZM) = ThisDrawing.ModelSpace.AddLightWeightPolyline(ptZM)
Set e_hysArr(H_ZML) = ThisDrawing.ModelSpace.AddLightWeightPolyline(ptZml)
Set e_hysArr(h_mcm) = ThisDrawing.ModelSpace.AddLightWeightPolyline(ptMCM)
End Sub
```

b[4] 创建水线面三维切片模型子过程

```
Private Sub createLineRegion()
For I = 0 To e_nWL - 1
Dim pl As AcadLWPolyline:Dim pl1 As AcadLWPolyline
Set pl = e_hbArr(I)
Dim pt0(2) As Double:Dim pt1(2) As Double
pt0(0) = 0:pt0(1) = 0:pt1(0) = 1:pt1(1) = 0
Set pl1 = pl.Mirror(pt0, pt1)
Dim regA As Variant:ReDim ea(2) As AcadEntity
If Abs(pl.Coordinates(1))>0.0000001 Then
    ptCount = (UBound(pl.Coordinates) + 1)/2:pt0(0) = pl.Coordinates(0)
    pt1(0) = pl.Coordinates(0):pt0(1) = pl.Coordinates(1):
    pt1(1) = - 1 * pl.Coordinates(1)
    Set ln = ThisDrawing.ModelSpace.AddLine(pt0, pt1)
    Set ea(0) = pl:Set ea(1) = pl1:Set ea(2) = ln
    regA = ThisDrawing.ModelSpace.AddRegion(ea)
    ln.Delete
Else
    ReDim ea(1) As AcadEntity:Set ea(0) = pl:Set ea(1) = pl1
    regA = ThisDrawing.ModelSpace.AddRegion(ea)
End If
pl1.Delete
Set e_hbRegArr(I) = regA(0)
e_hbRegArr(I).LinetypeScale = pl.LinetypeScale
```

```
Dim p0(2) As Double:Dim p1(2) As Double:
p0(0) = 0:p0(1) = 0:p0(2) = 0:p1(0) = 0:p1(1) = 0:p1(2) = pl.LinetypeScale
e_hbRegArr(I).Move p0,p1
Next I
End Sub
```

b[5]　计算稳性插值曲线主函数

```
Sub CMD_crossCurve()
readPrinDimFromFile "d:\prindim.txt"
getShipLine
Call sortShipLine
Call readStFromFile("d:\stData.txt")
Call getBodyLine(1)
createBodyRegion
crossCurveFromRegion 3,17,70,10,8
Call crossCurveToFile("d:\crossCurve" & e_fai & ".cro",25)
End Sub
```

b[6]　计算邦戎曲线主函数

```
Sub CMD_bonjeanCurve()
readPrinDimFromFile "d:\prindim.txt"
getShipLine
Call sortShipLine
Call readStFromFile("d:\stData.txt")
Call getBodyLine(1)
createBodyRegion
bonjeanFromRegion
End Sub
```

b[7]　计算静水力曲线主函数

```
Sub CMD_hystaticsCurve()
readPrinDimFromFile "d:\prindim.txt"
getShipLine
Call sortShipLine
Call createLineRegion
Call hsyFromRegion
hysCurveToFile ("d:\hysData.hc")
End Sub
```

b[8]　计算稳性插值曲线子过程

```
Private Sub crossCurveFromRegion(d0 As Double,d1 As Double,ct1 As Double,
dct As Double,dNum As Double)
```

```
Dim pt0(2) As Double:Dim pt1(2) As Double
pt0(0) = e_LCF:pt1(0) = e_LCF + 1:pt1(1) = Tan(e_fai * PI/180)
Set lnfai = ThisDrawing.ModelSpace.AddXline(pt0,pt1)
Dim vecy(2) As Double:Dim vecz(2) As Double
vecy(1) = 1:vecz(2) = 1
Dim ucsCen(2) As Double
Set ucsObj = ThisDrawing.UserCoordinateSystems.Add(ucsCen,vecy,vecz,"New_UCS")
ThisDrawing.ActiveUCS = ucsObj
dMid = (d0 + d1)/2:dis = (d1 - d0)/dNum:e_nCr = 0
For ang = 0 To ct1 Step dct
  angRad = 3.1415926 * ang/180
  ReDim ptaL((dNum + 1) * 3 - 1) As Double
  For Id = 0 To dNum
    ReDim ptaV(e_nSt * 3 - 1) As Double:ReDim ptaM(e_nSt * 3 - 1) As Double
    wl = d0 + dis * Id
    For Ist = 0 To e_nSt - 1
      xPos = e_Lpp * e_stArr(Ist)/20:ti = findY(lnfai,xPos,0)
      ucsCen(0) = xPos:ThisDrawing.ActiveUCS.Origin = ucsCen
      Dim pta(4 * 3 - 1) As Double
      pta(0 * 3) = xPos:pta(1 * 3) = xPos:pta(2 * 3) = xPos:pta(3 * 3) = xPos:
      pta(0 * 3 + 1) = -1000:pta(*3 + 1) = 1000:pta(2 * 3 + 1) = 1000:pta(3 * 3 + 1) = -1000
      pta(0 * 3 + 2) = wl:pta(1 * 3 + 2) = wl:pta(2 * 3 + 2) = wl + 1000:
      pta(3 * 3 + 2) = wl + 1000
      Dim regB As AcadRegion
      Set regTop = regFromPointArray(pta)
      Dim ptRot0(2) As Double:Dim ptRot1(2) As Double
      ptRot1(0) = 100:ptRot0(1) = -dMid + wl:ptRot1(1) = -dMid + wl
      ptRot0(2) = wl:ptRot1(2) = wl
      regTop.Rotate3D ptRot0,ptRot1, -angRad
      Dim ptFrom(2) As Double:Dim ptTo(2) As Double
      ptTo(2) = ti
      Set regB = e_bdRegArr(Ist).Copy
      regB.Move ptFrom,ptTo
      Call regB.Boolean(acSubtraction,regTop)
      If Abs(regB.area)>0.0001 Then
        lA = -regB.Centroid(0) * Cos(angRad) + regB.Centroid(1) * Sin(angRad)
      Else
        lA = 0
```

```
      End If
      ptaV(Ist * 3) = xPos:ptaM(Ist * 3) = xPos:ptaV(Ist * 3 + 1) = regB. area/1000
      ptaM(Ist * 3 + 1) = regB. area * 1A/1000
      regB. Delete
    Next Ist
    Dim t(2) As Double
    Set spV = ThisDrawing. ModelSpace. Add3DPoly(ptaV)
    Set spM = ThisDrawing. ModelSpace. Add3DPoly(ptaM)
    Volume = curveAreaX(spV, ptaV(0), ptaV(Ist * 3 - 3), 0)
    moment = curveAreaX(spM, ptaM(0), ptaM(Ist * 3 - 3), 0)
    spM. Delete:spV. Delete
    ls = moment/Volume:ptaL(Id * 3) = Volume:ptaL(Id * 3 + 1) = ls
  Next Id
  Set e_crArr(e_nCr) = ThisDrawing. ModelSpace. AddSpline(ptaL, t, t)
  e_crArr(e_nCr). LinetypeScale = ang:e_crArr(e_nCr). color = 10 * e_nCr+10:e_nCr=e_nCr+1
Next ang
End Sub
```

b[9]　将稳性插值曲线保持至文件子过程

```
Private Sub crossCurveToFile(fn As String, num As Integer)
Open fn For Output As #1
Print #1, num + 1, e_nCr
Print #1, Space(10);
headx = - 10000000000 #
tailx = 10000000000 #
For IC = 0 To e_nCr - 1
  ang = e_crArr(IC). LinetypeScale
  Print #1, Format(ang, "0. 0") & Space(10 - Len(Format(ang, "0. 0")));
  If e_crArr(IC). FitPoints(0)>headx Then headx = e_crArr(IC). FitPoints(0)
  nFit = e_crArr(IC). NumberOfFitPoints
  If e_crArr(IC). FitPoints(nFit * 3 - 3)<tailx Then tailx
   = e_crArr(IC). FitPoints(nFit * 3 - 3)
Next IC
Print #1, ""
For I = 0 To num
  v = headx + I * (tailx - headx)/num
  Print #1, Format(v * 1000, "0. ") & Space(10 - Len(Format(v * 1000, "0. ")));
  For IC = 0 To e_nCr - 1
    ls = findY(e_crArr(IC), v, 1)
```

```
    Print #1,Format(ls,"0.000") & Space(10 - Len(Format(ls,"0.000"))));
  Next IC
Print #1,""
Next I
Close #1
End Sub
```

b[10]　计算横剖线子函数

```
Private Sub getBodyLine(show2d As Integer)
For I = 0 To e_nSt - 1
  xPos = e_stArr(I)/20 * e_Lpp
  ReDim pa(MAX_LEN * 10) As Double
  cur = 0
  For IC = 0 To e_nWL - 1
    yPos = findY(e_hbArr(IC),xPos,0)
    If yPos<1000000 Then
      pa(cur * 3) = yPos:pa(cur * 3 + 1) = e_hbArr(IC).LinetypeScale:cur = cur + 1
    End If
  Next IC
  deckY = findY(e_dlHB,xPos,0):deckZ = findY(e_dlSR,xPos,0)
  pa(cur * 3) = deckY:pa(cur * 3 + 1) = deckZ:cur = cur + 1
  For Ip = 0 To e_nPr - 1
    Dim pt0(2) As Double:Dim pt1(2) As Double
    pt0(0) = xPos:pt1(0) = xPos:pt1(1) = 10
    Set xl = ThisDrawing.ModelSpace.AddXline(pt0,pt1)
    ipa = e_prArr(Ip).IntersectWith(xl,acExtendNone)
    xl.Delete
    Dim ptCount As Integer
    ptCount = (UBound(ipa) + 1)/3
    For k = 0 To ptCount - 1
      pa(cur * 3) = 0:pa(cur * 3 + 1) = ipa(k * 3 + 1):cur = cur + 1
    Next k
  Next Ip
  ReDim Preserve pa(0 To cur * 3 - 1)
  Call sortPoint3dBy(pa,1)
  Dim et(2) As Double
  Set e_bdArr(I) = ThisDrawing.ModelSpace.AddSpline(pa,et,et)
Next I
End Sub
```

b[11]　计算横剖线三维切片模型子过程

```
Private Sub createBodyRegion()
For I = 0 To e_nSt - 1
    num = e_bdArr(I).NumberOfFitPoints * 2 + 1
    xPos = e_Lpp * e_stArr(I)/20
    ReDim pta(num * 3 - 1) As Double' miss as double, error occurs
    For Ip = 0 To e_bdArr(I).NumberOfFitPoints - 1
        pta(Ip * 3) = xPos:pta(Ip * 3 + 1) = e_bdArr(I).FitPoints(Ip * 3):
        pta(Ip * 3 + 2) = e_bdArr(I).FitPoints(Ip * 3 + 1)
        If pta(Ip * 3 + 1)<0.01 Then pta(Ip * 3 + 1) = 0.01
    Next Ip
    top = findY(e_dlCN,xPos,0):pta(Ip * 3) = xPos:pta(Ip * 3 + 1) = 0#:pta(Ip * 3 + 2) = top
    Ip = Ip + 1:curNum = Ip
    For Ip = e_bdArr(I).NumberOfFitPoints - 1 To 0 Step - 1
        pta(curNum * 3) = pta(Ip * 3):pta(curNum * 3 + 1) = pta(Ip * 3 + 1) * - 1
        pta(curNum * 3 + 2) = pta(Ip * 3 + 2):curNum = curNum + 1
    Next Ip
    Set e_bdRegArr(I) = regFromPointArray(pta)
    If xPos>0 Then e_bdRegArr(I).LinetypeScale = xPos
Next I
End Sub
```

b[12]　通过三维切片模型读取站位置子过程

```
Private Sub getStFromBDRegion()
e_nSt = 0
For Each elem In ThisDrawing.ModelSpace
    If TypeOf elem Is AcadRegion Then
        Dim reg As AcadRegion
        Set reg = elem
        Dim pt0 As Variant:Dim pt1 As Variant
        reg.GetBoundingBox pt0,pt1
        If pt1(0) - pt0(0)<0.001 Then
            e_stArr(e_nSt) = pt0(0)/e_Lpp * 20:Set e_bdRegArr(e_nSt) = reg:e_nSt = e_nSt + 1
        End If
    End If
Next
For I = 0 To e_nSt - 1
    For J = I + 1 To e_nSt - 1
        If e_stArr(I)>e_stArr(J) Then
```

```
            td = e_stArr(I):e_stArr(I) = e_stArr(J):e_stArr(J) = td
            Set tr = e_bdRegArr(I):Set e_bdRegArr(I) = e_bdRegArr(J):Set e_bdRegArr(J) = tr
        End If
    Next J
Next I
End Sub
```

b[13]　将静水力曲线保存至文件子过程

```
Private Sub hysCurveToFile(fn As String)
Open fn For Output As #1
d0 = e_wlArr(1):d1 = e_wlArr(e_nWL - 1):ptnum = (d1 - d0)/0.1
Print #1, ptnum + 1
Print #1, "WL,m Area,m2 LCF,m Volume,m3 Disp,t LCB,m VCB,m ZM,m ZML,m MCM,t.m"
For I = 0 To ptnum Step 1
    wl = d0 + I * 0.1:ss = Format(wl, ".000")
    Print #1, ss & Space(12 - Len(ss));
    For J = 0 To 8
        y = findY(e_hysArr(J), wl, 0):ss = Format(y, ".000")
        Print #1, ss & Space(12 - Len(ss));
    Next J
    Print #1, ""
Next I
Close #1
End Sub
```

b[14]　通过三维点创建面域子函数

```
Function regFromPointArray(pta() As Double) As AcadRegion
Set pl = ThisDrawing.ModelSpace.Add3DPoly(pta)
pl.Closed = 1
Dim ea(0) As AcadEntity
Set ea(0) = pl
regA = ThisDrawing.ModelSpace.AddRegion(ea)
Set regFromPointArray = regA(0)
pl.Delete
End Function
```

c. 装载计算程序函数声明及定义

c[1]　计算船舶浮态子过程

```
Private Sub buoyancyCheck()
    e_dM = findX(e_hysArr(h_d), e_W, 0):e_Vol = findY(e_hysArr(h_v), e_dM, 0)
```

```
e_VCB = findY(e_hysArr(H_VCB),e_dM,0):e_LCB = findY(e_hysArr(H_LCB),e_dM,0)
e_VCB = findY(e_hysArr(H_VCB),e_dM,0):e_LCF = findY(e_hysArr(H_LCF),e_dM,0)
mcm = findY(e_hysArr(h_mcm),e_dM,0):M = (e_LCB - e_LCG) * e_W:t = M/mcm/100
e_da = e_dM + e_Lcf * t/e_Lpp:e_df = e_dM - (t - t * e_Lcf /e_Lpp):
zm = findY(e_hysArr(H_ZM),e_dM,0)
e_h = zm - e_VCG - e_FSI/e_Vol:e_Trim = M/mcm/100:e_Heel = e_TCG/e_h
End Sub
```

c[2]　计算剪力弯矩分布曲线主函数

```
Sub CMD_SRAndBMCheck()
readPrinDimFromFile "d:\prindim.txt"
ocname = "d:\ballastFig.oc"
loadHCCurve ("d:\hysData.hc")
loadBonjeanCurve ("d:\bonjean.bon")
loadCrossCurve ("d:\\crossCurve.cro")
loadCheck (ocname)
buoyancyCheck
createBuoyancyCurve
Dim pt0(2) As Double:Dim pt1(2) As Double
pt1(0) = 100
Set e_loadCur = e_loadCur.Mirror(pt0,pt1)
Dim ea(1) As AcadEntity
Set ea(0) = e_loadCur:Set ea(1) = e_buoCur
Set e_allLoadCur = spliceCurve(ea,0.2)
Set e_srCur = polylineAreaCurve(e_allLoadCur)
Set e_bmCur = polylineAreaCurve(e_srCur)
Dim disp As Double:Dim lcb As Double
nFit = e_buoCur.NumberOfFitPoints
disp = curveAreaX(e_buoCur,e_buoCur.FitPoints(0),e_buoCur.FitPoints(nFit * 3 - 3),0)
moment = curveAreaX(e_buoCur,e_buoCur.FitPoints(0),e_buoCur.FitPoints(nFit * 3 - 3),1)
lcb = moment/disp
Call scalePolyline(e_srCur,1,0.01)
Call scalePolyline(e_bmCur,1,0.0005)
e_buoCur.Visible = 1:e_allLoadCur.Visible = 1
e_srCur.Visible = 1:e_bmCur.Visible = 1
e_allLoadCur.color = acGreen:e_srCur.color = acBlue:e_bmCur.color = acRed
Open ocname & ".txt" For Output As #1
Print #1,"W = " & e_W
Print #1,"LCG = " & e_LCG
```

```
Print #1,"Disp = " & disp
Print #1,"LCB = " & lcb
Print #1,"da = " & e_da
Print #1,"df = " & e_df
Print #1,"SheerErr = " & e_srCur.Coordinates(UBound(e_srCur.Coordinates)) * 100
Print #1,"MomentErr = " & e_bmCur.Coordinates(UBound(e_srCur.Coordinates)) * 1/0.0005
Close #1
srAndBmCurve
Call scalePolyline(e_srCur,1,0.01)
Call scalePolyline(e_bmCur,1,0.0005)
exitSub:
End Sub
```

c[3]　计算静稳性曲线主函数

```
Sub CMD_STCheck()
nCr = 5
readPrinDimFromFile "d:\prindim.txt"
ocname = "d:\fullLoad.oc"
loadHCCurve ("d:\hysData.hc")
loadCheck (ocname)
buoyancyCheck
hideAll
ReDim ta(nCr - 1) As Integer
For I = -2 To 2
  ta(I + 2) = I
Next I
ReDim stA(nCr - 1) As AcadSpline
For I = 0 To nCr - 1
  loadCrossCurve ("d:\\crossCurve" & ta(I) & ".cro")
  Set stA(I) = getStCurve()
Next I
nN = stA(0).NumberOfFitPoints
Open "d:\stFromTrim.txt" For Output As #1
For I = 0 To nN - 1
  ss = Format(stA(0).FitPoints(I * 3),".0")
  Print #1,ss & Space(12 - Len(ss));
Next I
Print #1,
For J = 0 To nCr - 1
```

```
    For I = 0 To nN - 1
      ss = Format(stA(J).FitPoints(I * 3 + 1),".000")
      Print #1, ss & Space(12 - Len(ss));
    Next I
    Print #1,
  Next J
Dim tt(2) As Double
ReDim pa(3 * nN - 1) As Double
ReDim paT(3 * nCr - 1) As Double
For I = 0 To nN - 1
  pa(I * 3) = stA(0).FitPoints(I * 3)
  For J = 0 To nCr - 1
    paT(J * 3) = ta(J):
    paT(J * 3 + 1) = stA(J).FitPoints(I * 3 + 1) + J * 0.000001:paT(J * 3 + 2) = 0
  Next J
  Set sptrim = ThisDrawing.ModelSpace.AddSpline(paT, tt, tt)
  pa(I * 3 + 1) = findY(sptrim, e_Trim, 0):ss = Format(pa(I * 3 + 1),".000")
  Print #1, ss & Space(12 - Len(ss));
Next I
Print #1,
Set sp0 = ThisDrawing.ModelSpace.AddSpline(pa, tt, tt)
Close #1
End Sub
```

c[4]　计算浮力分布曲线子过程

```
Sub createBuoyancyCurve()
Dim pt0(2) As Double:Dim pt1(2) As Double
pt0(0) = 0:pt0(1) = e_da:pt1(0) = e_Lpp:pt1(1) = e_df
Set Line = ThisDrawing.ModelSpace.AddLine(pt0, pt1)
ReDim pta(e_nSt * 3 - 1) As Double
For I = 0 To e_nSt - 1
  xPos = e_stArr(I)/20 * e_Lpp:z = findY(Line, xPos, 1)
  area = findY(e_bonArr(I), z, 0):pta(I * 3) = xPos:pta(I * 3 + 1) = area
Next I
Dim t(2) As Double
Set e_buoCur = ThisDrawing.ModelSpace.AddSpline(pta, t, t)
End Sub
```

c[5]　绘制装载图子过程

```
Private Sub drawLoadingFig(ocFile As String)
```

```
Open ocFile For Input As #100
Do While Not EOF(100)
    Dim data As String
    Input #100,data
    Dim dataA() As String:Dim tkName As String
    data = Replace(data,Chr(9)," ")
    dataA = Split(data," ")
    If dataA(0) = "end" Then Exit Do
    tkName = LCase(dataA(0))
    Dim level As Double
    level = dataA(1)
    drawTankFig tkName,level
Loop
Close #100
End Sub
```

c[6]　绘制舱室装载图子过程

```
Private Sub drawTankFig(tkName As String,level As Double)
For Each elem In ThisDrawing.ModelSpace
    lName = LCase(elem.Layer)
    If TypeOf elem Is AcadLWPolyline And lName = tkName Then
        Dim pl As AcadLWPolyline
        Set pl = elem
        If elem.color = acRed Then
            Set reg = createRegionFromPl(pl)
        End If
        If elem.color = acBlue Then
            Set reg = createRegionFromPl(pl)
            Dim pa(8 - 1) As Double
            pa(0) = - 100:pa(1) = level:pa(2) = 1000:pa(3) = level:pa(4) = 1000:
            pa(5) = 100:pa(6) = - 100:pa(7) = 100
            Dim bor As AcadLWPolyline
            Set bor = ThisDrawing.ModelSpace.AddLightWeightPolyline(pa):bor.Closed = 1
            Set borR = createRegionFromPl(bor)
            reg.Boolean acSubtraction, borR
        End If
    End If
Next
End Sub
```

c[7]   计算静稳性曲线子函数

```
Private Function getStCurve( ) As AcadSpline
ReDim pta(3 * e_nCr - 1) As Double
For I = 0 To e_nCr - 1
    y = findY(e_crArr(I), e_Vol/1000, 0) : ct = e_crArr(I). LinetypeScale
    pta(I * 3) = ct : pta(I * 3 + 1) = y - e_VCG * Sin(ct * PI/180)
Next
Dim t(2) As Double
Set getStCurve = ThisDrawing. ModelSpace. AddSpline(pta, t, t)
End Function
```

c[8]   从文件中加载邦戎曲线子过程

```
Private Sub loadBonjeanCurve(fn As String)
Open fn For Input As #1
Input #1, e_nSt, e_nWL
For I = 0 To e_nSt - 1
    Input #1, e_stArr(I)
Next I
ReDim data(MAX_LEN, e_nSt - 1) As Double
ReDim draftA(MAX_LEN) As Double
For I = 0 To MAX_LEN Step 1
    Input #1, wl
    If wl = - 1 Then Exit For
    draftA(I) = wl
    For J = 0 To e_nSt - 1
        Input #1, data(I, J)
    Next J
Next I
Close #1
ptnum = I
For I = 0 To e_nSt - 1
    ReDim pta(ptnum * 3 - 1) As Double
    For J = 0 To ptnum - 1
        pta(J * 3) = draftA(J) : pta(J * 3 + 1) = data(J, I)
    Next J
    Dim t(2) As Double
    Set e_bonArr(I) = ThisDrawing. ModelSpace. AddSpline(pta, t, t)
    e_bonArr(I). Visible = 0
Next I
```

```
End Sub
```

c[9]　重量统计及重量分布曲线计算子过程

```
Private Sub loadCheck(ocFile As String)
ReDim loadPl(MAX_LEN) As AcadEntity
Dim nPl As Integer
Set loadPl(0) = loadCurveFromFile("d:\lightWeight.sns",0)
Dim LW As Double:Dim LWLcg As Double
Call polylineArea(loadPl(0),LW,LWLcg)
Mz = e_liVCG * LW:My = 0:nPl = 1:sumI = 0
Open ocFile For Input As #100
Do While Not EOF(100)
    Dim data As String
    Input #100,data
    Dim dataA() As String
    data = Replace(data,Chr(9)," ")
    dataA = Split(data," ")
    If dataA(0) = "end" Then Exit Do
    Dim level As Double
    level = dataA(1)
    Dim W As Double:Dim LCG As Double:Dim TCG As Double:Dim VCG As Double
    Dim I As Double
    Set loadPl(nPl) = tankProp(dataA(0),level,W,LCG,TCG,VCG,I)
    Mz = Mz + W * VCG:My = My + W * TCG:sumI = sumI + I:nPl = nPl + 1
    Dim tkName As String
    tkName = LCase(dataA(0))
    drawTankFig tkName,level
Loop
Close #100
ReDim Preserve loadPl(nPl - 1) As AcadEntity
Dim lc As AcadLWPolyline
Set e_loadCur = spliceCurve(loadPl,0.2)
Call polylineArea(e_loadCur,e_W,e_LCG)
e_VCG = Mz/e_W:e_TCG = My/e_W:e_FSI = sumI
End Sub
```

c[10]　从文件中加载稳性插值曲线子过程

```
Private Sub loadCrossCurve(fn As String)
Open fn For Input As #1
Dim ptnum As Integer
```

```
Input #1, ptnum, e_nCr
ReDim lA(0 To ptnum - 1, 0 To e_nCr - 1) As Double
ReDim angleA(0 To e_nCr - 1) As Double
ReDim vA(0 To ptnum - 1) As Double
For I = 0 To e_nCr - 1 Step 1
  Input #1, angleA(I)
Next I
For I = 0 To ptnum - 1 Step 1
  Input #1, vA(I)
  For J = 0 To e_nCr - 1 Step 1
    Input #1, lA(I, J)
  Next J
Next I
Close #1
ReDim coord(0 To ptnum * 3 - 1) As Double
For I = 0 To e_nCr - 1 Step 1
  For J = 0 To ptnum - 1 Step 1
    coord(J * 3) = vA(J)/1000 : coord(J * 3 + 1) = lA(J, I)
  Next J
  Dim t(2) As Double
  Set e_crArr(I) = ThisDrawing.ModelSpace.AddSpline(coord, t, t)
  e_crArr(I).LinetypeScale = angleA(I) : e_crArr(I).Visible = 0
Next I
Close #1
End Sub
```

c[11] 从文件中加载曲线子函数

```
Function loadCurveFromFile(ByVal fn As String, ByVal isSp) As AcadEntity
Open fn For Input As #1
Dim ptnum As Integer
Input #1, ptnum
ptSize = 3
If isSp = 0 Then ptSize = 2
ReDim pta(0 To ptnum * ptSize - 1) As Double
For I = 0 To ptnum - 1
  Input #1, pta(I * ptSize), pta(I * ptSize + 1)
Next I
Close #1
Dim t(2) As Double
```

```
If isSp = 1 Then Set loadCurveFromFile = ThisDrawing. ModelSpace. AddSpline(pta, t, t)
If isSp = 0 Then Set loadCurveFromFile
 = ThisDrawing. ModelSpace. AddLightWeightPolyline(pta)
loadCurveFromFile. Visible = 0
End Function
```

c[12]　从文件中加载静水力曲线子过程

```
Private Sub loadHCCurve(fn As String)
Open fn For Input As #1
Dim ptnum As Integer
Input #1, ptnum
Line Input #1, ss
ReDim data(MAX_LEN, 20) As Double
For I = 0 To ptnum − 1 Step 1
  For J = 0 To 9
    Input #1, data(I, J)
  Next J
Next I
Close #1
For I = 0 To 8
  ReDim pta(ptnum * 3 − 1) As Double
  For J = 0 To ptnum − 1
    pta(J * 3) = data(J, 0):pta(J * 3 + 1) = data(J, I + 1)
  Next J
  Dim t(2) As Double
  Set e_hysArr(I) = ThisDrawing. ModelSpace. AddSpline(pta, t, t)
  e_hysArr(I). Visible = 0
Next I
close #1
End Sub
```

c[13]　计算多义线积分多义线子函数

```
Public Function polylineAreaCurve(pl As AcadLWPolyline) As AcadLWPolyline
area = 0
num = (UBound(pl. Coordinates) + 1)/2
ReDim ptaArea(num * 2 − 1) As Double
ptaArea(0) = pl. Coordinates(0)
For I = 1 To num − 1 Step 1
  x1 = pl. Coordinates((I − 1) * 2):y1 = pl. Coordinates((I − 1) * 2 + 1)
  x2 = pl. Coordinates(I * 2):y2 = pl. Coordinates(I * 2 + 1)
```

```
    darea = (y1 + y2) * (x2 - x1)/2:area = area + darea
    ptaArea(I * 2) = pl.Coordinates(I * 2):ptaArea(I * 2 + 1) = area
Next I
Set polylineAreaCurve = ThisDrawing.ModelSpace.AddLightWeightPolyline(ptaArea)
End Function
```

c[14]　等比例缩放多义线子过程

```
Private Sub scalePolyline(pl As AcadLWPolyline, sx As Double, sy As Double)
ReDim pta(UBound(pl.Coordinates)) As Double
ptnum = (UBound(pl.Coordinates) + 1)/2
For I = 0 To ptnum - 1
    pta(I * 2) = pl.Coordinates(I * 2) * sx:pta(I * 2 + 1) = pl.Coordinates(I * 2 + 1) * sy
Next I
pl.Coordinates = pta
End Sub
```

c[15]　按端部弯矩修正弯矩分布曲线子过程

```
Sub setPolylineEndZero(pl As AcadLWPolyline)
num = (UBound(pl.Coordinates) + 1)/2
ReDim newPta(num * 2 - 1) As Double
Dim pt0(2) As Double:Dim pt1(2) As Double
pt0(0) = pl.Coordinates(0):pt1(0) = pl.Coordinates(num * 2 - 2):
pt1(1) = pl.Coordinates(num * 2 - 1)
Set ln = ThisDrawing.ModelSpace.AddLine(pt0, pt1)
For I = 0 To num - 1 Step 1
    x = pl.Coordinates(I * 2):y = pl.Coordinates(I * 2 + 1):dy = findY(ln, x, 1)
    y = y - dy:newPta(I * 2) = x:newPta(I * 2 + 1) = y
Next I
pl.Coordinates = newPta
End Sub
```

c[16]　叠加曲线子函数

```
Private Function spliceCurve(ea() As AcadEntity, seg As Double) As AcadLWPolyline
Dim x0 As Double:Dim x1 As Double
x0 = 10000000000# :x1 = - 10000000000#
For I = 0 To UBound(ea)
    Dim ln As AcadLine:Dim pl As AcadLWPolyline:Dim sp As AcadSpline
    If TypeOf ea(I) Is AcadLine Then
        Set ln = ea(I):sx = ln.StartPoint(0):ex = ln.EndPoint(0)
    ElseIf TypeOf ea(I) Is AcadLWPolyline Then
        Set pl = ea(I):sx = pl.Coordinates(0):
```

```
    ex = pl. Coordinates(UBound(pl. Coordinates) - 1)
  ElseIf TypeOf ea(I) Is AcadSpline Then
    Set sp = ea(I):sx = sp. FitPoints(0):ex = sp. FitPoints(sp. NumberOfFitPoints * 3 - 3)
  Else:GoTo continueI
  End If
  If x0 > sx Then x0 = sx: If x0 > ex Then x0 = ex
  If x1 < sx Then x1 = sx: If x1 < ex Then x1 = ex
  continueI:
Next I
Dim num As Long
num = (x1 - x0)/seg
ReDim pta((num + 1) * 2 - 1) As Double
For I = 0 To num
xc = x0 + seg * I:pta(I * 2) = xc:pta(I * 2 + 1) = 0
  For J = 0 To UBound(ea)
  y = findY(ea(J), xc, 0)
  If y < 1000000# Then pta(I * 2 + 1) = pta(I * 2 + 1) + y
  Next J
Next I
Set spliceCurve = ThisDrawing. ModelSpace. AddLightWeightPolyline(pta)
End Function
```

c[17] 计算剪力分布曲线与弯矩分布曲线子过程

```
Private Sub srAndBmCurve()
Dim pl As AcadLWPolyline
Set pl = e_allLoadCur
num = (UBound(pl. Coordinates) + 1)/2
ReDim ptaSr(num * 2 - 1) As Double:ReDim ptaBm(num * 2 - 1) As Double
sumSr = 0:sumBm = 0
For I = 1 To num - 1 Step 1
  x1 = pl. Coordinates((I - 1) * 2):y1 = pl. Coordinates((I - 1) * 2 + 1):
  x2 = pl. Coordinates(I * 2):y2 = pl. Coordinates(I * 2 + 1)
  Dim a, b, c, d
  a = (y2 - y1)/(x2 - x1 + 0.0000001):b = y1 - a * x1:c = ptaSr(I - 2 - 1) - a * x1^2/2 - b * x1
  d = ptaBm(I * 2 - 1) - a * x1^3/6 - b * x1^2/2 - c * x1
  sumSr = a * x2^2/2 + b * x2 + c:sumBm = a * x2^3/6 + b * x2^2/2 + c * x2 + d
  ptaSr(I * 2) = x2:ptaBm(I * 2) = x2:ptaSr(I * 2 + 1) = sumSr:ptaBm(I * 2 + 1) = sumBm
Next I
Set e_srCur = ThisDrawing. ModelSpace. AddLightWeightPolyline(ptaSr)
```

```
Set e_bmCur = ThisDrawing. ModelSpace. AddLightWeightPolyline(ptaBm)
End Sub
```

c[18]　读取文件计算舱室给定装载高度下的属性子函数

```
Private Function tankProp(tName As String, level As Double, W As Double, LCG As Double,
TCG As Double, VCG As Double, I As Double) As AcadLWPolyline
Open "d:\6500Capicity. nss" For Input As #1
Dim name As String
Dim x0 As Double:Dim x1 As Double
ReDim ptaLoad(2 * 2 - 1) As Double
Do While Not EOF(1)
  ReDim ptaW(1000) As Double:ReDim ptaLcg(MAX_LEN) As Double
  ReDim ptaTcg(MAX_LEN) As Double:ReDim ptaVcg(MAX_LEN) As Double
  ReDim ptaI(MAX_LEN) As Double
  Input #1, name
  name = Replace(name, " ", "")
  name = Replace(name, Chr(9), "")
  If name = "end" Then Exit Do
  If name = "" Then GoTo nextDo
  Input #1, x0, x1
  ptN = 0
  Do While Not EOF(1)
    Input #1, cl
    If cl = - 1 Then Exit Do
    Dim y(5) As Double
    Input #1, y(0), y(1), y(2), y(3), y(4)
    ptaW(ptN * 2) = cl:ptaLcg(ptN * 2) = cl:ptaTcg(ptN * 2) = cl:ptaVcg(ptN * 2) = cl:
    ptaI(ptN * 2) = cl
    ptaW(ptN * 2 + 1) = y(0):ptaLcg(ptN * 2 + 1) = y(1):ptaTcg(ptN * 2 + 1) = y(2)
    ptaVcg(ptN * 2 + 1) = y(3):ptaI(ptN * 2 + 1) = y(4):ptN = ptN + 1
  Loop
  ReDim Preserve ptaW(ptN * 2 - 1):ReDim Preserve ptaLcg(ptN * 2 - 1)
  ReDim Preserve ptaTcg(ptN * 2 - 1):ReDim Preserve ptaVcg(ptN * 2 - 1)
  ReDim Preserve ptaI(ptN * 2 - 1)
  If InStr(1, name, tName) > 0 Then
    ptaLoad(0) = x0:ptaLoad(2) = x1
    Dim t(2) As Double
    Set spW = ThisDrawing. ModelSpace. AddLightWeightPolyline(ptaW)
    Set spLcg = ThisDrawing. ModelSpace. AddLightWeightPolyline(ptaLcg)
```

```
    Set spTcg = ThisDrawing. ModelSpace. AddLightWeightPolyline(ptaTcg)
    Set spVcg = ThisDrawing. ModelSpace. AddLightWeightPolyline(ptaVcg)
    Set spI = ThisDrawing. ModelSpace. AddLightWeightPolyline(ptaI)
    If level>ptaW(ptN * 2 - 2) Then
        W = ptaW(ptN * 2 - 1):LCG = ptaLcg(ptN * 2 - 1):TCG = ptaTcg(ptN * 2 - 1)
        VCG = ptaVcg(ptN * 2 - 1):I = ptaI(ptN * 2 - 1)
    Else
        W = findY(spW, level, 0):LCG = findY(spLcg, level, 0):TCG = findY(spTcg, level, 0)
        VCG = findY(spVcg, level, 0):I = findY(spI, level, 0)
    End If
        spW. Delete:spLcg. Delete:spTcg. Delete:spVcg. Delete:spI. Delete
    End If
nextDo:
Loop
ptaLoad(1) = W/(x1 - x0):ptaLoad(3) = W/(x1 - x0)
Set tankProp = ThisDrawing. ModelSpace. AddLightWeightPolyline(ptaLoad)
Close #1
End Function
```

d. 总纵强度计算程序函数声明及定义

d[1]　计算船舶横剖面属性子过程

```
Private Sub calcSecProp()
For Isec = 0 To e_nSec - 1
    xPos = e_secPArr(Isec):sumA = 0:sumM = 0:sumI = 0
    Dim x0 As Double:Dim y0 As Double:Dim x1 As Double:Dim y1 As Double
    For I = 0 To e_nStr - 1
        Dim ln As AcadLine
        Set ln = e_strArr(I)
        If Abs(ln. StartPoint(0) - xPos * 1000)>1 Then GoTo continueI
        t = ln. LinetypeScale
        x0 = ln. StartPoint(1):x1 = ln. EndPoint(1):y0 = ln. StartPoint(2):
        y1 = ln. EndPoint(2)
        L = Sqr((y1 - y0)^2 + (x1 - x0)^2):a = L * t
        If y0>y1 Then
            tt = y0:y0 = y1:y1 = tt
        End If
        yc = (y1 + y0)/2
        If y1 - y0<t Then
```

```
    y0 = yc − t/2:y1 = yc + t/2
  End If
  tE=a/(y1 − y0):sumA = sumA + a:sumM = sumM + a * yc:sumI = sumI + 1/3 * tE * (y1^3 − y0^3)
  continueI:
Next I
yc = sumM/sumA:Iyc = sumI − yc^2 * sumA
yc = yc/1000:sumA = sumA/1000000:Iyc = Iyc/1000000000000 #
e_secYcArr(Isec) = yc:e_secIArr(Isec) = Iyc
ThisDrawing.Utility.Prompt (vbCrLf & "sec " & xPos & vbCrLf)
ThisDrawing.Utility.Prompt ("A = " & sumA & vbCrLf)
ThisDrawing.Utility.Prompt ("yc = " & yc & vbCrLf)
ThisDrawing.Utility.Prompt ("Iyc = " & Iyc & vbCrLf)
Next Isec
End Sub
```

d[2]　计算应力指示条颜色值子函数

```
Private Function calcColor (ByVal min As Double, ByVal max As Double, ByVal val As
Double) As Integer
colorArray = Array(170,160,150,130,110,90,70,50,30,1)
Dim seg As Integer
av = (max − min)/10:seg = 10 * (val − min)/(max − min)
If seg<0 Then seg = 0
If seg>9 Then seg = 9
calcColor = colorArray(seg)
End Function
```

d[3]　计算剖面属性主函数

```
Sub CMD_runSecProp()
readPrinDimFromFile "d:\prindim.txt"
getPlate
Call calcSecProp
Dim MCWave As AcadEntity:Dim MCstill As AcadEntity
Set MCWave = hullWaveMoment(e_Lpp, e_B, e_Cb, 1)
Set MCstill = loadCurve("d:\momentCurve.txt", 1)
Call drawMaterialUsage(MCWave, MCstill)
End Sub
```

d[4]　创建应力指示条子过程

```
Private Sub createIndicator(Size As Double, x0 As Double, y0 As Double, min As Double,
max As Double)
W = 1 * Size:h = 0.3 * Size
```

```
Dim color_A()
color_A = Array(170,160,150,130,110,90,70,50,30,1)
For I = 0 To 10
  If I<10 Then
    Dim pta(9) As Double
    pta(0) = x0:pta(1) = y0 - I * h:pta(2) = x0 + W:pta(3) = y0 - I * h:pta(4) = x0 + W
    pta(5) = y0 - (I + 1) * h:pta(6) = x0:pta(7) = y0 - (I + 1) * h:pta(8) = x0:
    pta(9) = y0 - I * h
    Set pl = ThisDrawing. ModelSpace. AddLightWeightPolyline(pta)
    Dim ea(0) As AcadEntity
    Set ea(0) = pl
    regA = ThisDrawing. ModelSpace. AddRegion(ea)
    regA(0). color = color_A(I)
  End If
  data = min + (max - min)/10 * I
  Dim pt(2) As Double
  pt(0) = x0 + W * 1.1:pt(1) = y0 - I * h
  Set txt = ThisDrawing. ModelSpace. AddText(Format(data, ".0"), pt, h * 0.5)
Next I
End Sub
```

d[5]　绘制结构材料利用系数图子过程

```
Private Sub drawMaterialUsage(MCWave As AcadEntity, MCstill As AcadEntity)
Dim vecy(2) As Double:Dim vecz(2) As Double
vecy(1) = 1:vecz(2) = 1
Dim ucsCen(2) As Double
Set ucsObj = ThisDrawing. UserCoordinateSystems. Add(ucsCen, vecy, vecz, "New_UCS")
ThisDrawing. ActiveUCS = ucsObj
dis = 100
For Isec = 0 To e_nSec - 1
  Mw = findY(MCWave, e_secPArr(Isec)):Mst = findY(MCstill, e_secPArr(Isec)):mt = Mw + Mst
  For I = 0 To e_nStr - 1
    Dim ln As AcadLine
    Set ln = e_strArr(I)
    If Abs(ln. StartPoint(0) - e_secPArr(Isec) * 1000)>1 Then GoTo continueI
    xs = ln. StartPoint(1):ys = ln. StartPoint(2)
    vx = ln. EndPoint(1) - ln. StartPoint(1):vy = ln. EndPoint(2) - ln. StartPoint(2)
    Dim seg As Integer
    lLen = e_strArr(I). Length
```

```
    Dim pta(2 * 2 - 1) As Double
    seg = lLen/dis
    For J = 0 To seg - 1
      pta(0) = xs + vx * J/seg:pta(1) = ys + vy * J/seg:pta(2) = xs + vx * (J + 1)/seg:
      pta(3) = ys + vy * (J + 1)/seg
      W0 = e_secIArr(Isec)/(pta(1)/1000 - e_secYcArr(Isec))
      W1 = e_secIArr(Isec)/(pta(3)/1000 - e_secYcArr(Isec))
      If W0>W1 Then W0 = W1
      stress = mt/W0/1000
      If stress>max Then max = stress
      If stress<min Then min = stress
      allow = 175/m_kArr(I):k = Abs(stress)/allow
      Set pl = ThisDrawing. ModelSpace. AddLightWeightPolyline(pta)
      pl. SetWidth 0, 80, 80
      Dim p0(2) As Double:Dim p1(2) As Double
      p1(0) = ln. StartPoint(0)
      pl. Move p0, p1
      pl. LinetypeScale = k
      If k> = 1 Then pl. color = 1
      If k>0. 85 And k<1 Then pl. color = 2
      If k<0. 85 Then pl. color = 141
    Next J
    continueI:
    Next I
  Next Isec
End Sub
```

d[6]　绘制应力云图子过程

```
Private Sub drawStress(MCWave As AcadEntity, MCstill As AcadEntity)
Dim vecy(2) As Double:Dim vecz(2) As Double
vecy(1) = 1:vecz(2) = 1
Dim ucsCen(2) As Double
Set ucsObj = ThisDrawing. UserCoordinateSystems. Add(ucsCen, vecy, vecz, "New_UCS")
ThisDrawing. ActiveUCS = ucsObj
Dim max As Double:Dim min As Double
max = - 100000:min = 100000
Dim plA(MAX_LEN * 10) As AcadLWPolyline
Dim stressA(MAX_LEN * 10) As Double
nPla = 0:dis = 100
```

```
For Isec = 0 To e_nSec - 1
    Mw = findY(MCWave, e_secPArr(Isec)):Mst = findY(MCstill, e_secPArr(Isec)):mt = Mw + Mst
    For I = 0 To e_nStr - 1
        Dim ln As AcadLine
        Set ln = e_strArr(I)
        If Abs(ln.StartPoint(0) - e_secPArr(Isec) * 1000)>1 Then GoTo continueI
        xs = ln.StartPoint(1):ys = ln.StartPoint(2)
        vx = ln.EndPoint(1) - ln.StartPoint(1)
        vy = ln.EndPoint(2) - ln.StartPoint(2)
        Dim seg As Integer
        lLen = e_strArr(I).Length
        Dim pta(2 * 2 - 1) As Double
        seg = lLen/dis
        For J = 0 To seg - 1
            pta(0) = xs + vx * J/seg:pta(1) = ys + vy * J/seg
            pta(2) = xs + vx * (J + 1)/seg:pta(3) = ys + vy * (J + 1)/seg
            W0 = e_secIArr(Isec)/(pta(1)/1000 - e_secYcArr(Isec))
            W1 = e_secIArr(Isec)/(pta(3)/1000 - e_secYcArr(Isec))
            If W0>W1 Then W0 = W1
            stress = mt/W0/1000
            If stress>max Then max = stress
            If stress<min Then min = stress
            Set pl = ThisDrawing.ModelSpace.AddLightWeightPolyline(pta)
            pl.SetWidth 0,80,80
            Dim p0(2) As Double:Dim p1(2) As Double
            p1(0) = ln.StartPoint(0):pl.LinetypeScale = 1000 - stress
            pl.Move p0,p1
            Set plA(nPla) = pl:stressA(nPla) = stress:nPla = nPla + 1
        Next J
    continueI:
    Next I
Next Isec
For I = 0 To nPla - 1
    plA(I).color = calcColor(min, max, stressA(I))
Next I
Call createIndicator(2000, - 20000,16000, min, max)
End Sub
```

d[7]　计算船体梁波浪弯矩子函数

```
Private Function hullWaveMoment(L As Double, b As Double, Cb As Double, hog As Integer)
As AcadLWPolyline
Dim c As Double
If L<90 Then c = 0.0412 * L + 4
If L< = 300 And L> = 90 Then c = 10.75 - ((300 - L)/100)^1.5
If L<350 And L>300 Then c = 10.75
If L< = 500 And L> = 350 Then c = 10.75 - ((L - 350)/150)^1.5
Dim Mmid As Double
If hog = 1 Then
    Mmid = 190 * c * L^2 * b * Cb/1000
Else
    Mmid = - 110 * c * L^2 * b * (Cb + 0.7)/1000
End If
Dim pta(7) As Double
pta(0) = 0:pta(1) = 0:pta(2) = L * 0.3:pta(3) = Mmid:pta(4) = L * 0.7:pta(5) = Mmid:
pta(6) = L:pta(7) = 0
Set hullWaveMoment = ThisDrawing.ModelSpace.AddLightWeightPolyline(pta)
hullWaveMoment.Visible = 0
End Function
```

d[8]　读取结构构件建立横剖面属性计算模型子过程

```
Private Sub getPlate()
e_nStr = 0:e_nStr = 0:e_nSec = 0
Dim ln As AcadLine
For Each elem In ThisDrawing.ModelSpace
  If TypeOf elem Is AcadLine Then
    Set ln = elem
    Dim lName As String
    lName = ln.Layer
    secData = Split(lName, " ")
    Set e_strArr(e_nStr) = ln
    e_ssArr(e_nStr) = secData(0):m_kArr(e_nStr) = secData(1)
    e_nStr = e_nStr + 1:pos = ln.StartPoint(0)/1000
    For J = 0 To e_nSec - 1
      If Abs(e_secPArr(J) - pos)<0.001 Then Exit For
    Next J
    If J = e_nSec Then
      e_secPArr(e_nSec) = pos:e_nSec = e_nSec + 1
```

```
      End If
    End If
Next
End Sub
```

e. 空间杆梁结构有限元分析程序函数定义及实现

e[1]　向 APDL 文件中添加节点子函数

```
Private Function addNode(x As Double, y As Double, z As Double, nFile As Integer) As Integer
For I = 0 To e_nNode - 1
   dis = Sqr((e_nodePosArr(I, 0) - x)^2 + (e_nodePosArr(I, 1) - y)^2
   + (e_nodePosArr(I, 2) - z)^2)
   If dis<0.001 Then
      addNode = I + 1
      Exit For
   End If
Next I
If I = e_nNode Then
   e_nodePosArr(e_nNode, 0) = x : e_nodePosArr(e_nNode, 1) = y
   e_nodePosArr(e_nNode, 2) = z : e_nodeIdArr(e_nNode) = e_nNode + 1
   addNode = e_nNode + 1 : e_nNode = e_nNode + 1
   Print #nFile, "n," & e_nNode & "," & x & "," & y & "," & z
End If
End Function
```

e[2]　向 APDL 文件中添加约束命令子过程

```
Private Sub APDL_applyConstraint()
Open "d:\trussFEA.txt" For Append As #1
Print #1, "/PREP7"
Print #1, "ALLSEL"
Dim pt As AcadPoint
For I = 0 To e_nBC - 1
   Set pt = e_BCArr(I)
   Dim lName As String
   lName = pt.Layer
   constraintData = Split(lName, " ")
   nodeId = "NODE(" & pt.Coordinates(0) & "," & pt.Coordinates(1) & ","
   & pt.Coordinates(2) & ")"
   Print #1, "D," & nodeId & "," & constraintData(1) & "," & constraintData(2)
Next
```

```
Close #1
End Sub
```

e[3]　向 APDL 文件中添加加载命令子过程

```
Private Sub APDL_applyLoad()
Open "d:\trussFEA.txt" For Append As #1
Print #1, "/PREP7"
Print #1, "ALLSEL"
Dim pt As AcadPoint
For I = 0 To e_nF - 1
  Set pt = e_FArr(I)
  Dim lName As String
  lName = pt.Layer
  loadData = Split(lName, " ")
  nodeId = "NODE(" & pt.Coordinates(0) & "," & pt.Coordinates(1) & ","
  & pt.Coordinates(2) & ")"
  Print #1, "F," & nodeId & "," & loadData(1) & "," & loadData(2)
Next
Close #1
End Sub
```

e[4]　向 APDL 文件中添加建模命令子过程

```
Private Sub APDL_createModel()
Open "d:\trussFEA.txt" For Output As #1
e_nNode = 0
Print #1, "/prep7"
Print #1, "ET,1,PIPE16"
Print #1, "TYPE,1"
Print #1, "MP,EX,1,206000"
Print #1, "MP,PRXY,1,0.3"
Print #1, "MP,DENS,1,0.00000785"
For ie = 0 To e_nPipe - 1
  Dim pp0(2) As Double, pp1(2) As Double
  pp0(0) = e_strArr(ie).StartPoint(0):pp0(1) = e_strArr(ie).StartPoint(1):
  pp0(2) = e_strArr(ie).StartPoint(2)
  pp1(0) = e_strArr(ie).EndPoint(0):pp1(1) = e_strArr(ie).EndPoint(1):
  pp1(2) = e_strArr(ie).EndPoint(2)
  Print #1, "R," & ie + 1 & "," & e_strDArr(ie) & "," & e_strTArr(ie)
  Print #1, "REAL," & ie + 1
  N0 = addNode(pp0(0), pp0(1), pp0(2), 1):N1 = addNode(pp1(0), pp1(1), pp1(2), 1)
```

```
    Print #1,"e," & N0 & "," & N1
    e_Id0Arr(ie) = N0:e_Id1Arr(ie) = N1:e_strIdArr(ie) = ie + 1
Next
Print #1,"ALLSEL"
Print #1,"NUMMRG,NODE"
Close #1
End Sub
```

e[5]　向 APDL 文件中添加提取应力与变形结果子过程

```
Private Sub APDL_extractResult()
Open "d:\trussFEA.txt" For Append As #1
    Print #1,"/POST1"
    Print #1,"ESEL ,S,ENAME,,PIPE16"
    Print #1,"ETABLE ,SPIPE,LS,1"
    Print #1,"PRETAB ,SPIPE"
    Print #1,"PRNSOL,U,X,0,1"
    Print #1,"PRNSOL,U,Y,0,1"
    Print #1,"PRNSOL,U,Z,0,1"
Close #1
End Sub
```

e[6]　向 APDL 文件中添加求解命令子过程

```
Private Sub APDL_solveAndPostprocessing()
Open "d:\trussFEA.txt" For Append As #1
Print #1,"/SOLU":Print #1,"ALLSEL"
Print #1,"SOLVE"
Print #1,"/POST1"
Print #1,"/ESHAPE,1"
Print #1,"PLNSOL,S,EQV,1,1"
Print #1,"SAVE, 'd:\truss', 'db'"
Close #1
End Sub
```

e[7]　计算压杆屈曲安全系数与临界应力子过程

```
Private Sub barStabilityCapacity()
E = 206000:k = 2
For I = 0 To e_nPipe - 1
    Dim pp0(2) As Double,pp1(2) As Double
    pp0(0) = e_strArr(I).StartPoint(0):pp0(1) = e_strArr(I).StartPoint(1):
    pp0(2) = e_strArr(I).StartPoint(2)
    pp1(0) = e_strArr(I).EndPoint(0):pp1(1) = e_strArr(I).EndPoint(1):
```

```
    pp1(2) = e_strArr(I).EndPoint(2)
    pD1 = e_strDArr(I):pD0 = e_strDArr(I) − e_strTArr(I) * 2
    pPM = PI * (pD1^4 − pD0^4)/64:pA = PI * (pD1^2 − pD0^2)/4:pRI = Sqr(pPM/pA)
    pL = Sqr((pp0(0) − pp1(0))^2 + (pp0(1) − pp1(1))^2 + (pp0(2) − pp1(2))^2)
    sigmaE = PI^2 * E/(k * pL/pRI)^2:sigmaS = e_strSSArr(I):sigmaCr = sigmaE
    If sigmaE>sigmaS/2 Then sigmaCr = sigmaS * (1 − sigmaS/4/sigmaE)
    lbd0 = Sqr(sigmaS/sigmaE)
    Su = 1.25 + 0.199 * lbd0 − 0.033 * lbd0^2
    If lbd0>Sqr(2) Then Su = 1.438 * lbd0^2
    e_strBSu(I) = Su:e_strSCr(I) = sigmaCr
Next I
End Sub
```

e[8]　调用 ANSYS 子过程

```
Private Sub callANSYS()
ANSYSCmd = "C:\ANSYS Inc\v130\ANSYS\bin\winx64\ANSYS130.exe"
Dim pid As Long
pid = Shell(ANSYSCmd & " − b − i d:\trussFEA.txt − o d:\trussFEAResult.txt",vbNormal)
hProcess = OpenProcess(1024,0,pid)
Do
    Call GetExitCodeProcess(hProcess,exitcode)
Loop While exitcode = 259
Call CloseHandle(hProcess)
End Sub
```

e[9]　空间杆梁结构优化主函数

```
Sub CMD_optimizeStructure()
getModel
barStabilityCapacity
endflag = 0
While (endflag = 0)
APDL_createModel
APDL_applyLoad
APDL_applyConstraint
APDL_solveAndPostprocessing
APDL_extractResult
callANSYS
getPipeStress
ThisDrawing.Utility.Prompt vbCrLf & strWeight()
endflag = resetThick()
```

```
DoEvents
Wend
getPipeU (0):getPipeU (1):getPipeU (2)
setColorBy (e_strSArr)
draw3DPipe (10)
End Sub
```

e[10] 空间杆梁结构有限元分析主函数

```
Sub CMD_trussFEA()
getModel
barStabilityCapacity
APDL_createModel
APDL_applyLoad
APDL_applyConstraint
APDL_solveAndPostprocessing
APDL_extractResult
callANSYS
getPipeStress
getPipeU (0):getPipeU (1):getPipeU (2)
ruleCheckDrawing (1)
End Sub
```

e[11] 绘制结构三维模型子过程

```
Private Sub draw3DPipe(uScale As Double)
For I = 0 To e_nPipe - 1
  Dim pp0(2) As Double, pp1(2) As Double
  pp0(0) = e_strArr(I). StartPoint(0):pp0(1) = e_strArr(I). StartPoint(1):
  pp0(2) = e_strArr(I). StartPoint(2)
  pp1(0) = e_strArr(I). EndPoint(0):pp1(1) = e_strArr(I). EndPoint(1):
  pp1(2) = e_strArr(I). EndPoint(2)
  Dim c0 As AcadCircle:Dim c1 As AcadCircle
  R0 = e_strDArr(I)/2:R1 = e_strDArr(I)/2 - e_strTArr(I)
  Dim p0(2) As Double:Dim p1(2) As Double
  Id0 = getptId(pp0(0), pp0(1), pp0(2)):Id1 = getptId(pp1(0), pp1(1), pp1(2))
  For J = 0 To 2
  p0(J) = pp0(J) + e_strUArr(Id0, J) * uScale:p1(J) = pp1(J) + e_strUArr(Id1, J) * uScale
  Next J
  pLen = Sqr((p1(0) - p0(0))^2 + (p1(1) - p0(1))^2 + (p1(2) - p0(2))^2)
  Set c0 = ThisDrawing. ModelSpace. AddCircle(p0, R0):Set c1 = ThisDrawing. ModelSpace.
  AddCircle(p0, R1)
```

```
Dim norm(0 To 2) As Double
For J = 0 To 2
norm(J) = (p1(J) - p0(J))/pLen
Next J
c0. Normal = norm:c1. Normal = norm
Dim ea(0 To 1) As AcadEntity
Set ea(0) = c0:Set ea(1) = c1
rega = ThisDrawing. ModelSpace. AddRegion(ea)
rega(1). Boolean acSubtraction, rega(0)
Dim bar As Acad3DSolid
Set solidObj = ThisDrawing. ModelSpace. AddExtrudedSolid(rega(1), pLen, 0)
solidObj. color = e_str3dColorArr(I):solidObj. LinetypeScale = e_strTArr(I)
c0. Delete:c1. Delete:rega(1). Delete
Next I
End Sub
```

e[12] 读取图形生成杆梁结构模型子过程

```
Private Sub getModel()
e_nPipe = 0:e_nBC = 0:e_nF = 0
Dim ln As AcadLine:Dim pt As AcadPoint:Dim lName As String
For Each elem In ThisDrawing. ModelSpace
  If TypeOf elem Is AcadLine Then
    Set ln = elem:lName = ln. Layer
    lName = Replace(lName, "X", " ")
    secData = Split(lName, " ")
    Set e_strArr(e_nPipe) = ln
    e_strDArr(e_nPipe) = secData(0):e_strTArr(e_nPipe) = secData(1)
    e_strMinTArr(e_nPipe) = secData(2):e_strSSArr(e_nPipe) = secData(3)
    e_nPipe = e_nPipe + 1
  End If
  If TypeOf elem Is AcadPoint Then
    Set pt = elem
    lName = pt. Layer
    loadData = Split(lName, " ")
    If loadData(0) = "F" Then
      Set e_FArr(e_nF) = pt:e_nF = e_nF + 1
    End If
    If loadData(0) = "D" Then
      Set e_BCArr(e_nBC) = pt:e_nBC = e_nBC + 1
```

```
      End If
    End If
Next
End Sub
```

e[13]　给定节点编号找到节点在数组中的索引子函数

```
Private Function getNodeIndexById(Id As Integer)
For I = 0 To e_nNode - 1
  If e_nodeIdArr(I) = Id Then
    getNodeIndexById = I
  Exit For
  End If
Next I
End Function
```

e[14]　给定单元编号找到单元在数组中的索引子函数

```
Private Function getPipeIndexById(Id As Integer)
For I = 0 To e_nPipe - 1
  If e_strIdArr(I) = Id Then
    getPipeIndexById = I
    Exit For
  End If
Next I
End Function
```

e[15]　读取 ANSYS 结果文件提取单元应力子过程

```
Private Sub getPipeStress()
Dim str As String
Open "d:\trussFEAResult. txt" For Input As #1
Do While Not EOF(1)
  Line Input #1, str
  n = InStr(1, str, "ELEM    SPIPE")
  If n > 0 Then
    Do While Not EOF(1)
      Dim values1 As String
      Line Input #1, values1
      stressStrA = Split(values1, " ")
      Dim stressValueA(0 To 100) As Double
      Dim valCount As Integer
      valCount = 0
      For I = 0 To UBound(stressStrA)
```

```
            If IsNumeric(stressStrA(I)) Then
                stressValueA(valCount) = stressStrA(I): valCount = valCount + 1
            End If
        Next I
        If valCount <> 2 Then Exit Do
        'ThisDrawing. Utility. Prompt stressValueA(0) & "," & stressValueA(1) & vbCrLf
        Dim Id As Integer
        Id = stressValueA(0): Index = getPipeIndexById(Id):
        e_strSArr(Index) = stressValueA(1)
    Loop
  End If
Loop
Close #1
End Sub
```

e[16]　读取 ANSYS 结果文件提取节点变形子过程

```
Private Sub getPipeU(ux0y1z2 As Integer)
Dim str As String
Open "d:\trussFEAResult. txt" For Input As #1
curId = 0
Dim utype As String
If ux0y1z2 = 0 Then utype = "UX"
If ux0y1z2 = 1 Then utype = "UY"
If ux0y1z2 = 2 Then utype = "UZ"
Do While Not EOF(1)
Line Input #1, str
n = InStr(1, str, "NODE" & utype)
If n > 0 Then
  Do While Not EOF(1)
    Dim values1 As String
    Line Input #1, values1
    UStrA = Split(values1, " ")
    Dim UValueA(0 To 100) As Double
    Dim valCount As Integer
    valCount = 0
    For I = 0 To UBound(UStrA)
      If IsNumeric(UStrA(I)) Then
        UValueA(valCount) = UStrA(I): valCount = valCount + 1
      End If
```

```
    Next I
    If valCount <> 2 Then Exit Do
    Dim Id As Integer
    Id = UValueA(0) : Index = getNodeIndexById(Id)
    e_strUArr(Index, ux0y1z2) = UValueA(1) : curId = curId + 1
  Loop
End If
Loop
Close #1
End Sub
```

e[17] 根据坐标得到节点对应的索引子函数

```
Private Function getptId(x As Double, y As Double, z As Double) As Integer
getptId = - 1
For I = 0 To e_nNode - 1
  dis = Sqr((e_nodePosArr(I, 0) - x)^2 + (e_nodePosArr(I, 1) - y)^2
  + (e_nodePosArr(I, 2) - z)^2)
  If dis < 0.001 Then getptId = I
Next
End Function
```

e[18] 根据有限元计算结果优化管单元厚度子函数

```
Private Function resetThick() As Integer
yieldSu = 1.67 : endflag = 1 : kYield = 1.1 : kBuckling = 1.1
For I = 0 To e_nPipe - 1
  Tmin = e_strMinTArr(I) : bucklingSu = e_strBSu(I) : allowStr = e_strSSArr(I)/yieldSu
  allowBuckStr = e_strSCr(I)/bucklingSu : tPipe = e_strTArr(I)
  tYield = Abs(tPipe * e_strSArr(I)/allowStr)
  tBuck = Abs(tPipe * e_strSArr(I)/allowBuckStr)
  If tYield > Tmin + 0.1 Then Tmin = kYield * tYield + (1 - kYield) * tPipe
  If tBuck > Tmin + 0.1 Then Tmin = kBuckling * tBuck + (1 - kBuckling) * tPipe
  If Abs(e_strTArr(I) - Tmin) > 0.05 Then
  e_strTArr(I) = Tmin : endflag = 0
  End If
Next I
resetThick = endflag
End Function
```

e[19] 绘制屈服或者屈曲材料利用系数图子过程

```
Private Sub ruleCheckDrawing(y0b1 As Integer)
Dim kA(MAX_LEN) As Double
```

```
yieldSu = 1.67
For I = 0 To e_nPipe - 1
  sigma = e_strSArr(I):allowStr = e_strSSArr(I)/yields:bucklingSu = e_strBSu(I)
  allowBuckStr = e_strSCr(I)/bucklingSu:k = sigma/allowStr
  If y0b1 = 1 Then k = sigma/allowBuckStr
  kA(I) = k
  ThisDrawing.Utility.Prompt vbCrLf & I & "," & k
  If Abs(k)>1 Then e_str3dColorArr(I) = 1
  If Abs(k)> = 0.85 And Abs(k)< = 1 Then e_str3dColorArr(I) = 2
  If Abs(k)<0.85 Then e_str3dColorArr(I) = 4
Next I
draw3DPipe (10)
End Sub
```

e[20]　根据属性计算结构三维颜色子过程

```
Private Sub setColorBy(ByRef data As Variant)
maxData = - 1000000:minData = 100000000
For I = 0 To pipeNum - 1
  If data(I)>maxData Then maxData = data(I)
  If data(I)<minData Then minData = data(I)
Next I
For I = 0 To pipeNum - 1
  cc = calcColor(minData,maxData,data(I))
  pipe3dColor(I) = cc
Next I
ThisDrawing.Utility.Prompt "maxData is " & maxData & ",minData is " & minData
End Sub
```

e[21]　计算结构模型重量子函数

```
Function strWeight() As Double
strWeight = 0
For I = 0 To e_nPipe - 1
  pt = e_strTArr(I):pD = e_strDArr(I):pL = e_strArr(I).Length
  pW = pD * PI * pt * pL * 7860/1000000000#
  strWeight = strWeight + pW
Next I
End Function
```